奶牛病防治技术

徐世文　郭东华　主编

中国农业出版社

编 写 人 员

主　编　徐世文（东北农业大学）

　　　　郭东华（黑龙江八一农垦大学）

副主编　付　晶（东北农业大学）

　　　　朱海虹（黑龙江畜牧兽医杂志社）

　　　　邹希明（哈尔滨北方森林动物园）

参编者　于　娇（东北农业大学）

　　　　王　伟（东北农业大学）

　　　　李金龙（东北农业大学）

　　　　张子威（东北农业大学）

　　　　蒋　月（辽宁医学院畜牧兽医学院）

　　　　蒋智慧（东北农业大学）

　　　　盛鹏飞（辽宁医学院畜牧兽医学院）

　　　　韩艳辉（东北农业大学）

主　审　李　术（东北农业大学）

　　　　王君伟（东北农业大学）

前　言

在奶牛的饲养、管理和经营过程中，由于种种主客观因素，导致了奶牛多种疾病的发生。奶牛疾病不仅影响奶牛的产量、增加饲养成本，而且直接影响牛奶质量与安全，危害人的健康，关系到奶业持续健康发展。

为满足人们对奶牛病预防、诊断和治疗技术的需要，作者集多年的临床诊疗经验，并参考相关资料编写了本书。全书共分9章，着重介绍了奶牛类症鉴别、常用诊疗技术、传染病、寄生虫病、内科病、营养代谢病、中毒病、外科病和产科病，包括常见疾病、稀有疾病180余种。在编排形式方面，主要从诊断要点、类症鉴别、防治措施等方面深入浅出地介绍了防治奶牛疾病的理论和实践。可供兽医临床工作者、养牛专业技术人员使用。

本书编写分工如下：第一章由徐世文、于娇编写，第二章由韩艳辉、蒋月、于娇编写，第三章的病毒病和第九章由朱海虹编写，第三章的细菌病和第八章由付晶编写，第四章由邹希明编写，第五章由张子威、李金龙、王伟、蒋智慧、盛鹏飞编写，第六章由郭东华和邹希明编写，第七章由郭东华编写，最后由徐世文、郭东华定稿。

书中的用药剂量和使用方法，仅供参考。由于病情的多变和病牛的体况不同，在治疗时请根据实际病情选择药物和使用方法。

本书承蒙李术教授、王君伟教授审阅，在编写过程中参考并引用了相关书籍，在此深表谢意。相关参考书目列于书后。本书也得到了现代农业产业技术体系（奶牛）专项建设资助。

由于编者的水平有限，书中纰漏在所难免，不足之处恳请读者批评指正。

编　者

2012 年 2 月

目　录

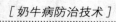

第一章
奶牛类症鉴别

一、以前胃弛缓为主症疾病的鉴别诊断

反刍动物为复胃动物，其胃由瘤胃、网胃、瓣胃和皱胃四部分组成。瘤胃、网胃、瓣胃缺乏消化腺腺体，统称为前胃。只有皱胃才具有分泌胃液的功能，具有真正意义上的消化功能，所以又称为真胃。四个胃中瘤胃最大，占80%；网胃最小，占5%；瓣胃和皱胃各占7%～8%。

前胃弛缓是瘤胃、网胃、瓣胃神经肌肉装置感受性降低，平滑肌自主运动性减弱，内容物运转迟滞所致发的反刍动物消化障碍综合征。其临床特征是食欲减少或废绝，反刍减少或停止，咀嚼缓慢或无力，嗳气减少或停止，鼻镜呈不同程度的干燥或龟裂，瘤胃蠕动音减弱或消失，内容物黏硬或含多量气体，网胃及瓣胃蠕动音减弱或消失等。反刍动物的前胃及真胃在发生疾病时，由于其功能上的相关性，相互影响、互为因果而使病情复杂化，在临床诊断时要注意鉴别。

（一）前胃弛缓综合征的分类

1. 前胃弛缓的病理类型分类　前胃弛缓可按主要发病环节分为五种病理类型，即酸碱性前胃弛缓、神经性前胃弛缓、肌源性前胃弛缓、离子性前胃弛缓和反射性前胃弛缓。

（1）酸碱性前胃弛缓　前胃内容物的酸碱度对前胃平滑肌固

有的自动运动性和纤毛虫的活力有直接影响，前胃内容物的酸碱度稳定在 pH 6.5～7.0 的范围内时，前胃平滑肌的自主运动性和纤毛虫的活力正常。如果超出此范围，不论过酸或过碱，则前胃平滑肌自动运动性减弱，纤毛虫活力降低，发生前胃弛缓。过食谷类等高糖饲料，发酵过程旺盛，常引起酸性前胃弛缓；过食高蛋白或高氮饲料，包括过量饲喂豆科植物和尿素，腐败过程旺盛，常引起碱性前胃弛缓。

(2) **神经性前胃弛缓**　发生创伤性网胃腹膜炎时因损伤迷走神经腹支和胸支所引发的迷走神经性消化不良是典型例证。应激性前胃弛缓亦属此类。

(3) **肌源性前胃弛缓**　包括瘤胃、网胃、瓣胃的溃疡及出血和坏死性炎症所引发的前胃弛缓。

(4) **离子性前胃弛缓**　包括生产瘫痪、运输搐搦、妊娠后期血钙过低或血钾过低所引发的前胃弛缓。

(5) **反射性前胃弛缓**　包括创伤性网胃炎、瓣胃秘结、真胃变位、真胃阻塞、肠便秘等胃、肠疾病经过中，通过内脏-内脏反射的抑制作用所继发的症状性前胃弛缓。

2. 前胃弛缓的病因分类

(1) **营养性前胃弛缓**　此类前胃弛缓呈群体发生；无传染性；有特定营养代谢病的示病症状、证病病变和检验所见。常见于牛生产瘫痪、酮血病、骨软症、青草搐搦、低钾血症、低磷酸盐血症性产后血红蛋白尿病、硫胺素缺乏症，以及锌、硒、铜、钴等微量元素缺乏症。

(2) **中毒性前胃弛缓**　此类前胃弛缓呈群体发生；无传染性；有毒物接触史；有特定中毒病的示病症状和证病病变；组织器官和/或排泄物中可检出特定的毒物或其降解物。常见于霉稻草中毒、黄曲霉毒素中毒、杂色曲霉素中毒、棕曲霉毒素中毒、霉麦芽根中毒等真菌毒素中毒；白苏中毒、萱草根中毒、栎树叶中毒、蕨中毒等植物中毒；棉籽饼中毒、亚硝酸盐中毒、酒糟中毒、生豆粕中毒等饲料中毒；有机氯、五氯酚钠等农药中毒。

（3）**传染性前胃弛缓** 此类前胃弛缓呈群体发生；有传染性，有特定的临床表现和病理变化；能检出特定的病原体及其抗体；动物感染发病。如流感、黏膜病、结核、副结核、牛肺疫、布鲁氏菌病等。

（4）**寄生虫性前胃弛缓** 此类前胃弛缓呈群体发生；无传染性；有特定寄生虫固有的病征和病变；能检出大量相关的寄生虫。常见于前后盘吸虫病、肝片形吸虫病、细颈囊尾蚴病、血矛形线虫病、泰勒焦虫病、锥虫病等。

（5）**饲养性前胃弛缓** 此类前胃弛缓的临床特征呈现食欲减损、反刍障碍和瘤胃运动稀弱等前胃弛缓的基本症状；多取急性病程；用一般助消化促反刍药物治疗均能在 3～5 天内痊愈。常见于饲料过粗过细、饲料霉败变质、饲草与精料比例不当、矿物质与维生素不足、环境条件突然变换等所致发的前胃弛缓，又称单纯性消化不良。

3. 前胃弛缓的发病部位分类

（1）**消化系统疾病性前胃弛缓** 此类前胃弛缓多呈单发或散发；无传染性；消化器官病征突出。常见于口、舌、咽、食管等上部消化道疾病及创伤性网胃腹膜炎、肝脓肿等肝胆、腹膜疾病经过中，通过对前胃运动的反射性抑制作用或因损伤迷走神经胸支和腹支所致；瘤胃积食、瓣胃秘结、真胃阻塞、真胃溃疡、真胃变位、肠便秘、盲肠弛缓并扩张等胃肠疾病经过中，由于胃肠内环境尤其酸碱环境的相互影响及内脏-内脏反射作用所致。

（2）**消化系统外性前胃弛缓** 此类前胃弛缓多发生于全身性疾病过程，如传染病、中毒病、寄生虫病和营养代谢病等。

（二）前胃弛缓的主要相关疾病

瘤胃积食、瘤胃酸中毒、瘤胃臌气、瘤胃角化不全、迷走神经性消化不良、创伤性网胃心包炎、瓣胃阻塞、真胃变位、真胃积食、真胃炎、真胃阻塞、前后盘吸虫、肝片形吸虫。

（三）以前胃弛缓为主症疾病的诊断

首先，进行前胃弛缓的确认，确认的依据包括食欲减退、反刍障碍及前胃（主要是瘤胃和瓣胃）运动减弱，嗳气减少泌乳量突然下降。

其次，要区分原发性前胃弛缓还是继发性前胃弛缓。其仅表现前胃弛缓基本症状，而全身状态相对良好，体温、脉搏、呼吸等生命指标无大改变，且在改善饲养管理并给予一般健胃促反刍处置后在短期（48～72 h）内即趋向康复的，为原发性前胃弛缓，即单纯性消化不良。

继发性前胃弛缓除具有前胃弛缓的基本症状外，体温、脉搏、呼吸等生命指标亦有明显改变，且在改善饲养管理并给予常规健胃促反刍处置后数日病情仍继续恶化的，为继发性前胃弛缓，即症状性消化不良。

第三，要区分继发性前胃弛缓的原发病是消化器官病，还是群体病，凡单个零散发生，其主要表现消化病征的，应考虑各种消化系统病，包括瘤胃积食、创伤性网胃炎、瓣胃秘结、瓣胃炎、真胃阻塞、真胃变位、真胃溃疡、真胃炎、盲肠弛缓、迷走神经性消化不良等，可进一步依据各自的示病症状、特征性检验所见和证病性病变，分别逐步加以鉴别和论证。

凡群体成批发生的，要着重考虑各类群体病，包括各种传染病、侵袭病、中毒病和营养代谢病，可依据有无传染性、有无相关虫体大量寄生、有无相关毒物接触史，以及酮体、血钙、血钾等相关病原学和病理学检验结果，按类、分层、逐步加以鉴别和论证。

二、以腹泻为主症疾病的鉴别诊断

腹泻是临床上常见的一个症状，是肠道蠕动加快，肠液吸收不良或/和肠液分泌增多引起的一种消化系统疾病，以排粪次数增多、粪便稀薄、迅速消瘦、脱水为主要临床特征。

（一）腹泻的分类

1. 腹泻的病因分类

（1）感染性腹泻 临床上常见于大肠杆菌病、轮状病毒病、冠状病毒病、沙门氏菌病、黏膜病、副结核和牛空肠弯曲杆菌病等。

（2）寄生虫性腹泻 常见于血吸虫病、东毕吸虫病、球虫病、毛圆线虫病、仰口线虫病、食道口线虫病、夏伯特线虫病、毛首线虫病、隐孢子虫病、牛前后盘吸虫病、莫尼茨绦虫病、弓首蛔虫病、住肉孢子虫病和巴贝斯虫病等。

（3）中毒性腹泻 常见于瘤胃酸中毒、钼中毒、铜中毒、砷中毒、有机磷农药中毒、氨基甲酸酯类农药中毒、霉菌毒素中毒等疾病。

（4）营养性腹泻 临床上主要见于铜缺乏症、硒缺乏症等疾病。

（5）其他病因性腹泻 临床上常见于胃肠炎、真胃溃疡、瘤胃角化不全、真胃右方变位、肝脓肿、脂肪坏死症、毛球症、肠套叠等疾病。

2. 腹泻的发病机理分类

（1）渗透性腹泻 由于肠腔内存在大量高渗食物或药物，体液中水大量进入高渗肠腔，导致渗透性腹泻。如内服盐类泻剂、甘露醇，即可引起腹泻。渗透压升高性腹泻的特点是禁食后腹泻减少或停止；粪便酸度增高，且粪便内电解质含量不高。

(2) 分泌性腹泻　分泌性腹泻是指由于胃肠道水和电解质分泌过多所引起的腹泻。临床上能够引起分泌性腹泻的因素主要有细菌肠毒素，如霍乱弧菌肠毒素、大肠杆菌肠毒素、沙门氏菌肠毒素等；内源性活性肽和促进肠分泌的物质，如血清素、前列腺素、胆酸等。分泌性腹泻的特点是大量水样便，无脓血、无腹痛；禁食后不能缓解腹泻；粪便为碱性或中性。

(3) 渗出性腹泻　肠黏膜受到炎症、溃疡等病变的破坏时，可造成大量的渗出并引起腹泻。渗出性腹泻可分为感染性腹泻和非感染性腹泻。渗出性腹泻的特点是常带有脓血，粪便 pH 偏碱，每日大便量少。

(4) 吸收不良性腹泻　小肠吸收不良是腹泻的重要原因之一，主要见于脂肪吸收不良，糖类和蛋白质吸收不良较少见。产生吸收不良的因素很多，主要有肠内分解和消化功能障碍、肠黏膜异常等。

(5) 胃肠运动异常性腹泻　胃肠运动过快使食糜没有足够时间被消化和吸收，可引起腹泻。

(二) 腹泻的主要相关疾病

硒缺乏症、铜缺乏症、瘤胃酸中毒、钼中毒、有机磷农药中毒、氨基甲酸酯类农药中毒、砷中毒、霉菌毒素中毒、胃肠炎、淀粉样变性、结肠炎、真胃溃疡、瘤胃角化不全、真胃右方变位、盲肠扩张扭转、肝脓肿、脂肪坏死症、毛球症、肠套叠、大肠杆菌病、副结核、牛空肠弯曲杆菌病、犊牛沙门氏菌病、牛轮状病毒病、牛冠状病毒病、血吸虫病、东毕吸虫病、球虫病、毛圆线虫病、仰口线虫病、食道口线虫病、夏伯特线虫病、毛首线虫病、隐孢子虫病、牛前后盘吸虫病、莫尼茨绦虫病、弓首蛔虫病、住肉孢子虫病、巴贝斯虫病。

(三) 以腹泻为主症疾病的诊断

传染性和寄生虫性腹泻最为显著的特点是发病由少到多，再逐渐减少的过程，一般多伴有体温升高、原发病特征性症状和剖检变化，并且可以通过特定血清学检验、病原的分离鉴定和粪便中寄生虫卵的检查进行诊断。

中毒性腹泻最为显著的特点是往往突然发生，具有群发性，体格健壮的动物发病较为严重，更换可疑饲料和饮水后发病随即停止，体温正常或偏低，多伴有流涎、腹痛症状，并可通过特定毒物的检测进行确诊。

营养性腹泻最为显著的特点是往往具有群发性，生长迅速的动物先发生且发病较为严重，更换可疑饲料和饮水后发病随即停止，体温不定。通过检测特定营养元素可以确诊。

饲养管理因素引起的腹泻多为散发，即内科范畴内的腹泻性疾病，除腹泻表现外缺乏共同性特点，体温正常、偏低或升高，主要包括肠卡他、肠炎、黏液膜性肠炎、犊牛消化不良、肠痉挛、毛球症等。

三、以腹围膨大为主症疾病的鉴别诊断

腹围膨大是由于腹腔内容物增多引起的一种症候，是临床上常见的一种症状。腹围增大，不仅腹腔脏器受到挤压，导致正常生理机能发生紊乱，胸腔脏器也会受到牵连，引起呼吸和循环功能障碍。

(一) 腹围膨大的分类

1. 腹围膨大的发病部位分类

(1) 胃肠道性腹围膨大　多是由于胃肠道积食、臌气致发的，常见于瘤胃积食、胃肠臌气，如瘤胃臌气、慢性前胃弛缓、

瓣胃阻塞、创伤性网胃心包炎和食道阻塞。

（2）**腹腔性腹围膨大**　多是由于腹腔内液体增多所致发的，常见于渗出性腹膜炎，贫血性、心性、肾性和肝性腹水；此外，也可见于腹腔肿瘤性疾病和囊肿性疾病。

（3）**泌尿生殖性腹围膨大**　是由膀胱、子宫疾病所致发的，多见于尿潴留、膀胱破裂和子宫积液等。

2. 腹围膨大的病理分类

（1）**气性腹围膨大**　主要见于胃肠臌气，如瘤胃臌气、慢性前胃弛缓、瓣胃阻塞、创伤性网胃心包炎和食道阻塞等疾病。

（2）**液性腹围膨大**　多见于腹水、渗出性腹膜炎，也见于膀胱破裂、尿潴留及子宫积液等。

（3）**实质性腹围膨大**　是腹腔内出现实质性病变，如肿瘤、囊肿等。

（4）**食滞性腹围膨大**　多见于瘤胃积食、瘤胃酸中毒等疾病。

（二）腹围膨大的主要相关疾病

瘤胃臌气、食道阻塞、前胃弛缓、瓣胃阻塞、创伤性网胃心包炎、瘤胃酸中毒、腹水、渗出性腹膜炎、肾炎、瘤胃积食、贫血、肝硬化等。

（三）以腹围膨大为主症疾病的诊断

临床上遇到腹围膨大的病例，首先要确定病理类型是气性腹围膨大、液性腹围膨大、实质性腹围膨大，还是食滞性腹围膨大，然后再弄清发病的部位，是消化道性、腹腔性还是泌尿生殖性，最后根据各类型原发病的特征，进行论证诊断。

触诊腹部有弹性，可确定为气性腹围膨大，再根据起病时间和膨大程度进行判断。突然起病的，首先考虑原发性瘤胃臌气和食道阻塞，食道阻塞伴有流涎，而原发性瘤胃臌气有采食易发酵饲料病史。起病较慢、腹围膨大不剧烈的，一般考虑慢性前胃弛缓、瓣胃阻塞等疾病。

触诊有震荡感，可确定为液性腹围膨大。首先应确定液体的性质，是渗出液、漏出液，还是尿液。漏出液考虑腹水，伴有可视黏膜苍白体征的，考虑贫血性腹水；伴有消化功能障碍和肝功能异常的，考虑肝性腹水；伴有疏松结缔组织水肿和排尿异常的，考虑肾性水肿；伴有心功能障碍的，考虑心性腹水，再根据引起各腹水类型疾病的特征、检验检查特点进行论证诊断。如有渗出液考虑腹膜炎，根据病史和检验结果再进行确定疾病。如引起腹围膨大的是尿液，考虑膀胱破裂。

触诊瘤胃内容物黏硬或稀软，考虑食滞性腹围膨大，多见于瘤胃积食和瘤胃酸中毒。

实质性腹围膨大发病缓慢，根据临床表现和特殊检验检查的结果进行论证诊断，确定原发病。

四、以流涎为主症疾病的鉴别诊断

唾液即涎，是由唾液腺，即腮腺、颌下腺、舌下腺及口腔黏膜上分布的许多小腺体所分泌的混合液。腮腺开口于第三臼齿对应的颊黏膜上，颌下腺开口于舌下肉阜，舌下腺开口于舌下褶的小乳头。唾液不断分泌，并不断通过吞咽动作（舌、咽、食管的协同动作）咽下，保持口腔的一定干湿度。唾液分泌过多或吞咽障碍，即发生流涎。流涎综合征是兽医临床上一个比较常见的体征。

（一）流涎的分类

1. 流涎的临床表现分类

（1）**流口涎**　是指其单从口腔流出的。常提示口腔疾病、唾液腺疾病，或者可促进唾液腺分泌增多的某些疾病和因素。

（2）**流口鼻涎**　是指从口腔和鼻腔流出的。提示是吞咽困难所致，属于吞咽障碍性疾病，应着重考虑咽部疾病、食管疾病或者可障碍吞咽活动的其他一些疾病。

2. 流涎的发病部位分类

（1）**口性流涎**　是由口腔疾病引起唾液分泌过多致发的，常见于口腔疾病、唾液腺疾病。

（2）**咽性流涎**　是由咽部疾病引起吞咽障碍所致发的，常见于咽炎、咽麻痹、咽阻塞等疾病。

（3）**食道性流涎**　是由食道疾病引起吞咽障碍所致发的，常见于食道阻塞、食道麻痹、食道炎、食道狭窄等疾病。

（4）**神经性流涎**　多见于中枢神经系统疾病和迷走神经兴奋性疾病，如中毒性疾病、脑损伤等。

3. 流涎的病理分类　流涎的病理学机制在于唾液分泌过多和/或吞咽障碍，因此在临床上一般分为两类：

（1）**分泌过多性流涎**　分泌过多性流涎，包括口腔疾病、唾液腺疾病，以及可以促进唾液腺分泌的一些疾病和因素，如有机磷农药中毒、砷及汞中毒，有副交感神经兴奋效应的植物中毒及拟胆碱类药物的使用等。

（2）**吞咽障碍性流涎**　吞咽障碍性流涎，包括咽部疾病、食管疾病及贲门括约肌痉挛、肉毒毒素中毒（延髓性麻痹）等可引起吞咽活动发生障碍的疾病。

4. 流涎的病因分类

（1）**感染性流涎**　由于局部或全身性感染引起的流涎，多见于单纯性的口腔、咽部炎症和特定传染性疾病过程中，如口蹄疫、黏膜病、丘疹性口炎、牛瘟、牛恶性卡他热等。

（2）**中毒性流涎**　多见于能够引起副交感神经兴奋的毒物中毒，如有机磷农药中毒、氨基甲酸酯类农药中毒等疾病。

（3）**理化性流涎**　多见于刺激性和腐蚀性化学物质造成的口腔损伤，如强酸、强碱的腐蚀。也见于口腔的外伤性疾病。

（4）**药物性流涎**　拟胆碱类药物能够引起唾液腺分泌增多，临床上使用时常常出现流涎症状，常见的药物如比赛可灵、毛果芸香碱、毒扁豆碱和新斯的明等药物。

（二）流涎的主要相关疾病

口炎、咽炎、食道阻塞、咽麻痹、草木樨中毒、闹羊花中毒、有机磷农药中毒、尿素中毒、氨基甲酸酯类农药中毒、锌缺乏、口蹄疫、茨城病、水疱性口炎、丘疹性口炎、牛瘟、牛病毒性腹泻（黏膜病）、牛恶性卡他热等。

（三）以流涎为主症疾病的诊断

临床上遇到流涎的病牛，首先要观察并区分流涎的部位，是流口涎，还是流口鼻涎。流口涎，提示是唾液腺分泌增多所致，属于分泌增多性流涎综合征，应着重考虑口腔疾病、唾液腺疾病，或者可促进唾液腺分泌增多的某些疾病和因素。流口鼻涎，则提示是吞咽困难所致，属于吞咽障碍性疾病，应着重考虑咽部、食管疾病或者可使吞咽活动发生障碍的其他一些疾病。这是流涎综合征鉴别诊断思路的第一层鉴别指标和要点。

对于流口涎的病牛，要注意观察有无采食和咀嚼障碍，全身症状轻微的，常提示是口腔疾病或者唾液腺疾病。应着重进行口腔和唾液腺疾病检查，并依据口腔和唾液腺疾病的各自特征进行确定诊断。

若采食咀嚼正常而全身症状明显的，常提示是某些可促进唾液分泌的疾病或因素。应详细询问用药史，并做全身的系统检查，对其中有一系列副交感神经兴奋效应（如肠音增强、肌肉痉挛等）的，应考虑毛果芸香碱、毒扁豆碱、比赛可灵等胆碱能药物的使用；敌百虫、马拉硫磷、乐果等有机磷农药中毒和有机磷神经毒剂中毒，以及氨基甲酸酯类农药中毒如呋喃丹中毒；某些有毒植物和真菌毒素中毒（如流涎素中毒）。对其中无全身性副交感神经兴奋效应的，则考虑砷和汞及铅等重金属中毒，其他中毒或疾病。

对流口鼻涎的病牛，要注意观察有无咽部吞咽运动障碍。如有咽部吞咽运动障碍的，常提示是咽部疾病，则应通过咽部视诊、触诊和 X 射线检查，依据咽部疾病特征确定诊断。

如无咽部吞咽运动障碍的，常指示是食管疾病，应通过食管视诊、触诊、探诊及 X 射线检查，按照食道疾病的特征进行确定诊断。

五、以神经症状为主症疾病的鉴别诊断

神经症状是神经系统机能紊乱的具体临床表现，引起该症状疾病的病因复杂多变，所引起的病理学变化和临床表现更是多种多样，概括起来有一般脑症状、局部脑症状、脊髓机能障碍症状和外周神经症状。

（一）神经症状的分类

1. 神经症状的病因分类

（1）**传染性神经症状** 病原微生物感染是神经系统疾病最常见的病因。例如，各种嗜神经性病毒，衣原体与弓形虫引起的非化脓性脑脊髓炎；若干致病性微生物及其毒素引起的中枢与外周神经系统的损害；各种化脓性细菌引起的化脓性脑炎。

（2）**寄生虫性神经症状** 如多头绦虫的脑多头蚴、有钩绦虫与无钩绦虫的囊尾蚴寄生于脑可造成机械性压迫和损伤，使神经系统结构和完整性遭到破坏，从而导致严重的病理现象。

（3）**中毒性神经症状** 污染性饲料毒物或有毒植物能引发严重的神经疾病，如食盐中毒、有机磷农药中毒、霉菌毒素中毒、重金属元素中毒等。此外，一些有机溶剂、一氧化碳、某些过量的药物，以及各种细菌毒素和异常的代谢产物，均能对神经系统产生毒性损害作用。

（4）**血液循环障碍性神经症状**　中枢神经系统，尤其是大脑皮层对氧十分敏感，因此各种原因导致的大脑缺血、脑血栓、脑充血和水肿及脑出血等，都可引起脑部血液循环障碍而出现严重的神经症状，甚至引起死亡。

（5）**理化性神经症状**　日射病、挫伤和震荡可能对神经组织造成直接损伤，还能伴发循环障碍，严重的挫伤和震荡可导致休克。

（6）**肿瘤性神经症状**　许多原发性或继发性肿瘤可生长于神经组织而造成压迫或损害，如生长于软脑膜的各种肉瘤、内皮瘤，生长于脑实质内的成神经细胞瘤、神经胶质细胞瘤、各种肉瘤，生长于外周神经的神经节细胞瘤等。

（7）**营养性神经症状**　如硫胺素缺乏引起的多发性神经炎，维生素 A、维生素 E、泛酸、吡哆醇缺乏时可分别出现神经细胞变性、神经细胞染色质溶解和坏死、脑软化、髓鞘脱失、视神经萎缩及失明等多种病理变化。

此外，变态反应能引起神经系统的病理变化。遗传、品种、性别和年龄等诸方面，在神经系统的某些疾病的发展过程中也有一定的联系。

2. 神经症状的发病部位分类

（1）**一般脑症状**　是由于大脑皮质的弥漫性疾病，如充血、炎症、毒物或毒素的中毒及肿瘤等，致使脑内压增高所引起。主要表现是精神状态异常，病牛兴奋、沉郁或昏迷，意识紊乱，不顾障碍物，或做无目的地徘徊，或行强迫回转运动，采食饮水状态异常，呕吐，呼吸、脉搏次数和节律改变，视神经乳头充血和反射改变等。

（2）**局部脑症状**　也称灶性脑症状，是由于局部脑实质或个别脑神经核受损伤所引起的症状。常见的表现是眼球震颤、斜视、瞳孔大小不等，鼻唇部肌肉挛缩，牙关紧闭及舌的纤维性震颤，口唇歪斜，耳下垂，舌脱出，吞咽障碍，听觉减弱，视觉障碍，嗅觉和味觉错乱等。

（3）脊髓机能障碍性症状　主要表现为截瘫，运动和感觉异常，排粪排尿障碍和腱反射消失或亢进等。

（4）外周神经性症状　主要表现为个别外周神经所支配的肌肉张力减退，肌肉迅速萎缩，腱反射减弱或消失，皮肤反射减弱或消失。

（二）神经症状的主要相关疾病

牛脑脊髓炎、狂犬病、伪狂犬病、海绵状脑病、破伤风、嗜血杆菌病、李氏杆菌病、牛玻纳病、有机磷中毒、亚硝酸盐中毒、氢氰酸中毒、氟乙酰胺中毒、氨基甲酸酯类农药中毒、脑膜炎、日射病与热射病、青草搐搦、铅中毒、酮病、瘤胃酸中毒、尿素中毒、仰口线虫病等。

（三）以神经症状为主症疾病的诊断

神经系统疾病的基本诊断思路，首先抓住神经系统的基本症状，判断是不是神经系统疾病；其次根据临床表现，分析、判断是脑、脊髓疾病，还是脑神经、外周神经疾病；最后结合实验室及特殊检查的结果，进一步判断疾病的性质和病变范围。

奶牛神经系统疾病的临床症状，主要表现在精神、意识、感觉、运动、反射及植物神经功能紊乱等方面，因此对神经系统疾病的诊断主要应在这几个方面进行认真的分析，并参照病史及流行病学材料、实验室及病理解剖学变化，才能作出正确的诊断。

凡有明显的精神、意识紊乱，如过度兴奋，昏迷，暴进暴退，圆圈运动，平衡失调，痉挛，严重的呼吸、心律不齐，视神经乳头充血、水肿等一般脑症状，并兼有偏瘫、斜视、眼球震颤、瞳孔对光反应消失，以及视、听、嗅、味觉消失等灶性症状的，应怀疑为脑及脑膜的疾病。只有一般脑症状而缺乏灶性症状的，可能为全身性感染，中毒或某些代谢病引起的脑机能障碍，而不能简单地诊断为器质性脑病。至于是脑的哪一个部位的疾病，则需结合脑的解剖及生理机能来判断。如果体位平衡严重失调，并在运动开始时有震颤，则系小脑的疾病。如果呈现严重的共济失调，一侧或两侧肢体僵直，并有意识丧失、瞳孔反射及眼球运动异常和视觉障碍的，则系脑干受到侵害。如果出现明显的心血管机能紊乱或出现陈-施氏呼吸，且后 8 对脑神经的功能严重紊乱的，则表示延髓受到侵害。如果出现静止性震颤，或四肢作游泳样运动的，则系纹状体苍白球系统受到侵害。

凡具有节段性的感觉机能紊乱、截瘫或单瘫，反射亢进或消失，以及肛门和膀胱括约肌功能障碍的，应怀疑为脊髓及脊髓膜的疾病。脊髓实质的疾病，常见有脊髓传导路径的损害症状，如一侧或两侧的痛觉消失或深感觉障碍；脊髓膜的疾病，常见有脊神经根的刺激症状，如一定区域的痛觉过敏。但脊髓实质与脊髓膜的疾病常同时发生，故其临床症状常是混合出现。至于是脊髓哪一节段的损伤，是全横径性或半横径性损伤，也可以由所呈现的症状加以判断。如果排尿、排粪机能高度障碍，致使粪、尿失禁或潴留，并出现后肢瘫痪的，则系腰荐部脊髓的损伤。如果不但有排尿、排粪机能障碍，而且整个后躯感觉消失及瘫痪，甚至腱反射增强，或只见膈而见不到胸廓肌肉参加呼吸运动，则系前段胸髓的横贯性损伤。如果有两前肢的感觉消失和瘫痪，反射消失，甚至有窒息死亡危象的，则系颈髓中段的横贯性损伤。

六、以咳嗽、喘为主症疾病的鉴别诊断

咳嗽、喘是临床上常见的症候群，多见于呼吸系统疾病，但单纯性鼻炎和鼻窦炎临床上不出现咳嗽。此外，其他器官系统疾病如腹部的疼痛性疾病、贫血、心脏疾病、中毒性疾病及中枢系统疾病等也能引起咳嗽、呼吸困难。

（一）分类

1. 根据主要发病部位的分类

（1）**呼吸系统疾病**　主要见于喉气管、肺、胸膜、膈肌和胸部疾病，如各种原因引起的气管炎、支气管炎、大叶性肺炎、肺水肿、胸膜肺炎、膈肌麻痹、胸腔积液、肋骨骨折、气胸等。

（2）**血液循环系统疾病**　主要见于心脏病和血液疾病，如各种原因引起的贫血、血红蛋白变性（亚硝酸盐中毒等）、一氧化碳中毒、心力衰竭、循环虚脱和创伤性心包炎等。

（3）**腹压升高性疾病**　如瘤胃臌气、腹水、渗出性腹膜炎等。

（4）**神经系统疾病**　主要见于脑膜脑炎、中暑、有机磷中毒、氨基甲酸酯类农药中毒等某些中毒病。

2. 根据病因和发病机理的分类

（1）**肺性呼吸困难**　是肺部广泛性病变，支气管也受到侵害，使肺的有效呼吸面积减少，肺活量降低，肺的通气不良，换气不全，使血液二氧化碳浓度升高和氧浓度下降，导致呼吸中枢兴奋的结果。可见于各型肺炎、胸膜肺炎、急性肺水肿和主要侵害胸、肺器官的某些传染病，如牛肺疫、支气管炎、渗出性胸膜炎和胸腔大量积液等。

（2）**心性呼吸困难**　呼吸困难也是心功能不全的主要症状之一，其产生的原因是小循环发生障碍，肺换气受到限制，导致缺氧和二氧化碳潴留。表现为混合性呼吸困难的同时，病牛伴有明显的心血管系统症状，运动后心跳、气喘更为严重，肺部可听到湿啰音。主要见于心内膜炎、心肌炎、创伤性心包炎和心力衰竭等。

（3）**血性呼吸困难**　严重贫血时，因红细胞和血红蛋白减少，血氧供应不足，导致呼吸困难，尤其是运动后更为显著。可见于各种类型的贫血，如出血性贫血、焦虫病、铜中毒等。

（4）**中毒性呼吸困难**　因毒物来源不同，又可分为两种。

内源性中毒　各种原因引起的内中毒，如代谢性酸中毒、酮血症、严重的胃肠炎和高热性疾病等。代谢性酸中毒表现为深而大的呼吸，但无心、肺疾患。

外源性中毒　见于某些化学毒物中毒影响血红蛋白，使之失去携氧能力或抑制细胞内酶的活性，破坏组织内氧化过程，从而造成组织内缺氧，出现呼吸困难。主要见于亚硝酸盐中毒、氢氰酸中毒、有机磷中毒。另外，也见于某些药物中毒，如水合氯醛、巴比妥、吗啡等中毒，抑制呼吸中枢，使呼吸变慢。

（5）**神经性或中枢性呼吸困难**　重症的脑部疾患，由于颅内压增高和炎症产物刺激呼吸中枢，可引起呼吸困难，如脑膜炎、日射病与热射病等。某些疼痛性疾病可反射性引起呼吸运动加深，重者也可引起呼吸困难。在破伤风时，由于毒素直接刺激神经系统，使中枢的兴奋性增高，并使呼吸肌发生强直性痉挛，导致呼吸困难。

（6）**腹压增高性呼吸困难**　由于腹腔的压力升高，压迫膈肌，使其运动受到限制，并影响腹壁的收缩，从而导致呼吸困难，严重时病牛出现窒息现象。主要见于瘤胃臌气、渗出性腹膜炎、腹水等疾病。

（二）咳嗽、喘的主要相关疾病

日射病与热射病、肺充血与肺水肿、急性呼吸窘迫症、支气管炎、支气管肺炎、大叶性肺炎、蕨中毒、副鼻窦炎、异物性肺炎、胸膜炎、喉水肿、膈疝、霉烂甘薯中毒、棉籽饼中毒、酒糟中毒、呼吸道包涵体病毒感染、牛传染性鼻气管炎、牛支原体性肺炎、牛巴氏杆菌病、流感、牛腺病毒感染、牛流行热、牛鼻病毒病、链球菌病、亚硝酸盐中毒、氢氰酸中毒、夹竹桃中毒、肺丝虫病等。

（三）咳嗽、喘为主症疾病的诊断

1. 确定发病部位　临床检查应考虑呼吸节律、频率、类型、呼吸音和是否咳嗽。吸气性呼吸困难表明气体通过上呼吸道发生障碍，应检查鼻、咽、喉及气管，找出狭窄或阻塞部位。呼气性呼吸困难表明肺内气体排出障碍，病变部位可能在细支气管或肺，应根据胸部听诊、叩诊和胸部 X 射线检查结果，综合判定病变部位。最常见的是混合性呼吸困难，病因复杂，可见于各种类型的肺脏疾病，胸壁、腹壁和膈肌运动障碍的疾病，红细胞减少或血红蛋白变性等血源性疾病，心力衰竭所致的肺循环淤滞，中枢神经系统损伤或机能障碍等疾病。

2. 确定发病原因　由呼吸系统疾病引起，或由其他系统的疾病引起。伴有鼻液、咳嗽和肺部病理变化，表明病在呼吸系统；如有心功能不全，表明病在心血管系统；如有明显神经症状，提示病在神经系统或由中毒所致；如有腹部膨大，表明病在腹腔脏器；如有结膜苍白，提示各种贫血；如有采食毒物或接触毒物史，提示中毒性疾病。

3. 注意呼吸频率、节律、深度和对称性的变化　吸气性呼吸困难时呼吸频率减少；呼气性呼吸困难时频率增加或减少，呼吸加深；混合性呼吸困难时呼吸频率加快，后期节律发生改变；单侧性胸膜炎、胸膜肺炎、胸腔积液、气胸和肋骨骨折等疾病过程中呼吸对称性发生变化。

4. 实验室检查和特殊检查　血液学检查可确定贫血性疾病的程度、类型和原因；血清学检查对伴有呼吸困难的传染病在诊断上有重要价值；怀疑肺线虫病，可进行粪便虫卵检查等。X 射线检查对呼吸系统疾病诊断具有重要的价值，一般可确定疾病的部位和性质。

七、以黄疸为主症疾病的鉴别诊断

黄疸是由于胆色素代谢失常，血浆中胆红素含量升高，在皮肤、黏膜、巩膜及其他组织沉着，以黄染为病理特征的一类综合征。由于肝脏在胆色素代谢过程中具有重要作用，因此肝机能不全时常伴发黄疸，黄疸还见于传染病、侵袭病、遗传病、中毒病、代谢病等疾病过程中。

（一）黄疸的分类

1. 黄疸的发病部位分类

（1）**肝前性黄疸** 也习惯称为溶血性黄疸，是由于红细胞破坏过多或"旁路性"胆红素生成增多所引起，以前者较为常见。多见于铜中毒、低磷酸盐血症、钩端螺旋体病、细菌性血红蛋白尿症、棒状杆菌病、牛无浆体病、附红细胞体病，以及造血机能异常引起的未成熟红细胞破坏过多等疾病。

（2）**肝性黄疸** 又称实质性黄疸，是肝脏受到损伤，肝细胞变性、坏死，制造和排泄胆汁的功能减退所致发的黄疸。主要机制是肝脏对胆红素的摄取、酯化障碍和对胆红素的排泄障碍，常见于传染性黄疸、侵袭性黄疸、中毒性黄疸、遗传性黄疸过程中。

（3）**肝后性黄疸** 又称阻塞性黄疸，是肝外胆道阻塞或胆汁淤滞引起胆红素的排泄障碍，使酯型胆红素逆流入血导致的，常见于胆结石、寄生虫、胆管炎、十二指肠炎症等疾病。

2. 黄疸的病因分类

（1）**传染性黄疸** 多见于钩端螺旋体病、细菌性血红蛋白尿症、棒状杆菌病、牛无浆体病、附红细胞体病、牛嗜血支原体病等。

（2）**寄生虫性黄疸**　多见于肝片形吸虫病、双腔吸虫病、伊氏锥虫病、焦虫病、巴贝斯虫病等。

（3）**中毒性黄疸**　多见于黄曲霉毒素中毒、铜中毒等疾病。

（4）**营养性黄疸**　多见于脂肪肝、低磷酸盐血症和犊牛水中毒等。

（5）**免疫性黄疸**　多见于新生犊牛溶血症、生物制剂引起的变态反应等疾病。

（6）**结石性黄疸**　多见于胆道、胆囊结石。

（二）黄疸的主要相关疾病

肝炎、肝硬化、胆囊炎、胆结石、脂肪肝、低磷酸盐血症、铜中毒、钩端螺旋体病、细菌性血红蛋白尿症、棒状杆菌病、牛无浆体病、附红细胞体病、牛嗜血支原体病、肝片形吸虫病、双腔吸虫病、伊氏锥虫病、焦虫病、巴贝斯虫病等。

（三）以黄疸为主症疾病的诊断

临床上遇到黄疸体征的病牛，首先要辨别黄疸的病理类型，是溶血性黄疸、实质性黄疸，还是阻塞性黄疸，然后再弄清黄疸的病因，确定原发病。

黄疸伴有可视黏膜苍白、血红蛋白血症，有或无血红蛋白尿症，红细胞数、血红蛋白含量和红细胞压积减少的，考虑溶血性黄疸。黄疸伴有结膜潮红、肝功能异常和肝病症状的，考虑肝性黄疸。可视黏膜深黄，伴有皮肤瘙痒、粪便色淡或白色、腹痛征候和心动徐缓的，可考虑阻塞性黄疸。

确定黄疸的病理类型后，应再确定各病理类型黄疸的病因，是属于传染性、寄生虫性、中毒性、营养性、免疫性，还是结石性的。最后根据各原发病各自的特有症状、证病病变和特殊检查检验结果进行论证诊断，得到最后的确诊。

八、以可视黏膜苍白为主症疾病的鉴别诊断

可视黏膜苍白是贫血的指征，临床上多见于贫血。贫血是指单位体积外周血液中的血红蛋白浓度、红细胞数和（或）红细胞压积低于正常值的综合征。在临床上是一种最常见的病理状态，主要表现在皮肤和可视黏膜苍白、心率加快、心搏增强、肌肉无力及各器官由于组织缺氧而产生的各种症状。贫血不是一种独立的疾病，而是一种临床综合征。

（一）可视黏膜苍白的分类

引起贫血的原因主要有血液过度丧失、红细胞过度被破坏、产生无效的红细胞，同时还必须考虑到造血、神经和网状内皮系统的变化、物质代谢的破坏及其他器官的影响和动物的饲养管理条件等。临床上根据病因和发病机理可分为以下 4 种。

（1）出血性贫血 是指血液流出血管外引起的贫血，一般分为外出血和内出血，临床上主要见于外伤、消化道溃疡、肝硬化、蕨中毒、双香豆素类鼠药中毒、捻转血矛线虫病等疾病。

（2）营养性贫血 是指造血物质缺乏引起的贫血，临床上主要见于铁缺乏症、铜缺乏症、钴缺乏症、维生素 B_{12} 缺乏症及蛋白质缺乏等。

（3）溶血性贫血 是指红细胞大量破坏引起的贫血，临床上分为血管内溶血和血管外溶血，多见于中毒性疾病如铜中毒、水中毒、低磷酸盐血症、细菌性血红蛋白尿症、新生犊牛溶血症、焦虫病和附红细胞体病等。

（4）再生障碍性贫血 是骨髓造血机能障碍致发的贫血。

（二）可视黏膜苍白的主要相关疾病

出血性贫血、铁缺乏症、铜缺乏症、钴缺乏症、铜中毒、低

磷酸血症、硒缺乏症、水中毒、双香豆素类鼠药中毒、蕨中毒、新生犊牛溶血病、钩端螺旋体病、细菌性血红蛋白尿症、棒状杆菌病、牛无浆体病、附红细胞体病、牛嗜血支原体病、捻转血矛线虫病、焦虫病、铅中毒、巴贝斯虫病、肺丝虫病、毛首线虫病和夏伯特线虫病等。

（三）以可视黏膜苍白为主症疾病的诊断

诊断贫血的指标，临床最常用的有红细胞数、红细胞压积、血红蛋白、红细胞象及骨细胞象。前三项是辨别贫血与否的不可缺少的基础指标，任何一项或三项都低于正常值，即可认为是贫血。后两者是用以进一步探讨贫血的性质和判定贫血程度的佐证指标。

临床上遇到贫血的病例，通常着眼于起病情况、可视黏膜颜色、体温高低、病程长短、血液学检查结果和骨髓象，并运用如下诊断思路：

突然起病的多考虑急性出血性疾病和溶血性疾病。伴有黄疸的，考虑急性溶血性黄疸；不伴有黄疸的，考虑外出血和内出血，应进一步仔细进行临床检查和特殊检查。对伴有黄疸的急性贫血，再考虑是否伴有发热，伴有发热的考虑传染性或寄生虫性黄疸，根据病史、临床症状和流行病学进行相应的病原学诊断；不伴有发热的，主要考虑中毒性疾病和营养代谢病，根据临床症状和流行病学进行相应的营养素或毒物的检测。

病程较长的，可视黏膜逐渐苍白并黄染，不显血红蛋白血症的，考虑慢性溶血性和失血性贫血，再考虑是否伴有发热。伴有发热的，考虑感染性疾病；不伴有发热的，考虑慢性出血性贫血和中毒性贫血。

起病隐袭、病程缓长的，可视黏膜逐渐苍白的病例，考虑慢性失血性和红细胞生成不足性贫血，后者包括再生性贫血和营养性贫血。在这种情况下，病情复杂交错，必须配合各项过筛检验，首先确定其形态学分类和再生反应上的分类位置，以指示诊断方向。

九、以卧地不起为主症疾病的鉴别诊断

奶牛卧地不起综合征是奶牛常见的一个症候群，不是一个独立疾病，而是许多疾病的一个共有症状。

奶牛维持正常运动机能需要两个基本条件：一是运动的机械和动力装置必须完整，即骨骼、关节、腱和肌肉等的结构和形态完好；二是神经功能的正常调控。

（一）卧地不起的分类

1. 卧地不起综合征的病理分类

（1）**神经性卧地不起**　是由于运动神经受到直接损伤引起的，如脑部疾病、脊髓疾病、闭孔神经麻痹和腓神经麻痹等。

（2）**离子性卧地不起**　包括生产瘫痪、瘤胃酸中毒、代谢性酸中毒、低磷血症、低镁血症、低钾血症等。

（3）**肌（骨）源性卧地不起**　包括肌肉、韧带的断裂，如腓肠肌断裂、跟腱断裂，关节疾病，如脱臼、关节炎等；此外，也见于风湿性疾病等。

（4）**感染性卧地不起**　包括脓性子宫炎、蹄叶炎和创伤性腹膜炎等。

2. 卧地不起综合征的发病部位分类

（1）**神经系统疾病**　常见于脑炎、中暑、脊髓损伤、闭孔神经麻痹、腓神经麻痹等。

（2）**消化系统疾病**　如创伤性网胃腹膜炎、瘤胃酸中毒等。

（3）**运动系统疾病**　包括腓肠肌断裂、跟腱断裂、骨折、蹄叶炎、髋关节损伤、关节炎、风湿病等。

（4）**生殖系统疾病**　如脓性子宫内膜炎等。

（5）**全身性疾病**　如产后低钙血症、低镁血症、低磷血症、低钾血症、白肌病和酮病等。

3. 卧地不起综合征的病因分类

（1）**营养性卧地不起综合征**　如瘤胃酸中毒、创伤性网胃腹膜炎、产后低钙血症、低镁血症、低磷血症、低钾血症、白肌病和酮病等。

（2）**感染性卧地不起综合征**　如脓性子宫内膜炎、关节炎、蹄叶炎、脑炎等。

（3）**理化性卧地不起综合征**　如外伤引起的腓肠肌断裂、跟腱断裂、脊髓损伤、骨折、髋关节损伤、闭孔神经损伤（产后瘫痪）、腓神经损伤、脱臼等。如环境高温高湿引起的日射病与热射病等疾病。

（4）**中毒性卧地不起综合征**　如瘤胃酸中毒、铅中毒、氟中毒等疾病。

（5）**免疫性卧地不起综合征**　如肌肉、关节的风湿病、类风湿病等。

（6）**其他因素**　主要见于各种疾病引起的恶病质、脑水肿等疾病。

（二）卧地不起综合征的主要相关疾病

蹄叶炎、创伤性网胃腹膜炎、髋关节损伤、腓肠肌或腓肠肌断裂、骨折、脑水肿、闭孔神经损伤（产后截瘫）、腓神经损伤、脓毒性子宫炎、乳酸中毒、白肌病、酮病、低钾血症、低镁血症、低磷血症和产后低钙血症。

（三）卧地不起综合征的鉴别诊断

奶牛卧地不起临床上分为全身性的瘫痪和后躯瘫痪之分。全身性瘫痪伴有中枢神经功能障碍的，一般多提示中枢神经损伤源性、离子源性、中毒源性等疾病。不伴有中枢神经功能障碍的，一般多提示外周神经损伤、肌骨源性和感染性卧地不起。后躯瘫痪引起的卧地不起，多见于脊髓损伤、外周神经损伤、骨关节损伤、肌肉损伤和血管损伤等，一般多不伴有中枢神经功能障碍。

首先要区分是全身性瘫痪还是后躯瘫痪引起的卧地不起。临床检查时要注意前后肢的运动机能，若前后肢均丧失运动机能，可判定为全身性瘫痪引起的卧地不起。若前肢没有运动障碍，而后肢丧失运动功能，则为后躯运动障碍引起的卧地不起综合征。

其次是明确全身性瘫痪的区别要点。确诊为全身性瘫痪后，应注重观察是否伴有中枢神经功能障碍，伴有中枢神经功能障碍的全身瘫痪性疾病常见于脑水肿、生产瘫痪、低磷血症、低镁血症、低钾血症、脓性子宫炎、酮病和乳酸中毒等疾病。不伴有中枢神经功能障碍的全身瘫痪性疾病常见于四肢骨骨折、颈部以下脊柱神经损伤、蹄叶炎、硒缺乏症、创伤性腹膜炎等。

再次，后躯瘫痪引起的卧地不起综合征，可按解剖学进行分类与诊断。

十、以跛行为主症疾病的鉴别诊断

跛行是肢体的异常运动姿势，指因某个肢蹄或多肢患有疼痛性疾病或运动机能障碍而致运动失常，是临床上常见的一种综合征。

（一）跛行的分类

1. 跛行的临床症状分类

（1）**支跛**　如患肢着地、负重表现疼痛称为支跛。支跛多提示疾病主要在膝关节（跗关节）与蹄之间，如肌肉疼痛、骨骼关节损伤、蹄部等疾病。

（2）**悬跛**　当患肢提举时有运动障碍时称为悬跛。悬跛一般提示疾病主要在膝关节（跗关节）与肩关节（髋关节）之间，如肌肉疼痛、骨骼关节损伤等疾病。

（3）**混合跛行**　临床上既表现患肢着地、负重时疼痛，又表现出患肢提举有运动障碍时称为悬跛。混合型跛行除多见于肢蹄的疾病外，也见于中枢神经系统疾病、全身性疾病，如脑部疾病、脊髓疾病、骨软症、佝偻病、氟中毒、锰缺乏症等。

2. 跛行的发病部位分类

（1）**骨骼性跛行**　各种病因引起的骨骼病患，都可能引起跛行，如佝偻病、骨软症、骨折、骨髓炎、锰缺乏症、氟中毒、蹄叶炎等。

（2）**关节性跛行**　常见于关节脱臼如髋关节脱臼、膝关节脱臼等，各种病因（原）引起的关节炎如病毒性关节炎、细菌性关节炎、风湿性关节炎等；此外，也见于关节挫伤、关节扭伤、关节捩伤等疾病。

（3）**肌肉韧带性跛行**　常见于腓肠肌断裂、肌肉风湿、缺硒病、韧带撕脱或断裂、肌炎、腱鞘炎等疾病。

（4）**神经性跛行**　常见于神经系统疾病，如脑部疾病的后遗症、脊髓的不完全损伤、腓神经麻痹、桡神经麻痹等。

3. 跛行的病因分类

（1）**营养性跛行**　由于营养缺乏引起骨、关节和肌肉的损伤，临床上表现出跛行，如佝偻病、骨软病、锰缺乏症、铜缺乏症、低磷酸盐血症、硒缺乏症等。

（2）**外伤性跛行**　外力作用下引起的骨、关节和肌肉的损伤，临床上常见于骨折、脱臼、韧带断裂、肌肉关节的挫伤等。

（3）**感染性跛行**　临床上常见于骨髓炎、肌炎、蹄叶炎、蹄叉腐烂、关节炎等。

（4）**中毒性跛行**　主要见于氟中毒、硒中毒、马铃薯中毒、麦角中毒等疾病。

（5）**免疫性跛行**　见于肌肉与关节的风湿病、类风湿病等。

（二）跛行的主要相关疾病

佝偻病、骨软症、锰缺乏症、淀粉渣中毒、麦角中毒、股神经麻痹、硒缺乏症、风湿病、关节炎、关节挫伤和扭伤、关节外伤、脱臼、腱炎与腱鞘炎、腱断裂、腕前黏液囊炎、蹄叶炎、蹄叉腐烂等。

（三）跛行的鉴别诊断

临床遇见跛行的动物，首先要确定症状表现类型，是支跛、悬跛，还是混合跛行。然后进行发病部位的确定，是骨骼疾病、关节疾病、肌肉疾病，还是神经系统疾病等，再依据不同疾病具体病因，结合触诊、封闭、X射线检查和特殊检查结果，根据类症鉴别的原则进行病因（病原）学诊断。

十一、以不孕、死胎、早产为主症疾病的鉴别诊断

不孕、死胎、早产是母畜常见的繁殖障碍性疾病，给养殖业带来巨大的经济损失，为预防和改变母畜的此类疾病，必须全面认识其病因。

引起母畜不孕症的病因概括起来有两大类：一是先天性不孕；二是获得性不孕，即后天性不孕。

（一）不孕、死胎、早产的分类

1. 不孕、死胎、早产的病因分类

（1）**先天性不孕** 是指母畜生下来就不具有繁殖能力，常见疾病如幼稚病、两性畸形、异性孪生、生殖道畸形或缺陷等疾病。

（2）**后天性不孕** 是指由于某种病因，使母畜暂时或永久丧失繁殖能力。造成后天不孕的病因很多。如饲养管理性的、繁殖

技术性的、疾病性的、衰老性的和水土不服性的。

饲养管理性不孕 主要见于饲料配比不当或饲料供给不足、缺乏运动等。

繁殖技术性不孕 繁殖技术性不孕实质是人为造成的，指的是因为繁殖技术水平低下而造成的母畜不孕，主要见于配种时不作发情鉴定或鉴定技术不过关，因而不能做到实时配种，甚至漏配。精液品质不良，或精液的稀释、保存、解冻方法不当，从而降低精液的品质。人工授精时，输精技术水平低，未将精液送到准确位置。输精操作粗野，刺伤子宫颈或子宫体。配种前对消毒不严或不消毒，造成生殖道感染。不作妊娠检查或检查技术不过关，造成怀孕误配或其他原因未孕，而不再发情即认为怀孕，不再及时治疗，而致长期不孕。接产或助产技术不良或产后护理不当，造成生殖道感染。

水土气候性不孕 母畜的生殖机能与外界的阳光、温度、湿度、饲料等有着密切的关系，如果气候、水土不适应，或剧烈变化，可能就会引起繁殖机能障碍。

衰老性不孕 指母畜到了老年之后，随着全身机能衰退，生殖机能停止，不再具备繁殖能力。母畜进入衰老期后，卵巢开始缩小，不再有卵泡发育，子宫壁变薄，子宫体缩小而且弛缓。

疾病性不孕 疾病性不孕也称症状性不孕，是因母畜患有某种疾病而引起的不孕，如生殖器官疾病、代谢性疾病、中毒性疾病、全身性疾病、传染性疾病和寄生虫病，在疾病性不孕中，最常见的是各种生殖道疾病。

2. 不孕、死胎、早产的发病部位分类

(1) 卵巢疾病 常见的表现不发情的卵巢疾病有卵巢发育不全、卵巢静止、卵巢萎缩、卵巢完全硬化、持久黄体、黄体囊肿和急性卵巢炎；临床表现发情不正常的卵巢疾病常见的有卵泡萎缩、卵泡交替发育、卵巢不完全硬化、排卵延迟或不排卵、隐性排卵、多于卵泡发育、卵泡囊肿或慢性卵巢炎。

（2）**输卵管性疾病**　临床上输卵管疾病较少，常见的有卡他性、化脓性或结节性输卵管炎。

（3）**子宫性疾病**　见于子宫内膜炎、子宫炎、子宫积液、子宫积脓、子宫弛缓、子宫萎缩、子宫变性和子宫发育不良等。

（4）**子宫颈性疾病**　见于子宫颈炎、子宫颈闭锁、子宫颈损伤、子宫颈弛缓、子宫颈方位不正和子宫颈瘤等。

（5）**阴道性疾病**　见于阴道炎、阴道狭窄、阴道弛缓、阴道粘连、先天性瓣膜过厚等。

（6）**全身性疾病**　主要见于布鲁氏菌病、牛传染性鼻气管炎等。

（二）不孕、死胎、早产的主要相关疾病

碘缺乏症、硒缺乏症、锌缺乏症、维生素 A 缺乏症、维生素 E 缺乏症、子宫内膜炎、子宫颈炎、子宫积脓、卵巢机能不全、卵巢囊肿、持久黄体、输卵管炎、卵巢炎、布鲁氏菌病、牛生殖道弯曲杆菌病、牛鹦鹉热衣原体感染、牛细小病毒病、赤羽病、爱野病毒感染、中山病毒感染、Q 热、弓形虫病、新孢子虫病、毛滴虫病等。

（三）以不孕、死胎、早产为主症疾病的诊断

母畜不孕症的诊断方法包括问诊、视诊、触诊、直肠检查、阴道检查及实验室诊断等。

1. 问诊　在不孕症诊断中有重要的参考价值，主要询问如下 10 个内容：

① 母畜的年龄　通过询问年龄，可以了解到是先天性不孕，还是获得性不孕。如果是青年母畜，到性成熟后仍不发情，应考虑是否为先天性生殖器官发育不全或畸形；如果是老年家畜不发情，则可能为衰老性不孕。

② 过去是否分娩过　如果从来未分娩过仔畜，而年龄已在

性成熟界限，即应从先天性不孕方面详细检查；如已产过1胎或几胎后不孕，即可能为饲养、管理利用或疾病方面的原因。

③ 最后一次分娩的时间　可以了解是长期，还是短期性不孕，从而确定患病的严重程度。

④ 母畜的发情期　在较长时期内是否正常，如果是发情周期延长或缩短，可能是卵巢机能不全；如果是长时间不发情，则可能为卵巢静止、萎缩或持久黄体；如果发情没有规律，则可能是卵巢发炎或卵巢局部硬化。

⑤ 过去配过的情期数及每个情期的配种次数　从而可考虑是否做到及时配种及其他繁殖技术环节上的问题，或是免疫性不孕。

⑥ 过去是否发现过母畜后躯、阴门、尾部有"白带"或其他分泌物　了解分泌物的性质和分泌物的多少，以判定炎症的性质和程度。

⑦ 过去是否发生过难产、流产、胎衣滞留及阴道脱出，分娩时母畜外阴消毒情况和产房卫生状况如何　以判定是产后疾病还是生殖疾病。

⑧ 母畜饲料、饲养和使役利用情况　从而判断是何种病因引起的不孕。

⑨ 在半年内母畜是否患过全身性疾病，与母畜不孕有关的传染病及其严重程度　以判定其是否有疾病性不孕。

⑩ 追溯母畜的来源及其到当地的时间　以便确定下一步检查的方向。

总之，通过问诊可大致找出一些苗头，以便确定再进行进一步检查的重点和方向。

2. 视诊　视诊可以与问诊同时进行，视诊是观察母畜营养程度及整体健康状况，包括外阴部及阴道、子宫颈等局部的变化。

（1）整体检查　检查母畜的营养状况。过瘦，可能是饲养管理不当或有慢性疾病；过肥，则可能是能量饲料饲喂过多，缺乏使役和运动；膘情良好而不孕，可能是在内分泌方面有问题。

（2）臀部及外阴部检查 臀部下陷、尾根高举，多为子宫、阴道或外阴部疾病的表现，尤其患子宫积脓和脓性子宫内膜炎时更为明显。阴门下角、大腿后部、尾根及腹侧毛上有渗出物或结有干痂时多为生殖道炎症。同时观察渗出物的颜色、性质，以判定炎症的过程。

若阴门及阴道前庭发红、肿胀时，为阴道、前庭炎症。阴蒂过大，阴门下角升高，可能为先天性阴道狭窄。母畜站立时弓腰，尾根高举，有时呻吟、努责，可提示子宫或阴道的急性炎症。阴门开张、松弛，为阴道弛缓的表现。

（3）阴道检查 仔细观察阴道黏膜的颜色、分泌物或渗出物的性质及子宫腔部的变化。阴道黏膜正常为粉红色，发情时为红色或潮红色，充血、肿胀、无疼痛、有黏液，且透明可拉成丝状。若呈现红色或潮红，肿胀，敏感（有疼痛感），则为急性炎症；若色泽暗淡无光，多为慢性炎症，颜色苍白带青黄，为阴道弛缓；若苍白或黄白，且表面有皱纹或皱褶，多为慢性卡他性炎症。

在正常情况下，阴道内比较湿润，但无渗出物或分泌物，发情时有蛋清状的透明黏液。若分泌物黏稠，且呈灰白色为卡他性炎症；若分泌物黏稠呈黄白色，且有臭味，为化脓性炎症；若子宫颈口紧闭，而阴道内有分泌物，为阴道炎；若子宫颈口松弛、开张，有渗出物外流，为子宫炎或子宫内膜炎；从阴道流出污灰色，并带有恶臭味的液体时，可能是胎衣滞留、胎化腹中或为腐败性子宫炎。

（4）子宫腔部检查 检查时要注意子宫颈的形状、位置、大小。

形状 发情间期，呈花苞状，不开张。当子宫颈口松弛，子宫颈腔部无一定形状、变平、不突入阴道，且有椭圆形口直通子宫，可伸入1~2个手指，为子宫不完全弛缓；若子宫颈口完全失去花苞状，松弛下垂，子宫颈口开张很大，刺激无收缩反应，为完全子宫松弛；若子宫颈口凹陷，为环状肌裂；若子宫颈局部增厚变硬，为子宫颈损伤性结缔组织增生，另外，还要观察子宫颈外口有无黏膜遮蔽等。

位置 正常子宫颈平时突出在阴道穹隆中间，若子宫颈呈烟袋锅状歪向一侧，多为配种不当或分娩时子宫颈损伤引起。

大小 若子宫颈膣部肥大性增生，多为慢性子宫内膜炎，常见于经产母牛；若子宫颈显著肥大，多为慢性炎症；若子宫颈充血、肿胀、敏感，多为急性子宫炎；若子宫颈内有圆形、椭圆形的硬块，可能是子宫颈瘤或局限性肿胀；若皱襞缩小，则为子宫萎缩。

3. 触诊 触诊主要通过直肠触摸卵巢、输卵管和子宫颈的变化。

(1) 卵巢 如果卵巢硬如木质，无卵泡发育，为卵巢硬化，可能发生于一侧或两侧。卵巢体积增大，可能有以下病变，如卵巢上有多个卵泡或一个体积很大的卵泡，且发情周期多而短或经常发情，可能为卵泡囊肿；有多个卵泡发育，发情周期缩短为多卵泡发育或卵泡交替发育；卵巢呈星形、多边形、多角形、球果形或洋姜形，体积增大，为慢性局部硬化或肥大，或为慢性多卵泡囊肿；卵巢大而软、呈圆形或椭圆形，光滑、敏感，为急性卵巢炎；卵巢上有黄体，表面不光滑，且长期不发情又没有怀孕，为持久黄体；卵巢的全部或大部变软，内有波动而不发情，为黄体囊肿；一侧卵巢萎缩或发软，仍能发情怀孕，为单侧卵巢萎缩或黄体囊肿。

卵巢体积缩小，如黄豆大、皂角籽大或呈一薄片状，为卵巢萎缩或发育不全，也可能是衰老性萎缩。卵巢位置下降，多为怀孕、子宫积液或子宫积脓；若单侧下降，可能是卵巢囊肿或大卵泡发育。卵巢完全不能移动，则为卵巢粘连。

（2）**输卵管** 一般情况下，直肠触诊触摸不到输卵管，能触摸到，可能有下列病变：输卵管内充满液体而有弹性时，多为卡他性炎症或化脓性炎症。输卵管内有许多小结节，且管壁变硬，可能为结节性输卵管炎。输卵管内有豌豆大、卵巢大的囊泡，且有波动，为输卵管积液或积脓。若其他器官无病，发情也正常，但屡配不孕，可能是输卵管阻塞。

（3）**子宫角及子宫体** 在检查时要注意其位置、大小、形状和收缩反应。

位置 子宫角垂入腹腔，为多产母牛的正常表现；子宫角下降，可能是肿大、积液或积脓、肥大；子宫不能移动，多为粘连。

大小 若子宫全部均匀增大，多为慢性子宫内膜炎；仅局部增大可能是肿瘤或胎儿干尸化；子宫壁变薄，内有波动，为子宫积液；子宫壁变厚，内有波动，为子宫积脓；若子宫体积小，有兴奋性，为幼稚型子宫；无兴奋性，为子宫萎缩；子宫壁全部变薄、体积缩小，为老年性萎缩。

收缩反应 强烈收缩，为急性卡他性或急性化脓性子宫内膜炎；无收缩反应为子宫弛缓或萎缩；触摸疼痛不安，呻吟、强烈努责，为子宫浆膜炎、腹膜炎或盆腔炎。

十二、以红尿为主症疾病的鉴别诊断

红尿是尿液呈红色、红棕色，甚至黑棕色的泛称，并非指某一种尿，它可能是血尿，也可能是血红蛋白尿、肌红蛋白尿、卟啉尿或药红尿等，是临床上常见的一种症状。

（一）红尿的分类

1. 血尿 是指尿中混有血液，因尿反应不同而呈鲜红、暗红或棕红色，甚至近似纯血样，混浊而不透明。振荡后呈云雾状，放置后有沉淀。有时尿中可发现血丝或凝血块，见于泌尿系统炎症、结石、外伤、某些血液病和传染病、血孢子虫病和牛地方性血尿等。也可因邻近器官如子宫、阴道的出血所引起。

2. 血红蛋白尿　是指尿中仅含有游离的血红蛋白，尿呈均匀红色而无沉淀、镜检不见（或有少量）红细胞是血管内溶血现象之一。见于牛的焦虫病、新生畜溶血病、牛血红蛋白尿病、犊牛水中毒等。

3. 肌红蛋白尿　是指尿中仅含有肌红蛋白，可见于肌病、硒和维生素 E 缺乏症等。

4. 卟啉尿　是指尿中仅含有卟啉，主要见于遗传病。

5. 药红尿　是指尿中含有某些药物的红色代谢产物，称为药红尿，如安替比林、山道年、硫化二苯胺、蒽醌类药物、氨苯磺胺、酚红等可使尿变红色。

（二）红尿的主要相关疾病

栎树叶中毒、铜中毒、肾炎、膀胱炎、尿道炎、尿结石、低磷酸盐血症、水中毒、硒缺乏症、蕨中毒、牛巴贝斯虫病等。

（三）红尿的鉴别诊断

1. 五种红尿的鉴别诊断　临床上出现红尿，可按下列步骤进行定性。

首先进行显微镜学检查，如果尿沉渣中含有大量红细胞，则为血尿，如无红细胞存在，考虑其他四种红尿，然后进行联苯胺试验。如果阳性反应，则考虑血红蛋白尿和肌红蛋白尿；阴性反应，则考虑卟啉尿和药红尿。

肌红蛋白尿和血红蛋白尿的简易区别在于，肌红蛋白尿症不伴有血红蛋白血症，即血浆中虽含有多量的肌红蛋白，但外观并不红染。精确区分必须通过尿液的分光镜检查，依据不同的吸收光谱加以区别。临床检查鉴别常用盐析法，即取尿样 5 mL，加硫酸铵 2.5 g，充分混合后过滤，滤液呈淡玫瑰色的为肌红蛋白尿，滤液红色消退的为血红蛋白尿。

药红尿和卟啉尿可通过酸化尿液试验进行鉴别，即尿液酸化后红色消失的为药红尿，或者将尿液原样或经乙醚提取后，在紫外线照射下，发出红色荧光的即为卟啉尿。

2. 血尿的鉴别诊断

（1）血尿的定位诊断（表 1-1）

表 1-1　血尿的定位诊断

尿流观察	三杯试验	膀胱冲洗	尿渣检查	泌尿系统症状	提示部位
全程血尿	三杯均红	红-淡红	肾上皮细胞	肾区疼痛	肾性血尿
终末血尿	末杯深红	红-红-红	膀胱上皮细胞 硫酸铵镁结晶	膀胱触痛 排尿异常	膀胱血尿
初始血尿	首杯深红	不红	脓细胞	尿频尿痛 刺激症状	尿道血尿

（2）血尿的病因诊断　遇到血尿患畜，应综合临床症状和病史资料等，首先考虑血尿是单存性泌尿系统出血，还是出血性素质病的一个分症。对伴有皮下血肿、可视黏膜有出血斑点、便血、自发性出血不止的病牛，不应局限在一个泌尿系统做出出血部位的判断，应直接按出血性素质疾病进行鉴别诊断，尽快确定病因和病性。

单纯性泌尿系统出血，在出血部位确定后，可依据群发、散发等的流行情况，有无发热等全身症状、急性、亚急性、慢性等病程经过，以及特殊检查（X 射线检查、B 超检查和泌尿道造影等）和实验室检查（如肾功能检查、尿常规检查等）结果，进行综合分析，最后确定病性是炎症性的，还是肿瘤性的；病因是感染性的、结石性的、中毒性的，还是外伤性的。

十三、以脱毛为主症疾病的鉴别诊断

脱毛是指局部或全身被毛发生脱落，往往伴有其他的症状。本病的皮肤病变不一，临床上多种病因（病原）均可引起脱毛。

（一）脱毛的分类

1. 脱毛的病因分类

（1）**传染性脱毛**　由于病毒、细菌、真菌作用于皮肤或被毛引起的脱毛。多见于皮肤真菌病、嗜皮菌病、疙瘩皮肤病、放线菌病等疾病。

（2）**寄生虫性脱毛**　寄生虫侵袭皮肤致发的脱毛。多见于螨虫病、牛虱、牛皮蝇等疾病。

（3）**中毒性脱毛**　毒物或毒素作用所致发的脱毛。常见于硒中毒、钼中毒等疾病。

（4）**理化性脱毛**　多是由于温热和酸碱刺激致发的脱毛。常见于烧伤、冻伤和强酸与强碱的腐蚀等疾病。

（5）**内分泌性脱毛**　临床上见于甲状腺机能减退、肾上腺皮质增多症等疾病。

（6）**营养性脱毛**　某种营养物质缺乏致发的脱毛，临床上多见于碘缺乏症、铜缺乏症、锌缺乏症等疾病。

（7）**变态反应性脱毛**　常见于湿疹、丘疹性皮炎等疾病。

2. 脱毛的发病机理分类

（1）**单存性脱毛**　是指由于病原（病因）直接作用于被毛组织，而皮肤没有损伤所致发的脱毛，见于某些内分泌性疾病、某些真菌感染、铜缺乏症等疾病。

（2）**皮损性脱毛**　是指由于病原（病因）作用于皮肤组织致发的脱毛，多见于螨虫病、牛皮蝇、烧伤、冻伤、强酸与强碱的腐蚀等疾病。

（二）脱毛的主要相关疾病

皮肤真菌病、嗜皮菌病、疙瘩皮肤病、放线菌病、螨虫病、牛虱、牛皮蝇、碘缺乏症、铜缺乏症、锌缺乏症、钼中毒、硒中毒、烧伤、冻伤、强酸与强碱的腐蚀等。

（三）脱毛的诊断

临诊上遇见脱毛的病例，首先要确定脱毛的病理类型，是单纯性脱毛，还是皮损性脱毛。对伴有皮肤痒感的，主要考虑真菌性、寄生虫性、变态反应性和理化性脱毛等。对于伴有全身症状的，不应局限于表被系统疾病进行判断，应将脱毛作为全身性疾病的一个分症，结合病史和特殊检查检验结果进行确诊。

寄生虫性脱毛，可根据痒感、皮损和寄生虫虫体或虫卵的检查进行确诊。

传染性脱毛，一般均具有群发性和传播性，除单纯性真菌病外，一般均伴有原发病的全身症状，可结合疾病的特征性症状、病史、流行病学和病原学检查进行确诊。真菌性皮炎，可直接通过显微镜观察皮屑或被毛的真菌，即可确诊。

理化性脱毛，一般通过病史调查，根据是否有烫伤、冻伤、强酸强碱腐蚀的病史，可直接进行确诊。

营养性和中毒性脱毛，一般不伴有痒感，多呈群发性、渐进性，可根据病史、临床特征，并结合流行病学与实验室检验结果进行疾病的确诊。

内分泌性脱毛，临床上牛比较少见，多表现出对称性脱毛，伴有轻微皮损或不伴皮损，根据全身症状，并结合激素水平的测试结果可以进行确诊。

（于娇　徐世文）

第二章
常用诊疗技术

一、保　定

保定是控制家畜反抗，限制其防卫活动，保障人畜安全，顺利地进行诊疗的必要措施。

保定的原则是安全、迅速、简单、确定。保定前必须了解牛的习性，有无恶癖。保定时要有饲养员或熟练的助手在旁；保定的用具要结实，绳结要用活结、易结易解，尽量采用站立保定或柱栏内保定，必要时才用倒卧保定；倒卧时，要选择宽敞、平坦、松软的场地，特别要注意防止发生桡神经麻痹或骨折。倒卧前最好禁食半天，体大、性格暴躁的牛可预服镇静剂；治疗中尚须注意牛角抵人和后肢向前外方划弧踢人，检查者切忌双脚合并下蹲，须跨丁字步，以便退让。

（一）站立保定

1. 徒手保定法　术者一手抓牛的鼻绳或鼻中隔，将牛鼻上提，并略向后推动。

2. 角根保定法　将牛头抬高，紧贴木柱或树干，然后用绳子把牛角绑在木柱或树干上。本法适用于头部检查和豁鼻修补等。

3. 下颌捻紧法　用一根小指粗的麻绳，做成环形，其大小略大于被套入的下颌齿槽间隙，将其套入下颌齿槽间隙，术者用木棍穿入绳圈捻紧即可。但对小牛不宜过分强捻，以免引起下颌骨骨折。本法适用于注射和一般外科处理。

（二）柱栏内保定

1. 二柱栏保定法　二柱栏保定在农村可用相邻两棵大树，架上一根横木替代。先用围绳，其高度位于肩关节水平线上，后上鬐甲部和腰荐部两根吊绳，捆绑时注意不要把下腹部提拉过紧。如做腹部手术，尾可用绳绑在外侧肢飞节上。

2. 三柱栏保定法　在六柱栏无条件的地区，也可采用简易三柱栏保定。

3. 六柱栏保定法　保定时先挂好中柱上的胸带，从栏后将牛牵入栏内，挂好后柱上的臀带，鼻绳则根据诊疗的需要，可拴在左、右前柱的任何一个铁环上。为了防止有的牛跳和卧地，可在肩部装上背带或在下腹部兜上腹带，将其系在两侧的横木上。对四肢下部的检查、注射或一般外科处理时，可对患肢进行转位，转位的方法有前肢前方转位和后肢后方转位。为了防止意外，可先装着背带或腹带后再转位。

（三）倒卧保定

1. 提肢倒卧法　取长约 10 m 的圆绳一根，把绳折成一长一短，在绳的折转部做一套结，如以左侧倒卧为例，套结套在左前肢系部，短绳由胸下向上绕于鬐甲部，长绳由上向下绕于背腰部。倒牛时一人牵住牛绳并按住牛角，一人拉住短绳，二人拉住长绳，将牛向前牵，当系绳的左前肢抬起时，立即抽紧短绳并向下压，同时抓牛头的人，把牛头用力向右侧弯，使牛的重心向左偏移，抓长绳的二人一并用力向后牵引，并稍向右拉，牛即跪下而后向左侧卧倒。

牛卧下后，照管牛头的人将牛头压在地面上，按住牛角，使牛头不能上抬，抓短绳的人抽紧牛绳，并以一只脚踏在牛的鬐甲部；抓长绳的人，一手压住髋结节，另一人将腰部的绳子向后拉开，拉至两后肢跗部收紧，然后将两后肢与倒卧侧前肢捆绑在一起。此法适用于中等体形的牛，常用作去势或会阴部手术。体大、性劣的牛，不宜用本法。

2. 双抽筋法 用长约 15 m 的圆绳一根，在绳的中央折成两个双重的绳套，把两个直径 5～6 cm 的铁环，分别穿在两个绳套上（也可不用），然后把这两个绳套自下而上绕在牛的颈部，在颈侧把两绳套互相重叠，并用小木棍拴上固定。此时铁环分别位于两侧肩前。然后把绳的两端从前两肢和后两肢之间通过，分别绕过后肢系部（也可在小腿部），折向前穿过颈部的铁环（如不用铁环则穿过绳套）向后。放倒时一人尽量将牛头下掣，数人向后拉两端绳，使牛两后肢前移，渐失重心而卧倒。倒卧后继续收紧两端绳，并在跟腱或系部间以 8 字形缠绕数圈，最后将绳端绕在小木棍上。解除保定时，只需将小木棍抽去，绳套就全部松脱，牛即可站立，故民间此为"仙人脱衣法"。此法适用于体大、性劣的牛。

二、投 药

对用量不大、无特殊气味的药物，可直接混入饲料或饮水中，让其自食自饮。通常把药物做成丸剂、舔剂或水剂投服。

丸剂投药 将药用面粉调剂成丸。小丸剂可用投药枪投服，大丸剂可用徒手手持丸送入口腔投服。徒手投送是左手从口角伸入打开口腔，拉出舌头，右手持药丸塞入舌根后方，左手松开，药丸即被自然咽下。

舔剂投药 投药加适量面粉，用水调成糊状。打开牛的口腔后，用木片或竹片将药糊涂在舌根背部，使其自然咽下。

水剂投服 用竹筒、牛角匙、长颈瓶或橡皮瓶作为工具。投服时，抬高头部，以左手打开口腔，右手持灌药器，从口角向臼齿与舌尖送入，到舌后部，把灌药器后部抬高，倾出药液后，迅速取出灌药器，让其吞咽。咽下后，再灌第二口，如此重复，直至灌完。对牛来说，投服水剂是很方便的，通常不采用鼻导管投服。

三、注　　射

1. 注射前准备　检查注射器有无缺损，接头是否严密，针头是否锐利通畅。把注射器械洗净，煮沸消毒。金属注射器使用前要调整好活塞的松紧，一次性注射器是否过期、破损。检查注射用药的质量，是否变质、失效、过期。抽取药液后，应排尽注射器、导管、针头内的气泡。术者的手要洗净消毒，术部要剪毛，涂5％碘酊后，以70％乙醇脱碘消毒。

2. 各种注射法

（1）**皮下注射**　药液注射于皮下疏松组织中。常用于无刺激性易溶解的药物、菌苗或血清的注射。

注射一般选择颈侧皮肤易移动的部位。一手拎起皮肤成皱褶，一手持注射器将针头刺入皮下，进针2～3 cm，推动注射器活塞。注毕拔针用碘酊或酒精棉球按压针孔。

（2）**肌内注射**　用于刺激性较强或较难吸收的药液注射。

部位多选择在颈侧或臀部肌肉丰厚且无大血管、神经通过的部位。

注射时针身不要全部刺入肌肉，以免病牛骚动时折断。过强的刺激药如氯化钙、水合氯醛、水杨酸钠、新胂凡纳明等不能做肌内注射。

（3）**静脉注射**　药液直接注入静脉内，适用于用药量大、有刺激性的水剂和输血。静注后奏效迅速，但排除也快。

部位多半选在颈沟的上 1/3 和中 1/3 交界处的颈静脉上，亦可在耳静脉或乳静脉上注射。先排尽注射器或输液管中的气体。

以左手拇指在颈沟下部压住静脉，让上部静脉充分怒张，右手持针，垂直或呈 45°插入静脉，见回血后，将针尖挑起使与皮肤呈 10°～15°角，继续伸入 1～2 cm，接上针筒或输液导管，在手扶持或用夹子把导管固定在颈部后，缓慢地注入药液，注毕拔针，用碘酊或乙醇棉球按压针孔。

注意事项如下，病牛要确实保定，充分怒张静脉后再下针。针头刺入血管后，应再送入部分针身入血管内，然后注射，以免中途脱落。药液温度应接近体温，尤其在寒冷的冬季，需要加温后使用。对心脏衰竭、严重肺炎等病牛使用强刺激性或对心血管有直接作用的药物（如氯化钙、去甲肾上腺素、"914"等）应缓慢静注或滴注。当需注入大量药液时，速度要慢，一般每分钟 30～60 mL 为宜。如需多次静注，对血管的刺入点的顺序应由上逐渐向下移动。油类、杂质和气泡等一律不能注入静脉内，以免造成不良后果。注射中应有人照管，防止某些药液因针头滑出而漏至血管外，造成颈静脉周围发炎或坏死。

（4）**皮内注射**　是将药液注入表皮与真皮之间，多用作变态反应试验。注射部位常在颈侧或尾根。方法是左手捏皮肤成皱褶，右手持针与皮肤呈 30°刺入皮内，缓慢地注入药液（一般不超过 0.5 mL），注射较费力，注射部皮肤出现丘疹样隆起。注毕用乙醇棉球轻按针孔。

（5）**结膜下注射**　常用于治疗眼病，注射方法有两种：一是球结膜下注射，取 7 号针，接注射器，在头部良好保定下，左手张开眼睑，右手持针，对准眼球上方的巩膜的表面，沿切线方向将针头刺入结膜下，注射药液后局部可呈现一隆起的水泡，注毕拔针即可，但应注意针头勿误入眼前房内。二是睑结膜下注射，如对以上方法没有把握，可用左手张开上眼睑，右手持针对准睑结膜迅速刺入，慢慢将药液注入睑结膜下，同样能达到结膜下注入的目的。

（6）**乳房内注射**　用通乳针或用磨去针尖的秃针头，插入乳头管内，把药液注入乳池，再按摩乳房，把药液挤入乳导管中。常用于乳房炎的治疗。当生产瘫痪时采用的乳房送风法亦属乳房内注射，打进去的不是药液，而是清洁空气。

洗净乳房外部，擦干，挤尽乳池内乳汁。乳头要清洁消毒。左手全握乳头，使乳头管与乳头孔呈一线，将针头从乳头孔插入，经乳头管入乳池，此时左手固定乳头和针头，右手把注射器接上，慢慢注入药液，注毕拔出针头，左手用拇指和食指捏紧乳头孔，不让药液自乳房中返流，用右手或另一助手轻轻按摩乳房。

数个乳室需同时注射时，应先注射健康乳室，后注射病乳室。每次注射前，必须将乳挤尽，注射后至下次注射之间停止挤乳。一般每天注射1次。

四、穿　刺

1. 瘤胃穿刺　用于瘤胃极度膨气而危及生命时，或穿刺采集瘤胃液样品时。取一种特制的瘤胃套管针，包括针管和针芯，也可用大号针头或穿刺针代替。

穿刺部位为左膝部（腰旁窝），髋结节和最后肋骨连线的中点。术部剪毛消毒，左手拇指与其他指分开，紧紧按压在穿刺部，右手持套管针垂直急速刺入瘤胃，皮厚不易刺入时，可先用刀切一小口，再行穿刺（但穿刺拔针后，常须做1~2针皮肤缝合）。刺入后，固定针管，拔出针芯，慢慢放气，排气完毕，先插入针芯，以左手紧压腹壁使紧贴近瘤胃壁上，然后拔针（以防瘤胃液溢入皮下组织，或气体窜入皮下），术部消毒。亦有一种套管针的套管外缘上各边有一孔，当穿刺进入瘤胃后，欲使套管保留在腹壁上较长时间不需取去，则用细绳环绕腹部一周分别结在管套上。

套管针针管插入后，防止因瘤胃蠕动而逐渐将套管针针管移位，甚至离开胃壁。当套管针针管刺入瘤胃后，还可直接将所需治疗药液经该管注入瘤胃。当针管被瘤胃中饲料屑阻塞时，用针芯插入使之通畅。放气速度宜慢，以防虚脱。避免多次反复穿刺，第二次穿刺时不宜在原穿刺孔中进行。

2. 瓣胃穿刺　注射药液治疗瓣胃秘结。剪毛消毒后用 15 cm 长的 16～18 号针头，向左肘突方向刺入，刺入瓣胃时有一种刺入实体的感觉，针头可随瓣胃蠕动呈倒八字形旋转（但在秘结时则否），当注入适量盐水后迅速回收可见到草屑，则证实已进入瓣胃，此时便可注入大量药液，注毕拔针。

3. 腹腔穿刺　穿刺抽取腹水，根据流出的量、颜色及性质，以判断某些内脏器官及腹膜的疾病。初次部位在脐右侧 5～10 cm 的部位。

站立保定，术部剪毛、消毒后，用针头垂直刺入 2～4 cm，进入腹腔后阻力骤减，即有腹水流出。

腹腔穿刺液的鉴别　腹水呈淡红色，混有血液（如量少，可离心沉淀后镜检），多见于肠扭转、套叠或钳闭。大量血液见于肝、脾及大血管破裂。腹水量多，色泽淡黄或微红，并有尿臭（可疑时煮沸后鉴别），为膀胱破裂的征候。腹水中有纤维蛋白凝块，沉渣镜检有大量白细胞，是腹膜炎产生的炎性渗出物。腹水中含草屑是胃肠穿孔或破裂的指征。单纯大量腹水，较透明，离心沉淀沉渣少，镜检仅属腹膜的扁平上皮，一般为肝门静脉循环障碍，稀血症或腹腔有关淋巴管、血管被阻等所造成的腹膜漏出液，称为腹腔积水。

4. 胸腔穿刺　检查胸腔存在液体的性质或用于胸腔注射。

右侧第六肋间，或左侧第 7 或第 8 肋间的肋骨前缘，肩端水平线下方 2～3 cm 处。

穿刺针可用一般静注针头，上接一段透明胶管，用止血钳夹闭。穿刺时，牛站立保定，术部剪毛消毒，左手将术部皮肤稍向前移，右手持针，在紧靠肋骨前缘处垂直刺入 3～4 cm，然后在胶管上接注射器，松开止血钳抽液，有液体则自然流出，无液体便拔出针头。如作胸腔内注射，则刺入后即可注入药液。

穿刺时针头一定要闭合，以免穿刺中发生气胸。放液不宜过快，以免胸腔突然大量液体外流造成虚脱或胸腔脏器毛细血管破裂。穿刺针及术部、手指等应该严格消毒。

5. 心包穿刺　用于诊断心包积液或化脓。穿刺点位于左侧第 5 肋间，肩端水平线下 2 cm 处。站立保定或右侧横卧，同时把左前肢前移暴露心区。用一根带胶管的 18 号 8 cm 以上的长针头（胶管用夹子夹闭），从穿刺点慢慢垂直刺入，当进入胸腔后压力骤减，此时接上注射器，放开夹子，边抽边将针头向心脏推进，如刺入积液或化脓的心包腔，抽得心包液或脓液。若感到针头随心搏而明显跳动（在心包内亦可有轻微跳动），同时回抽到血，证明已刺入心腔，应迅速退针。

穿刺适应严格无菌，密闭穿刺，防止气胸。针头要垂直进入，切忌左右晃动，以免把心脏划破。当缓缓刺入时，如针尖能直接刺及心脏，可表明心包无积液或积脓。

6. 膀胱穿刺　仅用于尿道阻塞、膀胱麻痹等导致膀胱过度充满而有破裂的危险时，作为一种应急措施。此法主要应用于公牛，通过直肠进行膀胱穿刺，亦有在耻骨前缘行穿刺术者。

站立保定，温水灌肠，排除积粪。用一硬质胶管，接上一16～18 号 5～6 cm 长的针头。穿刺时，左手抵住牛的坐骨结节，右手把针头裹在手掌中，针尖贴着中指腹面伸入直肠，在耻骨前触及充盈的膀胱后，将中指竖起使针头垂直于直肠壁，用手掌按压使针头穿过直肠壁（应迅速而准确），刺入膀胱。术者在直肠中固定针头，随着尿液外流，膀胱缩小，再适当下压针头。为了加速尿液流出，可在胶管的一端用吸引器或注射器抽吸。直至尿液排尽，把针头从膀胱中拔出，仍裹于手掌中带出直肠。

应用时要慎重，切忌反复多次穿刺。穿刺时，应尽量一次把尿液放完。穿刺时术者一定要固定好针头，以免穿刺孔扩大，术后形成直肠—膀胱瘘或继发腹膜炎。

7. 蛛网膜下腔穿刺 用于检查脑脊髓液的压力和性质，或向蛛网膜下腔注射药液。

枕部位于两寰椎翼后下角的连线和颈正中线的交点上，用脊髓穿刺针由寰、枢椎间的间隙进入蛛网膜下腔；或枕正中线和两寰椎翼前角连线的交点上，作枕、寰间穿刺。腰荐部穿刺于两髋结节的连线和背正中线的交点上。由腰、荐椎之间刺入（犊牛可在第一、二腰椎间）。

枕部穿刺，术部剪毛消毒后，放正牛头，在穿刺点上先把针头刺入皮下，再使针头与皮肤成50°角，向前下方缓慢刺入，当刺达骨后，令病牛屈头，把针头稍提一些后略向后刺入 1 cm，此时应接上注射器，边抽边向前推进，直到抽出脑脊髓液为止。腰荐部穿刺法同枕部，但针头应垂直刺入。

头部要确定保定，防止因骚动而损伤脊髓。进入蛛网膜下腔时宜慢，要严格控制深度。当发现病牛突然骚动似触电样，表明以刺入脊髓，应立即退针。术部需严格无菌。

五、洗　　胃

洗胃用于牛前胃的某些疾病（主要用于瘤胃炎时）或急性食物中毒。洗胃前准备好胃管及开口管（最好用木质开口器），并将胃管洗净，管的前端及管壁涂以油或凡士林等润滑剂。

站立保定，固定头部，用开口器打开口腔，从开口器中央圆孔中通过，把胃管慢慢插入，待到咽部时，轻轻来回抽动胃管，以刺激咽部引起吞咽动作，随吞咽顺势插入食道，并继续前伸达瘤胃。

当胃管插入瘤胃时，牛表现安静，左侧颈沟部可触及胃管，同时从胃管中不断有臭气跑出。如误入气管，则牛剧烈不安、咳嗽和呼吸困难，应立即抽回胃管。

胃管插入后，胃管外口装上漏斗，缓慢地灌入温盐水，当灌入 5 000～10 000 mL，漏斗中盐水尚未完全流尽时，迅速将漏斗放低，向下压住牛头，拔去漏斗，利用虹吸作用把胃内腐败液体从胃管中不断吸出。

　　灌胃时必须确实鉴定胃管是在胃中，方能灌水，如误入气管，一灌水会造成严重后果，甚至窒息死亡。对瘤胃过度胀气和心、肺有严重疾患的牛，不宜强迫洗胃。洗胃时应密切注意心脏的功能，如发现病牛不安、心跳急剧增快，应立即停止洗胃。

六、灌　　肠

　　灌肠分为浅、深两种。浅部灌肠仅用于排除直肠内积粪，深部灌肠则用于肠便秘、直肠内给药或降温等。

　　浅部灌肠时，在橡皮管上涂以油或肥皂水，一人把橡皮管塞进肛门后，逐渐向直肠内推送；另一人提高灌肠器，让液体流入直肠，如流入不快，可适当抽动橡皮管。当灌入一定液体后，牛便出现努责，此时应握捏肛门，并捏压牛的背腰部，待直肠内充满液体后，让其与粪便一并排出。如此可反复多次直到直肠内洗净为止。深部灌肠是在浅部灌肠的基础上进行的。橡皮管要长，硬度适当（不要过硬），当橡皮管插入直肠后，装上灌肠筒，伴同水的不断进入而同时不断将橡皮管内送。或改用加压泵代替高举或高挂的灌肠桶，水进入肠道的速度就更快。边灌边把橡皮管向腹腔里送，压入的速度宜慢；否则，会因液体大量进入深部肠道，要么反射性地刺激肠管收缩而把液体排出，要么使部分肠管过度膨胀（特别在炎症、坏死肠段）造成肠破裂。

　　灌肠时大多用温肥皂水、1%盐水。制止肠道发酵，深部灌肠时可在灌肠液中加酒精鱼石脂（每 1 000 mL 溶液加 10%酒精鱼石脂 10～20 mL）。腹泻时可灌 0.1%高锰酸钾溶液。结肠有出血性炎症，可灌 1%克辽林或 1%～2%明矾水。结肠便秘时，可用 10% 硫酸钠（或硫酸镁）或温肥皂水 15 000～30 000 mL 缓缓深部灌肠。高温或中暑，可用 10 ℃ 左右的冰水，每 2 h 灌一次。

直肠有破裂可疑或严重损伤、肠变位时不宜灌肠。除降温以外，灌肠液的温度均不宜过低，尤其在深部灌肠时。

七、直肠检查

直肠检查是对腹腔或盆腔内器官的疾病进行诊断或治疗的一种手段。

检查者应剪短磨光指甲，手和臂上涂上肥皂或润滑油。牛应妥善保定，必要时可先行灌肠而后检查。

站在牛的正后方，左手握牛尾并抵在一侧坐骨结节上，右手四指集成圆锥形，缓慢地伸入直肠。遇积粪，应将粪便取出。对膀胱充满的牛，可适当压迫膀胱，促使排尿。出现努责时，应暂时停止前进或将手稍后退，并用前臂下压肛门，待肠壁松弛后，再深入检查。当手到达直肠狭窄部时应小心判明肠腔走向，再徐徐前进。检查时应用手指的指腹，触摸式轻轻触摸或按压被检部位，仔细判断脏器位置及形态。查毕，慢慢退回，防止损伤肠黏膜。

直肠 当手进入直肠后，要注意直肠内积粪数量及其性质、肠壁的紧张度、收缩力，以及直肠内温度、湿润程度，有无肿胀、创伤、出血等变化。

母牛生殖器官 空怀母牛的子宫颈、子宫体、子宫角和卵巢，大都位于盆腔内。子宫角呈绵羊角状，触摸时可感觉子宫的收缩，并分清子宫角间沟，从形状、大小、有弹性和坚实等方面比较两侧的子宫角是否相似。卵巢如蚕豆大小，表面可触摸到黄体或滤泡。

膀胱 位于盆腔入口紧前方。无尿时在盆腔底部约拳大，呈梨状，压之厚实，富于弹性。充满尿液后呈囊状，并深入腹腔，按之表面光滑，有波动感。

瘤胃 在骨盆入口前的左侧，呈面袋状，背囊向右稍越过脊髓，至左肾经常位于腹腔正中线上，且或更偏右。瘤胃压之如面团样感而腹囊则沉于腹底部，位置位于正中，但上方与背囊之间有明显的沟样凹陷。

肠道 全部肠道位于腹腔右侧。大部分空肠和回肠沉于腹底部，一般可触及回肠后段；盲肠在骨盆水平位置的右侧，盲端游离向后，接近盆腔入口结肠盘在盲肠和小肠之间，在骨盆前口处与直肠相连，虽说呈盘香状，但在直肠检查时根本摸不出迂回的盘状，仅感觉呈极广大的饼块样。

肾脏 一般可触及向右移位的左肾，相当第 3(2)～5(4) 腰椎下的中央或偏右方，呈分叶状，触之硬实。

在直肠检查中或检查后发现肛门流血、粪表面或手臂上沾有鲜血，都是直肠损伤的可疑现象，必须仔细检查。损伤可能是黏膜的、黏膜-肌层的或全层的破裂，当证实某种破裂后，即采取相应的措施。但血液新鲜，又与粪便不充分混合，腹泻，牛犊怀疑球虫病；有高热及肠炎，可怀疑沙门氏菌病。如检查后手臂上涂满松馏油样物质，应怀疑为真胃溃疡。松馏油样的血液，其量甚微，与粪便混合均匀，即应怀疑真胃溃疡，也可怀疑十二指肠出血。

八、子宫冲洗

子宫冲洗是治疗子宫内膜炎常用的一种操作方法，至于胎盘剥离后（甚至胎衣腐败）不常用。子宫洗涤器是冲洗子宫的专用器械，长 70～80 cm，弧形，双流导管，其末端接有胶皮管，胶皮管的端再连接盛放药液的挂筒。如无此专用器械，可用硬质橡皮管或塑料管代替子宫洗涤器，用大玻璃漏斗或铅皮漏斗代替挂筒。冲洗前金属子宫洗涤器可用火焰消毒或药液消毒。应用时将子宫洗涤器小心地从阴道插入子宫颈内。冲洗的药液选择应根据炎症过程而定。如 0.05%～0.1%雷佛奴尔液、0.05%～0.1%高锰酸钾液、0.1%碘水溶液、1%明矾液、1%～2%等量的碳酸氢钠和氯化钠溶液等。双流导管的优点是消毒药液由内层套管流入子宫，而同时洗污药液由子宫内经外层套管流出。一般隔天一次。药液量 10 000 mL 左右，冲洗至药液流出子宫时保持原状态不变为止。为了使药液和黏膜更充分接触，冲洗时可一手伸入直肠，直肠内轻轻按摩子宫。操作过程中必须避免插入用力过猛而发生子宫穿孔，洗后药液必须尽量排空。

九、导　尿

　　母牛在膀胱过度充满而又不能排尿时，用本法导尿（当做尿液实验室检查时而一时未见排尿，亦可用之以取尿样）。公牛则应用导尿管检查尿路是否受阻。

　　1. 母牛导尿　站立保定，肛门、外阴部清洗，乙醇消毒，左手放牛臀部上，右手持导尿管伸入阴道内以食指触摸尿道外口，其余手指握持导尿管，配合食指对尿道开口的发现而借助拇指和中指的协助，把导尿管的前端头部导入尿道开口内。

　　尿道开口位于阴道前庭的一个尿道下盲囊的皱襞上方稍前。在导尿时，尽管术者的食指早就感觉到在这个盲囊的皱襞上方稍前有一个纵行较硬的圆柱状组织，即尿道潜在阴道壁内的开始端，并且食指指端也可伸入到尿道开口内，但欲将导管送入其中，仍不容易。实际经验证明，导尿管头部圆滑（有时涂润滑剂）及开口由软组织组成以致呈闭合状态，是不易导入的原因。在农村当紧急需要对母牛导尿时，可用听诊器上的胶皮管代替，其前端钝圆状态，更有利于进入尿道的开口，唯其管径较粗，有损阴道开口和尿道是其缺点。

2. 公牛尿道探查 横卧保定，两前肢和下后肢捆在一起，上后肢向前转位，以充分暴露术部。包皮外部清洗消毒后，用止血钳或巾钳将包皮外翻，当翻至龟头外露时，术者用纱布包住龟头慢慢向外牵引，直至把牛的乙状弯曲拉直为止。此时，龟头由助手握持固定，术者一手握住龟头头部，暴露尿道外口，另一手持蘸有石蜡油的导尿管，从尿道外口慢慢插入，仔细感觉管头所遇的阻力、阻力的性质和部位，当探至坐骨弓处受阻应停止前伸。公牛导尿时动作应轻柔。位于坐骨弓尿道球腺开口处的尿道黏膜皱襞形成一个憩室，探查时管头常常进入这个盲端而无法进入膀胱，如硬性插入，可使尿道黏膜破裂。

十、修　蹄

牛蹄由蹄缝分开，没有蹄叉，但有发达的角质弹力部。蹄壁较薄，外壁隆起，向着蹄缝的内壁凹陷。蹄壁与蹄底的构造、蹄角质的生长与磨灭与马相似。牛由于经常放牧运动，蹄角质的生长与磨灭相当，一般不需要修蹄，舍饲牛患蹄病或由于长期跛行造成蹄角质生长过长，偶蹄的蹄趾交叉、蹄倾斜、变形等才需要修整。

修蹄的目的是除去过长的角质、削去蹄底枯角、修整蹄形，使蹄成为适合其肢势的形状。修蹄工具有镰行钩刀、蹄锉及弓锯等。一般先将牛牵入潜水中把蹄泡一下或用温湿毛巾将蹄包一会，使蹄角软化，再妥善保定进行整修。修蹄时一般先修蹄壁底缘，后修蹄底，最后修蹄壁面。蹄壁底缘较硬，尤其是蹄尖延长部分，可用弓锯锯去，再用镰形钩刀钩削，或直接用镰形钩刀慢慢切削，不平部可用蹄锉修整，但遇有腐蹄病时，尚需借助蹄病器械进行挖蹄，严重者甚至截趾术。修蹄底主要是除去灰色、干脆的枯角，修整时应适当保留薄薄一层，以保护新生角质，防止过削导致挫伤。如遇黑色腐臭的角质，应削去或充分暴露涂布松馏油碘酊，防止感染向深部蔓延。如已向深部蔓延，须细心用挖蹄刀深挖而不损伤健康组织，消毒，塞满鱼肝油土霉素软膏，穿蹄鞋保护。蹄壁面一般不整修，必要时可用蹄锉锉一下，削锉方向应与角细管方向一致。由于牛蹄角壳较薄，修蹄时应注意防止过削。

对于在硬质运动场，蹄底易磨灭的牛，必要时也可穿牛草鞋或装蹄铁。牛的蹄铁通常用 5～6 mm 厚的半月形铁片，前部设 1～2 个铁唇，紧靠铁片外缘穿 4～5 个钉孔。因蹄壁较薄，用较小的蹄钉，钉入深度不应高出蹄壁 1/4。对装蹄牛的修蹄更要小心切削蹄底，并避免蹄铁过度压迫蹄底。

十一、封闭疗法

封闭疗法是将低浓度的普鲁卡因液（常用 0.25%～1%）注射于组织或血管内的一种治疗方法。当病灶部周围注射普鲁卡因液后，能阻断或减缓病灶形成的恶性刺激向神经中枢传导，从而保护大脑皮层对病灶发挥正常的调节机能；同时，普鲁卡因本身对神经系统能产生一种微弱的良性刺激，恢复神经的营养机能，加强组织的新陈代谢，增强全身抵抗力而促使疾病痊愈。但是，必须注意，封闭疗法只能使疾病向有利方面转化创造条件，要与其他疗法配合应用，才能更有利于调动机体战胜疾病的作用。

1. 病灶周围封闭　将普鲁卡因液注射于病灶周围和病灶底部的健康组织内，其用量以达到浸润麻醉的程度为宜。对于皮肤及皮下组织的炎症、坏疽、溃疡等具有镇痛、防止炎症扩散、局限病灶、加速创面愈合的作用。为了提高疗效，可在每毫升普鲁卡因液中添加 5 000～10 000 单位青霉素或加入 5% 枸橼酸钠 5 mL 和自家血 50 mL。

2. 四肢环状封闭　将普鲁卡因液注射于四肢病变部上方 3～5 cm 处的各层组织内，使药液与该部骨骼周围组织内神经接触，以阻断下部病灶刺激向上传导。常用于四肢部炎症的初期、关节捻挫、愈合缓慢的创伤等。每次用量 100～200 mL。

3. 穴位封闭 将药液注入一定的针灸穴来达到封闭的目的，常用于肢蹄部外伤性和炎性疾病的治疗。临床上常以含青霉素 40 万单位的普鲁卡因液 15～40 mL，如抢风穴封闭治疗前肢中、下段的疾病，百会穴封闭治疗后肢的疾病。

4. 尾骶封闭 尾骶位于直肠和荐椎之间，即后海穴的位置。该部有较多神经通过，分别通达膀胱、直肠和肛门（母牛还包括子宫、阴道和阴户），因此，对上述器官的急、慢炎症，以及直肠脱、阴道脱、子宫脱等的整复，可以用尾骶封闭。方法是用 15～20 cm 的长针，先沿荐椎腹侧水平刺入，边推边注射药液，以后分别在同一刺入点向左、向右，如同中间一样的注射，让尾骶（荐）部分形成一个充满药液的扇形区，用量 50～100 mL。刺入时注意勿误入直肠。

以上为常用的几种封闭法，此外尚有肾囊封闭、胸膜外神经封闭、静脉封闭等。封闭时要注意严格无菌，针头勿刺入已化脓感染的组织，一般应隔 1～2 天封闭一次。

十二、温热疗法

温热能使患部增温，血管扩张，血液和淋巴循环改善，加速炎性产物的吸收，改善新陈代谢，同时使肌肉松弛、疼痛减轻、白血球吞噬作用加强，从而达到消炎止痛的目的。温热疗法适用于急性炎症的中期和后期。

1. 热敷 用厚脱脂棉或毛巾浸透热水（40～50 ℃），适当挤拧后，覆盖于患部，变凉后更换，每次热敷 30 min，每天 2～3 次。如在水中加入 10%～20% 的硫酸镁、醋酸铅溶液或 2%～4% 的明矾溶液，可以提高疗效。

2. 热蹄浴 用帆布袋或木桶，盛 40～45 ℃水，将病肢浸泡

2～3次，每次30 min。为增强疗效，可将浴液配成1%煤酚皂溶液、1%煤焦油皂溶液或2%高锰酸钾等溶液。

3. 酒精温敷　将70%或95%酒精在水浴锅中加温到40 ℃，用数层纱布浸透后敷于患部，外覆塑料布和棉胎保温，并用布带固定。每次持续4～6 h，酒精浓度越大，作用越强，如在酒精中添加5%～10%水杨酸或间苯二酚、2%～5%碘酊均能增强疗效。酒精渗透力强，适宜于亚急性和慢性炎症，特别是腱和腱鞘疾病，但对大面积水肿、进行性炎性浸润时禁用。

4. 石蜡疗法　石蜡具有保温好、散热慢和热容量大的特点，对患部并有压迫作用，临床上用于治疗关节炎、黏液囊炎、愈合弛缓的创伤、溃疡、术后瘢痕挛缩等亚急性或慢性炎症。

施行石蜡疗法前，患部剪毛，清洗，擦净皮肤上的水分和污物。将石蜡加热融化（最好在水浴锅中进行），待冷却到所需温度时再使用。初次使用时，石蜡温度可以从60 ℃开始，以后定期逐步升高，但最高不超过80 ℃，每次1～2 h，每天一次或隔天一次。使用时，为了防止烫伤，先用毛刷蘸石蜡，在患部薄薄涂一层，然后根据部位不同，采用灌注法或纱布热敷法。灌注法用于四肢部。将油布或塑料布缠绕患部2～3圈，布层与肢体间留2～2.5 cm的间隙，用绷带将布层下端绑紧，从上面倾注融化的石蜡，逐步将布圈收拢，上端结扎，最后在油布或塑料布外面包上棉胎，缠绕结扎固定。纱布热敷法用于畜体的任何部位。将折好的6～8层纱布（其大小略大于患部）浸入蜡内，取出稍加挤拧，立即贴敷于患部，外覆油布和棉胎保暖，并用绷带固定。此法的缺点是对组织局部的压迫作用不明显。

石蜡疗法后，取下绷带及石蜡，检查有无烫伤。取下石蜡应除去水珠和污物，加入25%新石蜡后可再利用。

5. 红外线照射　一般用市售250 W红外线灯泡配灯罩制成。其温热透入组织较深，具有局部干燥作用，多用于治疗各种创伤和亚急性炎症。照射时应根据患部大小，可一盏灯或二盏灯并用。灯距皮肤 40～70 cm。临床上常用手放在畜体上，以照射时不烫手为适宜距离，每次照 15～60 min，每天 1～3 次。

十三、输血与补液

（一）输血疗法

输血疗法是利用健康牛的血液输入病牛体内以治疗疾病的方法。输血可以使循环动力改善，血浆蛋白上升，提高血凝力和免疫力，刺激机体的造血机能，其作用是多方面而复杂的。因此，在临床上已成为不可缺少的一种治疗方法，特别在某些重危病牛的抢救中，更有着重要作用。

1. 牛血液的相合性和输血关系　一般认为，除个别牛外，血液中存在的天然抗体（指凝集素）效价甚低，在第一次输血时，不考虑血型也是安全的。但是经过第一次输血后，抗原（指凝集原）进入体内，受血牛于 7 d 左右产生抗体，当需要进行第二次输血时，就必须更换供血牛，否则常可发生严重的输血反应。事实上在临床中遇到输入不相合血液后，发生输血反应和引起死亡的均有。因此在抢救重危病牛中，应该做一下交叉凝集或配血试验和生物学试验，将两者结合，用相合血进行输血较为安全可靠。

交叉凝集（配血试验）　在 3 mL 生理盐水中加入给血牛血液一滴使成红细胞混悬液，另采受血牛血液 10 mL 于试管，分离血清。配血试验将供血牛红细胞混悬液和受血牛血清各 1 滴，混合于载玻片上轻轻晃动使其充分混合，经 3～5 min 后观察，如红细胞发生凝集的为阳性，不宜输血；不发生凝集的为阴性，可以输血。

生物学试验　是防止输血中发生严重反应的一种比较可靠的方法。输血前先检查病牛的体温、心跳、呼吸、可视黏膜，然后分两次，每次各输入血液 100 mL，中间相隔 15～20 min，在此时间内，如病牛无异常，说明血液相合，可以应用。相反，如病牛出现不安，呼吸、心跳明显加快，有的甚至张口扇鼻，可视黏膜发绀、肌肉震颤、排尿、排粪等，说明血液不相合，应立即停输。

2. 输血的方法　由于保存血液对选用抗凝剂、无菌技术和保温条件要求较高，故在兽医临床上一般均用新鲜血液，当天采血，当天输完。使用采血袋采血，并轻轻晃，使血液和抗凝剂均匀地混合。操作时不可摇动过猛，以防破坏红细胞和产生气泡，最后即可给病牛输血。除急性大出血外，输血速度必须缓慢，对重危病牛可在全血中加等量生理盐水后滴注。

3. 输血的临床应用

（1）严重外伤、火器伤、外科大手术等引起急性大失血。发生失血性休克时，必须及时止血，并在短时间内补充血容量，以迅速输全血，可输入失血量的 1/2 或 1/3 或 2 000～3 000 mL，余数用补液解决，必要时可重复输血。

（2）内脏器官如胃、肠、子宫等出血时，应迅速判明出血的原因，采取积极的止血措施，先输适量全血，以提高血凝能力，待出血停止后，再输入适量血液。

（3）当发生焦虫病、边虫病、乳牛产后血红蛋白尿、营养性血红蛋白尿、钩端螺旋体病及某些传染病和中毒病等引起溶血性贫血或败血症时，在治疗原发病的同时，宜多次输以小量全血，每次 500 mL，隔 2～3 d 输 1 次，对长期营养不良、减食停食较长的病牛，因贫血、衰竭、经久不愈的创伤或溃疡可每次输血 500 mL，隔 1 周 1 次；早产或先天不足的衰弱犊牛，可输以母血 100～200 mL，必要时隔 2～3 d 重复 1 次。

（4）对血凝能力降低的某些出血性疾病，或进行鬐甲瘘、大肿瘤切除等手术之前，为了提高血凝能力和抵抗力，补充血容量，预防休克的发生，可预先输血 500～1 000 mL。

（5）药物或饲料中毒时，最好先放血 2 000 mL 左右，再进行输血和补液。

（6）大面积烧伤、严重下痢、没有显著出血的外伤性休克、肠梗阻等，由于脱水而引起血液浓缩、血浆蛋白过低时，必须输入血浆，以补充血容量的不足，同时根据需要进行补液。关于血浆制备方法，是将混有抗凝剂的全血静置，待血细胞下沉后，上面即为血浆。

4. 输血的注意事项

（1）供血牛应选健壮、年轻、无传染病和血液原虫病的健康同种牛。

（2）过去输过血的病牛，应预作交叉凝集或配血试验和生物学试验，证明血液相合后才可输血。

（3）对患有急、慢性肾炎和肝炎的病牛，禁忌输血；患有心、肺疾病的病牛，输血应慎重。

（4）输血反应大多为输入不相合血液或发生过敏反应所引起，一旦发现病牛有反应现象，应立即停输，并及时按不同的情况，选用盐酸肾上腺素、高渗葡萄糖、5％碳酸氢钠、苯海拉明及钙剂等药物抢救。

（5）短时间输入大量血液时，由于枸橼酸钠大量进入血循环系统，可引起急性钙缺乏，出现心脏机能不全、血压下降等症状，此时应在另一侧颈静脉注射葡萄糖酸钙或氯化钠溶液加以纠正。

（二）补液疗法

补液在兽医临床上是常用的一种治疗方法，特别在重危病牛的抢救中更为重要。在牛的许多疾病中，常常在不同程度上影响体液的变化，造成水和电解质平衡失调。了解牛体水、电解质的正常代谢及平衡失调时的动向和规律，对防治牛病，制定正确的治疗措施十分重要。相反，如果在临床上错误地盲目补液，不但无益，反而会加重疾病的发展。

家畜体内的水分约占体重的 70％，这些水分分布在细胞内、血浆及细胞间液内。细胞内的水分称细胞内液，约占总体液的 2/3；细胞外的水分称细胞外液，约占总体液的 1/3。钾、钠和氯化物是体内维持细胞内外渗透压及体液酸碱平衡的重要因素，细胞内液的正离子主要是钾，负离子是有机磷酸和蛋白质。细胞外液的正离子主要是钠，负离子是氯，其中尤以钠离子的量，对细胞外液的容量和渗透压起着主要作用。

细胞外液是细胞直接接触的环境，细胞新陈代谢所需的营养和代谢产物，均通过细胞外液供给和排出，因此它也是机体和外界环境进行物质交换的媒介。在一般情况下，机体和外界之间，水和电解质的交换是频繁的，每天的摄入量和排出量，总是保持相对的平衡。如果摄入量显著增加或减少，机体有调节能力，使排出量相应增加或减少，这是家畜维持正常生理活动的重要条件。但超过一定范围，就会发生一定的症状。病牛体内水、电解质、酸碱平衡的失调，往往是同时存在，相互联系，又相互影响的，既有失水，又有电解质和酸碱平衡的扰乱，但其中常以一个方面为主要矛盾表现出来。

1. 失水（脱水）

（1）高渗性失水 发生于饮水不足或忘记给水，特别是暑天、采食或吞咽障碍，以及因高热、昏迷等重危病牛，进水减少或停止，但仍从呼气、尿、粪、汗中不断排水，造成失水多、丢钠少、血钠增高，血浆呈高渗性。临床上一般失水不足体重 3% 时，不出现症状。轻度失水时，口渴，皮肤干燥，口黏膜、眼结膜稍干，尿量减少；中度失水时，精神不振，黏膜干燥，尿量少而浓，比重增加，粪干稍硬，血液黏稠度增高；重度失水时，发热，皮肤如革样，弹性消失，黏膜显著变干，角膜干燥无光，眼球及静脉塌陷，心跳加速，血、尿高度浓缩，不排尿，进而可出现不随意的肌肉震颤、兴奋或昏迷，甚至死亡。

治疗以补水为主，酌情补给电解质。补水应尽量使动物自饮，不饮或不愿意饮的，可人工灌服或以温水深部灌肠。补水不足时，可静注5％葡萄糖溶液加部分生理盐水或复方氯化钠溶液。补药量根据缺水程度，每次静注2 000～4 000 mL，轻度的每天1～2次，严重的3～4次。注射速度以每15 min注入500 mL为宜。对高渗性失水病牛，切忌注射高渗液和脱水药，如高渗葡萄糖、氯化钠、甘露醇等，不然将使病情恶化。补液后，如病牛精神好转，心率逐渐减少，脉搏充实有力，开始排尿，即表明失水已基本纠正。

（2）低渗性失水 发生于病牛能饮水，但不能摄食时，如某些胃肠道传染病或寄生虫等引起的严重下痢、肠梗阻、严重的腹膜炎、创伤性心包炎、败血性子宫炎和乳房炎、大面积烧伤、中暑等，有时也可发生于应用较多的双氢克尿塞等利尿剂之后。但须注意，在失钠的同时，往往伴有失水，而失钠多于失水，血钠降低，血浆呈低渗。低渗性失水的初期，病牛疲倦，虚弱，无渴感，有尿，食欲不振或停食。中期，脉快而细，周围静脉充盈缓慢，肢体末梢部皮肤厥冷，出现周围循环衰竭的症状。晚期或严重脱水，精神极度沉郁，发热，尿少，比重低，肌肉软弱无力，甚至昏迷。

治疗时尽量口服大量淡盐水，静注生理盐水、复方氯化钠溶液。大部分病牛在补充电解质时，需同时补充能量，例如静注5％葡萄糖生理盐水，一般每次1 000～3 000 mL，根据病情每天1～2次。严重病牛，可静脉滴注5％～10％高渗氯化钠溶液，同时有酸中毒的病牛，还需另给5％碳酸氢钠或11.2％乳酸钠溶液以纠正。但须注意，对低渗性失水的病牛，切勿单纯补充葡萄糖溶液，不然将加重病情。

2. 低钾血症 发生原因为慢性消耗性疾病、消化道弛缓等，致长时间的停食或减食，使钾的摄入不足；或严重的创伤、大手术、出血、长期的下痢、肠梗阻、应用激素、双氢克尿塞等治疗时，致钾丧失过多；或在大量补液中，仅补给生理盐水葡萄糖、乳酸钠等，常常忽视了钾的补给，使血浆钾稀释而发生低钾血症。临床表现为肌肉无力、震颤、眼睑下垂，行走摇摆不稳，常失蹄，消化道弛缓，重症有精神沉郁，衰弱，嗜睡，心律不齐等。然而，当发生青草搐搦时，由于血钾往往过高，切忌应用补钾疗法。

在治疗原发病的同时，轻症可内服氯化钾或静注复方氯化钠溶液，重症以 10％氯化钾加于 5％葡萄糖或生理盐水中缓慢静滴。

3. 酸中毒 临床上常见的为代谢性酸中毒。发生原因为长时间减食或停食、前胃弛缓、酮病、肠梗阻、高热、感染、休克等，体内酸性产物过多；或生产瘫痪、豆谷饲料中毒、尿毒症、唾液瘘、严重下痢、血液碱储降低时；或因肾脏疾病，由于肾功能降低，使酸性代谢产物排出困难。在代谢性酸中毒时，临床症状常为原发病所掩盖而不引起注意，可呈现精神沉郁，体虚无力，以致卧地不起，昏睡，视觉扰乱，脉快而慢，呼吸深快，少尿，可视黏膜发绀，四肢发冷。一般需作实验室检查，以助诊断，血液碱储、pH、碳酸氢盐浓度、二氧化碳结合力均降低，尿的 pH 降低。

至于呼吸性酸中毒则由于全身深麻痹，脑、心、肺疾患引起的呼吸功能障碍，换气困难，而使血中二氧化碳分压及碳酸升高而发生。其症状主要是呼吸困难，可视黏膜发绀，严重的昏迷、窒息，血液 pH 低，碳酸氢盐浓度和二氧化碳结合力均升高。

治疗时首先抓紧对原发病的治疗。在纠正水、电解质平衡扰乱中同时治疗酸中毒。代谢性酸中毒可内服碳酸氢钠，重病牛在补液中加注 5％碳酸氢钠或 11.2％乳酸钠溶液。呼吸性酸中毒，着重改善肺的换气功能，可应用呼吸兴奋药及支气管扩张药等，必要时输以低浓度氧气，静脉滴注 11.2％乳酸钠溶液。

4. 补液注意事项

（1）补液前要对病牛详细调查研究，了解病史、病程、原发病、水和饲料的摄入、排尿、排粪量等情况，并进行临床检查，如条件许可，还必须进行实验室检查，以辅助诊断。初步判断病牛水、电解质平衡失调的情况，以判定是否需要补液及补液的种类、剂量和途径。经过补液后，继续观察症状是否好转或恶化，分析原因，验证水、电解质平衡失调是否已得到纠正。

（2）检查补液的瓶签、规格、浓度等与处方是否相符。瓶口密封装置已打开或有沉淀的不能应用。静注应按无菌操作进行，严格控制速度，冬天要加温后再静注。

十四、输　　氧

临床上多用于重危病牛的抢救，如呼吸困难、休克、某些中毒、循环衰竭等。输氧的方法有吸入法和皮下输氧法两种。

1. 吸入法　需有氧气瓶，最好附有医用氧气流量表，用橡皮导管一端接于盛有水的玻璃瓶，另一端涂润滑油后，插入病牛鼻孔，深度以达到鼻咽腔为宜。打开调节阀输入氧气。输入流量成年牛 3～4 L/min，小牛 2～3 L/min，如没有流量表，可观察流量瓶中的气泡数。一般成年牛每分钟 200～300 个小气泡，小牛每分钟 200 个小气泡。

2. 皮下输氧法　选择皮下组织疏松部位，常用为肩后和两侧腹胁部。将针头刺入皮下，并与输氧橡皮管相连，打开氧气瓶阀门，此时可见皮下渐渐膨起，到膨得较紧时，即需停止。如在一处输氧，尚不足以解除缺氧状态时，可做多处输氧，一般皮下氧气在 6 h 左右被吸收，此时可重复输氧。

十五、绷　带　法

绷带具有保护、压迫、固定、吸收、保温等作用。绷带的合理使用、装着的好坏对创伤的愈合有很大影响。必须根据不同的部位和病情，选用不同的绷带包扎法。

1. 卷轴带 卷轴带常用于四肢，包扎时要求用力均匀、迅速、牢固、不得落地污染；包扎时，由四肢下部向上部包扎，防止静脉淤血；以环形带起，并以环形带止；绷带的结应放在肢的外侧，以便更换。包扎形式有四种：

环形带 主用于系部、掌部、跖部小创伤的包扎。绕第 1 圈后，将起始端的一角向下折转，以第 2 圈将其压住固定，在同一部位重叠绕数圈后，将末端剪开打结。

螺旋带 常用于掌部、跖部及尾部。由下向上螺旋状包扎，像打裹腿一样。

折转带 主用于上粗下细的前臂和小腿部。螺旋向上包扎，每包扎一圈，上外缘外翻折向下方，在斜向上绕至前一圈折处进行折转，并盖住前一圈的一部分，如此往复。

交叉带 主用于腕部、球部。从关节下方斜向关节上方环绕，在关节上方环绕一圈后又斜向关节下方，如此呈 8 字形包扎，最后在关节外上方打结。

包扎绷带，应认真负责，包扎后应经常检查，如遇绷带脱落，被粪尿、泥土污染，创液浸渍或引流不畅，包扎太紧致局部血液循环障碍，创伤发生后出血，体温升高至 39 ℃以上或体温不高，但患部剧痛，有厌气菌感染可疑时等，应及时更换或拆除绷带。

2. 复绷带 可利用各种材料，如布、纱布、棉花等根据病变部位，做成适合患部的多头绷带。常用于眼绷带、鬐绷带、乳房绷带、腹绷带等。

3. 结系绷带 结系绷带是手术后保护创口和减轻创口张力的一种绷带。其做法是将创口分为 3/4 等分，于每处的一侧距创缘 2 cm 左右处，缝上一条双线，针脚相距 0.5 cm，然后将缝线于对侧相应处同样缝一针，其他等分处也同样缝妥，创口涂布碘酊后，在伤口缝线下放置涂布碘酊的数层纱布条，线两端放置纱布圆枕，活结固定；亦可利用皮肤上结节缝合打结后的尾线（打结时就应考虑到把结交互的放在两侧)，放上碘酊纱布，然后打结固定，如需更换敷料，可随时解开。

4. 石膏绷带　石膏绷带主要用于四肢部骨折和脱臼的固定。装着前应确实保定，局部镇痛，必要时进行全身浅麻醉或针麻，骨折部或脱臼部如有创伤应严格进行外科处理，患部及邻近的皮肤应刷拭，涂布碘酊。根据固定部位选好加固用的木板、软木板、竹片或金属板。在石膏绷带的上口及下口为了防止摩擦、压迫皮肤，应垫上棉花。对开放性骨折，必须进行破伤风抗毒素预防注射。

操作时，首先将石膏绷带放入 30 ℃温水中，充分浸透，浸至在水中不冒气泡即可取出应用。装着时固定好整复的患肢，从下部开始做环形包扎，再做螺旋带向上直到骨折部上方的一个关节以上为止。装着第 1～2 层时宜松，不涂石膏泥，上端应能容纳二指，以防过紧，并垫上棉花等衬垫物，防止磨损皮肤，从第三层开始边包扎边均匀地涂石膏，直到装完为止，一般用 8～10 层。在 4～5 层，可在肢的前、后、左、右放入木板、竹片等加固物。在包扎最后一层时，可将上、下端的衬垫物翻过来，将它包住，并用石膏泥将外层涂抹平滑，待硬化后，方可使病牛活动。对于局部有外伤的病牛装着石膏绷带时，可做有窗石膏绷带，以便进行外科处理，方法是在包扎前，外伤部先盖上一只酒盅或碗，上石膏绷带时避开，包好后拿去酒盅或碗，局部就能留下一个窗口。

注意事项：石膏绷带用一卷泡一卷，以免浸泡时间过长发生硬化，造成浪费；石膏绷带装置后应经常检查局部和全身情况，如发现局部松脱、过紧、体温升高、病牛不安，应拆除进行检查或者重新装着；若无异常变化，可待 40 d 左右拆除；在治疗过程中，当患肢可负重时，应适当进行功能锻炼，以加速骨折的愈合。拆除石膏绷带可用石膏锯、石膏剪、石膏刀，亦可用板锯、手锯替代，但须注意勿伤及肢体。必要时，亦可用醋、热水浸泡后取下石膏绷带，其纱布仍可利用。

十六、乳房送风

乳房送风是将空气打入乳房后，乳腺内神经末梢因受刺激而传至大脑皮层，提高其兴奋性，消除抑制；同时因提高乳房内压力，使乳房内血管受到压迫，血液减少，从而相应地提高全身血压；空气进入乳房后，乳腺泡受压而降低活动，使泌乳减少，甚至暂时停止，使血钙暂时不再继续下降。因乳房送风在治疗生产瘫痪中有较好疗效，有时适用于酮病。

乳房送风应用乳房送风器，它包括乳导管、过滤器（内放干燥消毒的棉花）和双连橡皮打气球。送风前对乳房严密消毒、拭干，将乳房内乳汁挤尽，然后再用酒精消毒乳头孔。乳导管经消毒后，涂上消毒凡士林，左手全握乳头将乳导管沿乳头直方向徐徐插入乳头管内，并加以稳定，右手（或有助手）握橡皮球，徐徐打气，使乳房渐渐膨大，空气打入的量以乳房皮肤紧张，轻轻敲击乳房呈鼓响音为标准。必须注意，送风过量会发生乳腺腺泡破裂，过少又不起作用。一个乳室送风结束后，用纱布条轻轻扎住乳头，不使空气逸出。最好能用一点有点弹性的胶布带将乳头及其乳头孔粘起而封闭之。如此处理经 12～24 h 后气肿消失。但需注意，乳房炎的乳室一般不主张打气法，如一定想试用，先用 1‰碘化钾溶液注入其中而后打气。如有乳房炎而又不打气者，应注射抗菌素。在生产瘫痪治疗中，如打气法可取得满意的效果，则不需每个乳室都来打气。取得良好反应的牛，一般在送风后经半小时病牛开始好转，数小时后即可完全恢复。

（于娇　蒋月　韩艳辉）

第三章

传染性疾病

牛丘疹性口炎

牛丘疹性口炎，又名颗粒性口炎、增生性口炎等，是由牛丘疹性口炎病毒引起牛和水牛以口和口唇周围发生红的丘疹性结节及口腔黏膜的增生性、糜烂性或溃疡性变化为主要特征的一种传染病。其发病率高，传播力极强，但病势较轻；幼牛多发。通常在几周内痊愈。牛丘疹性口炎病毒，又叫牛传染性溃疡性口炎病毒、假口疮性口炎病毒。

【诊断要点】

1. 流行病学 牛丘疹性口炎病毒为痘病毒科、脊椎动物痘病毒亚科、副痘病毒属成员。但是，有时其他副痘病毒属的病毒也能成为本病的病原。

本病分布于世界各地。病牛和带毒牛为主要传染源，通过牛与牛的接触及食入被污染的饲料而传播。主要感染牛，尤其是6月龄的犊牛最易感染发病；人接触病牛也可感染该病，其他家畜和实验动物不感染。本病多见于春、夏季节。在受感染的牛群中多保持地方性流行。

2. 临床症状 潜伏期为2～7 d或者更长。体温不高，精神不振，食欲减少。以泡沫样流涎，口腔黏膜、鼻镜和唇上糜烂或溃疡为特征。病变部位多限于口腔（唇、舌、腭、颊、牙龈等）的黏膜，出现高度充血的直径 1.0～2.0 cm 的圆形丘疹，丘疹周围明显充血，偶尔有水疱和脓疱，一些丘疹周边隆起、中央坏死、发白，脱落后在隆起处形成火山状的溃疡。同时口腔丘疹可能有痂皮或呈棕黄色，边缘粗糙。结节形成痂皮后脱落自愈，大部分病例取良性经过。多数无全身症状，病程 30 d 左右。极个别病犊牛因其他因素，可使全身皮肤、呼吸器官及消化器官的黏膜出现病变而成为重症病例。特别是在应激、抵抗力降低和中毒（如氯萘中毒）之后可能复发或者发生范围广泛的病变。

丘疹也可发生于食管和前胃黏膜，但只有在尸体剖检时才可发现。消化道后段的这些病变易同传染性鼻气管炎或牛病毒性腹泻病毒所引起的病变相混淆。

3. 病理变化　牛丘疹性口炎病变部细胞空泡变性，细胞质内有包涵体。

4. 实验室诊断　可以用 PCR 检测病毒的特异性基因片段；用电子显微镜观察病毒粒子；从病变部位的细胞中发现包涵体或检出病毒抗原；可用胎牛原代细胞进行病毒分离，但难度较大。也可通过琼脂糖扩散实验检出针对病毒的特异性抗体来诊断本病。

【类症鉴别】

根据临床症状，不难建立诊断；确诊须经实验室诊断。本病需与假性牛痘、口蹄疫、水疱性口炎、牛病毒性腹泻/黏膜病、牛瘟、茨城病、恶性卡他热等进行鉴别。本病病原形态与假牛痘病毒和接触传染性脓疱性皮炎病毒相似，注意进行鉴别。

【防治措施】

本病治疗尚无特效方法。据报道，口腔喷洒冰硼散，有一定疗效。预防本病要早发现、早隔离。发病后加强饲养设施的消毒，防止继发感染。

口　蹄　疫

口蹄疫是由口蹄疫病毒引起的急性、热性、高度接触性传染病，主要侵害偶蹄兽，偶见于人和其他动物。临诊上以口腔黏膜、蹄部及乳房皮肤发生水疱和溃烂为特征。本病在世界各地均有发生，目前虽有不少国家已消灭了本病，但在非洲、亚洲和南美洲很多国家仍有本病流行。本病以传播迅速、感染率高为主要特点，国际兽疫局（OIE）将其列为A类传染病之一。

【诊断要点】

1. 流行病学　口蹄疫病毒属于微核糖体核酸病毒科，口蹄疫病毒属。病毒由中央的核糖体和周围的蛋白壳体所组成，无囊膜。病毒粒子形态微小，直径为7～23 nm大小不等，目前已知在世界范围内主要流行的口蹄疫病毒共有7个主型，分别是O、A、C、南非1型、南非2型、南非3型和亚洲Ⅰ型，以及65个以上亚型。O型口蹄疫是目前已知的全世界流行最广的一个血清型，在我国流行的口蹄疫病毒主要为O、A型和亚洲Ⅰ型。

口蹄疫病毒侵害多种动物，但主要为偶蹄兽。家畜以牛易感（奶牛、牦牛、犏牛最易感，水牛次之），其次是猪，再次为绵羊、山羊和骆驼。仔猪和犊牛不但易感，而且死亡率也高。长颈鹿、扁角鹿、野牛、瘤牛等都易感。牛被称为本病的存储器，羊为指示器，猪为放大器。性别对易感性无影响，但幼龄动物较老龄者易感性高。病牛及没有临床症状的带毒动物是本病的传染源。在症状出现前，从病牛体开始排出大量病毒，发病期排毒量最多。在病的恢复期排毒量逐步减少，病毒随分泌物和排泄物同时排出。水疱液、水疱皮、奶、尿、唾液及粪便含毒量最多，毒力也最强，富于传染性。病愈动物的带毒期长短不一，一般不超过2～3个月。以病愈带毒牛的咽喉、食道处刮取物接种健康牛和猪可发生明显的症状。康复牛的咽喉带毒可达24～27个月。这些病毒可藏于牛肾，从尿排出。在草原牧区，口蹄疫多呈现大流行的方式。本病的发生没有严格的季节性，但其流行却有明显的季节规律。往往在不同地区，口蹄疫流行于不同季节。有的国家和地区以春、秋两季为主。一般冬、春季较易发生大流行，夏季减缓或平息。

2. 临床症状　由于多种动物的易感性不同，也由于病毒的数量和毒力及感染门户不同，潜伏期的长短和病状也不完全一致。潜伏期平均2～4 d，最长可达1周左右。病牛体温升高达40～41 ℃，精神委顿，食欲减退，闭口，流涎，开口时有吸吮声，1～2 d后，在唇内面、齿龈、舌面和颊部黏膜发生蚕豆至核桃大的水泡，口温高，此时口角流涎增多，呈白色泡沫状，常常挂满嘴边，采食反刍完全停止。水疱约经一昼夜破裂形成浅表的红色糜烂，水疱破裂后，体温降至正常，糜烂逐渐愈合，全身症状逐渐好转。如有细菌感染，糜烂加深，发生溃疡，愈合后形成瘢痕。有时并发纤维蛋白性坏死性口膜炎和咽炎、胃肠炎。有时在鼻咽部形成水疱，引起呼吸障碍和咳嗽。在口腔发生水疱的同时或稍后，趾间及蹄冠的柔软皮肤上表现红肿、疼痛、迅速发生水疱，并很快破溃，出现糜烂，或干燥结成硬痂，然后逐渐愈合。若病牛衰弱，或饲养管理不当，糜烂部位可能发生继发性感染化脓、坏死，病牛站立不稳，跛行，甚至蹄匣脱落。乳头皮肤有时也可出现水泡，很快破裂形成烂斑，如涉及乳腺引起乳房炎，泌乳量显著减少，有时乳量损失高达75%，甚至泌乳停止。实践证明，乳房上口蹄疫病变见于纯种牛，黄牛较少发生。

本病一般取良性经过，约经1周即可痊愈。如果蹄部出现病变时，则病期可延至 2～3 周或更久。病死率很低，一般不超过 1%～3%，但在某些情况下，当水疱病变逐渐痊愈，病牛趋向恢复时，有时可突然恶化。病牛全身虚弱，肌肉发抖，特别是心跳加快，节律失调，反刍停止，食欲废绝，行走摇摆，站立不稳，因心脏麻痹而突然倒地死亡。这种病型称为恶性口蹄疫，病死率高达 20%～50%，主要是由于病毒侵害心肌所致。

哺乳犊牛患病时，水疱症状不明显，主要表现为出血性肠炎和心肌麻痹，死亡率很高。病愈牛可获得一年左右的免疫力。

3. 病理变化　尸体消瘦，被毛粗乱，口腔黏附泡沫状唾液，并有口蹄疫特有的水疱、烂斑等。瘤胃黏膜尤其在肉柱常可见到特征性的水疱和烂斑溃疡病灶。比口腔烂斑深，四周隆起，边缘不齐，中央凹陷，略呈红色或黄红色，数量不一。鼻腔及咽喉黏膜充血，个别病牛气管和支气管有卡他性炎症，伴有肺气肿现象。心脏常出现心内外膜弥散性及斑点状出血。恶性口蹄疫心肌表面和切面出现灰白色或淡黄色的斑点或条纹，外观似虎斑，又称"虎斑心"，心内膜下病变最显著。急性死亡的幼犊通常口蹄无水疱，烂斑病变，仅有急性坏死性心肌炎病变，或同时有出血性胃肠炎。

4. 实验室诊断　采取病牛水疱皮或水疱液进行病毒分离鉴定。取病牛水疱皮，用 PBS 液制备混悬浸出液，或直接取水疱液接种 BHK 细胞、IBRS2 细胞或猪甲状腺细胞进行病毒培养分离，做蚀斑试验。同时应用补体结合试验，目前多用酶联免疫吸附试验（ELISA）效果更好。

【类症鉴别】

根据病的急性经过，呈流行性传播，主要侵害偶蹄兽和一般为良性转归以及特征性的临诊症状可作出初步诊断。为了确诊需做病原分离和鉴定。

本病与水疱性口炎、茨城病、丘疹性口炎、牛病毒性腹泻病/黏膜病、牛瘟和恶性卡他热的症状相似，不易区分，故应鉴别。

【防治措施】

预防 防治本病应根据本国实际情况采取相应对策。无病国家一旦暴发本病应采取屠宰病牛、消灭疫源的措施；已消灭了本病的国家通常采取禁止从有病国家输入活畜或动物产品，杜绝疫源传入；有本病的地区或国家，多采取以检疫诊断为中心的综合防治措施，一旦发现疫情，应立即实现封锁、隔离、检疫、消毒等措施，迅速通报疫情，查源灭源，并对易感畜群进行预防接种，以及时消灭疫点。

治疗 家畜发生口蹄疫后，一般经 10～14 d 自愈。为了促进病牛早日痊愈，缩短病程，特别是为了防止继发感染的发生和死亡，应在严格隔离的条件下，及时对病牛进行治疗。对病牛要精心饲养，加强护理，给予柔软的饲料，对病状较重、几天不能吃的病牛，应喂以麸糠稀粥、米汤或其他稀糊状食物，防止因过度饥饿使病情恶化而引起死亡。畜舍应保持清洁、通风、干燥、暖和、多垫软草、多给饮水。口腔可用清水、食醋或 0.1% 高锰酸钾洗漱，糜烂面上可涂以 1%～2% 明矾或碘酊甘油（碘 7 g、碘化钾 5 g、乙醇 100 mL、溶解后加入甘油 10 mL），也可用冰硼散（冰片 15 g、硼砂 150 g、芒硝 18 g 共为末）。蹄部可用 3% 煤焦油皂溶液或来苏儿洗涤，擦干后涂松馏油或鱼石脂软膏等，再用绷带包扎。乳房可用肥皂水或 2%～3% 硼酸水洗涤，然后涂以青霉素软膏或其他防腐软膏，定期将奶挤出，以防发生乳房炎。

恶性口蹄疫病牛除局部治疗外，可用强心剂和补液剂，如安钠咖、葡萄糖盐水等。用结晶樟脑口服，每天 2 次，每次 5～8 g，可收良效。

伪　牛　痘

伪牛痘又叫副牛痘，在人称挤奶者结疖，是由副牛痘病毒引起的传染病。本病的特征是在乳房和乳头皮肤上出现丘疹、水疱和痂皮下破损区。

【诊断要点】

1. 流行病学　副牛痘病毒为痘病毒科、脊椎动物痘病毒亚科、副痘病毒属成员。病毒大小为 190 nm×296 nm，形态为两端圆形的纺锤形，病毒属 DNA，对乙醚敏感，氯仿在 10 min 内可使病毒灭活。病毒能在牛肾细胞培养物中产生细胞病变，肾细胞培养后，病毒能在人胚成纤维细胞中生长，不感染家兔、小鼠和鸡胚。

伪牛痘在世界各地流行，为奶牛常见病。本病一旦发生，极易引起全场流行。主要传染来源是病牛或带毒牛。挤奶时消毒卫生不严，常常通过挤奶者的手，挤奶机的污染、洗乳房的水、擦乳房的毛巾等传染给其他牛只。干奶牛、不泌乳的小母牛和公牛很少被侵害。因为本病的免疫性短暂，故新的感染经一段时间消失，然后仍可再次复发，致使流行过程延绵，几个月也不停。

2. 临床症状　发病牛的乳房和乳头上出现红色的丘疹，由小豆大到大豆大，病变直径可达 1.0～2.5 cm，呈圆形或马蹄形，后变成水疱，最后覆盖痂皮，经 2～3 周后，在干痂下愈合。增生隆起，痂皮脱落。病变发生于乳头上，挤奶疼痛，病牛躲避，或踢挤工人，致使挤奶困难。由于继发细菌感染，乳房炎的发病率大大提高。此病本身对牛影响轻微，几乎无全身性症状。犊牛因吸吮感染发病母牛的乳头，会产生与丘疹性口炎相似的病变。

3. 病理变化 病变部位有棘细胞增生和空泡变性，且细胞质内可见包涵体。

4. 实验室诊断 取组织或水疱液做病毒分离，或对水疱液进行电镜观察；PCR 检测病毒特异性基因片段；用病理组织学和免疫学方法可检出病变部位细胞质内包涵体或特异性病毒抗原；也可用犊牛原代细胞进行病毒分离鉴定，但难度较大。

【类症鉴别】

根据临床症状、流行病学调查和病理变化可初步诊断，确诊需进行病原学和血清学诊断。乳房、乳头上出现疱疹的疾病有口蹄疫、牛痘、脓疱病和疱疹性乳头炎，故应进行鉴别。

【防治措施】

本病尚无特殊治疗方法。对病牛应隔离饲养，单独挤奶。加强挤奶卫生，病区应消炎、防腐，促进愈合。洗乳房时，可用 0.3% 洗必泰、3% 过氧乙酸，或次氯酸钠洗净乳区，做到一头一巾，避免相互感染。乳头涂布防腐剂或消炎抗菌药膏，以缓解挤奶时乳头患部的疼痛。加强挤奶者的手指消毒，防止感染，必要时可带上外科手套。

牛 白 血 病

牛白血病又称地方流行性牛白血病、牛淋巴瘤病、牛恶性淋巴瘤、牛淋巴肉瘤，是由牛白血病病毒引起的慢性肿瘤性疫病。本病以淋巴细胞恶性增生、进行性恶病质和高病死率为特征。

【诊断要点】

1. 流行病学 牛白血病病毒为反转录病毒科，D 型反转录病毒属成员，病毒粒子为球形，外包双层囊膜，膜上有 11 nm 长纤突。病毒含单股 RNA，能产生反转录酶。病毒易在 CC81 传代细胞系上生长，也可在绵羊和胎牛原代细胞上生长，并产生合胞体。病毒上有多种蛋白质。牛白血病病毒与其他反转录病毒的囊膜糖蛋白抗原没有交叉免疫反应。

本病主要发生于成年牛，尤以 4～8 岁的牛最常见。病牛和带毒者是本病的传染源。潜伏期平均为 4 年。血清流行病学调查结果表明，本病可水平传播、垂直传播及经初乳传染给犊牛。近年来证明吸血昆虫在本病传播上具有重要作用。被污染的医疗器械（如注射器、针头），可以起到机械传播本病的作用。目前尚无证据证明本病毒可以感染人，但要做出本病毒对人完全没有危险性的论断还需进一步研究。

2. 临床症状　本病有亚临床型和临床型两种表现。

亚临床型无瘤的形成，其特点是淋巴细胞增生，可持续多年或终身，对健康状况没有任何扰乱。这样的牲畜有些可进一步发展为临床型。此时，病牛生长缓慢，体重减轻。体温一般正常，有时略为升高。

临床型病牛从体表或经直肠可摸到某些淋巴结呈一侧或对称性增大。腮淋巴结或股前淋巴结常显著增大，触摸时可移动。如一侧肩前淋巴结增大，病牛的头颈可向对侧偏斜；眶后淋巴结增大可引起眼球突出。出现临床症状的牛，通常均取死亡转归，但其病程可因肿瘤病变发生的部位、程度不同而异，一般在数周至数月之间。由于肿瘤浸润而增厚变硬。肾、肝、肌肉、神经干和其他器官亦可受损，但脑的病变少见。

3. 病理变化　病牛淋巴结肿大，遍及全身及各脏器，形成大小不等的结节性或弥漫性肉芽肿病灶。尤以真胃、心脏和子宫等为最常发的器官。

4. 实验室诊断　根据临床症状、流行病学调查可初步诊断，确诊须进行实验室诊断。常用的包括琼脂扩散、补体结合、中和试验、间接免疫荧光技术、酶联免疫吸附试验等，一般认为这些试验都比较特异，可用于本病的诊断。若检出白血病抗体，即可确诊为病毒感染。通过白血病病牛的白细胞总数、淋巴细胞的比例及绝对值的变化，以及是否出现异形淋巴细胞等，也可确诊白血病。

【类症鉴别】

根据临床症状、流行病学调查可初步诊断，确诊须进行实验室诊断。临床上需与其他肿瘤性疾病进行鉴别。

【防治措施】

治疗　呈现临床症状的白血病病牛，药物治疗效果不大，初期病牛，尤其有一定经济价值的牛，可试用抗肿瘤药，如氮芥30～40 mL，一次静脉注射，连用 3～4 d，可缓解症状。

预防　根据本病的发生呈慢性持续性感染的特点，防治本病应采取以严格检疫、淘汰阳性牛为中心，包括定期消毒、驱除吸血昆虫、杜绝因手术、注射可能引起的交互传染等在内的综合性措施。无病地区应严格防止引入病牛和带毒牛；引进新牛必须进行认真的检疫，发现阳性牛立即淘汰，但不得出售，阴性牛也必须隔离 3～6 月以上方能混群。疫场每年应进行 3～4 次临床、血液和血清学检查，不断剔除阳性牛；对感染不严重的牛群，可借此净化牛群，如感染牛只较多或牛群长期处于感染状态，应采取全群扑杀的坚决措施。对检出的阳性牛，如因其他原因暂时不能扑杀时，应隔离饲养，控制利用。阳性母牛可用来培养健康后代，犊牛出生后即行检疫，阴性者单独饲养，喂以健康牛乳或消毒乳，阳性牛的后代均不可作为种用。

牛乳头状瘤病

牛乳头状瘤病又称为疣，是由牛乳头状瘤病毒引起的一种以体表皮肤、黏膜形成乳头状瘤为特征的慢性增生性疾病。牛乳头状瘤病多数为良性，病愈的牛能获得一定的免疫力。

【诊断要点】

1. 流行病学　牛乳头状瘤病毒为乳头状瘤病毒科 DNA 病毒。根据核酸同源性可分为 6 个型，病毒不能体外培养。

不同年龄、性别和品种的牛均可发生本病，6～24 月龄的牛对本病易感。病愈个体可获得一定的免疫力，圈养牛发病率比放牧牛高。本病呈散发或地方性流行。病牛是主要传染源，此病可通过接触传染，如患病母牛通过哺乳途径感染犊牛，患病公牛经交配感染母牛并引发母牛阴道炎；锐利的物体，如钉子、有刺的金属丝、插销的末端造成的小创伤会诱使病毒定植于皮肤，使小牛群发病率增加；挤奶工具和易使牛头皲裂，易引起小擦伤的器械可传播此病。

2. 临床症状　本病的潜伏期为 1～4 个月，通常经过 1～12 个月后自行消退。病牛一般无明显症状，其体温、饮食正常，精神良好。肿瘤发生在食道或消化道时可造成食欲减退。发生于膀胱的乳头状瘤易癌化，可导致"慢性地方性血尿"，患牛排尿困难或痛性尿淋漓，其对病牛有致命危害。扁平、宽基部的灰色瘤有时会被误诊为有痂的损伤。不同类型的病毒可在不同部位引发不同的乳头状瘤，但乳头状瘤多为良性肿瘤，其常见于颈、颌、肩、下腹、背、耳、眼睑、唇部、包皮、乳房、尾根等部的皮肤及食道、前胃、膀胱、外阴、阴道的黏膜，乳头是本病的常发部位。肿瘤呈球形、椭圆形、结节状、分叶状、绒毛状或花椰菜状。滑突的灰色小结节初为高粱粒大至豌豆大，之后逐渐增大，颜色加深，呈褐色或暗褐色，其表面粗糙、角质化，成为大小不等、形状不规则的乳头状或花椰菜状肿块，大的直径 5～10 cm，其下有狭窄的蒂和皮肤相连。大的乳头状瘤易受损而发生出血、感染。

3. 病理变化　光镜下瘤细胞的体积比正常的稍大，核染色质丰富，排列整齐，细胞无异型性。

4. 实验室诊断 确诊主要依据病理组织学特点、病原鉴定和血清学试验。在电镜下检查病毒颗粒，或从病料中分离病毒，进行动物接种试验或接种鸡胚绒毛尿囊膜，以作病原诊断。用免疫荧光抗体技术、琼脂免疫扩散试验、酶联免疫吸附试验检查抗体。

【类症鉴别】

本病结合流行病学、临床变化和尸检结果即可作出初步诊断，确诊须进行实验室检查。临床上需与蹄叉腐烂、蹄叶炎等疾病进行鉴别。

【防治措施】

治疗 多数乳头状瘤可自然脱落，不需治疗。为控制其发展，促其消退，可采取手术切除、烧烙、液氮冷冻等方法去除。较大的肉柱可用细线绑缚基部使其自行脱落，也可用冰醋酸、氢氧化钾溶液涂布，每天涂 3～4 次，连续数天。另外，可切除 10 个左右的疣体组织磨碎，1 份瘤组织加 9 份生理盐水混合，过滤后，4 ℃保存，牛每次皮下注射滤液 1～5 mL，每周 1 次，连注 3 次。也可在瘤组织的甘油食盐水乳剂中加 0.4%～0.5%甲醛灭活病毒，每次皮下注射 5～10 mL，隔 2 周再注 1 次。

预防 加强治疗，阻止病原扩散。发现病牛，及时摘除疣组织。进行兽医医疗操作时严格消毒，严格执行挤奶卫生规程，挤奶时要注意挤奶员的手、牛的乳房和挤奶机的消毒。夏季及时消灭蚊、蝇等害虫。加强饲养管理，防止牛发生机械性损伤。牛舍要宽敞、明亮，及时清除牛栏、圈舍内的尖锐异物，减少外伤的发生。

水 疱 性 口 炎

水疱性口炎，又名鼻疮、口疮、伪口疮、烂舌症等，是由水疱性口炎病毒引起的一种急性、热性、人兽共患传染病。临床上以口腔黏膜、舌、唇、乳头和蹄冠部上皮发生水疱为特征。

【诊断要点】

1. 流行病学 本病病原为水疱性口炎病毒，为单分子负链单股 RNA 病毒目、弹状病毒科、水疱病毒属的 RNA 病毒。病毒粒子呈子弹状或圆柱状，具有囊膜，大小为 176 nm×69 nm。本病毒对外界环境抵抗力不强，2%氢氧化钠、1%福尔马林可在数分钟内杀死病毒。病毒在 50%甘油磷酸盐缓冲液内可存活4 个月，低温状态下可存活数月至 1 年。

本病通常具有季节性，大多发生于晚夏，到秋霜季节停止，广泛传播于放牧动物，厩饲动物中的传播缓慢，甚至没有病例发生。病牛主要通过损伤的皮肤和黏膜感染，也可通过污染的饲料和饮水经消化道感染，还可以通过双翅目昆虫叮咬易感动物而感染。家畜中自然感染的有马、牛、猪、绵羊、山羊、骆驼等野生动物和人也可感染。已经证实，野猪、浣熊和鹿等可以自然感染，血清学检测发现蝙蝠、食肉动物和一些啮齿类动物的血清呈阳性。牛的易感性随着年龄增长而增加，成年牛比犊牛的易感性要高。

2. 临床症状 潜伏期人工感染 1～3 d，自然感染为 3～5 d。病初体温升高达 40～41 ℃，精神沉郁，食欲减退，反刍减少，大量饮水，口黏膜及鼻镜干燥，耳根发热，在舌、唇黏膜上出现米粒大的小水疱，常由小水疱融合成大水疱，内含透明黄色液体，经 1～2 d 后，水疱破裂，疱皮脱落后，则遗留浅而边缘不齐的鲜红色烂斑，与此同时病牛大量流出清亮的黏稠唾液呈引缕状，并发生咂唇音，采食困难，有时病牛在乳头及蹄部也可能发生水疱。病程为 1～2 周，转归良好，极少死亡。

3. 病理变化 主要病变为水疱和糜烂等，感染组织的细胞内无包涵体。

4. 实验室诊断 可采用免疫荧光抗体法染色病变部位的组

织触片或涂片进行快速诊断。

【类症鉴别】

根据本病流行有明显的季节性及典型的水疱病变，以及流涎的特征症状，一般可作出初步诊断。对牛和其他偶蹄类动物，需要鉴别诊断的包括口蹄疫、黏膜病等进行鉴别。

【防治措施】

本病呈良性经过，损害一般不甚严重，只要加强护理，就能很快痊愈。发生本病时，应及时隔离病牛及可疑病牛，疫区严格封锁，一切用具和环境必须消毒。为预防本病的发生，可用当地病牛的组织脏器和血毒制备的结晶紫甘油疫苗或鸡胚结晶紫甘油疫苗进行免疫接种。

牛 恶 性 卡 他 热

牛恶性卡他热是由恶性卡他热病毒引起多种反刍动物如牛、水牛和鹿等的一种急性高度致死性传染病。临床上以持续性发热、口鼻流出黏脓性鼻汁、双侧性角膜混浊，伴发严重神经扰乱、淋巴结肿大、全身性单核细胞浸润及血管炎为特征。

【诊断要点】

1. 流行病学 病原为牛恶性卡他热病毒，为疱疹病毒科、疱疹病毒丙亚科、猴病毒属成员。病毒粒子由核芯、衣壳和囊膜组成，核芯由双股线状 DNA 与蛋白质缠绕而成。本病病毒保存十分困难，在低温冷冻和冻干条件下，存活期不超过数天；5℃柠檬酸盐抗凝血液中病毒可存活数天。

本病四季均可发生，但多见于冬季和早春，呈散发或地方流行性，本病主要发生于 4 岁以下黄牛和水牛，发病率较低，而病死率高。

2. 临床症状 本病的潜伏期变动较大，自然感染时多为
28～60 d，也有的长达 140 d，人工接种则为 9～77 d。本病在非
洲多呈地方性流行，而在欧洲及其他地区则多以散发的形式存
在。根据本病的临床表现可以分成最急性型、头眼型、肠型和轻
症型 4 种。

最急性型 主要表现为口腔和鼻腔黏膜的剧烈炎症和出血性
胃肠炎，于 1～3 d 死亡。

头眼型 为本病的典型症状，初期发热，体温常 40～42 ℃，
持续至死亡之前。鼻腔分泌物增多，逐渐变为黏性乃至脓性，末
期鼻孔部形成痂皮，阻塞鼻孔而导致呼吸困难，出现张口呼吸和
流涎；鼻甲部黏膜出血和坏死。口腔黏膜充血、糜烂、坏死，在
口唇、齿龈、硬腭、软腭、舌等部位出现大量的浅在性溃疡；口
腔内乳头坏死，部分舌乳头尖端脱落，黏膜有点状出血。眼的症
状是以流泪开始，逐渐形成眼炎，眼睑肿胀，角膜混浊从周边逐
渐向中央发展，并且多为双侧性，也有一侧眼角膜较对侧发展迅
速的情况，出现角膜混浊的牛常闭眼避光。病牛渴欲亢进和持续
便秘，但也有的出现腹泻。后期病牛食欲废绝、关节肿胀、兴奋
不安，个别病例出现震颤和运动失调等神经症状。该型的病程
1～2 周，几乎所有的感染牛均以死亡告终。

肠型 病牛主要表现为发热、腹泻，口腔及鼻腔黏膜充血，
流泪、流鼻汁，淋巴结肿大。4～9 d 死亡。

轻症型 见于由弱毒病毒所引起的实验性感染病例，自然感
染牛无此型。

水牛发病后，主要表现为持续高热、颌下及颈胸部皮下水
肿，并出现全身性败血症的变化。发病率不高，但病死率可达
90％以上。水牛发病与其接触山羊有关，水牛和水牛间不能直接
传播。

3. 病理变化 最急性死亡的病牛通常无明显的眼观病变。

鼻黏膜充血、水肿，有大量渗出液，并附有脓性分泌物。咽喉黏膜充血性肿胀和溃疡。支气管及气管黏膜充血、点状出血和溃疡。消化系统的主要症状是食道黏膜充血、糜烂，并形成假膜；瘤胃、网胃和瓣胃充血，皱胃充血、水肿、糜烂、有点状出血；小肠水肿发硬、浆膜有点状和线状出血及糜烂，小肠的病变向后逐渐减轻；大肠沿纵轴黏膜皱襞呈线状充血。肾脏表面有2～4 mm 的圆形白色病灶。肝脏略肿大，有粟粒大小的白色病灶。脾脏肿大。心脏外膜点状出血，心肌部分颜色变淡。膀胱充血、出血和溃疡。出现神经症状时，存在脑膜脑炎。所有病例的淋巴结出血、肿大，其体积可增大 2～10 倍，并以头、颈和腹部淋巴结最明显。

4. 实验室诊断 病毒分离用的血液用 EDTA 或肝素抗凝，脾、淋巴结、甲状腺等组织应无菌采集，冷藏下迅速送检；分离的病毒可以应用荧光抗体试验进行鉴定。病理组织学检查用的肾、肝、脾、肾上腺、淋巴结等组织制成小片放入福尔马林液中固定。也可以将病料接种于家兔的腹腔或静脉，接种后可产生神经症状，并于 28 d 内死亡。应用 PCR 技术对该病毒进行检测的实际意义正在确定。

【类症鉴别】

本病可以根据流行病学、典型临床症状及病理剖检变化作出诊断，但本病易与牛瘟、蓝舌病、牛传染性鼻气管炎、运输热、牛病毒性腹泻黏膜病、口蹄疫、牛传染性角结膜炎、丘疹性口炎及巴氏杆菌病等相似，故应进行实验室诊断确定。

【防治措施】

防治本病的主要措施是使牛、水牛、鹿不接触媒介动物角马、山羊和绵羊，特别是在媒介动物的分娩期，更应阻止相互接触。当动物园和养殖场必须引进媒介动物时，必须经血清中和试验证明其为阴性，并隔离观察一个潜伏期后才能允许其活动。

本病目前尚无有效的治疗方法，一旦发现应及时扑杀并销毁，污染的场地应用卤素类消毒药物进行彻底消毒。

牛 瘟

牛瘟是由牛瘟病毒引起牛和水牛的一种急性、热性、致死性传染病。本病的临床特征是发热，齿龈、舌、颊和硬腭等处黏膜糜烂，眼、鼻流出浆液性或黏液脓性分泌物，有时出现严重腹泻。牛瘟为一种古老的传染病，在 1949 年以前，我国牛瘟的流行几乎遍及全国，1956 年以后则再没有发生。

【诊断要点】

1. 流行病学 牛瘟病毒为副黏病毒科、副黏病毒亚科、麻疹病毒群的负链单股 RNA 病毒。结构蛋白有 N、P/C/V、M、F、H、L。只有 1 个血清型。病毒在培养细胞上形成多核巨细胞性 CPE。常用 B95a 细胞系进行病毒分离和定量。

病牛是该病的直接传染源。病牛及处于潜伏期中的症状不明显的牛均能从口鼻分泌物和排泄物中大量排毒，尤以鼻液中含毒量最高，经直接接触或经消化道感染，牛瘟的传染从理论上可以由带毒的饲料、饮水、用具、衣鞋，以及犬、猫和家禽等间接传染，但因为病毒的抵抗力较小，实践证明这种可能性不大。

牛瘟通常是由于易感动物接触了感染动物的分泌物，尤其是鼻液和排泄物而传染的，在感染动物呼出的气体、眼和鼻的分泌物、唾液、粪便、精液、尿和奶中都能发现病毒，因而病牛可以沿着交通线散播疫病，特别是有些病牛症状非常轻微，却能排出大量病毒，更易传播该病。自然感染通常是经消化道，也可能经鼻腔和结膜感染鼻上皮细胞通常是最初的感染点。由于该病毒在环境中抵抗力低，决定了它不可能借助无生命载体远距离传播，因此借助空气传播的可能性仍然不大，苍蝇、蚊子及壁虫对牛瘟传播的重要性不大。

牛瘟的易感动物主要为牛及其他偶蹄类动物，包括牛、水牛、绵羊、山羊等。牦牛对该病最易感，水牛次之，黄牛易感性更低，绵羊和山羊很少感染，但感染后能表现出轻微临床症状，骆驼感染后症状不明显，而且不会传染给其他动物。亚洲猪易感，并且能将该病毒再传染给牛，啮齿动物、单蹄兽、食肉兽和鸟类不能感染，人类也没有易感性。

2. 临床症状　潜伏期 2 周左右。新疫区与老疫区病牛的表现稍有差异，前者多表现为典型性，后者则以非典型性为主。

典型牛瘟　发病初期体温升高，40 ℃以上，稽留 3～5 d，随后体温下降，死前体温可能低于正常。眼结膜鲜红，眼睑肿胀，眼分泌物初为浆液性，渐变为黏性或黏脓性。鼻液由无色黏液渐变为灰色或棕色脓样物，有恶臭异味。鼻黏膜充血并有出血点。鼻镜干燥、发热、龟裂，其上附有棕黄色痂皮，脱落后露出红色易出血的糜烂面。唾液增加并夹杂有气泡，间或混有血丝。高热期间口腔黏膜充血，下唇和齿龈等处出现灰色或灰白色小点，大小如粟粒状，初坚硬而后渐变为水疱状，破溃后形成糜烂，最后融合成地图样烂斑或变为深层溃疡。最后大片口腔黏膜坏死，大量的坏死物质脱落而形成浅表的、不出血的黏膜糜烂或溃疡。此外，鼻孔、阴门和阴道及阴茎的包皮鞘等处也可见明显的坏死变化。

发病早期病牛便秘，粪便干燥并常覆盖黏液和血液；随后严重腹泻，粪便呈水样、恶臭，粪便含有黏液、血液和上皮碎屑，并伴有里急后重表现；后期大便失禁。尿频，尿液呈黄红色至黑红色。母牛可从阴道流出黏性或黏脓性分泌物，有时混有血液。阴户红肿，阴道黏膜充血；乳房松软，奶产量减少，奶稀如水呈黄色或停止泌乳。孕畜常流产。病势严重时病牛多在出现症状后4～7 d 死亡。

非典型性 上述症状不典型或不明显，表现出或多或少、严重程度不一的临床现象，也可能呈隐性经过。

3. 病理变化 病理剖检变化主要表现为病牛的大部分器官和组织呈现出严重的点状出血、出血性浸润、体腔内出血和黏膜浅层坏死等变化，整个消化道黏膜出现炎症和坏死，特别是口腔、皱胃和大肠黏膜的损害最为显著并具有特征性，常形成纤维素性坏死性假膜和出血性烂斑。口腔黏膜，如上下唇的内侧面、齿龈、颊和舌的腹面等处有硬的灰黄色小结节，有时结节性病灶可蔓延到硬腭和咽部等处；随后结节处形成糜烂区，底部粗糙呈红色，边缘清楚并有较大的糜烂区和溃疡。皱胃黏膜，尤其是幽门部黏膜及各个皱襞的颈部肿胀，布满鲜红色或暗红色的斑点和条纹。胃底部黏膜水肿、增厚，切面呈胶胨样并有形状不规则的烂斑；若病程较长，则在烂斑的边缘可见黑色血块和纤维素性假膜牢固地附着。回盲瓣的肿胀出血，盲肠内含有暗红色的血液和血块，整个盲肠皱褶处的顶端黏膜弥漫性出血，呈鲜红色，这种沿黏膜皱褶顶部的充血和出血形成了牛瘟特征性的斑马状条纹。盲结肠联结部的病变也很显著，肠壁极度充血和出血，由于黏膜下层及肌层水肿，肠壁增厚，黏膜上皮发生糜烂，淋巴滤泡坏死。牛瘟弱毒株常不引起广泛性的黏膜病变，因而很难进行临床诊断。

组织学病变可见所有淋巴器官损害严重，特别是肠系膜淋巴结和与肠道有关的淋巴组织。B 细胞和 T 细胞区破坏严重，常可见到细胞质内和细胞核内的嗜酸性包涵体。

4. 实验室诊断 取急性感染动物的脾、淋巴结、血液或口、鼻分泌物等病料处理后，接种适宜的细胞培养物可观察到特征性的细胞病变，即有折射性、细胞变圆、皱缩、胞浆拉长或形成巨细胞。病毒鉴定可使用免疫过氧化物酶染色或特异性血清进行中和试验。由于牛瘟病毒和小反刍兽疫病毒具有血清学交叉反应，因此在小反刍兽疫的疫区，必须应用基于牛瘟病毒特异性单克隆抗体的荧光抗体或 ELISA 试验或 PCR 方法进行分离物的鉴定。

此外，常用的有琼脂扩散试验、反向对流免疫电泳试验、中和试验和竞争 ELISA 等快速诊断技术。

【类症鉴别】

根据流行病学、临床症状和剖检变化可作出初步诊断，确诊需要进行实验室检查。本病典型特征为下痢，同时口腔还会出现丘疹、水疱、糜烂、溃疡等病变，故应与口蹄疫、茨城病、水疱性口炎、丘疹性口炎和牛病毒性腹泻/黏膜病等做好鉴别诊断。

【防治措施】

牛瘟是 OIE 规定的 A 类动物传染病，也是我国规定的一类动物传染病。由于本病具有高度的传染性和致死率，所有分泌物都携带有病毒，所以需要对疫区内活体动物的移动采取严格限制措施。一旦有牛瘟发生，应在 24 h 内向上级主管部门通报疫情，封锁疫点和疫区，消毒、销毁污染器物及环境，对尸体做无害化处理，对可能发病的牛群进行紧急免疫接种。

OIE 规定无牛瘟国家禁止从有牛瘟国家直接或间接进口或过境运输下列动物及动物产品，其中包括家养和野生的反刍动物和猪；反刍动物和猪的精液；反刍动物和猪的胚胎；家养和野生反刍动物和猪的鲜肉；未经加工处理的、家养和野生反刍动物和猪的肉制品；未经加工处理、用于动物饲料、工业、制药的反刍动物和猪的产品；未经加工处理的、来自反刍动物和猪的病理材料和生物制品。

我国规定禁止从发生牛瘟的国家或地区进口有关动物及动物产品。在进口的动物中检出牛瘟时，阳性动物连同其同群动物做全群退回或者扑杀并销毁尸体。

茨 城 病

茨城病又名牛蓝舌病，是由茨城病病毒引起牛的一种急性、热性传染病。本病的临床特征是突发高热、结膜水肿、口腔黏膜坏死及溃疡、咽喉部麻痹，以及关节肿胀、蹄部溃疡。

【诊断要点】

1. 流行病学　病原为茨城病毒，属于呼肠孤病毒科，环状病毒属，鹿流行性出血病病毒群成员。病毒粒子呈球形或圆形，无囊膜，内含双股 RNA，分 10 个节段。病毒可在牛、绵羊、仓鼠肾的原代细胞和传代细胞及鸡胚卵黄囊内繁殖。对氯仿、乙醚有抵抗力。对酸性环境（pH 5.15 以下）敏感，56 ℃加热30 min，或 60 ℃加热 5 min 感染力明显下降，但并未完全灭活，4 ℃下放置稳定，−20 ℃时迅速丧失感染力。

本病只感染牛，对绵羊无致病性，1 岁以内犊牛也较少发病，病愈牛可获至少 1 年的免疫力。病牛是主要的传染源，取发热期病牛的血液静脉接种易感牛可发生与自然病例相似的传染病。自然状况下本病主要通过吸血昆虫传播，其中库蠓是本病主要的传染媒介，并且病毒在库蠓体内能够繁殖。本病流行具有明显的季节性和地区性，多发于热带地区的 6～8 月份，这与节肢动物的分布与活动密切相关。

2. 临床症状　人工接种牛的潜伏期为 3～5 d，病牛体温升高到 40 ℃以上，白细胞总数减少，精神沉郁，厌食，反刍停止；结膜充血、水肿，严重病例出现结膜外翻，眼睛流出浆液性或脓性分泌物；口腔黏膜、齿龈、鼻镜、鼻黏膜和唇部皮肤充血、出血、糜烂或溃疡，口腔流出泡沫状口涎。部分病例腿部关节疼痛性肿胀。出现上述症状后 7～10 d，由于食道麻痹病牛表现吞咽困难，进入食道的内容物及液体常自口、鼻流出。有时可见腹部、乳房和外阴等处皮肤出现坏死或溃疡，蹄冠部皮肤肿胀、溃烂，病牛出现跛行。最后多由于吸入性肺炎和吞咽困难而导致死亡，或者因无治愈希望而扑杀。

3. 病理变化 病死牛可见黏膜充血、糜烂等病变，第四胃和食道黏膜有充血、出血、水肿、胃壁增厚。组织学检查可见上皮细胞变性、坏死；死于吞咽困难时可见食道、咽喉和舌间有特征性变化，即横纹肌的变性和坏死，并伴有出血；上述病变亦可见于胸部及四肢的横纹肌。

4. 实验室诊断 根据流行季节、临床表现可作出疑似诊断。确诊时需进行病毒学检查，即采取发病初期的血液或脾、淋巴结为材料，经卵黄囊接种鸡胚或牛、绵羊肾原代细胞或 BHK-21 传代细胞分离病毒，用已知阳性血清作中和试验鉴定，或用已知病毒与急性期及恢复期血清作双份血清中和试验进行确诊。也可用补体结合试验、琼脂扩散试验、酶联免疫吸附试验等进行诊断。

【类症鉴别】

本病的流行季节、临床表现与牛流行热、牛传染性鼻气管炎、牛蓝舌病等有很多相似之处，应注意区别。

【防治措施】

本病无特效治疗方法。由于我国目前尚未有发生本病的报道，因此发现本病应采取以扑杀为主的控制措施。

本病的疫区应加强吸血昆虫的控制措施，消灭库蠓等传播媒介。对患病牛只进行对症治疗，即通过加强护理，对发病早期病牛及时给予解热制剂及葡萄糖、维生素、电解质等以缓解症状，并同时进行抗生素治疗以防细菌继发感染。病牛一旦发生吞咽障碍和食道麻痹则预后不良，应及时淘汰，也可在发病季节到来前进行疫苗的免疫接种。

牛病毒性腹泻

　　牛病毒性腹泻又称牛黏膜病，是由牛病毒性腹泻病毒引起的一种多临床类型表现的一种传染病。临床上以发热、腹泻、黏膜糜烂、流产或产畸形胎儿为主要特征。

【诊断要点】

　　1. 流行病学　本病病原包括牛病毒性腹泻病毒 1 型和 2 型，为黄病毒科、瘟病毒属。病毒为单股正链 RNA 病毒，呈圆形，有囊膜，一般无血凝性。本病毒可用胎牛肌肉细胞、睾丸细胞、鼻甲骨细胞和肾脏细胞系进行培养。病毒对温度敏感，56 ℃很快灭活，低温下稳定。一般消毒药均可杀灭。

　　病牛和带毒牛是本病的主要传染源，带毒牛的分泌物或排泄物包括鼻汁、唾液、精液、粪尿、泪液及乳汁均可分离出病毒。病牛急性发热期，血液中含有大量病毒，一般可保持 21 d，随着中和抗体的出现，血液中病毒逐渐消失，脾、骨、髓、肠系膜淋巴结和直肠组织含毒量较高。

　　直接或间接接触均可传播本病。主要由于摄食被病毒污染的饲料、饮水而感染，也可由于病牛咳嗽、剧烈呼吸喷出的传染性飞沫而使易感动物感染。另外，通过运输工具，饲养用具或者通过自然界的某些宿主如鹿、羊、猪也可以传播本病。应用被病毒污染的其他疫苗或未经消毒的注射器也可引起本病，带毒公牛能长期从精液中排出病毒，通过配种可传染给母牛。暂时感染或持续性感染的母牛可以通过胎盘传染给胎儿，引起流产及犊牛的先天性疾病，也可能产下貌似正常的持续性感染的犊牛，持续性感染母牛其后裔也常是持续感染牛，便形成母性持续感染家族。

　　不同品种、性别、年龄的牛都有易感性，特别是幼龄牛，急性病例中 6 个月至 2 岁牛较多。

本病大多数呈隐性感染。根据各国血清学的调查，牛群中有高度的感染率。本病在冬末和春天发生较多，新发病牛群呈暴发流行，发病后可获得长期坚强免疫，老疫区为散发。

2. 临床症状

急性病毒性腹泻　类型最为常见，通常发病率高，致死率低。特征是发热、沉郁、腹泻、脱水、白细胞减少及出现临床症状后几天死亡。

慢性病毒性腹泻　少数黏膜病病牛在急性期内未死亡而转为慢性，特征是食欲不振，进行性消瘦及发育不良，间歇性腹泻。

3. 病理变化　病变主要发生在消化道和淋巴结。特征性病变是食道黏膜有不同形状和大小不规则的烂斑，呈线状纵行排列，如虫蚀样；皱胃炎性水肿和糜烂；小肠急性卡他性炎症；大肠有卡他性、出血性、溃疡性以至不同程度的坏死性炎症；肠淋巴结肿大。

急性病毒性腹泻以口腔、食道、前胃、真胃和肠黏膜糜烂特征，有些病例发生蹄叶炎，流泪及角膜水肿，有时见黏膜液化脓性鼻汁。

慢性病毒性腹泻呈典型的黏膜病溃疡病变。

4. 实验室诊断　牛病毒性腹泻病毒感染的牛可以通过全血或其他组织中病毒分离、血清中病毒分离和微量滴定、皮肤组织病毒抗原免疫组化染色、ELISA 和 RT - PCR 等方法来进行诊断。

病毒分离是诊断本病的一种基本方法，通过与已知抗体的中和试验和牛病毒性腹泻荧光抗体检查，都能鉴定出培养的病毒，间接免疫过氧化物酶染色技术也可用于检测细胞培养中的病毒。

【类症鉴别】

根据症状，结合流行情况，了解牛群的各个方面情况，可以作出初步诊断，但是引起牛腹泻和口腔病变的疫病很多，特别注意与牛瘟、恶性卡他热、蓝舌病等鉴别。

【防治措施】

治疗 有条件情况下，发现病牛扑杀是较理想办法。目前对牛病毒性腹泻尚无有效的治疗药物，只能在加强监护、饲养，以增强牛机体抵抗力的基础上，进行对症治疗。针对病牛脱水、电解质平衡紊乱的情况，除给病牛输液扩充血容量外，还可投服收敛止泻药（药用炭、矽炭银），并配合应用广谱抗生素（土霉素、四环素），以抑制继发性感染。

预防 ①严禁从病区购进牛只；②对发病牛群要做好隔离消毒工作，防止疫情扩散；③做好免疫接种，用弱毒疫苗对断奶前后数周内的牛只进行预防接种。对受威胁较大的牛群应每隔3～5年接种1次，对育成母牛和种公牛应于配种前再接种1次，多数牛可获得终生免疫。也有报道称，用猪瘟兔化弱毒疫苗给发生过病毒性腹泻的牛群接种，可获得较好的免疫效果。如果应用灭活疫苗，可在配种前给牛免疫接种2次。疫苗应用时应注意妊娠期不能接种。

爱 野 病 毒 病

爱野病毒病由爱野病毒感染胎儿引起的传染性疾病。本病以流产、早产、死产，以及胎儿先天性关节屈伸不展、颅腔积水、无脑畸形、小脑发育不全为特征。

【诊断要点】

1. 流行病学 本病毒为负链 RNA 病毒。本病毒的核蛋白 N 与赤羽病病毒等具有共同抗原，用补体结合试验和琼脂扩散试验以及荧光抗体法检测时，可以观察到交叉反应。

本病毒可感染牛、水牛、绵羊和山羊，也能从马或猪体内监测到抗体。病毒广泛分布于亚洲和澳大利亚。爱野病可呈散发或大面积流行，可经牛库蠓媒介传播。

2. 临床症状 感染牛虽发生病毒血症，但感染牛多数无症状而耐过。流产常发生于妊娠后期，也有死产的病例。分娩先天性畸形犊牛常比预产期提前 10～30 d，常表现死胎、四肢关节屈曲、斜颈、脊柱弯曲等体形异常。即使是存活，也都会表现为体形异常，不能站立和吮乳。

先天性畸形胎儿中枢神经系统和躯干肌肉的病理变化尤为显著，表现为无脑、颅腔积液、大脑皮质或髓质形成空洞。小脑形成不全的发生率也很高，这一点与赤羽病明显不同。

3. 病理变化 本病的病理组织学变化与赤羽病大致相同，也可看见脊髓腹角神经细胞数量减少或完全消失。屈曲不展的关节部位附着的肌肉变短变小，甚至变性。

4. 实验室诊断 用 BHK-21、HmLu-1 等细胞或乳鼠从流产胎儿或血液中分离本病毒。也可用 RT-PCR 诊断。

采集未吃初乳的畸形牛的血清进行中和试验，可检出其抗体。

【类症鉴别】

由于能够引起奶牛流产，而且流产胎儿出现畸形为特征的传染病主要包括布鲁氏菌病、赤羽病、中山病毒病，诊断时应注意鉴别。

【防治措施】

预防本病的商品化疫苗有爱野病、赤羽病和中山病毒病的三联灭活疫苗。在本病流行前进行免疫接种。

在积极治疗原发病的基础上，加强对症治疗，即加强护理，消炎补液。常用药物有维生素 A、维生素 E、黄体酮等。

先天性畸形犊牛尚无有效的治疗方法。除母牛难产外，一般不予以治疗。

中山病毒病

中山病毒病又称为牛异常分娩病，是由中山病病毒引起的牛异常分娩的病毒性传染病。妊娠母牛受到感染后，产出积水性无脑和脑发育不良的犊牛。

【诊断要点】

1. 流行病学　中山病毒为呼肠孤病毒科，环状病毒属，帕尔雅莫病毒血清成员，为双链 RNA 病毒，病毒粒子直径 50 nm。病毒对酸敏感，pH 3.0 以下时其敏感性丧失，对有机溶剂具有抗性，特别是乙醚和氯仿。能够凝集高浓度盐溶液稀释的牛、绵羊、山羊和鹅的红细胞，对牛红细胞凝集型最强。

本病的易感动物主要是牛，以肉用牛多发，奶牛及其他品种牛的易感性较低。病牛和带毒牛是本病的主要传染源，其传播媒介为尖喙库蠓，也可通过胎盘传染胎儿或通过脑内接种感染。因此，本病的流行具有明显季节性。多流行于 8 月上旬至 9 月上旬，异常分娩发生的高峰在 1 月下旬至 2 月上旬；用中山病病毒给妊娠母牛静脉接种，接种后无发热等症状，但一周左右出现白细胞，特别是淋巴细胞明显减少，红细胞中病毒的感染价较高，而血浆中病毒的感染价较低。本病毒能通过胎盘传染给胎儿。用病毒培养液给 1 日龄未哺乳的犊牛静脉接种，症状与妊娠母牛相似，病毒在红细胞中明显增殖，并于接种后 14 d 开始出现中和抗体。病毒经脑内接种，犊牛在接种后的第一天开始发热，体温可达 40.9 ℃，第 4 天开始出现弛张热，于第 6 天左右体温明显降低，吸乳量从第 4 天开始明显减少，至第 6 天不能站立，呈角弓反张等神经症状。

2. 临床症状　成年牛呈隐性感染，不表现任何临诊症状。

妊娠母牛感染后，可出现异常，主要表现为流产、早产、死产或畸形产。异常分娩的犊牛少数病例出现头顶部稍微突起，但体形和关节不见异常，多数表现为哺乳能力丧失（人工帮助也能吸乳）、失明和神经症状。有些病例可见视力减弱、眼球白浊、听力丧失、痉挛、旋转运动或不能站立等症状。

3. 病理变化　中山病病毒主要侵害犊牛的中枢神经系统。剖检可见脑室扩张积水，大脑和小脑缺损或发育不全，脊髓内形成空洞等中枢神经系统病变。

组织学变化为大脑中出现神经细胞和具有边毛的室管膜细胞残存，在脊髓膜中可见吞噬了含铁血黄素的巨噬细胞。在残存的大、中、小脑中可见神经纤维分裂崩解和在细胞及血管中出现石灰样沉淀。多数病例可见小脑中固有结构消失，蒲金野氏细胞或颗粒细胞崩解或消失，并伴有小脑发育不全。病犊中有的大脑皮质变成薄膜状，脑室内膜中残留有脑髓液，并出现圆形细胞浸润，神经胶质细胞增生，出现非化脓性脑炎。小脑的固有结构消失，小脑发育不全。脑外组织未见病理变化。由于病犊中枢神经系统的变化，说明中山病病毒具有嗜神经性。此病毒在神经组织增殖力强，而在其他组织中增殖力较弱。

4. 实验室诊断

病毒分离鉴定　可取成年牛和异常胎牛的红细胞及吸血库蠓，将其处理后接种适宜的细胞培养物，并通过中和试验或标记抗体检测，以鉴定分离物。

血清学试验　常用的方法是中和试验和红细胞凝集抑制试验。

【鉴别诊断】

根据流行病学、临床症状和病理变化作出初步诊断，确诊需要进行实验室的病毒分离鉴定或血清学试验。

本病应与阿卡斑病、钩端螺旋体病、弯曲菌病、布鲁氏菌病、李斯特菌病、牛传染性鼻气管炎等区别。中山病毒病异常分娩胎儿没有关节屈伸不展和脊柱弯曲等形体异常表现。本病可根据胎儿颅腔积液和无脑或小脑发育不全等特征性病变，可与赤羽病鉴别。但是，因本病很少引发流产，而且从流产胎儿体内很少分离出病毒，故通过检测未摄入初乳的异常分娩胎儿的血清抗体来诊断牛群是否感染本病。

【防治措施】

目前我国尚未发现本病，应加强国境检疫，防止带毒动物或传播媒介的传入，发现本病应立即进行扑杀销毁。疫区应杀灭吸血昆虫并消除其孳生地，加强对动物的保护措施，以防止昆虫的叮咬，特别要强调妊娠动物的保护。妊娠动物可通过疫苗免疫接种防止本病的发生。

本病尚无治疗方法。

牛 狂 犬 病

狂犬病俗称"疯狗病"，又名"恐水病"，是由狂犬病病毒引起的多种动物共患的急性接触性传染病。本病以神经调节障碍、反射兴奋性增高，以及发病动物表现狂躁不安、意识紊乱为特征，最终发生麻痹而死亡。

【诊断要点】

1. 流行病学 本病原属于弹状病毒科，狂犬病毒属。病毒颗粒呈子弹状，有囊膜和膜粒。为单股 RNA 病毒。病毒可被各种理化因素灭活，56 ℃ 15～30 min 或 100 ℃ 2 min 均可灭活，但在冷冻状态下可长期保存病毒。有 5 种病毒蛋白，4 个血清型。

本病以犬类易感性最高，牛和多种家畜及野生动物均可感染发病。传染源主要是患病动物及潜伏期带毒动物，野生的犬科动物（如野犬、狼、狐等）常成为人、畜狂犬病的传染源和自然保毒宿主。患病动物主要经唾液腺排出病毒，以咬伤为主要传播途径，也可经损伤的皮肤、黏膜感染，经呼吸道和口腔途径感染也已得到证实。本病一般呈散发性流行，一年四季都有发生，但以春末夏初多见。狂犬病病毒对过氧化氢、高锰酸钾、新洁尔灭、来苏儿等消毒药敏感，1‰～2‰肥皂水、70%酒精、0.01%碘液、丙酮、乙醚等能使之灭活。

2. 临床症状　潜伏期 30～90 d。病牛病初精神沉郁，反刍减少，食欲降低，不久表现起卧不安，前肢搔地，出现兴奋性和攻击性动作，试图挣脱绳索，冲撞墙壁，跃踏饲槽，磨牙流涎，性欲亢进。一般少有攻击人畜现象。病牛兴奋发作后，往往有短暂停歇，稍后再次发作，逐渐出现麻痹症状，表现为吞咽困难、伸颈、臌气、里急后重等，最终卧地不起，衰竭而死。

3. 病理变化　尸体常无特异性变化，病尸消瘦，一般有咬伤、裂伤，口腔黏膜、咽喉黏膜充血、糜烂。组织学检查有非化脓性脑炎，可在神经细胞的胞浆内检出嗜酸性包涵体。

4. 实验室诊断　当牛被可疑病犬或动物咬伤时，应对可疑动物拘禁观察或扑杀，取病料进行包涵体的检查、病毒分离鉴定和血清学试验诊断。

（1）病原学检查　将患病动物或可疑感染动物扑杀，采集大脑海马角、小脑及唾液腺等组织作为病料。

包涵体检查　病料做触片和超薄切片，用含碱性复红和美兰的 Seller 氏染色液染色，于光学显微镜下观察，内基氏小体呈淡紫色。也可将病料涂片或切片用狂犬病荧光抗体染色液染色，置荧光显微镜下观察，胞浆内出现黄绿色荧光颗粒者为阳性。

细胞培养　一般用仓鼠肾原代细胞或继代细胞、鼠成神经细胞瘤细胞等进行病毒的分离培养，培养细胞可能产生细胞病变，甚至出现包涵体，但对不出现细胞病变的培养物，并不否定狂犬病病毒的存在和增殖，仍应进行病毒的鉴定检查。

动物接种试验 实验动物以小鼠特别是瑞士小鼠最为敏感，也可选仓鼠和家兔进行接种试验。病料制成1∶10乳剂，脑内接种5～7日龄小鼠，如有狂犬病病毒存在，则于接种后1～2周出现麻痹症状和脑膜脑炎变化，可采集病料进行包涵体检查；或于接种后7 d，扑杀小鼠，取病料检查。

(2) 血清学试验 常用中和试验、补体结合试验、血凝抑制试验等方法进行病毒鉴定。

【类症鉴别】

根据流行病学、临床症状和病理变化作出初步诊断，确诊需要进行实验室的病毒分离鉴定或血清学试验。临床上狂犬病常与日本乙型脑炎、伪狂犬病等疾病进行临床区别，主要通过实验诊断方法区别。

【防治措施】

(1) 扑杀野犬、病犬及拒不免疫的犬类，加强犬类管理，养犬须登记注册，并进行免疫接种。

(2) 疫区和受威胁区的牛只以及其他动物用狂犬病弱毒疫苗进行免疫接种。

(3) 加强口岸检疫，检出阳性动物就地扑杀销毁。进口犬类必须有狂犬病的免疫证书。

(4) 当人和家畜被患有狂犬病的动物或可疑动物咬伤时，应迅速用清水或肥皂水冲洗伤口，再用碘酒、酒精溶液等消毒防腐剂处理，并用狂犬病疫苗进行紧急免疫接种。有条件时可用狂犬病免疫血清进行预防注射。

牛 伪 狂 犬 病

伪狂犬病是由伪狂犬病毒引起的急性传染病，以发热、奇痒、脑脊髓炎为主要临床特征。多种动物均可发病。

【诊断要点】

1. 流行病学 本病原为疱疹病毒甲科成员。有囊膜，为双股线状 DNA 病毒。可以在猪、牛、羊兔肾原代细胞和 PK15 传代细胞系上繁殖，能引起细胞病变和形成蚀斑。病毒对外界环境抵抗力很强，夏季在舍内干草上可存活一个月，冬季达 46 d，土壤中可存活 3 个月。60 ℃ 30 min 可灭活，多数脂溶剂和消毒剂都能灭活。

自然感染见于牛及多种野生动物。病牛、带毒家畜及带毒鼠类为本病的主要传染源。感染猪和带毒鼠类是伪狂犬病病毒重要的天然宿主。牛只或其他动物感染多与带毒猪、鼠接触有关。感染动物通过鼻漏、唾液、乳汁、尿液等各种分泌物、排泄物排出病毒，污染饲料、牧草、饮水、用具及环境。本病主要通过消化道、呼吸道途径感染，也可经受伤的皮肤、黏膜及交配传染，或者通过胎盘、哺乳发生垂直传播。一般呈地方性流行，以冬季、春季发病为多。伪狂犬病病毒对外界环境抵抗力强。畜舍内干草上的病毒夏季可存活 3 d，冬季可存活 46 d。含毒材料在 50％甘油盐水中于 4 ℃左右可保持毒力达 3 年之久。0.5％石灰乳、2％氢氧化钠溶液、2％福尔马林溶液等可很快使病毒灭活。但病毒于 0.5％石炭酸溶液中可保持毒力达数十日之久。

2. 临床症状 潜伏期为 3～6 d。牛只感染伪狂犬病多呈急性病程，体温升高达 40 ℃以上。特征症状是在一些部位出现强烈的奇痒，常见病牛用舌舔或口咬发痒部位，引起皮肤脱毛、充血，甚至擦伤。奇痒可发生于身体的任何部位，多见于鼻部、乳房、后肢。剧痒使病牛狂躁不安，有时啃咬痒部并发出凄惨叫声，甚至将头在硬物上摩擦。病变部位肿胀，渗出带血的液体。后期病牛体质衰弱，呼吸、心跳加快，发生痉挛，卧地不起，最终昏迷。死前咽喉部发生麻痹，流出带泡沫的唾液及浆液性鼻液。多于发病后 1～2 d 内死亡。犊牛病程更短。

3. 病理变化　病死牛只患部变化剧烈，被毛脱落，皮肤撕裂，皮下水肿、充血，肺脏充血、水肿，心外膜出血。组织病理学检查，中枢神经系统呈弥漫性非化脓性脑膜脑脊髓炎变化及神经节炎。病变部位有明显的周围血管套及弥漫的灶性胶质细胞增生，同时伴有广泛的神经节细胞及胶质细胞坏死。

4. 实验室诊断

(1) 病原学检查　采集脑组织（中脑、小脑、脑桥和延脑）、扁桃体、肺脏、脾脏及淋巴结，其中脑组织是理想的病毒分离材料，也可采集鼻咽洗液、患部水肿液作为病料。病料电镜观察，病毒粒子呈圆形或者椭圆形；中央为核芯，内含双股 RNA，其外是衣壳，呈二十面体立体对称，最外层是病毒囊膜，囊膜表面有纤突。

分离培养，脑组织或扁桃体等病料研磨制成 10% 病料悬液，每毫升加青霉素 1 000 IU、链霉素 1 000 μg 处理，离心取上清液用于接种；鼻咽洗液或水肿液离心除去大块沉渣，经青霉素、链霉素处理即可用于接种。病料经绒毛尿囊膜接种 9～11 日龄鸡胚，4 d 后绒毛尿囊膜出现灰白色斑性病变，胚体弥漫性出血、水肿，因神经系统受侵害而死亡。也可将病料接种猪肾细胞、兔肾细胞及鸡胚成纤维细胞，可出现细胞病变，镜检于病变细胞内可发现核内嗜酸性包涵体。

动物接种试验，病料悬液经抗生素处理后，离心取上清液，皮下或肌肉接种家兔，每只注射 1 mL。接种后 2～3 d，注射局部出现奇痒，家兔表现不安，摩擦或啃咬痒部，使局部脱毛，皮肤破溃出血，随后发生四肢麻痹，衰竭死亡。也可用小鼠或豚鼠进行接种试验。

（2）血清学试验 病毒中和试验、琼脂扩散试验、补体结合试验、免疫荧光抗体技术、酶联免疫吸附试验等均可用于伪狂犬病的诊断，其中病毒中和试验敏感性高。

【类症鉴别】

伪狂犬病常与李氏杆菌病、狂犬病等类似疾病进行区别诊断。

【防治措施】

（1）本病流行区可用伪狂犬病弱毒细胞苗进行免疫接种。冻干苗先加 3.5 mL 中性磷酸盐缓冲液恢复原量，再稀释 20 倍。犊牛肌内注射 1 mL，断奶后再接种 2 mL；成年牛肌内注射 3 mL。接种后 6 d 产生免疫力，保护期可达 1 年。国内新近研制的牛、羊伪狂犬病氢氧化铝甲醛灭活苗，证明有可靠的免疫效果。

（2）加强饲养管理，提倡自繁自养，不从疫区引入动物。引入动物时，严格检疫，阳性动物扑杀、销毁，同群动物隔离观察，证实无病后，方可混群饲养。

（3）消灭牧场内的鼠类，避免与猪接触或混养。发生本病，立即隔离病牛，用 2% 氢氧化钠溶液或 0.5% 石灰乳等消毒药消毒厩舍、污染环境及饲管用具等。

（4）通过血清学试验检疫淘汰阳性动物，结合免疫接种，逐步净化畜群，消除本病。

（5）早期应用抗伪狂犬病高免血清治疗病牛有较好的疗效。目前尚无其他有效治疗方法或药物。

牛海绵状脑病

牛海绵状脑病亦称疯牛病，是由朊病毒引起的一种牛的传染病。以潜伏期长，病情逐渐加重，主要表现行为反常、运动失调、轻瘫、体重减轻、脑灰质海绵状水肿和神经元空泡形成。病牛终归死亡。

【诊断要点】

1. 流行病学 朊病毒是一种没有核酸的，具有传染性的蛋白颗粒。有细胞型朊病毒和致病型朊病毒两种构型。细胞型朊病毒是正常细胞的一种糖蛋白，定位于细胞膜的穴样内陷类结构域。致病型朊病毒是细胞型朊病毒的同源异构体，其由后者变构而成，可以特异性地出现在被感染的脑组织中，使脑组织呈淀粉样空斑。本病毒具有和一切已知病毒不同的特性，是一种表现出物理化学因素具有非常强的抵抗力。高压蒸汽 $134 \sim 138$ ℃ $18 min$ 不能使之灭活；对紫外线照射的抵抗力比一般病毒高 $40 \sim 200$ 倍；不被多种核酸酶灭活。本病毒同时具有独特的生物学特性：电镜下见不到病毒颗粒，但可以检出痒病相关纤维；不形成包涵体，不含非宿主蛋白，无炎症反应，不诱生干扰素，对干扰素不敏感等。

无论自然感染，还是实验感染，其宿主范围均较广。牛海绵状脑病（BSE）可传至猫和多种野生动物，也可传染给人。患痒病的绵羊、种牛及带毒牛是本病的传染源。动物主要是由于摄入混有痒病病羊或病牛尸体加工成的骨肉粉而经消化道感染的。BSE 的平均潜伏期约为 $5 d$，发病牛龄为 $3 \sim 11$ 岁，但多集中于 $4 \sim 6$ 岁青壮年牛，2 岁以下和 10 岁以上的牛很少发生。大多数肉用牛于 $2 \sim 3$ 岁即被屠宰食用，故实际感染 BSE 的牛数应远多于临诊病例数。据估计 1985—1995 年有 70 多万头潜伏期 BSE 病牛进入人的食物链，这构成了严重的公共卫生问题。

2. 临床症状 病程一般为 $14 \sim 180 d$，其临诊症状不尽相同，多数病例表现出中枢神经系统的症状。常见病牛烦躁不安，行为反常，对声音和触摸过分敏感。常由于恐惧、狂躁而表现出攻击性，共济失调，步态不稳，常乱踢乱蹬，以致摔倒。少数病牛可见头部和肩部肌肉颤抖和抽搐。后期出现强直性痉挛，泌乳减少。耳对称性活动困难，常一只伸向前，另一只向后或保持正常。病牛食欲正常，粪便坚硬，体温偏高，呼吸频率增加，最后常极度消瘦而死亡。

3. 病理变化 肉眼变化不明显。组织学检查主要的病理变化是脑组织呈海绵样外观（脑组织的空泡化）。脑干灰质发生双侧对称性海绵状变性，在神经纤维网和神经细胞中含有数量不等的空泡。无任何炎症反应。

4. 实验室诊断 由于朊病毒不刺激牛产生免疫应答反应，故不能用血清学方法诊断本病，所以定性诊断目前以大脑组织病理学检查为主。脑干神经原及神经纤维网空泡化具有证病性意义。为确诊需进行的实验室诊断，如动物感染试验，致病型朊病毒的免疫学检测和SAF检查等。

【类症鉴别】

根据特征的临诊症状和流行病学特征可以作出初步诊断，确诊需要进行病理组织学和病原学检查。临床上需与玻纳病、脑炎等疾病进行鉴别。

【防治措施】

为了控制本病，在英国规定扑杀和销毁患牛；禁止在饲料中添加反刍动物蛋白（肉骨粉等）；严禁病牛屠宰后供食用，禁止销售病牛肉。近年来，已有不少国家（包括我国）禁止从英国进口牛、牛精液、胚胎和任何肉骨粉等，以防止本病传入国内。我国尚未发现疯牛病，但仍有从境外传入的可能，为此要加强口岸检疫和邮检工作，严禁携带和邮寄牛肉及其产品入境。还应建立疯牛病监测系统，对疯牛病采取强制性检疫和报告制度。一旦发现可疑病例，应立即屠宰，并取脑各部位组织作神经病理学检查，如符合疯牛病的诊断标准，对其接触牛群亦应全部处理，尸体焚毁或深埋 3 m 以下。

牛 玻 纳 病

　　牛玻纳病是由玻纳病毒引起的一种以进行性非化脓性脑膜炎性疾病，临床上以进行性运动失调、意识障碍为特征。

【诊断要点】

　　1. 流行病学　玻纳病毒是一种嗜神经性病毒，在神经细胞内复制。基因组大小为 9 kb，可表达五个蛋白。带毒动物为传染源，玻纳病毒的侵入门户是嗅球的神经上皮，传播不明显，也可能水平或垂直传播。

　　2. 临床症状　意识障碍，进行性运动失调为主要症状。皮温降低（特别是后躯），心音细弱，步态踉跄，只能用前肢站立，移动。自己不能进入睡眠，发病第 48 天开始，肩部震颤，两侧性眼球震荡，斜视昏迷症状，脊髓反射，脑神经反射，姿势反射异常。

　　3. 病理变化　以非化脓性脑炎为特征，单核细胞浸润在血管周围，神经细胞变性，这些病变主要在大脑边缘系，间脑和中脑的脑周围的灰白质中。

　　4. 实验室诊断　本病以意识障碍，进行性运动失调为主要症状，据此可以作出初步诊断。确诊需要进行病原学诊断与血清学诊断。应用免疫组织化学方法检查神经细胞中的 BBDV 抗原。尚无血清学方法。

【类症鉴别】

　　以狂暴、转圈抽出、痉挛、麻痹和平衡失调为主的牛传染病包括牛散发性脑脊髓炎、狂犬病、牛海绵状脑病、破伤风、牛嗜血杆菌感染、李氏杆菌病等，诊断时要注意鉴别。

【防治措施】

本病是一种引起人和动物的中枢性神经系统疾病的人畜共患传染病。加强检疫，防治本病的传入是控制本病的最好防疫措施。尚无有效治疗方法。

牛 副 流 感

牛副流感又称运输热，是一种急性接触性传染病，牛副流感多发于运输后的牛，故又称运输热或运输性肺炎，是由牛副流感病毒Ⅲ型引起的一种急性呼吸道传染病，是有别于流行性感冒的另一种呼吸道疾病，以高热、呼吸困难和咳嗽及感染的肺组织细胞浆和核内形成包涵体为主要特征。

【诊断要点】

1. 流行病学 牛副流感病毒Ⅲ型为负链单股RNA病毒，为副黏病毒科，副黏病毒科亚科，呼吸道病毒属成员。本病毒为圆形或卵圆形，有囊膜，含有神经氨酸酶和血凝素，可以凝集人O型、豚鼠和鸡的红细胞。本病毒对热敏感，室温中迅速降低感染力，4℃下感染力能保持几天。

病牛和带病牛为主要传染源。病毒随鼻分泌物排出，经呼吸道感染健康牛而传播，也可通过子宫内感染和胎盘感染胎儿，引起流产和死胎。牛单纯感染本病毒时，只引起轻微症状，或呈亚临床症状，但长途运输、天气寒冷、牛体质下降等外部因素常可促使本病加重，出现典型的临床症状。本病很少出现单纯感染，本病常与巴氏杆菌等混合感染或继发感染，从而使病情恶化。

2. 临床症状 本病的潜伏期为 2～5 d。病牛出现高热，达 41 ℃，精神沉郁，食欲不振，流黏脓性鼻液，流泪，有脓性结膜炎；呼吸困难，咳嗽，有时张口呼吸，有时出现腹泻；听诊肺前下部有湿性啰音，肺泡呼吸音消失，有时还可听到胸膜摩擦音；孕畜可能出现流产。发病率不超过 20%，病死率一般为 1%～2%，若有混合感染，则预后不良。有些病例发生黏液性腹泻。病程不长，重的可在数小时或 4 d 内死亡。

如本病单纯感染时，病牛仅表现为轻微的呼吸道症状或多数呈隐性感染，但病毒感染可导致机体免疫机能和巨噬细胞功能低下，而易继发细菌性感染。

3. 病理变化 支气管上皮样细胞和肺泡细胞形成合胞体，同时可见细胞内包涵体。

4. 实验室诊断 取呼吸道分泌物和病变肺组织制成乳剂，接种于犊牛肾细胞分离培养牛副流感Ⅲ型病毒，用已知抗血清做病毒中和试验或血凝抑制试验鉴定分离的病毒。采用血凝和血凝抑制试验及病毒中和试验，用已知抗原检测血清中的抗体，以进行追溯性诊断。

【类症鉴别】

根据流行病学、症状和病理变化可作出初步鉴别诊断，确诊需做病原分离和鉴定。临床上需与巴氏杆菌病、黏膜病、流行性感冒、肺丝虫病、小叶性肺炎、大叶性肺炎等进行鉴别。

【防治措施】

本病的预防要求尽可能地搞好饲养管理，消除不利条件，使牛感觉舒适。有条件的可用疫苗预防接种。治疗上则注意防止并发或继发巴氏杆菌等细菌感染，常以青霉素和链霉素联合应用，也可用卡那霉素或磺胺二甲基嘧啶，同时加用维生素 A。

牛腺病毒感染

牛腺病毒感染是腺病毒引起的以犊牛和成年牛的呼吸道疾病、下痢、肠炎、结膜炎和多发性关节炎等为特征的传染病。

【诊断要点】

1. 流行病学 本病毒属于哺乳动物腺病毒属成员。病毒无囊膜，核衣壳二十面体对称，直径 80～100 nm，该病毒为单分子线状双股 DNA 病毒，对环境稳定，但易被一般消毒剂灭活。本病毒在细胞核内复制，并受宿主免疫应答的调控。几乎所有的牛腺病毒均可凝集大鼠的红细胞。

腺病毒在牛群中的感染率达 34%～63%，感染牛的发病程度取决于饲养管理条件、运输及是否有其他病原的混合感染等。本病多数为隐性感染，病毒感染动物之后潜伏于动物机体淋巴结，当机体抵抗力下降时，本病毒大量繁殖引起发病，或者与其他微生物协同发病。本病不分季节，水平传播，也可垂直传播。人工感染的犊牛，可在 10～11 d 内连续从结膜、鼻和直肠中分离到病毒。绵羊腺病毒与牛腺病毒之间存在着密切的关系，寒冷天气及其他致病因子，如病毒性腹泻病毒，可以促进牛腺病毒引起疾病的发生。

2. 临床症状 临床表现与病毒的毒力、宿主的免疫状态及健康状态有关。同一血清型病毒的不同毒株的致病力也有差异。

发病动物的临床表现为体温升高，咳嗽，气喘，食欲减退，角膜结膜炎，鼻炎，支气管炎，肺炎，呼吸困难，消瘦，轻度至重度肠炎等。

3. 病理变化 病毒感染组织中能检出核内包涵体。

4. 实验室诊断 可用于病毒分离的病料有：发病动物的血液、鼻液、粪便、病变组织匀浆及死亡胎儿的脑。分离牛腺病毒用牛肾细胞交替接种，分离效果好。病变组织涂片标本用特异的荧光抗体快速诊断病原体。

【类症鉴别】

根据流行病学、症状和病理变化可作出初步诊断，确诊本病需进行病毒学和血清学检查。牛腺病毒感染除了具有高热、气喘、咳嗽等症状，有时还会出现下痢，犊牛出现多发性关节炎等症状，因此诊断时应注意与其症状相似的牛传染性鼻气管炎、肺炎型牛巴氏杆菌病、犊牛地方性流行性肺炎、牛支原体肺炎、牛呼吸道合胞体病毒感染、牛副流感等传染病进行鉴别。

【防治措施】

感染动物发病后，可针对细菌性继发感染等进行对症治疗。

在日本，有预防牛腺病毒感染的商品化疫苗（牛传染性鼻气管炎病毒、牛病毒性腹泻/黏膜病毒、牛副流感病毒、牛呼吸道合胞体病毒和牛腺病毒的五联弱毒疫苗）。

治疗时，在对病牛进行补液强心之前一定要对心、肺功能进行检查，如果主观地应用强心药和大剂量输液，会导致病牛心脏功能衰竭及加重肺水肿等现象的出现而使病情加重。

牛 流 行 热

牛流行热又称三日热或暂时热，是由牛流行热病毒引起的一种急性热性传染病。本病特征是突然高热，持续 2～3 d 即恢复正常，发热期伴有流泪、流涎、流鼻液、呼吸迫促和四肢疼痛。

【诊断要点】

1. 流行病学 牛流行热病毒为弹状病毒科、暂时热病毒属的负链单股 RNA 病毒。病毒粒子为弹状，至少包括 L、G、N、P 和 M 5 种结构蛋白。本病毒可以在牛肾、牛睾丸、牛胎肾原代细胞上复制，也可在仓鼠肾传代细胞上繁殖，并可细胞病变。病毒耐反复冻融，热敏感，pH 7～8 条件下稳定，但对酸碱敏感。

主要侵害黄牛和奶牛（以 3～5 岁的壮年牛较易感染），本病传播迅速，发病率高，死亡率低。流行似有一定的周期性，一般认为每隔几年或 3～4 年发生一次较大规模的流行。发病季节，以夏、秋季较多发生，尤其是天气闷热的多雨季节或昼夜温差较大的天气容易引起流行。

2. 临床症状　潜伏期为 3～7 d。病初，病牛震颤，恶寒战栗，接着体温升高到 40 ℃以上，稽留 2～3 d 后体温恢复正常。在体温升高的同时，可见流泪，有水样眼眵，眼睑结膜充血、水肿。呼吸促迫，呼吸次数每分钟可达 80 次以上，呼吸困难，患畜发出呻吟声，呈苦闷状。这是由于发生了间质性肺气肿，有时可由窒息而死亡。食欲废绝，反刍停止。瘤胃蠕动停止，出现臌胀或者缺乏水分，胃内容物干涸。粪便干燥，有时下痢。四肢关节浮肿、疼痛，病牛呆立、跛行，以后起立困难而伏卧。皮温不整，特别是角根、耳翼、肢端有冷感。另外，颌下可见皮下气肿。流鼻液，口炎，显著流涎。口角有泡沫。尿量减少，尿浑浊。妊娠母牛患病时可发生流产、死胎。乳量下降或泌乳停止。本病大部分为良性经过，病死率一般在 1% 以下，部分病例可因四肢关节疼痛，长期不能起立而被淘汰。

3. 病理变化　急性死亡多因窒息所致。剖检可见气管和支气管黏膜充血和点状出血，黏膜肿胀，气管内充满大量泡沫黏液。肺显著肿大，有程度不同的水肿和间质气肿，压之有捻发音。全身淋巴结充血、肿胀或出血。真胃、小肠和盲肠黏膜呈卡他性炎和出血，其他实质脏器可见混浊肿胀。

4. 实验室诊断 确诊可采集急性期病牛血液接种乳鼠、乳仓鼠，或者细胞培养进行病毒分离鉴定。也可采用荧光抗体试验等检测病毒抗原。

【类症鉴别】

根据流行病学、临床症状和病理变化可作出初步诊断。注意与牛巴氏杆菌病（肺炎型）、犊牛地方性流行性肺炎、牛支原体肺炎、牛呼吸道合胞体病毒感染、牛副流感、牛腺病毒感染和牛流行热鉴别诊断。

【防治措施】

预防 切断病毒传播途径，针对流行热病毒由蚊、蝇传播的特点，可每周 2 次用 5％敌百虫液喷洒牛舍和周围排粪沟，以杀灭蚊、蝇。另外，针对该病毒对酸敏感，对碱不敏感的特点，可用过氧乙酸对牛舍地面及食槽等进行消毒，以减少传染。

治疗 5％～10％葡萄糖生理盐水 2 000～3 000 mL，四环素 1～2 g，混合静脉注射，以预防继发感染。配合应用解热镇痛药，如复方氨基比林 20～50 mL，或内服安乃近 6～12 g，每天 2 次。地塞米松每次 50～100 mg，配合 5％～10％葡萄糖 500～1 000 mL、生理盐水 500～1 000 mL，静脉注射。或氟美松 50～150 mg，加糖盐水 500～1 000 mL，混合一次缓慢静脉注射。疗效良好。此外，在病初可用柴胡、黄芩、葛根、荆芥、防风、秦艽、羌活各 30 g，知母 24 g，甘草 24 g，大葱 3 根为引，将药研末冲服。也可用板蓝根 60 g，紫苏 90 g、白菊花 60 g，煎服。疗效尚好。对于瘫痪病牛，可静脉注射 10％水杨酸钠 100～300 mL，地塞米松 50～80 mg，10％葡萄糖酸钙 300～500 mL。病程长的适当加维生素 C 和乌洛托品，静脉注射，或用硝酸士的宁穴位注射。

牛鼻病毒病

牛鼻病毒病是由牛鼻病毒引起的传染病，临床上以流浆液性鼻液、咳嗽为特征，是引起奶牛运输热的主要病因之一。

【诊断要点】

1. 流行病学　牛鼻病毒为微 RNA 病毒科，鼻病毒属，无囊膜，单股正链 RNA 病毒，基因大小为 7.1~8.8 kb。有 3 个血清型。病毒对酸敏感，最适温度为 31~33 ℃。

本病毒宿主只有牛。本病遍及全球。在日本仅分离到血清型Ⅰ和血清型Ⅲ病毒。通过接触和飞沫经呼吸道传播。

2. 临床症状　体温升高，食欲不振，伴有呼吸迫促、流浆性鼻液和咳嗽等呼吸道症状。本病毒单纯性感染时，一般呈隐性感染，或即使发病，其症状也轻微。

3. 病理变化　主要病变为鼻甲骨和气管上皮样细胞炎症，支气管周围出现细胞浸润。偶尔可见间质性炎症。

4. 实验室诊断　先用棉拭子采集鼻腔分泌物后，再用免疫荧光抗体法检测鼻腔炎性细胞中的抗原，或用牛肾细胞从鼻液中分离本病毒，在 38 ℃条件下转瓶培养。

也可用中和试验检测发病前后牛群双份血清抗体效价，如抗体效价明显上升可诊断为本病。

【类症鉴别】

根据流行病学、临床症状和病理变化作出初步诊断，确诊需进行病原分离鉴定或血清型诊断。

以喘、咳嗽、发热为主的牛传染病除牛鼻病毒感染外，还包括牛传染性鼻气管炎、牛巴氏杆菌病（肺炎型）、犊牛地方流行性肺炎、牛支原体肺炎、牛呼吸道合胞体病毒感染、牛副流行性感冒、牛腺病毒感染和牛流行热等，诊断时注意鉴别。

【防治措施】

无预防本病的疫苗和治疗方法。为了控制细菌的继发感染，可适当使用敏感抗生素。治疗时，对病牛进行补液强心之前一定要对心、肺功能进行检查，如果主观地应用强心药和大剂量输液，会导致病牛心脏功能衰竭及加重肺水肿等现象的出现而使病情加重。

赤 羽 病

赤羽病又名阿卡斑病，是由阿卡斑病病毒引起牛的一种传染病，以流产、早产、死胎、木乃伊胎、胎儿畸形及新生胎儿的关节弯曲和积水性无脑综合征为特征。

【诊断要点】

1. 流行病学 本病毒为布尼安病毒科、布尼安病毒属、辛波病毒属群成员。病毒粒子呈球形，有囊膜，表面有糖蛋白纤突。病毒核酸有三个负链或双叉单股 RNA 组成，分别与核衣壳蛋白构成螺旋状核衣壳。病毒包浆内复制，并以出芽方式释放。可在多种细胞中培养。病毒对脂溶剂、去污剂和酸碱敏感，不耐乙醚氯仿，对 0.1‰脱氧胆酸敏感。实验动物中小鼠最敏感，小鼠脑内接种可引起脑炎致死。

该病毒可感染黄牛、奶牛、肉牛和水牛，主要通过吸血昆虫传染，澳大利亚的媒介昆虫主要是短跗库蠓，日本主要是三带库蚊和骚扰伊蚊，而有些国家则为按蚊。

本病具有明显的季节性，异常分娩发生的时期是从 8 月份至翌年 3 月份。8～9 月份多为早产或流产，10 月份到翌年 1 月份多产出体形异常的动物，2～3 月份以产出大脑缺损的动物为最多。同一母牛连续 2 年产异常胎儿的现象几乎没有，在同一地区连续 2 年发生者也极少。

2. 临床症状　妊娠母牛感染后常无体温反应和临床表现，异常分娩是本病的特征性表现。异常产多发生于妊娠 7 个月以上的母牛，并且胎龄越大越容易发生早产。早期感染的胎牛初生时常能存活，但行走能力差。中期因体形异常如胎儿关节弯曲、脊柱弯曲等而发生难产。即使顺产，新生犊牛也不能站立。后期多产出无生活能力或失明的犊牛，站立时出现共济失调。发生异常产的母牛并不影响下一次怀孕和分娩。

3. 病理变化　主要的剖检变化是散发性脑脊髓炎，常呈严重的无脑性积水。胎儿则表现为体形异常（关节、脊柱和颈骨弯曲等）、大脑缺损、脑形成囊泡状空腔、躯干肌肉萎缩并变白。

4. 实验室诊断

病毒分离鉴定　本病毒可在多种细胞培养物中生长并产生细胞病变，除适应牛、猪、豚鼠和地鼠肾细胞及鸡胚原代细胞培养外，常用 Vero、BHK-21 等细胞株进行病毒的分离和鉴定。以胎儿和胎盘中的含毒量最高，血液、肺、肝和脾等病料次之。将病毒接种鸡胚卵黄囊内，能引起鸡胚发生积水性无脑综合征、大脑缺损、发育不全和关节弯曲等异常体态。分离到的毒株可用中和试验及血凝抑制试验等鉴定。

血清学试验　ELISA、间接血凝试验、补体结合试验及免疫荧光技术都可用于本病诊断。

【类症鉴别】

根据流行特点、临床表现和剖检变化可对本病作出初步诊断，但确诊必须进行实验室检查。

遗传因素、植物、农药和化肥等引起的中毒，饲料营养或激素不平衡均可导致异常生产，霉菌、钩端螺旋体、弯曲菌、布鲁氏菌、李斯特菌、副流感Ⅲ型病毒、牛传染性鼻气管炎病毒、蓝舌病病毒和细小病毒等感染也可能造成异常生产，应注意区别。

【防治措施】

由于我国目前尚未发现本病，因此应加强国境检疫，防止带毒动物或传播媒介的传入。疫区的主要防治措施是用杀虫剂杀灭吸血昆虫并消除其孳生地，加强动物保护，防止昆虫叮咬，特别强调妊娠动物的保护措施。在蚊虫活动季节到来前，用本病的灭活苗和减毒苗对易感妊娠动物进行免疫接种。

牛轮状病毒病

牛轮状病毒病又称犊牛腹泻病毒病，是由轮状病毒引起的多种幼龄动物的急性胃肠道传染病。一周龄以内的新生犊牛多发，以腹泻和脱水为特征。

【诊断要点】

1. 流行病学 轮状病毒属呼肠孤病毒科，轮状病毒属，无囊膜，有双层衣壳，形如轮状的圆形病毒，为双股 RNA 病毒。依据抗原差异该病毒可分为 A～G 7 个群。本病毒对理化因素有较强的抵抗力，室温可保存 7 个月，对酸（pH 3.9）稳定。0.01％碘、1％次氯酸钠和 70％酒精可使病毒丧失感染力。

本病主要发生在犊牛，多发在生后 15～90 d。春、秋季发病较多。病毒存在于肠道，随粪便排出体外，经消化道感染。轮状病毒有交互感染的作用，可以从人或一种动物传给另一种动物，只要病毒在人或一种动物中持续存在，就有可能造成本病在自然界中长期传播。另外,本病有可能通过胎盘传染给胎儿。

2. 临床症状 潜伏期18～96 h,多发生于7 d以内的犊牛。突然发病,病初,精神沉郁,吃奶减少或废绝,体温正常或略高,厌食,腹泻,排出黄白色或乳白色黏稠粪便,肛门周围有大量黄白色稀便。继之,腹泻明显,病犊排出大量黄白色或灰白色水样稀便,病犊的肛门周围、后肢内侧及尾部常被稀便污染。在病毒的圈舍内也能见到大量的灰白色稀便。有的病犊牛还排出带有黏液和血液的稀便。有的病犊肛门括约肌松弛,排粪失禁,不断有稀便从肛门流出。严重的腹泻,引起犊牛明显脱水,眼球塌陷,严重时皮肤干燥,被毛粗乱,病犊不能站立。最后因心力衰竭和代谢性酸中毒,体温下降到常温以下而死亡。本病的发病率高达90%～100%,病死率可达10%～50%。发病过程中,如遇气温突降及不良环境条件,则常可继发大肠杆菌病、沙门氏杆菌病、肺炎等,使病情更加严重。

3. 病理变化 主要病变在小肠和肠系膜淋巴结。小肠黏膜条状或弥漫性出血,肠壁变薄、透明,小肠绒毛萎缩,肠系膜淋巴结肿大。组织学病变为绒毛上皮样细胞膨大,空泡化,变形脱落,部分细胞融合。

4. 实验室诊断 病料接种牛甲状腺细胞、牛睾丸或牛胚肾原代细胞,培养3～10 d可出现细胞病变,还可用中和试验或免疫荧光试验进行鉴定。

【类症鉴别】

根据流行特点,无接触传染,呈散发,临床症状如病牛发烧40 ℃以上,连续应用抗生素也无效,典型的头和眼型变化及病理变化,可以作出初步诊断。最后确诊还应通过实验室诊断。诊断本病应与牛病毒性腹泻、大肠杆菌病、弯曲菌病加以鉴别。

【防治措施】

本病目前尚无有效药物治疗。采用补液、应用肠道收敛剂等对症治疗，有一定的作用。对犊牛腹泻还可以应用轮状病毒活毒疫苗口服，这种口服苗对人工感染犊牛有保护性，并可减少自然发病率，抗生素可预防继发感染。

主要是加强饲养管理，增强动物抵抗力，注意栏舍卫生。牛、羊分开饲养，分群放牧。在流行地区应将牛、羊隔离。注意牛舍防寒保暖；目前尚处在试验阶段的牛轮状病毒弱毒疫苗，用于免疫母牛，通过初乳抗体保护小牛，有一定效果。

牛冠状病毒病

牛冠状病毒病也称新生犊牛腹泻，是由牛冠状病毒引起的犊牛的传染病，临床上以出血性腹泻为主要特征，本病还可引起牛的呼吸道感染和成年奶牛冬季的血痢。其临床特征是腹泻，故又称新生犊牛腹泻。在奶牛、肉牛的新生犊牛腹泻中，本病常为急性腹泻综合征的组成部分。

【诊断要点】

1. 流行病学 牛冠状病毒为冠状病毒科，冠状病毒 2 群的单股正链 RNA 病毒。病毒粒子为多形性球状，直径 80～160 nm。该病毒是目前已知的 RNA 病毒中最大的，大小为 27～32 kb，病毒颗粒表面有棒状突起和血凝素纤突，仅有一个血清型。病毒可在牛肾、胸腺原代细胞上繁殖，但是多数细胞病变不明显。在胎牛肾细胞或人肠癌细胞上可良好生长，并产生明显的细胞病变。本病毒可凝集鸡红细胞。

病牛是主要传染源，随粪便排出的病毒污染环境、饲料和饮水，经消化道传染。本病冬季流行严重。病毒可经口和呼吸道感染。本病在我国分布广泛，且感染率很高。

2. 临床症状 本病主要见于出生后 7～10 日龄犊牛，吃过初乳或未吃过初乳的犊牛都会发病。当病犊腹泻 2 d 以后，全身极度衰弱，紧缩腹部，走路摇晃，卧地，目光无神，眼窝凹陷，脱水，血液浓稠，血细胞压积增大至 46%～61%。多因治疗不当，全身虚脱、衰竭死亡。潜伏期短。约为 1 d。病初，患犊精神沉郁，吃奶减少或停止。排淡黄色的水样粪便，内含凝乳块和黏液。严重的可出现发热、脱水和血液浓缩。腹泻持续 3～6 d，大部分犊牛可以康复。如腹泻特别严重，少数可发生死亡，若继发细菌感染，死亡率可超过 50%。成年奶牛冬季可发生血痢，特征为突然发病，表现腹泻。便如黑血样。产奶量急剧下降，同时出现流鼻涕、咳嗽、精神沉郁和食欲不振。发病率可达50%～100%。但死亡率很低，牛冠状病毒还可使各种年龄的犊牛发生呼吸道感染。通常呈亚临床症状，最常见于 12～16 周龄患牛出现轻度呼吸道症状。

3. 病理变化 小肠壁变薄、松弛，绒毛萎缩和融合，条状出血。大肠黏膜顶端萎缩。肠系膜淋巴结肿大。组织学检查发现衬在小肠绒毛和结肠嵴上柱状上皮样细胞被立方上皮和鳞状上皮样细胞代替，感染严重的细胞可完全脱落，杯状细胞数量减少。

4. 实验室诊断 采集病犊发病后 24 h 以内的粪便样品，用电镜直接观察样品中的病毒粒子。或应用荧光抗体技术检查大肠和小肠中的病毒抗原来诊断。亦可用血凝移植试验、酶联免疫吸附试验、病毒中和试验来进行诊断。分离病毒可用牛睾丸等原代细胞，培养液中加入适量胰蛋白酶，运用蚀斑滴定技术进行诊断。因冠状病毒具有溶细胞特性，能很快从组织中消失，所以慢性病例不能用于感染的检测。

【类症鉴别】

根据发生于 7～10 日龄以内的犊牛，以腹泻为主。死亡率很低，成年奶牛冬季发生血痢。可初步诊断为本病，因引起犊牛腹泻的原因很多，如轮状病毒病、黏膜病、大肠杆菌病、沙门氏菌病。发病后的症状也与本病相似，故确诊需依靠实验室检查。注意与轮状病毒病、黏膜病、大肠杆菌病、沙门氏菌病等鉴别。

【防治措施】

无特效疗法，只能对病犊尽早采取对症治疗。其原则是补充体液，防止脱水；补碱以缓解酸中毒；防止继发感染，可使用抗生素。常用5％葡萄糖生理盐水1 000～1 500 mL、5％碳酸氢钠液200～300 mL，一次静脉注射；口服补液盐（氯化钠3.5 g、碳酸氢钠2.5 g、氯化钾1.5 g、葡萄糖20 g，加水1 L，内服剂量每千克体重50～100 mL），可以纠正腹泻时的脱水。为防止并发或继发性感染，可使用抗生素，如头孢菌素、金霉素和庆大霉素等。

预防 保持牛舍的清洁、干燥和保温。加强饲养管理，特别是犊牛的护理。及时给犊牛喂初乳，定期检查粪便，检出并淘汰阳性牛，以达到净化牛群的目的。通过对母牛的疫苗接种，使犊牛从初乳中获得高效价的母源抗体。关键要加强饲养管理，产房和犊牛床应及时清扫，定期消毒；犊牛出生后应及时饲喂初乳，增强犊牛防御机能；单圈饲养，减少感染机会；牛舍要干燥、清洁、温暖。

牛细小病毒病

牛细小病毒病是由牛细小病毒引起的一种接触性传染病，以犊牛下痢和母牛生殖机能障碍及流产为特征

【诊断要点】

1. 流行病学 牛细小病毒为细小病毒科，细小病毒亚科，细小病毒属的单股DNA病毒。病毒颗粒呈圆形或六角形，无囊

膜，直径 18～28 nm。有 32 个微壳体构成，衣壳由 8 种多肽组成。牛细小病毒的特征之一就是具有凝集红细胞的性能，能凝集豚鼠、猪和人的 O 型红细胞，以及犬、马、绵羊、山羊、仓鼠、鸭、鹅和大鼠红细胞，而不凝集牛、兔、猪、小鼠和鸡的红细胞。血凝反应温度为 4 ℃ 最佳，但牛细小病毒不同毒株的血凝活性不同，这是由于基因特性的缘故，并用此来鉴别病毒。牛细小病毒可用多种细胞培养。仅能在原代和次代胎牛肾、肺、脾、睾丸和肾上腺细胞内很好的增殖，但不能在牛传代细胞系增殖。在接种病毒 3～4 d 出现细胞病变。感染 18～24 h 后细胞染色可见核内包涵体。本病毒对热有很高稳定性，56 ℃ 或 70 ℃ 30 min 加热不被灭活，病毒耐氯仿、乙醚，对 1% 胰蛋白酶有抵抗力，在 pH 2.0～8.0 范围内均很稳定。

本病遍及全球。主要经口和空气传播。自然病例因在牛群中对此病毒的抗体保有率很高，尽管牛群感染率很高，但半数以上为隐形感染。

2. 临床症状　犊牛的细小病毒感染初期可表现为呼吸道综合征，然后为消化机能障碍。经气管内、静脉或口给血清中不含特异中和抗体的 3 月龄犊牛接种病毒，经 2～8 d，动物表现出体温升高，达 40 ℃，鼻黏膜充血，咳嗽。消化器官疾患初期呈轻度障碍，继之剧烈腹泻，2～8 d 后粪便呈浅灰色并含有多量黏液。并可以从鼻液、血、粪便中分离到病毒。犊牛在病毒感染第 5 天时，血清产生中和抗体。

牛细小病毒可经胎盘传染，引起牛流产和胎儿死亡。可从流产胎儿胸腺、肺、脾脏和胎儿干尸再次检出病毒，同时病毒继续潜伏在母牛体内。

3. 病理变化　鼻腔黏膜、气管黏膜充血，小肠弥漫性充血和出血，黏膜水肿。流产胎牛及胎盘水肿，胎盘子叶坏死。

4. 实验室诊断　诊断牛细小病毒感染时，主要用病毒分离和血清学方法。适于分离病毒的检样是粪便，其次是血液和胎儿组织。原代和次代胎牛肾单层细胞培养物最常用于分离病毒，但初代培养的细胞病变往往不明显，此时可用豚鼠、猪或人 O 型红细胞做吸附试验，阳性表明有病毒增殖。血清学方法常用的有血凝抑制试验、血清中和实验，免疫荧光实验更好，能同时达到鉴定病毒的目的。

【类症鉴别】

注意与引起流产的传染病加以区别，如牛布鲁氏菌病、牛生殖道弯曲菌病、牛地方流行性流产、赤羽病、爱野病毒感染和中山病毒病等。另外，应该注意与腹泻性疾病加以区别，如牛产肠毒素性大肠杆菌病、副结核病、牛空肠弯曲菌腹泻、牛轮状病毒感染和牛冠状病毒感染等。

【防治措施】

目前还没有特异的治疗方法，通过补充电解质等方法缓解下痢等临床症状，也可以使用抗菌药物以控制继发感染。尚无预防本病的疫苗。预防上主要是控制传染源，对进口牛只应进行严格的检疫，隔离饲养，确定无细小病毒感染后方可混群。并应坚持消毒、检疫、淘汰病牛等综合防治措施。

牛　　痘

牛痘是由痘苗病毒或牛痘病毒感染引起的，感染这两种病毒后都表现为乳房或乳头上的局部痘疹，并且具有典型的病程（丘疹—水疱—脓疱），极少全身症状，一般呈良性经过。

【诊断要点】

1. 流行病学　痘苗病毒和牛痘病毒，两者均属痘病毒科的正痘病毒属，两者具有交叉免疫性；但它们的抗原构造、宿主范围、培养特性等方面不尽相同。痘苗病毒可用毛囊感染法使鸡皮肤产生典型的痘疹，而真正的牛痘病毒在鸡皮肤上无反应。

这些痘病毒对热和干燥均有高度抵抗力，在 60 ℃生理悬液中经 10 min 灭活，但干燥的病毒在 100 ℃下可存活 10 min，在结痂等组织碎片中存活很久。普通消毒药，如 0.1% 升汞、3% 石炭酸、2% 福尔马林的效果均好，但 10% 漂白粉对病毒几乎无作用。

病毒在细胞培养物或动物组织中都能形成细胞浆内包涵体。两种病毒都可通过皮内接种而产生痘样病灶，并都能在鸡胚绒毛尿囊膜上生长。

牛痘是由痘苗病毒或牛痘病毒感染的牛或者近期接种痘苗的人传入健康牛群，而主要通过挤乳、挤乳人的手在牛群中散布。有人认为牛痘病毒还能通过呼吸道黏膜传染，从而造成流行的扩散。

2. 症状及病理变化　牛痘的潜伏期平均为 5 d，开始牛只出现局部红斑，于 2 d 内变成坚实、隆起的丘疹。约第 4 天可见到一个微黄色小水疱，内含透明淋巴液，随后成熟，中央下凹成脐状。以后蓄脓、破溃，产生一个直径为 1～2 cm 的坚硬痂块，痂块附着牢固。痘苗病毒感染时病程较急，消失也快；牛痘病毒感染时病程拖延较久，而且结痂颜色较暗。气源性感染时可发生高热的全身症状。一个牛群感染后，通常持续 3～10 周，痊愈后不留痘疤。在一般情况下 10～15 d 之内即愈，若在不良条件下，则可引起实质性乳房炎。在公牛，少数病例在阴囊上发生与母牛乳房上相似的痘疹。

水牛痘为另一种正痘病毒，发病常限于水牛，极少传染黄牛。痘疹发生于耳的内、外面，间或发生于眼的周围。一般无全身症状。

3. 实验室诊断　用痘疱液在家兔眼角膜上划痕接种，若为痘苗或牛痘病毒，则次日在划痕处发生小的透明增生物，取下增生物做切片或直接染色镜检，可见上皮细胞内有包涵体，伪牛痘病毒接种兔子角膜则无反应，也不能用毛囊法感染小鸡。

【类症鉴别】

依据痘疹所表现的特殊病程与病变，不难诊断。鉴别痘苗病毒与牛痘病毒的简单方法是做鸡的皮肤试验。但还须注意与一种副痘病毒引起的所谓"伪牛痘"相区别，后者发展过程类似牛痘，但无水疱和脓疱期，也无典型的脐状现象。此外，能够引起乳头或乳房皮肤出现丘疹、水疱或化脓和结痂的传染病主要有牛乳头炎、乳房脓疱病和口蹄疫，诊断时应加以鉴别。

【防治措施】

局部病灶可用无刺激的消毒药（加 0.1% 高锰酸钾溶液）洗涤，擦干后涂抹消炎软膏。也可用碘酊或 1% 龙胆紫涂擦，以促进愈合，防止继发细菌性感染。

平时对牛加强饲养管理，注意环境卫生。一旦发生本病，须采取隔离消毒措施，畜舍地面、用具等用 1%～2% 氢氧化钠或 10% 石灰乳消毒。由于牛痘可传染给人，引起皮肤病灶，故发生本病时，应设法保护。又由于人类为预防天花而接种疫苗后亦可由接触而传染给牛，引起牛群感染。故凡初次接种痘苗而接种创尚未愈合的人，禁止与牛接触。

疙瘩皮肤病

疙瘩皮肤病又称结节性皮炎或块状皮肤病，是由牛疙瘩皮肤病病毒引起的以患牛发热，皮肤、黏膜、器官表面广泛性结节，淋巴结肿大，皮肤水肿为特征的传染病。本病又称结节性皮炎或块状皮肤病，能引起感染动物消瘦，产乳量大幅度降低，严重时导致死亡。

【诊断要点】

1. 流行病学　疙瘩皮肤病病毒为痘病毒科，脊椎动物痘病毒亚科，山羊痘病毒属成员。病毒易在鸡胚和鸡胚尿囊膜上增殖，并形成痘斑。

宿主为牛和水牛，主要通过蚊子和刺蝇机械传播。

2. 临床症状　本病临床表现从隐形感染到发病死亡不一，死亡率变化也较大。表现有临床症状的通常呈急性经过，初期发热达 41 ℃，持续 1 周左右。鼻内膜炎、结膜炎，在头、颈、乳房、会阴处产生直径 2～5 cm 的结节，深达真皮，2 周后浆液性坏死，结痂。由于蚊虫的叮咬和摩擦，结痂脱落，形成空洞。眼角膜、口腔黏膜、鼻黏膜、气管、消化道、直肠黏膜、乳房、外生殖器发生溃疡，尤其是皱胃和肺脏，导致原发性和继发性肺炎。再次感染的患畜四肢因患滑膜炎和腱鞘炎而引起跛行。乳牛产乳量急骤下降，约 1/4 的乳牛失去泌乳能力。患病母牛流产，流产胎儿被结节性小瘤包裹，并发子宫内膜炎。

3. 病理变化　结节处的皮肤、皮下组织及临近的肌肉组织充血、出血、水肿、坏死及血管内膜炎。淋巴结增生性肿大并充血或出血。口腔、鼻腔黏膜溃疡，溃疡也可见于咽喉、会厌部及呼吸道。肺小叶膨胀、舒张不全。重症者胸膜炎。滑膜炎和腱鞘炎者可见关节液内有纤维蛋白渗出物。睾丸和膀胱也可能有病理损伤。

4. 实验室诊断

病料采集　病料采集自活体或死后的皮肤结节、肺脏、淋巴结等，用于病毒分离和抗原检测。用 ELISA 方法检测的样本应在出现临床症状的第一周采集，即在中和抗体产生之前。

细胞培养　常用牛、山羊及绵羊的原代及传代细胞进行培养。

镜检 透射电镜检查病毒是最直接快速的方法。

血清学试验 包括间接荧光抗体试验、病毒中和试验和 ELISA。

核酸鉴定方法 血清学检查方法不能鉴定山羊痘病毒、绵羊痘病毒和皮肤疙瘩病毒，但可以通过 Hind Ⅲ 酶对纯化的 DNA 进行酶切而产生的基因片段进行鉴定。PCR 可用于检测来自活体或组织培养的山羊痘病毒，病毒吸附蛋白和病毒融合蛋白是山羊痘病毒属的特异性蛋白，常用两者来设计引物。PCR 产物用限制性核酸内切酶的酶切鉴定来证实。

【防治措施】

对于无此疫病的国家，平时应做好预防措施。严格检验家畜、病尸、皮张和精液。一旦发生疫病，应及时隔离患畜和可疑病牛，疫区严格封锁，一切用具和环境必须消毒。禁止有关的动物贸易，控制传播媒介。目前无特异性疗法，用抗生素治疗可以避免并发或继发感染。预防：用同源弱毒苗进行免疫接种，一般皮内注射，免疫力能持续 3 年。目前还没有绵羊和山羊种间传播的报道。

呼吸道合胞体病毒感染

呼吸道合胞体病毒感染是由呼吸道合胞体病毒引起的以发热为主和呼吸道症状为特点的急性传染病。

【诊断要点】

1. 流行病学 呼吸道合胞体病病毒为单股负链 RNA 病毒，属副黏病毒科，肺病毒亚科，肺病毒属成员。病毒粒子呈多形性，有的甚至呈线状，直径 80～450 nm。本病毒在各种牛培养细胞、Vero 细胞、ESK 细胞等细胞系上均可形成合胞体和细胞质包涵体。

呼吸道包涵体病毒感染是引起犊牛呼吸道疾病的主要病原之一。本病早在 1968 年就有记载，1970 年 BRSV 首次从患有呼吸道疾病的牛体中分离到。其危害性在于 BRSV 感染发病率很高，达到 60%～80%，死亡率在一些暴发中也能达到 20% 以上。本病多发于秋、冬季节，主要感染牛、绵羊、山羊，也可感染猪和马。病牛和带毒牛是本病的传染源，绵羊和山羊也可成为传染源。从绵羊分离出来的病毒可使犊牛致病。呼吸道合胞体病毒常通过直接接触传播，也可通过气雾或者呼吸道分泌物传播。

2. 临床症状　感染的潜伏期为 2～5 d。感染可能表现为无症状，或者只局限在上呼吸道，也可能上、下呼吸道均感染。上呼吸道感染以咳嗽、鼻及眼分泌物为特征。在较严重的感染中，病牛表现为轻微的精神沉郁、厌食，泌乳奶牛产奶量下降、体温升高、呼吸急促（呼吸频率≥60 次/min）、腹式呼吸等，肺部听诊异常呼吸音。病牛可能发展成严重的呼吸性窘迫。表现为呼噜音、张口呼吸、头颈伸长、头部下垂、口舌流涎等。在这些动物中，常可检测到肺气肿或肺水肿，并伴有湿啰音和喘鸣声，在一些病例中还可能出现皮下肺气肿。剖检可见间质性肺炎。肺腹侧部异常粘连，支气管和小支气管有黏液脓性分泌物排出。肺背侧部膨胀，肺小叶、小叶间和胸膜呈气肿性损伤。气管和纵隔淋巴结可能增大、水肿。如果有细菌协同感染，肺实质会肿胀得更加严重，坚硬、纤维素化或者呈化脓性支气管肺炎。

显微损伤以增生性、渗出性毛细支气管炎为特征，并伴有肺泡塌陷和细支气管周围的单核细胞浸润。上皮组织坏死，上皮细胞凋亡，并被附近的细胞吞噬。巨细胞或者合胞体出现在支气管内腔、细支气管上皮细胞或者在肺泡壁和肺泡腔内。支气管内腔、细支气管和肺泡常被细胞碎片阻塞，并可能由于细支气管的修复再生而加重，细胞碎片大部分由嗜中性粒细胞、脱落的上皮细胞、巨噬细胞及嗜酸性粒细胞组成。嗜酸性粒细胞和淋巴细胞也可在肺小叶实质中观察到。肺泡的变化以间质性肺炎为主，也可能有严重的肺气肿和肺水肿，并伴有肺背部区的肺泡壁破裂。肺泡上皮增生，导致肺泡间隔增大，细胞浸润。由于肺泡的炎症和肺细胞的坏死，在肺泡内可能出现透明状膜。

3. 病理变化 剖检变化为间质性或肺泡性肺气肿，肺肝变，气管和支气管黏膜充血、出血。肺中隔淋巴结肿大，皮下气肿。支气管、细支气管和肺泡样上皮细胞形成合胞体，以及嗜酸性细胞质内有包涵体。

4. 实验室诊断

病毒分离 将采取的鼻分泌物或肺脏接种于牛鼻甲细胞分离病毒，可见合胞体及胞浆包涵体。

血清学实验 ELISA、RT‐PCR、血凝抑制试验、血细胞吸附抑制试验、血清中和试验、免疫荧光试验等加以鉴定。

【类症鉴别】

与本病症状相似的病有牛传染性鼻气管炎、肺炎型牛巴氏杆菌病、犊牛地方流行性肺炎、牛支原体肺炎、牛副流感和牛流行热等，注意进行鉴别诊断。

【防治措施】

本病无特效药物，可进行对症治疗和支持疗法。可以使用广谱抗生素减弱或抵抗细菌性支气管炎。并及时对症治疗。如强心、退热、补液等。本病可参照流行热进行治疗。

本病传播迅速，一旦发病应限制牛群运动，对为发病牛进行紧急预防接种。

牛传染性鼻气管炎

牛传染性鼻气管炎是流行于世界各地的，由牛传染性鼻气管炎病毒引起的一种急性、热性、接触性传染病，临床以上呼吸道和气管炎症、呼吸困难、精神沉郁、流涕、身体消瘦为特征。

【诊断要点】

1. 流行病学　牛传染性鼻气管炎病毒为疱疹病毒科，疱疹病毒甲亚科，水痘病毒属。呈圆形，有囊膜的双股 DNA 病毒。本病毒在犊牛肾或睾丸原代细胞培养中生长良好，并形成细胞变圆、变形细胞丛状聚集或呈网状等 CPE。病毒对理化因素的抵抗力较弱。易被热或 0.5％氢氧化钠、1％来苏儿、1％漂白粉溶液消毒剂灭活。

本病主要感染牛，多发生于育肥牛，其次是奶牛，病牛和带毒牛是传染源，有的病牛康复后带毒时间长达 17 个月以上，病毒随鼻、眼和阴道的分泌物、精液排出，易感牛接触被污染的空气飞沫或与带毒牛交配，即可通过呼吸道或生殖道传染，饲养密集、通风不良均可增加接触机会，本病多发于冬春舍饲期间。当存在应激因素时，潜伏于三叉神经节和腰荐神经节中的病毒可以活化，并出现于鼻汁与阴道分泌物中，隐性带毒牛往往是最危险的传染源，牛群发病率 10％～90％，病死率 1％～5％，犊牛病死率较高。

2. 临床症状　牛感染后临床表现多种形式，主要包括呼吸道型、结膜型、传染性脓疱性阴道炎、地方性流产，以及以脑炎和舌局灶性斑状坏死为特征的新生犊牛败血症。最轻的隐性感染是不表现临床症状或仅出现轻微症状。而重症病牛则侵害整个呼吸道，导致急性上呼吸道炎症。

温和感染 当弱毒感染、感染程度较低或对病毒耐受时，动物出现轻微症状，表现为结膜炎症状，眼睛泛红，并分泌浆液性分泌物。

亚急性感染 多发生于成年动物，病程较短，体温急剧上升（40 ℃），产奶量下降，呼吸困难，流大量浆液性鼻分泌物，并伴有结膜炎。

急性感染 多发生在青年动物（6～24 月龄），除表现亚急性症状外，还表现高热（40～41 ℃），咳嗽、呼吸不畅，眼睛和鼻腔流出脓样分泌物，若在病毒感染并发细菌感染，动物可因细菌性支气管肺炎死亡。

过急性感染 动物出现高热（42 ℃），呼吸不畅、咳嗽、通常在 24 h 内死亡。

3. 病理变化 呼吸道型患牛可见呼吸道黏膜发炎，有浅溃疡，其上覆有腐臭的黏脓性渗出物，还可见成片的化脓性肺炎，常伴有第四胃黏膜发炎及溃疡，大肠、小肠黏膜出现卡他性肠炎。

生殖器型患病牛的阴道出现特殊的白色颗粒和脓疱。呼吸道上皮细胞中可见有核内包涵体。

脑膜脑炎型患牛的脑呈非化脓性脑炎变化，流产胎儿的肝、脾有局部坏死，有时皮肤水肿。淋巴细胞性脑膜炎和以单核细胞为主的血管套，肺脏、肾脏、肝脏、脾脏，以及胸腺、淋巴结等出现弥漫性坏死灶。

4. 实验室诊断 通常用灭菌棉棒采取病牛的鼻液、泪液、阴道黏液、包皮内液或者精液进行病毒分离和鉴定；也可进行酶联免疫吸附试验，直接检测病料中的病毒抗原。

【类症鉴别】

根据临床症状、病理变化和流行病学特征可以作出初步诊断，但确诊必须通过血清学和病原学的实验室检测。注意与肺炎型牛巴氏杆菌病、犊牛地方性流行性肺炎、牛支原体肺炎、牛呼吸道合胞体病毒感染、牛副流牛腺病毒感染和牛流行热等鉴别。

【防治措施】

由于本病是病毒导致的持续性感染，防治本病最重要的措施是必须实行严格检疫，防止引入传染源和带入病毒（如带毒精液）。有证据表明，抗体阳性牛实际上就是本病的带毒者，因此具有抗本病病毒抗体的任何动物都应视为危险的传染源，应采取措施对其严格管理。欧洲有的国家对抗体阳性牛采取扑杀政策，扑杀顺序先是种牛群，后是肉牛和奶牛，虽然付出的代价较高，但防治的效果是明显而确实的。发生本病时，应采取隔离、封锁、消毒等综合性措施，由于本病尚无特效疗法，病牛应及时严格隔离，最好予以扑杀或根据具体情况逐渐将其淘汰。

关于本病的疫苗，目前有弱毒疫苗、灭活疫苗和亚单位苗三类。研究表明，用疫苗免疫过的牛，并不能阻止野毒感染，也不能阻止潜伏病毒的持续性感染，只能起到防御临床发病的效果。因此，采用敏感的检测方法检出阳性牛并予以扑杀可能是目前根除本病的唯一有效途径。

（朱海虹）

牛传染性角膜结膜炎

传染性角膜结膜炎，俗名红眼病，由牛摩拉氏杆菌引起的一种主要侵害反刍动物眼的急性传染病，其临床特征为发病动物眼睛流出大量分泌物、结膜炎、角膜混浊、溃疡，甚至失明。本病几乎发生于世界各地所有养牛国家。

【诊断要点】

1. 流行病学　本病感染的动物无年龄、品种和性别差异，但以哺乳和育肥的犊牛发病率较高。主要发生于天气炎热和湿度较高的夏秋季节，其他季节发病率较低，隐性感染动物是本病的主要传染源，康复后动物不能产生良好免疫，在临床症状消失后仍能带菌、排菌达几个月之久，而且可以重新发病。本病通过直接接触或间接接触被患病动物污染的器具而感染，也可通过飞蝇而传播。本病在动物群中传播迅速，短时间内可使许多动物感染发病。多流行于夏、秋季节中的放牧牛群。不良的气候和环境因素可使本病症状加剧，尤其是强烈的日光照射。本病具有地方性流行的特点。

2. 临床症状　潜伏期通常为 3～7 d。发病初期，患病动物结膜充血，眼中流出大量浆液性分泌物，眼睑炎性肿胀；随后泪液成脓性，眼睫毛粘连，眼睑常常闭合；2～4 d 后角膜明显充血，其中心处混浊呈微黄色，周围有一层暗红色边缘围绕；第三眼睑可见颗粒状滤泡。严重病例发生角膜糜烂和溃疡，最后失明。病程 1～2 周，有时经 1～2 个月自然痊愈。由于眼结膜角膜的炎症，患病犊牛采食受到明显影响，生长发育受阻，奶牛产奶量明显下降。

3. 病理变化　结膜水肿及高度充血，结膜组织学变化表现含有多量淋巴细胞及浆细胞，上皮细胞之间有中性白细胞，角膜变化多种多样，可呈现凹陷、白斑、白色浑浊、隆起、突出等，角膜组织学变化依不同类型而异，如白斑类型，固有层局限性胶原纤维增生和纤维化；白色浑浊类型，可见上皮增生，固有层弥漫性玻璃样变性。

4. 实验室诊断　实验室诊断可采集泪液或结膜刮取物进行姬姆萨染色，检查上皮细胞内原生小体，或用荧光抗体染色检查病原体。也可通过检查感染动物血清中衣原体抗体来确定。

【类症鉴别】

根据流行特点与特征性症状，本病的诊断并不困难，但应与恶性卡他热、维生素 A 缺乏及吸吮线虫引起的角膜结膜炎相区别。

【防治措施】

治疗　发病动物早期用金霉素、红霉素、土霉素眼药膏或水剂，结合氢化泼尼松局部治疗，3～5 d 可取得良好的效果。严重病例可在局部用药的同时，采用青霉素、头孢菌素类肌内注射可提高治愈率。

预防　本病尚无疫苗用于预防。早发现、早治疗，发病后立即隔离病牛，对全场进行彻底消毒。禁止人员和健康牛的流动，做好扑灭蚊、蝇工作。在本病常发的地区，应做好牛圈舍周围环境的灭虫。新引进的动物在合群饲养前经局部或全身给予抗生素，可减少本病的发生。

皮肤真菌病

皮肤真菌病是指寄生于多种动物被毛、皮肤、爪等组织中的真菌引起的各种皮肤疾病的总称。临床上以脱毛圆斑、鳞屑、痂皮、发痒等为主要特征。本病为人兽共患病，又称为"癣"。

【诊断要点】

1. 流行病学　皮肤真菌病是由一群形态、生理、抗原性密切相关的真菌引起，有毛癣菌属、小孢子菌属和表皮癣菌属的成员，其中 20 余种能够感染人和动物。皮肤真菌对外界的抵抗力很强。

季节气候、年龄、性成熟及营养状况等因素对犬皮肤真菌的流行和发病率影响较大。炎热潮湿气候发病率比寒冷干燥季节高。皮肤真菌主要是通过接触传染。易感动物直接或间接接触被感染动物或毛发而感染发病。石膏样小孢子菌主要存在土壤中，在野外活动时间较长的动物较为易感，并且病变主要见于与土壤接触多的部位。

2. 临床症状　患牛头部、颈部、肩部、腿部皮肤有的是小区域，有的是较大区域发生病变，瘙痒、脱毛。几日后，形成痂块，痂块之间产生微黑色连成一片的皮屑性覆盖物。病变比较浅表，患部与健康部有明显界限。

3. 实验室诊断

分离培养　先在病灶部涂布75％酒精消毒液，然后用消毒镊子将皮屑直接接种于沙保氏培养基上，置22～28℃温箱中培养，逐日观察生长情况。2周后生长出典型菌落，菌落直径5 cm，由多数分枝的菌丝体形成绒毛状菌落、灰色。挑取培养物进行涂片，采用乳酸酚棉蓝法进行染色，镜下见到分枝菌丝和纺锤体，多室孢子，分布不规则、不成链。

生化特性　该菌能发酵葡萄糖、麦芽糖、果糖和蔗糖，能够利用硝酸盐。

动物试验　将培养物涂擦于病牛腹部表面，在同一部位每天涂一次，连续5次，1周后，皮肤呈现显著水肿、坏死、结痂，最后恢复。

【类症鉴别】

本病应与皮肤增厚、形成结节或肉芽肿为特征的牛传染病如牛白血病皮肤性、牛放线菌病、牛乳头状瘤病、疙瘩皮肤病、牛趾乳头状肿瘤进行鉴别。

【防治措施】

本病治疗分为外用药物疗法和内服药物疗法。

外用药物疗法 选择刺激性小、对角质渗透力大抑制真菌作用强的药物。可选用克霉唑软膏、咪康唑软膏和癣净等药物进行局部治疗。用前将患部及其周围剪毛、洗净，去除皮屑和结痂等污物，然后再涂抹软膏，每天 2～3 次，直至痊愈。

内服药物疗法 对慢性重剧的皮肤真菌病，需在外用药物治疗的基础上，进行内服药物治疗。可用于内服的药物有灰黄霉素和酮康唑等。灰黄霉素，每日每千克体重 30～40 mg，伴食，连用 4 周左右。服药期间增饲脂肪性食物，可促进药物的吸收。妊娠牛禁忌口服灰黄霉素，以免引起胎儿畸形。酮康唑，每日每千克体重 10 mg，分 3 次口服，连用 2～8 周。

本病目前尚无有效措施预防本病的发生，常采用综合性预防措施。加强饲养管理，饲喂营养丰富且均衡的食物，增强牛机体对真菌的抵抗力。平时应对牛进行定期检疫，一旦发现患有真菌病，立即对病牛进行隔离治疗，并用煤粉皂、次氯酸钠或氯化苯加胫胺等溶液对饲具及被污染的环境进行严格消毒。对新引进的牛，应进行隔离检疫，检测为阴性后，方能解除隔离。在确诊病牛后，兽医工作人员应向牛主宣传、讲解，让其了解本病对公共卫生的危害及如何防止散播传染。接触病牛的人应特别注意防护。对患真菌病的人员应及时治疗，以免散播并传染给其他动物。

嗜皮菌病

嗜皮菌病是由刚果嗜皮菌引起的一种人兽共患皮肤传染病。各种年龄的牛均可发病，主要表现为口唇、头颈、背、胸等部的皮肤出现豌豆大至蚕豆大的结节。发病后精神、食欲无显著变化，呈慢性经过，大多可自愈。炎热潮湿的环境易引起刚果嗜皮菌的接触感染，皮肤的机械性伤害以及外寄生虫损伤皮肤也会造成刚果嗜皮菌的感染和传播。

【诊断要点】

1. 流行病学　嗜皮菌属放线菌目，嗜皮菌科，典型菌种为刚果嗜皮菌。其主要特征为好氧或兼性厌氧，菌丝体粗，0.5～5 μm，被硬胶质囊包裹着，横隔分裂，成熟后菌丝体裂为碎片和球状体，遇适合条件变为能运动的孢子（游走孢子）。孢子直径0.5～1 μm，顶端生5～7根鞭毛，萌发成菌丝，波曲状，有横隔。孢子可在菌丝体内萌发。在人工培养条件下，菌丝体按纵、横方向分裂产生扁平体，横向分裂产生侧支。

本病多见于炎热气候地区的多雨季节，长期淋雨，被毛潮湿可促进本病发生。幼龄动物发病率较高。动物营养不良或患其他疾病时，易发生本病。本病一般呈散发或呈地方性流行。

2. 临床症状　病牛患部有轻微隆起，皮肤表面附着毛发并有痂皮，局部穿刺有浓稠的黄绿色脓汁。移走结痂的毛发丛，可露出粉红色真皮层。

【类症鉴别】

本病诊断时应与以皮肤增厚、形成结痂或肉芽肿为特征的牛传染病，如牛白血病皮肤性、牛放线菌病、牛乳头状瘤病、疙瘩皮肤病、牛趾乳头状肿瘤和嗜皮菌病进行鉴别。

【防治措施】

本病的治疗要采取局部治疗与全身治疗相结合的方法。①局部治疗用无菌注射器抽取患部脓汁，然后用生理盐水稀释远征霉素局部多次冲洗，最后用碘酊冲洗脓腔，让其自然愈合。②全身肌内注射远征霉素，每天2次，用5～7 d牛逐渐痊愈。

嗜皮菌是病牛皮肤的专性寄生菌，主要通过直接接触经损伤的皮肤而感染，或经吸血蝇类及蜱的叮咬传播，污染的厩舍、饲槽、用具而间接接触传播。发病的主要原因是畜体潮湿或长期淋雨，塑料棚养畜通风不良，圈舍湿度过大是本病发生的主要原因。通过调查幼畜的发病率和死亡率高于成年畜。采取综合性防治措施，圈舍保持干湿度适宜、防止淋雨，就能减少该病的发生，对病牛采取隔离治疗，用药及时合理就能治愈。

放 线 菌 病

放线菌病又称大颌病，是由放线菌引起的非接触性传染病，以头、颈、颌下和舌的放线菌性肉芽肿为主要特征。

【诊断要点】

1. 流行病学　本病的病原有牛放线菌、伊氏放线菌和林氏放线杆菌。牛放线菌和伊氏放线菌是牛的骨骼放线菌病的主要病原。两者均为不运动、不形成芽孢的革兰氏阳性杆菌。林氏放线杆菌为不运动、不形成芽孢和荚膜的革兰氏阴性杆菌，是皮肤和器官放线菌病的主要病原。

牛放线菌病广泛分布于自然界，在动物体表和消化道寄生，也是口腔内的常在菌，从损伤的口腔黏膜和齿龈的骨膜内源性感染而发病。以2～5岁牛最易感。本病呈散发性。

2. 临床症状　常见上、下颌骨肿大，有硬的结块，咀嚼、吞咽困难。硬结破溃流脓，形成瘘管。舌组织感染时，活动不灵，称"木舌"，病牛流涎，咀嚼困难。乳房患病时，出现硬块或整个乳房肿大、变形，排出黏稠、混有脓的乳汁。

3. 实验室诊断　在玻片上蘸取少许脓汁，经革兰氏染色，可见外观似硫黄颗粒，如针头大小的、呈灰黄色的菌体。

取上述病料接种于血清或血液培养基，在 10% CO_2 条件下培养4～5 d，可见非溶血性白色瘤状隆起的菌落。菌落紧密地固着在培养基上不易剥离。在巧克力液体培养基底部可见到彩色的毛球状菌团。镜检可见革兰氏阳性棒状形乃至菌丝状菌体。

【类症鉴别】

本病应与结核、肿瘤、肝脓肿、腰肌脓肿、骨髓炎、真菌性足菌肿、葡萄球菌病、奴卡菌病等鉴别。

【防治措施】

病牛的硬结较大时，可用外科手术切除硬结，并于创口内撒布等量混合的碘仿和磺胺粉，然后缝合，在创围注射10％碘仿醚或2％鲁戈氏液，同时内服碘化钾，成年牛每天5～10 g，犊牛2～4 g，连用2～4周。重症者可静脉注射10％碘化钠，每天50～100 mL，隔日1次，共3～5次之后，暂停用药5～6 d。硬结小者可直接在硬结周围注射青霉素或链霉素，同时应用碘化钾进行全身治疗，效果显著。

为了防治本病的发生，应避免在低温草地放牧。舍饲时，喂前将干草、谷糠等浸软，防止刺伤口腔黏膜。平时应注意防止皮肤、黏膜发生损伤，有伤口要及时处理、治疗。

破　伤　风

破伤风又名强直症，俗称锁口风，是由破伤风梭菌经伤口感染引起的一种急性中毒性人兽共患病。临诊上以骨骼肌持续性痉挛和神经反射兴奋性增高为特征。

【诊断要点】

1. 流行病学　本病广泛分布于世界各国，呈散在性发生。本菌广泛存在于自然界，人畜粪便都可带有，尤其是施肥的土壤、腐臭淤泥中。感染常见于各种创伤，如断脐、去势、手术、断尾、穿鼻、产后感染等，在临诊上有1/3～2/5的病例查不到伤口，可能是创伤已愈合或可能经子宫、消化道黏膜损伤感染。各种家畜均有易感性，其中以单蹄兽最易感，牛次之，幼龄动物的感受性更高。

2. 临床症状　潜伏期最短一天，最长可达数月，一般1～2周。潜伏期长短与动物种类及创伤部位有关，创伤距头部较近，组织创伤口深而小，创伤深部严重损伤，发生坏死或创口被粪土、痂皮覆盖等，潜伏期缩短，反之则延长。人和单蹄兽较牛、羊易感性更高，症状也相应严重。最初表现对刺激的反射兴奋性增高，常见反刍停止，多伴有瘤胃臌气。稍有刺激即高举其头，瞬膜外露，接着出现咀嚼缓慢、步态僵硬等症状，以后随病情的发展，出现全身性强直痉挛症状。轻者口少许开张，采食缓慢；重者开口困难、牙关紧闭，无法采食和饮水，由于咽肌痉挛致使吞咽困难，唾液积于口腔而流涎，且口臭，头颈伸直，两耳竖立，鼻孔开张，四肢腰背僵硬，腹部卷缩，粪尿潴留，便秘，尾根高举，行走困难，形如木马，各关节屈曲困难，易于跌倒，且不易自起，病牛此时神志清楚，有饮食欲，但应激性高，轻微刺激可使其惊恐不安，痉挛和大汗淋漓，末期患畜常因呼吸功能障碍（浅表、气喘、喘鸣等）或循环系统衰竭（心律不齐、心搏亢进）而死亡。体温一般正常，死前体温可升至 42 ℃，病死率45%～90%。

3. 病理变化　中枢神经系统特别是脊髓或脊髓膜常有充血，灰质有点状出血。心肌呈脂肪变性。四肢和躯干肌肉间结缔组织呈浆液性浸润，间有小出血。对体表和脏器进行详尽检查时，可见有创伤或创伤后形成的瘢痕。

4. 实验室诊断　可进行血清学诊断，如 ELISA 等。

【鉴别诊断】

根据本病的特殊临诊症状，如神志清楚，反射兴奋性增高，骨骼肌强直性痉挛，体温正常，并有创伤史，即可确诊。对于轻症病例或病初症状不明显病例，要注意与马钱子中毒、癫痫、脑膜炎、狂犬病及肌肉风湿等相鉴别。

【防治措施】

1. 预防注射 在本病常发地区，应对易感家畜定期接种破伤风类毒素。对较大较深的创伤，除做外科处理外，应肌内注射破伤风抗血清 1 万～3 万 IU。

2. 防止外伤感染 平时要注意饲养管理和环境卫生，防止家畜受伤。一旦发生外伤，要注意及时处理，防止感染。手术时要注意器械的消毒和无菌操作。

3. 治疗

(1) 创伤处理 尽快查明感染的创伤和进行外科处理。清除创内的脓汁、异物、坏死组织及痂皮，对创深、创口小的要扩创，以 5‰～10‰碘酊和 3‰ H₂O₂ 或 1‰高锰酸钾消毒，再撒以碘仿硼酸合剂，然后用青霉素、链霉素作创周注射，同时用青霉素、链霉素作全身治疗。

(2) 药物治疗 早期使用破伤风抗毒素，疗效较好，剂量20 万～80 万 IU，分 3 次注射，也可一次全剂量注入。临床实践上，也常同时应用 40％乌洛托品，成牛 50 mL，犊牛酌减。

(3) 对症治疗 当病牛兴奋不安和强直痉挛时，可使用镇静解痉剂。可用 25％硫酸镁作肌内注射或静脉注射，以解痉挛。对咬肌痉挛、牙关紧闭者，可用 1％普鲁卡因溶液于开关、锁口穴位注射，每天一次，直至开口为止。

气　肿　疽

气肿疽俗称黑腿病或鸣疽，是一种由气肿疽梭菌引起的反刍动物的一种急性败血性传染病。

【诊断要点】

1. 流行病学 气肿疽梭菌为革兰氏阳性梭菌，两端钝圆，常呈多形性，无荚膜。在菌体的中央或近端易形成卵圆形的芽孢，菌体因形成芽孢而呈梭状。本菌有鞭毛、菌体及芽孢抗原，在适宜的培养基上可产生 4 种毒素，菌体及毒素具有免疫原性。本菌为专性厌氧菌。

在自然条件下，气肿疽主要侵害黄牛。本病的传染源主要是病牛，传递因素是土壤。病牛体内的病菌进入土壤，以芽孢形式长期生存于土壤，动物采食被这种土壤污染的饲料和饮水，经口腔和咽喉创伤侵入组织，也可由松弛或微伤的胃肠黏膜侵入血流而感染全身。本病常在牛 6 个月龄至 3 岁容易感染，但幼犊或其他年龄的牛也有发病的，肥壮牛似比瘦牛更易患病。

2. 临床症状 潜伏期 3～5 d，最短 1～2 d，最长 7～9 d，牛发病多为急性经过，体温达 41～42 ℃，早期出现跛行，相继在多肌肉部位发生肿胀，初期热而痛，后来中央变冷无痛。患病部皮肤干硬呈暗红色或黑色，有时形成坏疽，触诊有捻发音，叩诊有明显鼓音。切开患部皮肤，从切口流出污红色带泡沫酸臭液体，这种肿胀发生在腿上部、臀部、腰部、荐部、颈部及胸部。此外，局部淋巴结肿大。食欲反刍停止，呼吸困难，脉搏快而弱，最后体温下降或再稍回升。一般病程 1～3 d 死亡，也有延长到 10 d 的。若病灶发生在口腔，腮部肿胀有捻发音。发生在舌部时，舌肿大伸出口外。老牛发病症状较轻，中等发热，肿胀也轻，有时有疝痛臌气，可能康复。

3. 病理变化 尸体显著膨胀，鼻孔流出血样泡沫，肛门与阴道口也有血样液体流出，肌肉丰满部位有捻发音。皮肤表现部分坏死。皮下组织呈红色或黄色胶样，有的部位杂有出血或小气泡。胸、腹腔及心包有红色、暗红色渗出液。

4. 实验室诊断 在血液琼脂上的菌落扁平，周边隆起如扣状，呈 β 溶血。取病变组织制成 3% 的氯化钾匀浆，接种小鼠或豚鼠肌肉，1～2 d 内死亡。取死亡动物的肝脏制触片，经姬姆萨染色、镜检，可见到散在或短链状杆菌。

【类症鉴别】

本病须与恶性水肿、水肿型牛巴氏杆菌病进行鉴别诊断。

【防治措施】

早期用气肿疽血清静脉或腹腔注射，同时用青霉素、四环素，效果较好。

本病的发生有明显的地区性，有本病发生的地区可用疫苗预防接种，是控制本病的有效措施。病牛应立即隔离治疗，死畜禁止剥皮吃肉，应深埋或焚烧。病牛厩舍围栏、用具或被污染的环境用 3% 福尔马林或 0.2% 升汞液消毒，粪便、污染的饲料、垫草均应焚烧。

恶　性　水　肿

恶性水肿是由以腐败梭菌为主的多种梭菌引起多种家畜的一种经创伤感染的急性传染病，病的特征为创伤局部发生急剧、气性炎性水肿，并伴有发热和全身毒血症。

【诊断要点】

1. 流行病学 本病的病原为梭菌属中的腐败梭菌、魏氏梭菌及诺威氏梭菌、溶组织梭菌等。据报道，恶性水肿病例中有 60% 可分离到腐败梭菌，其次是魏氏梭菌，而诺威氏梭菌、溶组织梭菌仅占 5%。

腐败梭菌为严格厌氧菌，它是菌体粗大、两端钝圆的革兰氏阳性菌，无荚膜，能形成芽孢，有周鞭毛，培养物中菌体单在或呈短链状，但在动物腹膜或肝脏表面上的菌体常形成无关节微弯曲的长丝或长链状，这在诊断上有一定参考价值。

本菌产生多种外毒素（主要是 α、β、γ、δ），α 毒素为卵磷脂酶，具有坏死、致死和溶血作用；β 毒素是 DNA 酶，具有杀白细胞作用；γ 和 δ 毒素分别具有透明质酸酶和溶血素活性，它们可使血管通透性增强，致炎性渗出，并不断向周围组织扩张，使组织坏死。

本菌广泛分布于自然界，如各种动物的肠道、粪便和土壤表层都有大量菌体存在。强力消毒药如 10％～20％漂白粉溶液、3％～5％硫酸、石炭酸合剂、3％～5％氢氧化钠可于短时间内杀灭菌体。而本菌的芽孢抵抗力则很强，一般消毒药需长时间作用。

本病的病原菌广泛存在于自然界，以土壤和动物肠道中较多，而成为传染源，病牛不能直接接触传染健康动物，但能加重外界环境的污染。传染主要由于外伤如注射、剪毛、采血、助产等没注意消毒、污染本菌芽孢而引起感染，尤其是创伤深并存在坏死组织，造成缺氧更易发病。本病一般为散发，但在剪耳号或预防注射时如消毒不严，则在畜群中可能出现群发病例。

2. 临床症状 病初减食，体温升高，伤口周围出现气性炎性水肿，并迅速扩散蔓延，肿胀部初期坚实，灼热、疼痛，后变无热痛，触之柔软，有轻度捻发音，尤以触诊部上方明显；切开肿胀部，则见皮下和肌间结缔组织内流出多量淡红褐色带少许气泡、其味酸臭的液体，随着炎性气性水肿的急剧发展，全身症状严重，表现高热稽留，呼吸困难，脉搏细速，发绀，偶有腹泻，多在 1～3 d 内死亡。因手术感染时，多于术后 2～5 d，在术部发生弥漫性气性炎性水肿，病牛呈现疝痛，腹壁知觉过敏及上述全身症状。因分娩感染，病牛表现阴户肿胀，阴道黏膜充血发炎，有不洁红褐色恶臭液体流出。会阴呈气性炎性水肿，并迅速蔓延至腹下、股部，以致发生运动障碍和重笃的全身症状。

3. 病理变化 发病局部的弥漫性水肿，皮下和肌肉间结缔组织有污黄色液体浸润，常含有少许气泡，其味酸臭。肌肉呈白色，煮肉样，易于撕裂，有的呈暗褐色。实质器官变性，肝、肾浊肿，脾、淋巴结肿大，偶有气泡，血凝不良，心包、腹腔有多量积液。

【类症鉴别】

本病诊断时应与以皮下和肌肉炎性水肿为主要症状的牛传染病，包括炭疽、气肿疽、牛巴氏杆菌病水肿型进行鉴别。

【防治措施】

本病经过急，发展快，全身中毒严重，治疗应从早从速，从局部和全身两方面同时着手。局部治疗应尽早切开肿胀部，扩创清除异物和腐败组织，吸出水肿部渗出液，再用氧化剂（如0.1％高锰酸钾或3％过氧化氢液）冲洗，然后撒上青霉素粉末，并施以开放疗法。或在肿胀部周围注射青霉素，甚为有效，全身治疗以早期采用抗菌消炎（青霉素、链霉素及土霉素或磺胺类药物治疗）为好，同时还要注意对症治疗，如强心、补液、解毒。病死动物不可利用，须深埋或焚烧处理，污染物品和场地要彻底消毒防止感染。

我国已研制成包括预防快疫的梭菌病多联苗。在梭菌病常发地区，常年注射，可有效预防本病发生。平时注意防止外伤，当发生外伤后要及时进行消毒和治疗，还要做好各种外科手术、注射等无菌操作和术后护理工作。

牛立克次氏体热（Q 热）

Q 热是由贝氏立克次氏体引起的一种人兽共患的急性热

性传染病。临床上动物感染多为隐性经过，但妊娠牛可引起流产。

【诊断要点】

1. 流行病学 本病病原为贝氏立克次氏体，属于立克次体科，柯克斯体属。是一种专性的细胞内寄生物，具有小杆状、球状、新月状、丝状等多种形态，一般大小为 $0.2\sim0.4\ \mu m \times 0.4\sim1\ \mu m$。无鞭毛，革兰氏染色阴性（一般不易着染），姬姆萨染色呈紫红色。电镜下观察有 2 或 3 层与胞质膜隔开的细胞壁，有较完整的酶系统，可独立完成各种代谢，并合成各种氨基酸和叶酸等。

贝氏立克次氏体可在鸡胚卵黄囊内生长，也可在多种原代和传代细胞内繁殖。本菌与其他立克次氏体的区别是具有可滤过性，不引起人的皮疹，并能直接传播而不需要媒介昆虫。贝氏立克次氏体对理化因素有较强的抵抗力。在干燥的蜱组织、蜱粪及感染动物的排泄物和分泌物中，经数周至半年仍有感染性，在病牛肉中可存活 30 d，在水和牛乳中可存活 4 个月以上。巴氏消毒法不能把污染牛乳中的病原体全部杀死。牛乳煮沸不少于10 min 方可得到可靠的消毒。3%～5%石炭酸、2%漂白粉或 3%氨胺中，经 1～5 min 死亡。

贝氏立克次氏体以蜱为媒介，在袋鼠、砂土鼠、野兔及其他野生动物中循环，形成自然疫源地。病原体从自然疫源地转至牛而造成感染，再通过胎盘、羊水、乳汁等排出体外，在家畜之间经污染的空气而广泛传播，从而形成另一完全独立循环的疫源地，病原体往往从此传染给人类。

2. 临床症状 本病临床表现无明显特征，常难与其他热性传染病区别，因而误诊率很高。感染可分为急性型、亚临床型和慢性型。发病大多急骤，少数较缓。急性潜伏期一般为 2～4 周。常突然发病，表现为发热、乏力及各种痛症。多数反刍动物感染后，病原体侵入血流后可局限于乳房、体表淋巴结和胎盘，一般几个月后可清除感染，但有一些反刍动物可成为带菌者。极少数病例出现发热、食欲不振、精神委顿，间或有鼻炎、结膜炎、关节炎、乳房炎。由于病原体局限于乳房，可在泌乳期经奶排除。在产犊时，大量病原体可随胎盘排除，也可随羊水和粪尿排出体外。反刍动物怀孕和分娩时，由于应激因素的作用常出现发热、消化系统紊乱的症状。奶牛感染后一般泌乳和胎儿发育都会受到影响，有时出现不育和散在性流产。

3. 病理变化 本病可引起全身各组织、器官病变。血管病变主要是内皮细胞肿胀，可有血栓形成。肺部病变与病毒或支原体肺炎相似。小支气管肺泡中有纤维素、淋巴细胞及大单核细胞组成的渗出液，严重者类似大叶性肺炎。心脏可发生心肌炎、心内膜炎及心包炎，并能侵犯瓣膜形成赘生物，甚至导致主动脉窦破裂、瓣膜穿孔。脾、肾、睾丸也可发生病变。

4. 实验室诊断

病原学检查 豚鼠对贝氏立克次氏体高度易感，可用作试验。采取发热期患牛血液或胎盘、脾、肝、肾制成悬液，腹腔接种豚鼠。豚鼠发热后再将其脾脏悬液接种正常豚鼠睾丸，待此豚鼠发热 7～10 d 剖检，从睾丸实质中可查见贝氏立克次氏体。也可用鸡胚卵黄囊或细胞培养方法分离病原体。

血清学试验 是最常用的诊断方法，一般取急性期和康复期血清做补体结合试验，测定其抗体效价，如康复期效价高于急性期 4 倍以上，即可确诊。微量凝集试验常用于本病的早期诊断，约 90% 患牛在病的第 2 周即可测出凝集素。近年来，有人应用间接免疫荧光技术和酶联免疫吸附试验来诊断本病。

【类症鉴别】

本病诊断时应注意与牛布鲁氏菌病、牛生殖道弯曲菌病、牛地方性流产和牛细小病毒感染等进行鉴别。

【防治措施】

临床应用四环素、土霉素、强力霉素和甲氧苄氨嘧啶等药物治疗效果较好。首选为四环素和土霉素。为提高治疗效果，建议这两种药物交替使用。

由于家畜是 Q 热的主要传染源，因此控制病牛是防止人畜发生 Q 热的关键。为此，人医、兽医应密切配合，平时应了解本病疫源的分布和人、畜感染情况，注意家畜的管理。孕畜分娩后要隔离 3 周以上，对出现流产、早产、胎盘滞留的家畜，应做血清学检查。对家畜分娩期的排泄物、胎盘及被污染的环境应进行消毒处理。从疫区运入的家畜、皮毛等畜产品应进行检疫及消毒处理，加强食品卫生检疫，加强家畜特别是孕畜的管理、抗体监测及严格进出口检疫；对家畜屠宰加工场地及畜产品进行消毒、通风，加强动物实验室的安全防御措施，灭鼠灭蜱，对疑有传染病的牛奶必须煮沸 10 min 方可饮用。

李 氏 杆 菌 病

李氏杆菌病是由李氏杆菌引起的一种散发性传染病，家畜主要表现脑膜脑炎、败血症和妊畜流产。

【诊断要点】

1. 流行病学 本病主要是由产单核细胞李氏杆菌引起。本菌在分类上属于李氏杆菌属。最初，李氏杆菌属只有产单核细胞李氏杆菌一个种，以后相继确认伊万诺夫李氏杆菌、无害李氏杆菌、威斯梅尔李氏杆菌和西里杰李氏杆菌也属李氏杆菌属。产单核细胞李氏杆菌是一种革兰氏阳性的小杆菌，在抹片中或单个分散，或两个菌排成 V 形或互相并列。在 22 ℃和 37 ℃都能良好生长。用凝集素吸收试验，已将本菌抗原分出 15 种 O 抗原和 4 种

H 抗原（A 至 D）。现在已知有 7 个血清型、16 个血清变种。对人致病者以 1a、1b 和 4b 多见，牛、羊以 1 型和 4b 最多见，猪、禽和啮齿动物以 1 型较多见。本菌在 pH 5.0 以下缺乏耐受性，pH 5.0 以上才能繁殖，至 pH 9.6 仍能生长。对食盐耐受性强，在含 10％食盐的培养基中能生长，在 20％食盐溶液内能经久不死。对热的耐受性比大多数无芽孢杆菌强，常规巴氏消毒法不能杀灭它，65 ℃经 30～40 min 才杀灭。一般消毒药都易使之灭活。

牛可以自然发病，且常为本菌的贮存宿主。本病为散发性，一般只有少数发病，但病死率很高。各种年龄的动物都可感染发病，以幼龄较易感，发病较急，妊娠母畜也较易感。有些地区牛发病多在冬季和早春。患病动物和带菌动物是本病的传染源。由患病动物的粪、尿、乳汁、精液，以及眼、鼻、生殖道的分泌液都曾分离到本菌。家畜饲喂青贮饲料引起李氏杆菌病的实例曾有一些报道。传染途径还不完全了解。自然感染可能是通过消化道、呼吸道、眼结膜及皮肤破伤。饲料和水可能是主要的传染媒介。冬季缺乏青饲料，天气骤变，有内寄生虫或沙门氏菌感染时，均可为本病发生的诱因。

2. 临床症状　自然感染的潜伏期为 2～3 周。有的可能只有数天，也有长达两个月的。病初体温升高 1～2 ℃，不久降至常温。原发性败血症主见于犊牛，表现精神沉郁、呆立、低头垂耳、轻热、流涎、流鼻液、流泪、不随群行动、不听驱使。咀嚼吞咽弛缓，有时于口颊一侧积聚多量没有嚼烂的草料。脑膜脑炎发病于较大的动物，主要表现头颈一侧性麻痹，弯向对侧，该侧耳下垂，眼半闭，以至视力丧失。沿头的方向旋转（回旋病）或作圆圈运动，不能强使改变，遇障碍物，则以头抵靠而不动。颈项强硬，有的呈现角弓反张。后来卧地，呈昏迷状，卧于一侧，强使翻身，又很快翻转过来，直至死亡。病程短的 2～3 d，长的 1～3 周或更长。妊娠牛常发生流产。

3. 病理变化　有神经症状的病牛，脑膜和脑可能有充血、炎症或水肿的变化，脑脊液增加，稍浑浊，含很多细胞，脑干变软，有小脓灶，血管周围有以单核细胞为主的细胞浸润，肝可能有小炎灶和小坏死灶。败血症的病牛，有败血症变化，肝脏有坏死，多形核细胞增多。流产的母牛可见到子宫内膜充血，以至广泛坏死，胎盘子叶常见有出血和坏死。

【类症鉴别】

本病诊断时应与其他表现神经症状的脑包虫病、伪狂犬病、牛散发性脑脊髓炎等疾病进行鉴别。

【防治措施】

本病的治疗以链霉素较好，但易引起抗药性。广谱抗生素病初大剂量应用有效。有人用大剂量的抗生素或磺胺类药物，一次治疗病牛，获得满意效果，但有神经症状的患畜治疗难以奏效。

平时须驱除鼠类和其他啮齿动物，驱除外寄生虫，不要从有病地区引入牛。发病时应实施隔离、消毒、治疗等一般防疫措施。如怀疑青贮饲料与发病有关，须改用其他饲料。人在参与病牛饲养管理或剖检尸体和接触污物时，应注意自身防护。病牛及其污染物，需进行无害化处理。

脑 脊 髓 炎

本病是由一种衣原体或称宫川氏体引起的牛的散发性脑脊髓炎，主要侵害 3 周岁以下的牛，特征是脑炎、纤维素性胸膜炎和腹膜炎。

【诊断要点】

1. 流行病学 鹦鹉热衣原体散发性脑脊髓炎毒株是典型的

鹦鹉淋巴肉芽肿群的成员，为严格的细胞内寄生微生物，具有传染性的原生小体大小 200～300 nm，当原生小体在细胞内充分形成后，被感染的细胞破裂，把原生小体排除在组织液中，姬姆萨染成紫色，4～5 d 后死亡，发生纤维素性腹膜炎。地鼠也对本病易感。小鼠有抵抗力。

本病的传染方式还不明确，但有些迹象表明，通过被感染的母牛的乳，能将病原传染给犊牛。经常在某个牛群发病时，附近的牛群并无发病。即使在发病的牛群里，也仅出现少数病例，但实际上，可能还有不少轻症感染和不显性感染牛未被发现。

2. 临床症状　人工感染潜伏期为 4～27 d。推测自然感染的潜伏期相当长。病牛表现显著的抑郁。病畜即有发热，并持续到恢复或濒死。病牛食欲不振、委顿、消瘦和便秘，常见清亮的黏液样鼻漏或者眼漏，步态摇晃，主要关节可肿胀而柔软。有的病牛发生轻度腹泻，有的喜欢走动或蹒跚的转圈。偶见角弓反张。病程 1～3 周。临床发病牛死亡率为 40%～60%。

3. 病理变化　眼观病变不显著。许多病牛体腔内所含的液体较正常量多，其中混有纤维素丝，脑外观正常，但组织学检查呈严重的弥漫性脑膜脑炎。

【类症鉴别】

本病应与牛狂犬病、破伤风、牛昏睡嗜血杆菌感染、李氏杆菌病和牛玻纳病等疾病进行鉴别。

【防治措施】

多数抗生素均有治疗效果，但链霉素最为敏感，并结合对症疗法。

除综合性防治措施外，尚无有效的免疫方法。

牛昏睡嗜血杆菌感染

牛昏睡嗜血杆菌感染也称牛传染性血栓栓塞性脑膜炎，是由昏睡嗜血杆菌引起的一种急性败血性传染病，有多种临床类型，多以血栓性脑膜脑炎、呼吸道感染和生殖道疾病为特征。

【诊断要点】

1. 流行病学　昏睡嗜血杆菌为革兰氏阴性的多形性球杆菌，呈短链或纤维状，无运动性，无芽孢。在固体培养基上培养 2～3 d，形成黄色或奶油状圆形凸起菌落，湿润有光泽。直径可达 1～2 mm，老龄菌落呈颗粒状，中央呈乳头样突起而外周扁平。多数菌株能形成溶血带，但有一些菌株不溶血或仅使培养基稍微变绿。

本菌多能发酵葡萄糖，氧化酶阳性，硝酸盐还原阳性。能利用氨基乙酰丙酸，不能利用枸橼酸。甲基红/V－P 反应阳性，尿素酶阴性。在麦康凯培养基上不生长。在无血液的培养基中生长不良，但能在葡萄球菌周围呈卫星状生长。梭化辅酶和单磷酸硫胺能促进生长。在不含二氧化碳的空气中生长不良或不生长。

病牛和隐性带菌牛是主要传染源，主要传染途径为呼吸道和生殖道，嗅舔外阴也能造成传播，经消化道这一传播途径也不能排除。

本病主要发生于肉牛，但乳牛、放牧牛也能发生。本病常发生于冬季，潮湿阴冷骤变的气候比严寒气候多发。往往在引入牛只后数周内发病。7～9 月龄犊牛发病率较多，但 2 岁以上、4 月龄以下的牛也能发生。运输、断乳等逆境因素能促成发病。呼吸道型在春、夏季发生于 4 月龄以下哺乳犊牛。乳牛犊比肉牛犊发病率高。

2. 临床症状　超急性综合征迅速死亡，偶可见到体温升高，木僵和球关节崩曲。

神经型　急性早期症状为体温升高或正常、抑郁、厌食，不愿运动、眼半闭或全闭。继而轻瘫、麻痹、转圈、兴奋、共济失调、关节肿胀、盲目、斜视、眼球震颤，倒地后四肢划动，最后昏迷死亡。病程 0.5～3 d。幸存者，不超过 20％。慢性或亚急性型常来自急性型，表现为跛行、木僵、关节肿胀。病程数周到数月。

呼吸道型　体温上升到 41 ℃，呼吸加快，尖锐干咳，流脓性或黏液性鼻液。犊牛初期有咳嗽，继而出现纤维素性肺炎、坏死性细支气管炎和支气管肺炎症状。

生殖道型　公牛感染率高，但症状不明显，主要表现为精液中有脓汁和包皮、尿道发炎。母牛主要表现为子宫内膜炎、流产、胎膜停滞和产后长期排出脓性分泌物，可能引起不孕症。少数母牛出现全身症状，甚至死亡。弱犊综合征表现为死产、流产、弱产、成活率低，常造成很大损失。

3. 病理变化　本菌侵入循环血中后，易附着于血管内皮细胞上，引起内皮细胞收缩，暴露出内皮下胶原组织，导致小血管血栓形成、血管炎和缺血性坏死。急性病例可能无眼观病变。病程较长者，出现脑脊髓的特征性病变。直径 0.5～3 cm 的多灶性出血性坏死，中心凹陷，柔软脆弱，脑回扁平，脑脊液增量浑浊，脑室中有脓性—纤维素性渗出物，脑膜下出血。病变常与栓塞的血管相关。出血性或纤维素性脑脊髓膜炎常与其被覆的脑脊髓病变相关。此外，还有食道、胃肠、膀胱等器官黏膜出血，淋巴结炎，多发性浆膜炎，多发性纤维素化脓性关节炎，喉和横纹肌坏死等病变。神经、视网膜、心、肾、膀胱、骨骼肌等组织出现血栓、血管炎、败血性梗死、出血、坏死和以嗜中性白细胞为主的炎性浸润。病变组织中常有大量细菌存在。

呼吸道型　出现鼻炎、鼻窦炎、咽喉炎、气管炎、纤维素性肺炎、纤维素性胸膜肺炎、出血性间质性肺炎等伴有血管炎和血栓形成等特征的病变，肺泡上皮变化不明显。最近报道有化脓性到坏死性细支气管和支气管炎、纤维素性肺炎、胸膜炎、肺充血。犊牛肺炎以细支气管炎和支气管肺炎为常见。

生殖道型 自然发生的和人工接种的病例，均可出现流产、胎膜炎、胎膜停滞和子宫炎等。胎膜和流产胎儿的脑、肺、心肌和肾均有本病特征性的血栓形成和血管炎。

【类症鉴别】

本病应与牛狂犬病、牛海绵状脑病、李氏杆菌病和牛玻纳病等疾病进行鉴别。

【防治措施】

治疗必须早期进行。发病群中尚未发病的牛和只出现前驱症状的牛，在治疗后 6～12 h 内都可好转。除林肯霉素、新霉素和磺胺类药物外，本菌对常用抗生素均敏感，通常用土霉素、氨苄西林钠、金霉素等。土霉素按每千克体重 10 mg 静脉注射，每 12～18 h 一次，3 次即可收效。大剂量青霉素和链霉素也有效。对发病的犊牛群，可将抗生素加入饮水或饲料中，有预防效果。

对暴发本病的牛群，减少精料，增加粗料，有助于控制疾病。在本病流行可注射疫苗进行预防。

钩 端 螺 旋 体 病

钩端螺旋体病是一种重要而复杂的人兽共患病和自然疫源性传染病。牛带菌率和发病率较高，临诊表现形式多样，主要有发热、黄疸、血红蛋白尿、出血性素质、流产、皮肤和黏膜坏死、水肿等。

【诊断要点】

1. 流行病学　钩端螺旋体的动物宿主非常广泛，几乎所有温血动物都可感染，其中啮齿目的鼠类是最重要的贮存宿主。低湿草地、死水塘、水田、淤泥沼等呈中性和微碱性，有水地方被带菌的鼠类、家畜的尿污染后成为危险的疫源地。人和家畜在那里耕作，肢体浸在水里就有被传染的可能。本病主要通过皮肤、黏膜和经消化道食入而传染，也可通过交配、人工授精和在菌血症期间通过吸血昆虫如蜱、虻、蝇等传播。

本病有明显的流行季节，每年以 7～10 月为流行的高峰期，其他月份常仅为个别散发。饲养管理与本病的发生和流行有密切关系，饥饿、饲养不合理或其他疾病使机体衰弱时，原为隐性感染的动物表现出临诊症状，甚至死亡。管理不善，畜舍、运动场的粪尿和污水不及时清理，常常是造成本病暴发的重要因素。

2. 临床症状　潜伏期 2～20 d，病程一般呈急性经过，但也常见慢性经过的病例。

急性型常为突然高热，黏膜发黄，尿色很暗，有大量白蛋白、血红蛋白和胆色素。常见皮肤干裂、坏死和溃疡。常于发病后 3～7 d 内死亡。病死率甚高。

亚急性型体温有不同程度升高，食欲减少，黏膜黄染，奶量显著下降或停止。乳色变黄，如初乳状并常有血凝块，病牛很少死亡。经 2 个月后逐渐好转，但往往需经 2 个月乳量才能恢复正常。

流产是牛钩端螺旋体病的重要症状之一。一些牛群暴发本病的惟一症状就是流产，但也可与急性症状同时出现。

3. 病理变化　急性病例可见脏器、皮下组织及黏膜等处出现黄疸或斑块状出血。慢性病例病变局限于肾脏，其皮质多见小白斑。

【类症鉴别】

本病诊断时应与以贫血、黄疸症状为主的细菌性血红蛋白尿症、牛无浆体病、牛嗜血支原体病等传染病及牛环形泰勒氏虫病、牛双芽巴贝斯虫病、牛巴贝斯虫病和伊氏锥虫病进行鉴别。

【防治措施】

治疗钩端螺旋体感染有两种情况：一种是无症状带菌者的治疗，另一种是急性、亚急性病牛的抢救。带菌治疗，一般认为链霉素等抗生素有一定疗效。应用青霉素治疗则必须大剂量才有疗效。急性、亚急性病牛的治疗，成年牛可静脉注射四环素。由于急性和亚急性病牛肝功能遭到破坏和出血性病变严重，在病因治疗的同时结合对症疗法是非常必要的，其中葡萄糖、维生素 C 静脉注射及强心利尿剂的应用对提高治愈率有重要作用。

当牛群发现本病时，及时用钩端螺旋体病多价苗进行紧急预防接种，同时实施一般性防疫措施，多数能在 2 周内控制疫情。

平时预防本病的措施应包括三个部分，即消除带菌排菌的各种动物；消除和清理被污染的水源、污水、淤泥、牧地、饲料、场舍、用具等，以防止传染和散播；实行预防接种和加强饲养管理，提高牛的特异性和非特异性抵抗力。

附 红 细 胞 体 病

简称附红体病，是由附红细胞体（简称附红体）引起的人兽共患传染病，以贫血、黄疸和发热为特征。

【诊断要点】

1. 流行病学 病原属立克次氏体。附红体对干燥和化学药物比较敏感，0.5% 石炭酸于 37 ℃经 3 h 可将其杀死，一般常用浓度的消毒药在几分钟内即可使其死亡；但对低温冷冻的抵抗力较强，可存活数年之久。

本病的传播途径尚不完全清楚。报道较多的有接触性传播、血源性传播、垂直传播及媒介昆虫传播等。动物之间，人与动物之间长期或短期接触可发生传播。用被附红体污染的注射器、针头等器具进行人、畜注射，或因打耳标、剪毛授精等可经血液传播。垂直传播主要指母牛经子宫感染犊牛。本病多发生于夏秋或雨水较多季节，此期正是各种吸血昆虫活动频繁的高峰时期，如虱、蚊、螫蝇等可能是传播本病的重要媒介。

2. 临床症状　动物感染附红体后，多数呈隐性经过，在少数情况下受应激因素刺激可出现临诊症状。潜伏期 $2\sim45$ d。发病后的主要表现是发热，食欲不振，精神委顿，黏膜黄染，贫血，背腰及四肢末梢瘀血，淋巴结肿大等，还可出现心悸及呼吸加快、腹泻、生殖力下降等。

3. 病理变化　实验感染重症病例中，可见腹腔内脂肪、肝脏、肾脏黄染，腹水增加，胆囊肿大，肺炎和肺水肿等病变。

【类症鉴别】

本病诊断时应与钩端螺旋体病、细菌性血红蛋白尿症、牛无浆体病、牛环形泰勒氏虫病、牛双芽巴贝斯虫病、牛巴贝斯虫病和伊氏锥虫病进行鉴别。

【防治措施】

治疗本病，静脉注射四环素每千克体重 8 mg，2 次/d，连用3 d。贝尼尔，稀释成 5%，肌内注射每千克体重 5 mg，1 次/d，连用 3 d。对于病情严重的，酌情补液，补充维生素 C，常量肌内注射，有并发症的，同时应用抗生素。1 周后重复用药 1 次，检查血液中虫体，直至消失为止。

预防本病要采取综合性措施，尤其要驱除媒介昆虫，做好针头、注射器的消毒，消除应激因素；将四环素族抗生素混于饲料中，可预防牛发生本病。

棒 状 杆 菌 病

由棒状杆菌属的细菌引起的各种动物的一些疾病的总称。牛的棒状杆菌病是由不同种类的细菌所引起，临床症状也不完全相同。但一般以某些组织和器官发生化脓性或干酪性的病理变化为特征。

【诊断要点】

1. 流行病学 棒状杆菌为一类多形态细菌。由球状至杆状，较长的菌体一端或两端膨大呈棒状。单在或成栅状或成丛状排列。用奈氏法或美兰染色，多有异染颗粒，似短球菌。革兰氏染色阳性，无鞭毛，不产生芽孢。致病的棒状杆菌大都为需氧兼性厌氧，生长最适温度为37℃，在有血液或血清的培养基上生长良好，有的能产生毒力强大的外毒素。苍蝇多的时候发病率高，但并非是惟一的传播媒介。发病率0.7%～30%，平均为6%～7%，以处女牛发病较多。处理不当的病牛，死亡率可达50%，在我国进口的奶牛中也发现本病存在，危害很大。

2. 临床症状 经伤口感染，往往先出现伤口化脓、破溃，流出绿色浓稠的脓汁，溃疡灶边缘不整齐，底部呈灰白色或黄色。化脓棒状杆菌感染后，可引起化脓性肺炎、多发性淋巴结炎、子宫内膜炎等，发生子宫内膜炎后最容易引起流产。流产后也伴有胎衣滞留，甚至出现严重的子宫内膜炎、乳房炎和嗜睡症状，直肠检查可见输卵管发炎或粘连。肾棒状杆菌病主要侵害肾脏，临床特征为血尿。排血尿之前多有发热、食欲减退、频频排尿、尿液浑浊等症状。后期病牛呈现贫血、消瘦，最终因衰弱致死。

【类症鉴别】

由于棒状杆菌病临床表现的多样性，所以在临诊过程中，应与一些相关的疾病进行鉴别诊断，如流产性疾病、肺炎等。

【防治措施】

牛群中发现本病后，应检出病牛隔离治疗。青霉素疗效较好，病初肌内注射，隔天一次，连用 4～6 周，可以治愈。治愈的病牛，须继续隔离观察一年以上，如不复发才可认为痊愈。

预防应注意皮肤清洁卫生，防止皮肤、黏膜受伤，受伤后应及时治疗。

无 浆 体 病

由无浆体引起的一种急性或慢性蜱媒性传染病，临床发病以高热、贫血、消瘦、衰弱和黄疸为特征。本病主要分布于热带和亚热带，我国也有本病的流行。

【诊断要点】

1. 流行病学 本病病原为无浆体科、无浆体属的几种无浆体，对牛致病的常有以下几种：引起牛重症感染的边缘无浆体，引起牛轻症感染的中央无浆体。该菌曾归类于原虫中的边虫，所致疾病也曾称为边虫病，现已明确改称为无浆体和无浆体病。

无浆体主要寄生于红细胞的胞浆中，除中央无浆体常位于红细胞中央外，其余几种无浆体多位于红细胞的边缘。该菌在红细胞内可单个存在，但更多是以致密球团状的包涵体形式存在。每个包涵物由 1～8 个初体即菌体组成，外有一层薄膜。菌体呈球形，直径 0.3～0.4 mm，外有一层膜，无明显的细胞浆。革兰染色阴性，姬姆萨染色呈紫红或蓝色。上述三种无浆体有宿主特异性，在补体结合反应中具有抗原交叉性。

幼龄动物易感性低，而1岁以上动物发病严重。耐过动物可成为带菌者。传播媒介主要是蜱，多数为机械性传播，少数为生物学传播。其他媒介还包括虻、蝇和蚊类等多种吸血昆虫。传播途径主要是通过叮咬经皮肤感染，另外手术、器械等消毒不严也可机械传播本病。本病有明显的季节性和地区性，多在高温季节发生，我国南方于4～9月多发，北方在7～9月以后发生。

2. 临床症状　潜伏期17～45 d。临床上分为急性和慢性两种病型。急性病例体温突然升高达40～42 ℃。病牛鼻镜干燥，食欲减退，反刍减少，皮肤、黏膜苍白黄染，呼吸加快，心跳增速。虽有腹泻，但便秘更为常见，粪便暗黑，常带有血液或黏液，病牛发生顽固性的前胃弛缓，患病后10～12 d，体重减轻7%。同时可出现肌震颤、流产、发情抑制等。慢性病例呈渐进性消瘦、黄疸、贫血、衰弱和淤斑。

3. 病理变化　病牛体表有蜱附着。大多数器官的变化都与贫血有关。尸体消瘦，内脏器官脱水、黄染。体腔有少量渗出液。颈部、胸下与腋下部位皮下轻度水肿。肺脏气肿。脾脏肿大，髓质变脆。肝脏显著黄疸，胆囊扩张，充满胆汁，真胃有出血性炎症，大、小肠有卡他性炎症。淋巴结水肿。血液稀薄，骨髓增生、呈红色。

4. 实验室诊断　血液学检查可发现感染无浆体的红细胞，红细胞数和血红素均显著减少。

【类症鉴别】

本病诊断时应与钩端螺旋体病、细菌性血红蛋白尿症、牛嗜血支原体病、环形泰勒氏虫病、牛巴贝斯虫和伊氏锥虫病进行鉴别。

【防治措施】

由于吸血昆虫，尤其是蜱作为本病传播的主要媒介，在本病的疫区应根据吸血昆虫的生物学特性，经常性地喷洒杀虫药杀灭吸血昆虫及其虫卵，并及时消灭体表寄生虫。

预防本病，引进牛时应注意对本病及其体表可能存在的传播媒介进行检疫。本病常发地区的牛可根据需要使用弱毒疫苗或灭活疫苗进行免疫接种。

发现患病牛应及时进行隔离治疗，常用的药物有四环素、金霉素或土霉素等。同时应用杀虫剂杀灭环境和动物体表的吸血昆虫，防止新的病例继续出现。

细菌性血红蛋白尿症

本病由牛溶血性梭菌感染引起，发病最急，临床上有高热及肠出血。常在 24～36 h 内就死亡。牛尿液中含有数量不等的血红蛋白，临床尿液呈红色、暗红色，甚至咖啡色。

【诊断要点】

1. 流行病学　细菌性血红蛋白尿是由溶血性梭菌引起的，溶血梭菌是一种能运动的革兰氏阳性杆菌，在多数培养基中培育 24～36 h 后变为革兰氏阴性。该菌长 3～5 μm，宽 0.8～1.2 μm，其芽孢卵圆形，位于菌体中央、近极或端极。一般培养不易产生芽孢，如果生长期维持培养基 pH 中性或碱性，培养温度在 25～30 ℃，或在培养基中加入新鲜脑浸液，则有利于培养菌株芽孢的形成。

本病主要发生于成年牛，消化道是主要传播途径，摄入的溶血性梭菌的芽孢随淋巴液和血液运送到肝脏和其他组织，因肝脏吸虫病灶、瘤胃炎继发肝肿胀、败血症、肝脏代谢性缺氧、肝细胞毒素和或组织检查激活溶血梭菌，并使之成为强毒素。肝吸虫是诱发本病的主要生物因素，因此细菌性血红蛋白尿在某些地区比其他疾病普遍，并且在放牧牛群中常见。

2. 临床症状 本病呈急性经过。病牛精神不振，食欲废绝，反刍停止，呼吸困难。体温升高到 41 ℃左右。皮肤和眼结膜黄疸。排出深红色透明尿液。后期昏迷，瘫软无力，卧地不起，多数在 24 h 内死亡。

【类症鉴别】

本病应与钩端螺旋体病、牛膀胱炎和肾盂肾炎进行鉴别。

【防治措施】

本病取急性经过，因此治疗很少成功。发病时可试用青霉素等抗生素静脉滴注，输全血和静脉补液等可能有一定疗效。

加强饲养管理是预防本病的关键措施。

牛巴氏杆菌病

牛巴氏杆菌病又称牛出血性败血症，是牛的一种急性传染病。以发生高热、肺炎和内脏广泛出血为特征。

【诊断要点】

1. 流行病学 本菌对多种动物和人均有致病性，家畜中以牛发病较多。在牛群发生本病时，一般查不出传染源，往往认为牛在发病前已经带菌。在牛群饲养不卫生的环境中，由于受冷、拥挤、闷热、圈舍通风不良、营养缺乏、饲料突变、寄生虫病等诱因，在机体抵抗力降低时即可致病。发病后病原体通过病牛的分泌物、排泄物、污染的饲料、饮水、用具和外界环境，经消化道而传染于健康牛，或由咳嗽、喷嚏排出病菌，通过飞沫经呼吸道传染。另外，吸血昆虫的媒介和皮肤黏膜的伤口也可发生传染。本病的发生一般无明显的季节性，但在气候骤变、潮湿多雨时多发生，一般为散发性。

2. 临床症状　潜伏期 2～5 d，根据临床症状和病型可分急性败血型和肺炎型。

急性败血型　体温突然升高到 40～42 ℃，精神沉郁，食欲废绝，呼吸困难，黏膜发绀，有的鼻流带血泡沫，有的腹泻，粪便带血，发病后 24 h 内因虚脱而死亡，剖检时往往没有特征性变化，只有黏膜和内脏表面有广泛的点状出血。

肺炎型　此型最常见。病牛呼吸困难，有痛性干咳，鼻流无色泡沫，叩诊胸部有浊音区，听诊有支气管呼吸音和啰音，或胸膜摩擦音，严重时呼吸高度困难，头颈伸直，张口伸舌，颌下喉头及颈下方常出现水肿，病牛不敢卧地，病牛常迅速死于窒息。2 岁以下的小牛多伴有带血的剧烈腹泻。主要病变为纤维素性肺炎，胸腔内有大量蛋花样液体；肺与胸膜心包粘连，肺组织肝样变，切面呈红色，或灰黄色、灰白色，有散在的小坏死灶。发生腹泻的牛则胃肠黏膜严重出血。

3. 病理变化　主要病变是大叶性纤维素性胸膜肺炎。胸腔内积有大量浆液性纤维素性渗出物，肺脏和胸膜覆有一层纤维素膜，心包与胸膜粘连，双侧肺前腹侧病变部位质地坚实，切面呈大理石样外观，并见有不同肝变期变化和弥漫性出血变化，不同肝变期还杂有坏死灶和脓肿。病程较长者见有充血、水肿、肺间质增宽。有时还有纤维素性腹膜炎、胃肠卡他性病变。

4. 实验室诊断　由病变部采取组织和渗出液涂片，用碱性美兰染色后镜检，涂片中有两端浓染的椭圆形小杆菌。

【类症鉴别】

本病应注意与牛传染性鼻气管炎、犊牛地方流行性肺炎、牛支原体肺炎、牛呼吸道合胞体病毒感染、牛副流行性感冒、牛腺病毒感染和牛流行热等疾病进行鉴别。

【防治措施】

治疗用恩诺沙星、环丙沙星等抗菌药大剂量静脉注射，每天2次。也可用大剂量四环素每千克体重 50～100 mg，溶于葡萄糖生理盐水，制成 0.5% 的溶液静脉注射，每天 2 次，有一定治疗效果。另外，青霉素、链霉素、庆大霉素及磺胺类药物都有很好疗效，一般连用 3～4 d，中途不能停药。另外，对呼吸困难者可给予输氧，因喉头水肿而吸入性呼吸困难，而有窒息危险者可考虑做气管切开术。

预防本病平时加强饲养管理和清洁卫生，消除疾病诱因，增强抗病能力。对病牛和疑似病牛，应严格隔离。对污染的厩舍和用具用 5% 漂白粉或 10% 石灰乳消毒。对疫区每年应接种牛出血性败血症氢氧化铝菌苗 1 次，体重 200 kg 以上的牛 6 mL，小牛4 mL，皮下或肌内注射。

链 球 菌 病

链球菌病是主要由溶血性链球菌引起的多种人兽共患病的总称。牛的链球菌病主要是牛链球菌乳房炎和牛肺炎链球菌病。

【诊断要点】

1. 流行病学 牛链球菌乳房炎主要是由 B 群无乳链球菌引起，也可由乳房链球菌、停乳链球菌等群链球菌引起。

牛肺炎链球菌病是由肺炎链球菌引起的急性败血性传染病。主要发生于犊牛，曾被称为肺炎双球菌感染。患畜为传染源，3周龄以内的犊牛最易感。主要经呼吸道感染，呈散发或地方流行性。

2. 临床症状 牛链球菌乳房炎，呈急性和慢性经过，主要表现为浆液性乳管炎和乳腺炎急性型。乳房明显肿胀，变硬，发热，体温稍增高，烦躁不安，食欲减退，产奶量减少或停止，乳房肿胀加剧时则行走困难。常侧卧，呻吟，后肢伸直。病初乳汁或保持原样，或只呈现微蓝色至黄色、微红色，或出现微细的凝块至絮片，病情加剧时从乳房挤出的分泌液类似血清，呈浆液出血性，或含有纤维蛋白絮片和脓块，呈黄色、红黄色或微棕色。慢性型临床上无可见的明显症状，产奶量逐渐下降，特别是在整个牛群中广泛流行时尤为明显。乳汁可能带有咸味，有时呈蓝白色水样，细胞含量可能增多，间断地排出凝块和絮片。用手触之可摸到乳腺组织中程度不同的灶性或弥漫性硬肿。乳池黏膜变硬。

牛肺炎链球菌病最急性病例病程短，仅持续几小时。病初全身虚弱，不愿吮乳，发热，呼吸极困难，眼结膜发绀，心脏衰弱，出现神经紊乱，四肢抽搐，痉挛。常呈急性败血性经过，于几小时内死亡。如病程延长 1～2 d，鼻镜潮红，流脓液性鼻汁。结膜发炎，消化不良并伴有腹泻。有的发生支气管炎、肺炎，出现咳嗽，呼吸困难，共济失调，肺部听诊有啰音。

3. 病理变化　牛链球菌乳房炎出现增生性炎症时，则可表现为细颗粒状至结节状突起。急性型者患病乳房组织浆液浸润，组织松弛，切面发炎部分明显膨起，小叶间呈黄白色，柔软有弹性，乳房淋巴结髓样肿胀，切面显著多汁，小点出血，乳池、乳管黏膜脱落、增厚，管腔为脓块和脓栓阻塞乳管壁为淋巴细胞、白细胞和组织细胞浸润。腺泡间组织水肿、变宽。慢性型则以增生性发炎和结缔组织硬化，部分肥大，部分萎缩为特征。乳房淋巴结肿大、乳池黏膜可见细颗粒性突起，上皮细胞单层变成多层，可能角化。乳管壁增厚，管腔变窄，腺泡变成不能分泌的组织，小叶萎缩，呈浅灰色，切面膨隆，韧度坚实，有弹性，多细孔，部分浆液性浸润，还可见到胡椒粒至榛子大的囊肿。

牛肺炎链球菌病病变剖检可见浆膜、黏膜心包出血。胸腔渗出液明显增量并积有血液。脾脏呈充血性肿大，脾髓呈黑红色，质韧如硬橡皮，即所谓"橡皮脾"，是本病特征。肝脏和肾脏充血、出血、有脓肿。成年牛感染则表现为子宫内膜炎和乳房炎。

【类症鉴别】

本病诊断时应注意与其他以败血症为主的牛传染病如炭疽、败血型牛巴氏杆菌、牛败血性大肠杆菌病等疾病进行鉴别。

【防治措施】

牛链球菌对青霉素、氨苄西林均呈高度敏感，根据病情，万古霉素亦可作为替代选用药物。

现无用于生产实践的疫苗。发生疫情时，尽早进行确诊，病牛要在严格隔离的条件下进行治疗，被污染的畜舍和用具要彻底消毒，对发病牛群中的可疑病牛进行预防性治疗。

牛支原体肺炎

牛支原体肺炎或称霉形体性肺炎是由牛致病性支原体引起的，以支气管或间质性肺炎为特征的慢性呼吸道疾病。

【诊断要点】

1. 流行病学　牛支原体肺炎是与运输应激密切相关的一种牛传染病，在我国是随着奶牛的异地运输增多而常见的疫病。感染牛和羊，不感染人。病牛可通过鼻腔分泌物排出牛支原体，健康牛可通过近距离接触感染牛而感染发病。牛一旦感染，可持续带菌而成为其他健康牛的传染源，同时牛群中很难将该病原清除。牛支原体对环境因素的抵抗力不强，但在无阳光情况下可存活数天，如 4 ℃下可在海绵中或牛奶中存活 2 个月，或水中存活 2 周以上；20 ℃存活 1～2 周，或 37 ℃存活 1 周。粪中可存活 37

d。常规消毒剂均可达到消毒目的。较差的饲养管理因素与不利环境因素是本病的重要诱因，其他病原的混合感染对本病的发生起促进作用。环境与管理因素中，运输、通风不良、过度拥挤、天气变化、饲养方式改变及其他应激因素等均可诱发本病并加剧病情。

2. 临床症状 病初体温升高，42 ℃左右，持续 3～4 d。牛群食欲差，被毛粗乱，消瘦。病牛咳嗽、喘，清晨及半夜咳嗽加剧，有清亮或脓性鼻汁。有些牛继发腹泻，粪水样、带血，可出现关节炎和角膜结膜炎。所有牛均可发病，但犊牛病情更为严重。病死率各场有差异，可高达 50%。

3. 病理变化 剖检观察的大体病理变化主要集中在肺部与胸腔。肺和胸膜轻度粘连，有少量积液；心包积水，液体黄色澄清；肺部病变的严重程度在不同病牛表现出差异，与病程有关。可能只见肺尖叶和心叶及部分膈叶的局部红色肉变；或同时有化脓灶散在分布，或见肺部广泛分布有干酪样坏死灶；其他病变不同病例差异较大，与继发或并发症状有关。病理组织学观察可见支气管肺炎或坏死性支气管肺炎。

【类症鉴别】

本病应与以喘、咳嗽、发热为主症的牛传染性鼻气管炎、肺炎型牛巴氏杆菌病、犊牛地方性流行性肺炎、牛呼吸道合胞体感染、牛副流行性感冒、牛腺病毒感染和牛流行热等疾病进行鉴别。

【防治措施】

牛支原体无细胞壁，对作用于细菌细胞壁的 β-内酰胺酶类抗菌药物如青霉素和头孢类不敏感，因此应选作用于细菌蛋白质合成的相关药物。值得提出的是，即便是实验室药敏试验检出的敏感药物，临床治疗效果也常很差。除牛支原体耐药性、疾病发展到较晚时期等原因外，还可能与混合或继发感染其他病原有关。另外，药物内服效果相对较差。

预防本病要加强饲养管理及环境卫生，要彻底消除应激因素。"早诊断，早治疗"是有效控制本病的基本原则。有牛场证实，牛群引进后立即进行全群治疗，明显降低了发病率与死亡率。早期应用抗生素治疗有一定效果。

布 鲁 氏 菌 病

牛布鲁氏菌病是由布氏杆菌引起的急性或慢性人兽共患传染病。在家畜中，牛、羊、猪最常发生，且可由牛、羊、猪传染于人和其他家畜。其特征是生殖器官和胎膜发炎，引起流产、不育和各种组织的局部病灶。

【诊断要点】

1. 流行病学 布鲁氏菌属有 6 个种，即马耳他布鲁氏菌、流产布鲁氏菌、猪布鲁氏菌、林鼠布鲁氏菌、绵羊布鲁氏菌和犬布鲁氏菌。这 6 个种及其生物型的特征，相互间各有些差别。习惯上称流产布鲁氏菌为牛布鲁氏菌。各个种与生物型菌株之间，形态及染色特性等方面无明显差别。布鲁氏菌的抵抗力和其他不能产生芽孢的细菌相似。

布鲁氏菌可通过口、皮肤、配种、黏膜等途径感染。本病不仅动物之间可以传播，还可以从感染动物传染给人类。流产胎儿、胎盘、恶露、精液和乳汁中含有大量细菌，从而成为传染源。尤其是通过污染的饲料和水传播给健康家畜，也可通过吸血昆虫传播。

2. 临床症状 潜伏期 2 周至 6 个月。母牛最显著的症状是流产。流产可以发生在妊娠的任何时期，最常发生在第 6 至第 8 个月，公牛有时可见阴茎潮红、肿胀，更常见的是睾丸炎及附睾炎。急性病例睾丸肿胀疼痛，还可能有中度发热与食欲不振，以后疼痛逐渐减退，约 3 周后，通常只见睾丸和附睾肿大，触之坚硬。关节肿胀疼痛，有时持续躺卧。通常是个别关节患病，最常见于膝关节和腕关节。腱鞘炎比较少见，滑液囊炎特别是膝滑液囊炎则较常见。有时有乳房炎的轻微症状。

3. 病理变化 胎衣呈黄色胶胨样浸润，有些部位覆有纤维蛋白絮片和脓液，有的增厚而杂有出血点。绒毛叶部分或全部贫血呈苍黄色，或覆有灰色或黄绿色纤维蛋白或脓液絮片或覆有脂肪状渗出物。胎儿胃特别是第四胃中有淡黄色或白色黏液絮状物，肠、胃和膀胱的浆膜下可能见有点状或线状出血。浆膜腔有微红色液体，腔壁上可能覆有纤维蛋白凝块。皮下呈出血性浆液性浸润。淋巴结、脾脏和肝脏有程度不等的肿胀，有的散有炎性坏死灶。脐带常呈浆液性浸润、肥厚。胎儿和新生犊牛可能见有肺炎病灶。公牛生殖器官精囊内可能有出血点和坏死灶，睾丸和附睾可能有炎性坏死灶和化脓灶。

4. 实验室诊断 常用的方法有虎红平板凝集试验、试管凝集试验和 ELISA 诊断。

【类症鉴别】

本病需与发生流产症状的疾病鉴别，如弯曲菌病、胎毛滴虫病、钩端螺旋体病、乙型脑炎、衣原体病、沙门氏菌病及弓形虫病等。

【防治措施】

应当着重体现"预防为主"的原则。在未感染畜群中，控制本病传入的最好办法是自繁自养，必须引进种畜或补充畜群时，要严格执行检疫。即将牲畜隔离饲养 2 个月，同时进行布鲁氏菌病的检查，全群 2 次免疫生物学检查阴性者，才可以与原有牲畜接触。清净的畜群，还应定期检疫（至少一年一次），一经发现，即应淘汰。畜群中如果发现流产，除隔离流产牛和消毒环境及流产胎儿、胎衣外，应尽快作出诊断。确诊为布鲁氏菌病或在畜群检疫中发现本病，均应采取措施，将其消灭。消灭布鲁氏菌病的措施是检疫、隔离、控制传染源、切断传播途径、培养健康畜群及主动免疫接种。

疫苗接种是控制本病的有效措施。已经证实，布鲁氏菌病的免疫机理是细胞免疫。在保护宿主抵抗流产布鲁氏菌的细胞免疫作用是特异的 T 细胞与流产布鲁氏菌抗原反应，产生淋巴因子，此淋巴因子提高巨噬细胞活性战胜其细胞内细菌。因而在没有严格隔离条件的畜群，可以接种疫苗以预防本病的传入；也可以用疫苗接种作为控制本病的方法之一。

目前国际上多采用活疫苗，如牛流产布鲁氏菌 19 号苗、马耳他布鲁氏菌 Rev Ⅰ苗，也有使用灭活苗的，如牛流产布鲁氏菌 45/20 苗和马耳他布鲁氏菌 53H38 苗等。

应当指出的是，上述弱毒活苗，仍是有一定的剩余毒力，因此在使用中应做好工作人员的自身保护。在消灭布鲁氏菌病过程中，要做好消毒工作，以切断传播途径。如流产胎儿胎衣、病牛分泌物、粪、尿及其污染的环境、厩舍、用具、运输工具等均应消毒。疫区的生畜产品及饲草饲料等也应进行消毒或放置 2 个月以上才能利用。布鲁氏菌是兼性细胞内寄生菌，致使化学药剂不易生效。因此对病牛一般不做治疗，应淘汰屠宰。

牛生殖道弯曲杆菌病

牛生殖道弯曲杆菌病是由胎儿弯曲菌引起的一种以不育、流产为主要症状的繁殖障碍性传染病。

【诊断要点】

1. 流行病学 弯曲菌为革兰氏阴性的细长弯曲杆菌，呈 S 形和 O 形。在老龄培养物中呈螺旋状长丝或圆球形，运动力活泼。在弯曲菌属细菌中，引起动物和人类疾病的主要是胎儿弯曲菌和空肠弯曲菌 2 个种，前者又分为 2 个亚种，即胎儿弯曲菌胎儿亚种和胎儿弯曲菌性病亚种。

本病病牛和带菌的公牛及康复的母牛是主要的传染源。胎儿弯曲菌的自然宿主是健康带菌公牛，可带菌数月或更长时间。病原菌主要通过自然交配传播，母牛感染后，1 周后可从子宫颈、阴道黏液中分离出病原菌，感染后 3 周至 3 个月菌数最多。慢性带菌公牛精液中存在胎儿弯曲菌，经人工授精可造成本病扩大蔓延的危险。成年牛大多数有易感性，未成年者稍有抵抗力。

2. 临床症状 公牛一般没有明显的临诊症状，精液也正常，至多在包皮黏膜上发生暂时性潮红，但精液和包皮可带菌。

母牛在交配感染后，病菌一般在 10～14 d 侵入子宫和输卵管中，并在其中繁殖，引起发炎。病初阴道呈卡他性炎，黏膜发红，特别是子宫颈部分，黏液分泌增加，有时可持续 3～4 个月。黏液常清澈，偶尔稍混浊。同时还有子宫内膜炎，但临诊上不易确诊。母牛生殖道病变的后果是胚胎早期死亡并被吸收，从而不断虚情，不少牛发情周期不规则和特别延长。如每次发情都使之交配，不孕的持续时间因牛只而异，有的牛于感染后第二个发情期即可受孕，有的牛即使经过 8～12 个月仍不受孕，但大多数（占 75% 左右）母牛于感染后 6 个月可以受孕。

有些怀孕母牛的胎儿死亡较迟，则发生流产。流产多发生于怀孕的第 5～6 个月，但其他时期也可发生。流产率 5%～20%。早期流产，胎膜常随之排出，如发生于怀孕的第 5 个月以后，往往有胎衣滞留现象。

3. 病理变化 母牛感染胎儿弯曲菌亚种后，可见到子宫内膜炎及淋巴细胞浸润。胎盘的病理变化最常为水肿，胎儿的病变与在布鲁氏菌病所见者相似。流产胎牛皮下和体腔内有血样浸润。

【类症鉴别】

本病诊断时应注意与牛布鲁氏菌病、牛地方性流产、Q 热和牛细小病毒感染等进行鉴别。

【防治措施】

由于牛弯曲菌性流产主要是交配传染，因此淘汰有病种公牛，选用健康种公牛进行配种或人工授精，是控制本病的重要措施。有人用佐剂苗给牛进行预防注射，据说可增强对胎儿弯曲菌感染的抵抗力而提高繁殖率。

牛群暴发本病时，应暂停配种 3 个月，同时用抗生素治疗病牛，一般认为局部治疗较全身治疗有效。流产母牛，特别是胎膜滞留的病例，可按子宫炎常规进行处理，向子宫内投入链霉素和四环素族抗生素，连续 5 d。对病公牛，首先施行硬脊膜轻度麻醉，将阴茎拉出，用含多种抗生素的软膏或锥黄素软膏涂擦于阴茎上和包皮的黏膜上。也可以用链霉素溶于水中冲洗包皮，连续 3～5 d。公牛精液也可用抗生素处理，但由于许多因素的影响，常不能获得 100％的功效。

牛鹦鹉热衣原体感染

这是一种由衣原体所引起的传染病，人也有易感性。以表现流产、肺炎、肠炎、结膜炎、多发性关节炎、脑炎等多种临诊症状为特征。

【诊断要点】

1. 流行病学　鹦鹉热衣原体为衣原体属的微生物，细小，呈球状，有细胞壁，含有 DNA 和 RNA。直径为 $0.2\sim1.0\ \mu m$。在脊椎动物细胞的胞质内可簇集成包涵体，直径可达 $12\ \mu m$。易被嗜碱性染料着染，革兰氏染色阴性。对青霉素、四环素、红霉素等抗生素敏感，对链霉素、杆菌肽、磺胺类药物等有抵抗力。

2. 临床症状　奶牛感染后，有不同的临诊表现，常见的有以下几种病型。

流产型　又名地方流行性流产。易感母牛感染后，有一短暂的发热阶段。初次怀孕的青年牛感染后易于引起流产，流产常发生于怀孕后期，一般不发生胎衣滞留。流产率高达 60%。年青的公牛常发生精囊炎，其特征是精囊、附性腺、附睾和睾丸呈慢性发炎。发病率可达 10%。

肺肠炎型　本型主要见于 6 月龄以前的犊牛。潜伏期 $1\sim$10 d，病牛表现抑郁、腹泻，体温升高到 $40.6\ ℃$，鼻流浆黏性分泌物，流泪，以后出现咳嗽和支气管肺炎。犊牛表现的症状轻重不一，有急性、亚急性和慢性之分，有的犊牛可呈隐性经过。

关节炎型　又称多发性关节炎，主发于犊牛。病初发热厌食，不愿站立和运动，在病的第 $2\sim3$ 天，关节肿大，后肢关节最严重，病状出现后 $2\sim12$ d 死亡。恢复的犊牛可能对再感染有免疫力。

脑脊髓炎型　又名伯斯病，2 岁以下的牛最易感。自然感染的潜伏期 $4\sim27$ d，病初体温突然升高，达 $40.5\sim41.5\ ℃$，发热持续 $7\sim10$ d。病初仍有食欲，但以后即不食、消瘦、衰竭，体重迅速减低，流涎和咳嗽明显。行走摇摆，常呈高跷样步伐，有的病牛有转圈运动或以头抵硬物。四肢主要关节肿胀、疼痛。有的病牛有鼻漏或腹泻。末期，有的病牛呈角弓反张和痉挛。有临诊症状的病牛约有 30% 归于死亡，但因存在着许多轻症和隐性病例，病死率实际上是比较低的。耐过牛有持久免疫力。

【类症鉴别】

临床上需与能引起流产、肺炎和脑炎症状的疾病进行鉴别，如中毒性脑炎、胸膜肺炎、布鲁氏菌病等。

【防治措施】

发生本病时，可用四环素抗生素进行治疗，也可将四环素族抗生素混于饲料中，连用1～2周。

衣原体的宿主十分广泛，因此防治本病必须认真采取综合性的措施。首要的问题是防止动物暴露于被衣原体污染的环境，在规模化养殖场，应确实建立密闭的饲养系统，杜绝其他动物携带病原体侵入。

目前国内外已研制出用于牛的不同衣原体疫苗。最近，许多研究者用通过卵黄囊致弱的方法研究了活的弱毒苗，证明其中某些致弱菌株能产生保护性抗体，但不产生补体结合抗体。

（付　晶）

第四章
寄生虫病

住肉孢子虫病

本病是多种动物和人都能感染的一种原虫病，虫体是依照所寄生的动物种类的不同而称呼，寄生于牛的称为牛住肉孢子虫。牛感染住肉孢子虫病，多不引起明显的临床症状，但肌肉中因大量虫体寄生而造成寄生部位肌肉变性不能食用，可造成一定的经济损失。

【诊断要点】

1. 流行病学 各种动物的住肉孢子虫其大小在 0.5～1 cm，也有更小的靠显微镜才能看到，大的也有超过 1 cm 的。牛住肉孢子虫主要寄生于牛的横纹肌、心肌和食道。虫体是寄生在肌肉组织间，与肌纤维平行的包囊状物（米氏囊、米休尔管），多呈纺锤形、卵圆形或圆柱状等形状，颜色为灰白至乳白色。囊壁由两层组成，内壁向囊内延伸，构成许多中隔，将囊腔分隔成若干小室；发育成熟的"米氏囊"，小室内含有许多肾形、镰刀形或香蕉形的滋养体（又称南雷小体），长为 10～12 μm，宽 4～9 μm，一端稍尖，一端钝圆，核偏位于钝圆一端，胞浆中有许多异染颗粒。

终末宿主吃了含有肉孢子虫的中间宿主的肌肉而受感染，被吃进的虫囊在小肠内被消化道的蛋白水解酶破坏并释放出孢子。

孢子侵入小肠固有层，发育为大配子，进行有性繁殖，并发育成卵囊。1个卵囊分裂出2个孢子囊，孢子囊透过小肠黏膜上皮层而落入粪便随之被排出体外。刚排出的孢子囊对终末宿主无致病力，但对中间宿主有感染性。当中间宿主吃入孢子囊时可受感染，并在其体内进行无性繁殖，最后进入血液内发育为典型虫囊。

2. 临床症状 牛犊经口感染犬粪中孢子化卵囊后，可出现一定的临床症状。如拒食、发热、贫血及体重减轻等，甚全在虫体的裂体增殖期内可引起死亡。

轻度或中度感染时无可见症状；严重感染时，可呈现跛行、虚弱、瘫痪，甚至死亡；犊牛人工感染后 23～56 d 期间出现食欲减退、虚弱、贫血和心率加快等症状。

3. 病理变化 犊牛剖检发现泛发性淋巴结炎、浆膜出血点等。成年牛剖检可见全身淋巴结肿大，黏膜和内脏苍白，胸腹腔和心包有积水，脂肪组织浆液性萎缩，心脏、大脑、消化道、泌尿道黏膜有淤血斑。

在肌肉组织中发现特异性包囊即可确诊。肉眼可见到与肌纤维平行的白色带状包囊。制作涂片时可取病变肌肉组织压碎，在显微镜下检查香蕉形的慢殖子，也可用姬氏液染色后观察。做切片时，可见到住肉孢子虫包囊壁上有辐射状棘突，包囊中有中隔。

4. 实验室诊断 本病的诊断可用饱和盐水浮集法，检查粪便有无卵囊及孢子囊。

也可采用间接血凝试验、酶联免疫吸附试验和琼脂扩散试验等。有人试用枯氏住肉孢子虫作抗原进行 IHA 诊断牛住肉孢子虫病，血清效价超过 1：162 认为是特异性的。感染 90 d 血清效价可高达 1：39 000。

【类症鉴别】

严重病例时可出现贫血、淋巴结肿胀、消瘦等一系列临诊症状，但因无特异性而难以确诊。故应与前胃弛缓、低钙血症等营养代谢类疾病及牛焦虫病、牛肝片形吸虫病等其他寄生虫病相鉴别。

【防治措施】

目前尚无有效药物进行治疗，预防措施须做到以下几点：家畜屠宰时将寄生有住肉孢子虫的脏器、肌肉剔除烧毁，不使狗、猫等有摄食的机会；必须用熟肉喂狗和猫，捕杀野狗、野猫；禁止狗、猫等进入牛舍，防止牛的饲料和饮水被含有住肉孢子虫卵囊的粪便所污染。

牛贝诺孢子虫病

贝诺孢子虫病是由肉孢子虫科、贝诺孢子虫属的贝诺孢子虫寄生于黄牛、奶牛、水牛的皮肤、皮下结缔组织等处而引起的一种原虫病，以皮毛脱落、皮肤增厚和破裂为特征，又称之为厚皮病。本病不仅可降低皮革质量，严重时可引起死亡，而且还可以引起母牛流产和公牛精液质量下降。因此，对养牛业危害甚大。

【诊断要点】

1. 流行病学　本病最初在法国南部的牛群中发现，当时因患牛皮肤肥厚，类似大象皮肤，故称"象皮病"。1912年在感染牛的皮肤和结缔组织中发现了大量含有孢子虫的包囊，从而定名为贝诺孢子虫。其发育过程与弓形虫相似。

病牛是贝诺孢子虫的重要传染源，吸血昆虫为主要机械性传播媒介。本病通过发生于夏、秋昆虫活跃季节，冬、春季节症状加剧。虫体除寄生于皮肤外，还可寄生于睾丸、鼻腔、喉头、气管黏膜、眼巩膜、血管内膜、子宫等部位形成包囊。其中以皮肤和皮下结缔组织中的包囊最为常见。在血液、淋巴结内偶尔可见到贝诺孢子虫的速殖子。贝诺孢子虫分布无一定地区性，目前世界已有日本、韩国等 30 多个国家发现此病，我国也有关于本病的报道。

牛贝诺孢子虫病的病原体为贝氏贝诺孢子虫。在牛体内主要为速殖子、缓殖子和包囊等 3 种类型，在终末宿主体内主要为卵囊。速殖子又称内殖子，是增殖型虫体，比较少见，主要见于发热期的血液内，呈新月形或香蕉形，大小为 $5\sim9\ \mu m$，其构造与弓形虫速殖子相似。缓殖子为包囊内的虫体，又称囊殖子，其形态与速殖子相似，虫体一端稍尖，一端稍钝圆，呈月牙形或香蕉形；其大小为 $7.0\sim11.0\ \mu m\times1.2\sim2.0\ \mu m$。在血液、淋巴结、肺、睾丸涂片中发现的缓殖子大小为 $5.0\sim9.0\ \mu m\times2.0\sim5.0\ \mu m$。通常为一端稍延长的椭圆形，而月牙形少见，核位于中央。缓殖子对革兰氏染色呈阳性；用姬氏液染色时，虫体胞浆呈淡蓝色，胞核呈深紫色，偏位于钝端。胞浆内可见深蓝色颗粒和空泡，多位于虫体尖端。钝端可见到红黄色的"帽区"，由此有细的放射状的条纹延伸至核。对高碘酸雪夫氏反应（PAS）呈阳性反应，当虫体用唾液处理后，此反应消失，表明缓殖子内具有多糖类物质。包囊又称组织囊，由于它是由宿主细胞形成，故有人称它为假包囊。包囊通常呈圆球形，无间隔，直径为 $100\sim600\ \mu m$，包囊内含有大量的缓殖子。包囊壁厚而致密，通常由 3 层构成：内层为网状组织层，用苏木素—伊红染色呈红色，许多大而扁平的宿主细胞核镶嵌在其内部，核染色质呈细网络状或颗粒状，用姬氏液染色呈紫蓝色。将包囊压破后，许多细胞核常游离于包囊外。中层为结缔组织玻璃样变层，均质红染无构造，通常为结缔组织纤维胶原化，而后再透明化所致。外层为成熟的结缔组织形成的厚而致密的组织层。包囊有坚强的韧性和弹性。对 PAS 呈阳性反应，反复冻融、蒸馏水浸泡及蛋白酶 37 ℃消化均不能使其破坏。

2. 临床症状 人工感染时的潜伏期为 $4\sim10\ d$。在热反应出现后 6～28 d，可在皮肤上发现包囊。

临诊可分为 3 期，即发热期、脱毛期和干性皮脂溢出期。

发热期　病初体温可升高至 40 ℃以上；流涎，病牛畏光，常躲在阴暗处。被毛失去光泽，腹下、四肢水肿，有时甚至全身发生水肿，奶牛乳房红肿，步态僵硬。呼吸、脉搏增数，反刍缓慢或停止，有时下痢，常引起流产。肩前和髂下淋巴结肿大。流泪，巩膜充血，其上布满白色隆起的虫体包囊。鼻黏膜鲜红，上有许多包囊；有鼻漏，初为浆液性，后变浓稠，带有血液，呈脓样。咽、喉受侵害时发生咳嗽。经 5～10 d 后转入脱毛期。

脱毛期　主要表现为皮肤显著增厚，失去弹性，被毛脱落，有龟裂，流出浆液性血样液体。病牛长期躺卧时，与地面接触的皮肤发生坏死。晚期，在肘、颈和肩部发生硬痂，水肿消退。此时，可能发生死亡；如不发生死亡，这一病期可持续半个月至 1 个月，转入干性皮脂溢出期。

干性皮脂溢出期　在发生过水肿的部位，被毛大都脱落，皮肤上生成一层厚痂，有如象皮和患疥癣的样子，皮肤龟裂，其上覆有大量皮屑，外观似大象皮肤，故称之为"象皮病"。淋巴结肿大，其间含有虫体包囊。病牛乏力、无神，牛体极度消瘦。如饲养管理不当常发生死亡。奶牛除上述症状外，乳房皮肤病变明显，变硬增厚似废胶皮样；乳头肿胀发炎，乳管堵塞，引起严重的乳房炎，从而导致产奶量下降，以至停产而蒙受经济损失。怀孕母牛可能发生流产。种公牛睾丸肿大，后期睾丸萎缩，从而导致终身不育。

3. 实验室诊断　对重症病例，在皮肤病变处，取其表面的乳突状小结节，剪碎压片镜检，发现包囊或缓殖子即可确诊。对轻症病例，可详细检查；为了进一步确诊，可将病牛头部固定好，用止血钳夹住巩膜结节处黏膜，用眼科剪剪下结节，压片镜检包囊。该法简便易行，检出率高。

也可采用微量间接血凝法诊断贝诺孢子虫病，可检出症状不明显、眼巩膜无虫体包囊的隐性感染病例，实践证明该法具有较高的敏感性和特异性。

【类症鉴别】

本病应与湿疹、维生素 A 缺乏、奶牛慢性乳房炎等疾病相鉴别。

【防治措施】

目前尚无有效的治疗药物。有人报道 1% 锑制剂有一定的疗效；氢化可的松对急性病例有缓解作用；长效土霉素、丙硫咪唑和氯苯胍也有一定效果。

预防本病的有效方法就是及早发现病牛，隔离或宰杀，以消灭传染源。

牛盘尾丝虫病

牛盘尾丝虫病是盘尾科、盘尾属的数种盘尾线虫寄生于牛的皮下、韧带和动脉壁内膜下等处引起的线虫病，以在寄生部位形成硬结为特征。

【诊断要点】

1. 流行病学 寄生于牛的盘尾丝虫主要有 3 种，即吉氏盘尾丝虫、喉瘤盘尾丝虫和圈形盘尾丝虫。吉氏盘尾丝虫，寄生于牛的体侧和后腰的皮下结节内。雄虫长 30～53 mm，雌虫长 140～190 mm，最长可达 500 mm。卵胎生，产无鞘微丝蚴，长为 240～280 mm。喉瘤盘尾丝虫，寄生于牛的项韧带和股胫韧带，其幼虫常见于皮下，引起皮炎，间或皮肤增厚，形成"象皮病"。雄虫长 28～33 mm，雌虫长达 600 mm 以上。微丝蚴长为 200～260 μm。圈形盘尾丝虫，寄生于水牛、黄牛的主动脉壁内膜下。体呈丝状，两端尖细，体表具横纹，以雌虫明显突出。雄虫长 66～76 mm，最大宽度 169～189 μm，雌虫体长 134 mm 以上，体宽平均 470 μm。产无鞘微丝蚴，长为 210～330 μm。

三种线虫在发育过程中均需要吸血昆虫库蠓作为其中间宿主。虫体产生的微丝蚴分布于牛的皮下淋巴液等处，中间宿主吸血时将幼虫摄入体内，经 21～24 d 后，发育为感染性幼虫，然后转入中间宿主喙内，当中间宿主再次叮咬健康牛时，即可造成感染。

2. 临床症状 牛盘尾丝虫病的临床症状一般不明显。吉氏盘尾丝虫在其寄生的肩部、肋部及后肢皮下形成硬结。喉瘤盘尾丝虫可引起寄生部位的皮炎，间或皮肤增厚，形成"象皮病"。

3. 病理变化 圈形盘尾丝虫造成动脉管内膜粗糙、增厚，管壁内有充满胶冻样或干酪样物的结节；死后剖检可在患部发现虫体和相应病变。

4. 实验室诊断 在病变部取小块皮肤，加生理盐水培养，观察有无幼虫。

【类症鉴别】

本病应与湿疹、维生素 A 缺乏和牛贝诺孢子虫病等疾病相鉴别。

【防治措施】

目前尚无特效治疗药物，可试用海群生。在吸血昆虫活跃季节，应设法使牛免受叮咬。

牛 副 丝 虫 病

副丝虫病是由丝虫科的牛副丝虫引起的，其为一种季节性疾病。本病对牛的危害较大，严重感染时会影响牛的休息和采食，造成生长滞缓，逐渐消瘦，使役能力减退，严重的可因继发感染而死亡。

【诊断要点】

1. 流行病学　牛副丝虫病，俗称血汗病。本病是由副丝虫寄生于皮下结缔组织内而引起的一种寄生虫病。雄虫长 2～3 cm，雌虫长 4～5 cm。虫体生活史不详，可能与马副丝虫相似。成熟雌虫在皮下组织内用头端穿破皮肤，并损伤微血管造成出血。随后交配排卵于血液中，并孵出幼虫（微丝蚴）；吸血蝇叮吮牛只时，随血吞下幼虫，发育为感染性幼虫；感染性幼虫在吸血蝇叮刺健牛皮肤及皮下组织后，经 1 年左右虫体发育为成虫。

以 4 岁以上的牛多见，牛犊很少发病。

2. 临床症状　发病时牛的颈、肩、肋部等处常形成一个个半圆形小结节，皮破流血，形成一条凝血带，反复出现，到天冷为止。

3. 实验室诊断　可取流出的新鲜血液加 10 倍蒸馏水稀释，镜检可见丝状的幼虫或有活动蚴的虫卵。

【类症鉴别】

主要与虻虫叮咬相鉴别。类似处都有皮肤突然流血如线，出现在天热季节。不同处是虻叮处多在四肢下端，而出血处无肿胀。

【防治措施】

注意牛舍清洁卫生和杀灭吸血蝇。对患牛采取如下方法：

在出血的肿胀周围，用 2‰敌百虫液分点注射，每点 0.5～1 mL，或用敌敌畏涂擦（不宜大面积使用，以防中毒）。用 6‰硫代苹果酸锂锑溶液 30 mL 肌内注射，间隔 48 h 注射 1 次，共注射 5 次。用锑波芬钾皮下注射 50 mL，4 d 后重复一次，连用 3次。伊维菌素或阿维菌素及吡喹酮有一定疗效，可试用。

弓 形 虫 病

弓形虫病又称弓形体病及弓浆虫病，是一种由弓形虫在细胞内寄生所引起的人兽共患原虫病。本病分布很广，可引起牛的发热、呼吸困难、咳嗽及神经症状，严重者甚至死亡。孕牛可发生流产。

【诊断要点】

1. 流行病学 弓形虫属于孢子虫纲、球虫亚纲、真球虫目、肉孢子科、弓形虫属。虫体寄生于动物的细胞内，因其发育阶段的不同，分为以下 5 个类型：速殖子、包囊、裂殖体、配子体和卵囊。滋养体和包囊出现在中间宿主体内；裂殖体、配子体和卵囊则只出现在终宿主体内。终宿主为猫和其他一些野生动物，其他的动物是弓形虫的中间宿主。

速殖子呈新月形、香蕉形或弓形。虫体一端稍尖，一端钝圆。其大小为 $4\sim7\ \mu m\times2\sim4\ \mu m$，以姬氏或瑞氏法染色后镜下观察，虫体的细胞浆染成浅蓝色，有颗粒；而核染成深紫色，偏于钝圆的一端。速殖子主要发现于急性病例，如果检查腹水中的虫体时，可以找到游离于细胞外的单个虫体，这时虫体的形态多为新月形。在有核细胞（单核细胞、内皮细胞和淋巴细胞等）内的虫体中间，还可以发现正在裂殖的虫体，这时虫体的形态是多样的有呈柠檬状、圆形、卵圆形和正在出芽的、不规则形状等。有时许多速殖子簇集在一起，形成假囊。速殖子以二分裂法增殖。

包囊（组织囊）出现在慢性病例或无症状病例，主要寄生于动物的脑、骨骼肌、视网膜、心、肺、肝及肾等处。包囊的形状为卵圆形，有较厚的囊膜，囊中虫体数目可由数十个至数千个。包囊的直径可达 $50\sim69\ \mu m$，可随虫体的繁殖而不断增大，达

100 μm。

配子体是在猫的肠上皮细胞内进行有性繁殖期的虫体，有雄配子体和雌配子体。雄配子体呈圆球形，直径约 10 μm。用姬氏染色后，核淡红色而疏松，胞质呈淡蓝色。发育成熟的雄配子体可形成 12～32 个雄配子，新月形，长约 3 μm。雌配子体呈圆形，成熟后称雌配子，在生长过程中变化不大，仅体积增大，可达 15～20 μm。染色后核深红色较小而致密，细胞质充满深蓝色颗粒。大小配子结合形成合子，合子形成卵囊。

卵囊主要是体外生活阶段，但在排出体外之前，也可以在体内存活一段时间。卵囊呈卵圆形，有双层囊壁，表面光滑。其大小为 11～14 μm×9～11 μm，平均 12 μm×10 μm。每个卵囊内形成 2 个卵圆形的孢子囊，孢子囊的大小为 8.5 μm×6 μm。在每个孢子囊内含有 4 个长形弯曲的子孢子，子孢子的大小为 8 μm×2 μm，孢子囊内有残体。在检查卵囊的形态时，须注意其与猫体内的双芽等孢球虫的卵囊极为相似，要予以区别。

弓形虫的生活史的全过程需要两个宿主，终末宿主和中间宿主。

2. 临床症状 突然发病，最急性者约经 36 h 死亡。病牛食欲废绝，反刍停止；粪便干、黑，外附黏液和血液；流涎；结膜炎、流泪；体温升高至 40～41.5 ℃，呈稽留热；脉搏增数，每分钟达 80 次以上，气喘，腹式呼吸，咳嗽；肌肉震颤，腰和四肢僵硬，步态不稳，共济失调。严重者，后肢麻痹，卧地不起；腹下、四肢内侧出现紫色斑块，体躯下部水肿；神经症状或兴奋或昏睡；孕牛流产。

3. 病理变化 死于弓形虫病的动物，在尸体剖检时，全身脏器和组织均可看到病理变化。全身淋巴结肿大、充血、出血；肝脏有点状出血，并可见到有灰白色或灰黄色的坏死灶；脾脏有丘状出血点；肺脏出血，肺间质出现水肿；肾脏有出血点和坏死灶；胃底部出血并有溃疡；大肠小肠均有点状出血；胸腔、腹腔及心包有积水；病牛体表出现紫斑。

对上述脏器和组织病变进行病理组织学检查时，主要表现为局灶性坏死性肝炎和淋巴结炎、非化脓性脑炎及脑膜炎、肺水肿和间质性肺炎等。在肝坏死灶周围的肝细胞胞浆内、肺泡上和单核细胞的胞浆内、淋巴结窦内皮细胞和单细胞的胞浆内，常可见有单个、成双的或 3～6 个不等的弓形虫，虫体多呈圆形、卵圆形、弓形或新月形等不同形状，这一点在对弓形虫病病原体检查定性上有重要的参考价值。

4. 实验室诊断

直接病原体检查法　对疑似为弓形虫病牛的活体组织或体液（或是对尸检的病料组织和体液）制作涂片、压片或切片，镜检有无弓形虫的存在。

用动物接种法检查病原虫体法　可以采用小鼠、天竺鼠或家兔等实验动物做动物接种。因为这些动物对弓形虫有高度的敏感性，将可疑动物的病料接种给实验动物，然后用实验动物的组织和体液作涂片、压片或切片检查，则很容易检查出弓形虫的有无，即可出定性诊断。

血清学免疫诊断法　可以应用 IHA、ELISA 等方法检查。但在目前情况下，兽医临床实践上尚无推广应用。

【**类症鉴别**】

本病应与牛黏膜病、冬痢、有机磷中毒等疾病相鉴别。

【**防治措施**】

牛发生弓形虫病时，在早期发现后可以应用药物进行治疗，对初期的病牛能达到满意的效果，但在病的后期用药则效果不良，有时虽能使病牛的临床症状消失，但往往不能抑制虫体在组织内形成包囊，使病牛成为带虫者。

兽医临床上对病牛常用的药物为磺胺嘧啶按每千克体重

70 mg口服；磺胺-5-甲氧嘧啶每千克体重2 mg肌注；磺胺-6-甲氧嘧啶每千克体重60～100 mg口服等。

由于弓形虫病属于广泛性的人兽共患性寄生虫病，虫体生活史中几个时期的虫体均有感染性，同时对中间宿主和寄生的组织不具有严格的选择性，可以感染多种家畜，并且有无终宿主都可在中间宿主中互相感染，虫体又能在宿主体内长期保存，卵囊对外界抵抗力较强，故在对弓形虫病的预防上必须采用严格的措施，才能有效地防止本病的流行和发展。

畜舍必须保持清洁、干燥，而且对畜舍要定期消毒。对动物的饲草、饲料和饮水要严格地防止被猫粪及其他动物的排泄物所污染，以免动物经口感染弓形虫病。

动物的流产胎儿及其他排泄物要很好地处理，同时对动物流产的场所都须严格消毒处理。因弓形虫病死亡的畜尸，要严格处理，防止污染环境或被猫及其他肉食动物吃食而扩大感染范围。

因弓形虫病可以通过某些昆虫如苍蝇、蟑螂等机械地传播，又可以由鼠类传播，因此要尽一切可能消灭畜舍内的老鼠，并且要灭蚊、防蝇等。

新 孢 子 虫 病

新孢子虫病是有犬新孢子虫寄生于多种动物引起的，广泛分布于世界各地，主要危害是引起孕畜的流产或死胎，以及新生儿的运动神经障碍，对牛的危害尤为严重，是引起牛流产的主要原因。犬新孢子虫属顶复门、孢子虫纲、球虫亚纲、真球虫目、肉孢子虫科、新孢子虫属。

【诊断要点】

1. 流行病学　犬新孢子虫分两种类型，即繁殖病原体（速殖子）和囊性病原体（组织包囊）。

速殖子寄生于室管膜细胞、脊髓液单核细胞、神经细胞、血管或血管周围和其他体细胞中，位于嗜虫空泡内。单个速殖子呈卵圆形、新月形或圆形，含 1～2 个核。其大小为 4～7 μm×1.5～5 μm。可被犬新孢子虫血清特异性着染，而不被弓形虫血清着染，适宜于姬姆萨染色。

组织包囊主要寄生于脊髓和大脑中，呈圆形或卵圆形。大小不等，一般为 15～35 μm×10～27 μm。囊壁厚 1～3 μm。囊内含有大量细长、PAS 染色阳性的缓殖子。大小为 3.4～4.3 μm×0.9～1.3 μm。

本病广泛分布于世界各地，对牛的危害最为严重，有的牛群血清抗体阳性率达到 80%，是引起牛流产的主要原因。我国奶牛的血清抗体阳性率为 30% 左右。

犬和狐狸都是新孢子虫的终末宿主；其他多种动物如牛、羊、马、猪、兔等均可作为中间宿主。犬粪便中排出的卵囊和各种动物体内的包囊和速殖子均可以成为传染源感染其他动物。传染途径分为水平传播和垂直传播。犬作为终末宿主食入含有新孢子虫组织包囊的动物组织，虫体释放出来，进入肠上皮细胞进行球虫型发育，随粪便排出卵囊，卵囊在外界发育为孢子化卵囊；中间宿主吞食含有孢子化卵囊后遭受感染，子孢子随血流进入多种有核细胞寄生，在细胞内繁殖分裂形成速殖子，速殖子再次侵染新的细胞，机体强壮时可有效控制病情，是一部分速殖子转变为缓殖子，进而留在体内形成包囊长期存在；速殖子和活化的缓殖子可通过胎盘传递给胎儿造成流产、死胎或弱胎。

2. 临床症状 临床可见四肢无力，关节拘谨，后肢麻痹，运动障碍，明显头部震颤，头盖骨变形，眼睑反射迟钝，角膜轻度混浊。孕畜可导致流产或死胎，即使能产出胎儿，体质也较弱，并先天性患有此病。

3. 病理变化 剖检可见小脑发育不全，脑膜脑炎、脊髓炎、脊髓中灰质较少，形成灶性空洞，有原虫性包囊。心肌炎，心肌的单核细胞内含有大量的裂殖子。胎盘绒毛叶的绒毛坏死并有原虫病灶。

病变主要集中在流产胎儿的心、脑、肝、肺、肾和骨骼肌。流产胎儿比较典型的病理变化为多灶性非化脓性脑炎和非化脓性心肌炎，同时在肝脏内可能伴有多非化脓性细胞浸润和局灶性坏死。脑部有明显的坏死区和空洞，大脑皮质、脑桥和髓质的灰质和白质均出现神经胶质增生。在坏死和空洞区，大量网织细胞聚集，由于增生、内皮肿胀和血管周围的白细胞浸润，而致毛细血管扩张。还有散在的核碎片、球形体和矿化的细胞碎片，但也有少量的浆细胞和中性粒细胞。由于轴突水肿和变性，引起神经纤维网周围的海绵层细胞间质水肿。肝门静脉周围单核细胞浸润，出现不同程度的坏死灶。骨骼肌有大量坏死和变性的肌细胞，并伴有巨噬细胞和淋巴细胞浸润。一些肌细胞部分矿化。肠系膜淋巴结肿胀、出血和坏死。胎盘绒毛层的绒毛坏死。

4. 实验室诊断

间接荧光抗体试验 此法用于测定血清或初乳中抗犬新孢子虫 IgG 抗体效价，以确定患畜是否感染此病。该法对于犊牛先天性感染的诊断很重要。

免疫组织化学法 利用犬新孢子虫血清可以使虫体特异性着染，而弓形虫及其他原虫血清则不能使虫体着染这一特性进行特异性诊断。用兔抗犬新孢子虫血清对福尔马林固定、石蜡包埋的组织切片进行染色，包囊和速殖子均能检出，适用于各种动物的检测。

超微结构检查法 通过透射电镜观察病原体的超微结构，根据棒状体的结构和数量、微丝和电子致密体的数量和位置等予以鉴别。

【类症鉴别】

由于犬新孢子虫和龚地弓形虫形态相似，在此病被发现之前，很多新孢子虫病被误诊为弓形虫病，应加以鉴别。

【防治措施】

本病治疗尚处于探索阶段。在疾病早期可试用甲氧苄胺嘧啶、磺胺嘧啶和乙胺嘧啶等抗弓形虫药物进行治疗。

由于本虫生活史和感染源还不清楚，故尚无预防本病的有效方法，但胎盘感染已被证实，因此淘汰患畜是消灭本病的惟一措施。

毛　滴　虫　病

牛的胎儿毛滴虫病是由三毛滴虫属的胎儿三毛滴虫寄生于牛生殖道所引起的一种生殖器官原虫病，呈世界性分布，我国也存在本病。

【诊断要点】

1. 流行病学　新鲜病料中的虫体呈纺锤形、梨形、西瓜子形或长卵圆形，混杂于脱落的上皮细胞和白细胞中，镜检见运动活跃，呈蛇形运动，运动活跃的虫体不易看出鞭毛，运动减弱的虫体可见到 4 根鞭毛。病料存放时间稍长，虫体形态发生变化并缩小，多呈圆形且透明，不染色时难辨认。姬氏染色标本中，虫体长 9～25 μm，宽 3～10 μm，细胞前半部有核，核前有动基体，由动基体伸出 4 根鞭毛，其中 3 根向前游离，称为前鞭毛，另一根沿波动膜边缘向后延伸，至虫体后部再成为游离鞭毛，称为后鞭毛。虫体中部有一轴柱，起于虫体前端，穿过虫体中线向后延伸，其末端突出于体后端。牛胎儿毛滴虫有一特性就是虫体形态会随所处环境的变化而发生改变，当处于不良环境中，多数虫体变为圆形，同时失去鞭毛和波动膜，且不活动。

胎儿毛滴虫寄生于母牛的阴道和子宫中，公牛的包皮腔、阴茎黏膜和输精管等处，严重感染时，生殖系统的其他部位也能发现虫体的寄生，患牛怀孕后虫体可寄生在胎儿的胃、体腔、胎盘和胎液中。虫体在宿主体内以纵分裂方式进行繁殖。胎儿毛滴虫以宿主的黏液、黏膜碎片、血细胞等为食物，经胞口摄入或经内渗方式吸取营养。

本病通过交配传播。在人工授精时则因精液带虫或授精器械受污染而传播，所以本病的感染多发于配种季节。公牛在临床上常不表现明显症状，但带虫可达 3 年之久，所以是危险的传染源，在本病的传播上起到重要的作用。营养成分平衡的饲料（特别是富含维生素和矿物质）可提高牛对本病的抵抗力。胎儿毛滴虫在外界的抵抗力弱，对热敏感，但对冷的耐受性较好，大部分消毒剂在推荐的使用浓度下对本虫有杀灭作用。

2. 临床症状　公牛感染后 12 d，发生黏液脓性包皮炎，包皮肿胀，分泌大量脓性物，在包皮、阴茎黏膜上出现红色小结节，有痛感，故不愿交配，随着病情的发展，上述症状消失，由急性转为慢性，但仍带虫，且虫体已侵入到输精管、睾丸等其他部位，成为危险的传染源。

母牛感染后 1～3 d，阴道开始发生卡他性炎症，阴道红肿，1～2 周后，阴道开始流出絮状分泌物或脓状分泌物，阴道黏膜出现大量小结节，探诊时觉得黏膜变得粗糙。子宫发生脓性炎症时，伴有体温升高。多数牛只于怀孕后 1～3 个月内发生流产，不流产的多数也形成死胎。流产后母牛发情期的间隔延长，部分母牛还有不孕的后遗症。

3. 实验室诊断　检查病料可取患畜生殖道的分泌物或冲洗液、胎液、流产胎儿的第 4 胃内容物等。检出虫体即可确诊。采集到的病料要立即镜检，否则随时间的延长，检出率降低，并易出现误诊。

【类症鉴别】

本病应与牛布鲁氏菌病、弓形虫病和新孢子虫病相鉴别。

【防治措施】

用 0.2% 碘液、0.1% 黄色素、1% 血虫净或 1% 大蒜酒精浸液冲洗患畜的生殖道均能有效地杀灭虫体，但要连用数天，配合口服灭滴灵，效果更好，在治疗期，禁止交配。

治疗时，应采取全身与局部冲洗相结合的疗法，首先对牛的阴道、子宫和包皮腔进行冲洗，冲洗时要让药液在腔内停留数分钟，使药液与病变组织充分接触。然后再选甲硝唑或新斯的明进行注射。甲硝唑在奶牛和妊娠早期禁用，牛的休药期为 28 d。

在我国本病已基本得到控制，因此在发现新病例时，应淘汰公牛。如是引进的价值高的公牛，应采用人工授精，以防母牛对公牛的感染。公牛感染后如不淘汰而进行药物治疗时，对公牛是否已完全治愈应慎重下结论。

双 腔 吸 虫 病

双腔吸虫病是由寄生在家畜肝脏胆管和胆囊内的双腔科、双腔属的由矛形双腔吸虫或中华双腔吸虫所引起的一种吸虫病。本病在国内分布广泛，但南方地区较少见，严重感染的牛甚至死亡。

【诊断要点】

1. 流行病学　双腔吸虫的生活史包括毛蚴、母胞蚴、子胞蚴、尾蚴、囊蚴、童虫、成虫等阶段，发育过程需要有两个中间宿主参与。第一中间宿主为陆生螺（蜗牛），第二中间宿主为蚂蚁。成虫在终宿主的胆管或胆囊内产的虫卵随胆汁一起进入肠腔，然后随粪排至外界。虫卵内的毛蚴不在外界孵出，而是被中间宿主吞食后，在螺的肠内离开卵壳移行到肝而变为母胞蚴。在 18～25 ℃ 条件下，母胞蚴逐渐发育，经 3～4 个月体内产生大量子胞蚴，子胞蚴体积增大胀破母胞蚴，分散到宿主肝脏内。子胞蚴前端具有产道和产孔，其体内充满许多胚细胞、胚球和正在发育的尾蚴胚体。尾蚴成熟后逐个从产道排出到宿主体内。中华双腔吸虫的成熟子胞蚴较长，体内含尾蚴较多。矛形双腔吸虫的成熟子胞蚴较短，体内含尾蚴数较少。尾蚴移行到螺的气室，以黏稠的胶质互相黏着，100～300 个聚集成团而形成尾蚴囊群，从螺的呼吸孔排出，黏着于植物或其他物体上。外界的尾蚴被第二中间宿主蚂蚁吞食后，在其腹腔内形成包囊而变为囊蚴，在适宜的温度下须经 45～50 d 才具有感染性。牛吞食了含有囊蚴的蚂蚁而感染。囊蚴在终宿主的肠中脱囊而出，由十二指肠经总胆管而到达胆管或胆囊内寄生。毛蚴在螺体内发育为尾蚴至离开螺体的时间为 82 d 到 5 个月。

矛形双腔吸虫卵具有很发达的半透明的内膜，此膜对外界因素有强大的抵抗力。由于蚂蚁是越冬昆虫，因此感染季节有春、秋两个高峰期。双腔吸虫的早期囊蚴常常会侵入蚂蚁宿主的脑部神经节，使阳性蚂蚁有异常行为，这样的蚂蚁常常呆留在草上，使牛家畜易受到感染。

2. 临床症状　病初患牛食欲减退，逐渐消瘦，易疲劳；随着病情的发展，患牛皮肤黏膜出现黄染，感染严重的牛可见其黏膜黄染，颌下水肿，腹泻，甚至陷于恶病质而死亡。

3. 病理变化　双腔吸虫的致病作用主要是由于虫体的机械刺激和毒素作用，引起胆管卡他性炎症，胆管壁肥厚，其为肝硬化的原因，剖检可见肝小叶边缘部分的小胆管发生弥漫性炎症、大胆管呈粗细一致的粗索状。

4. 实验室诊断　生前诊断可用水洗沉淀法检查患病牛的粪便，查找虫卵。

【类症鉴别】

本病应与牛肝炎、牛肝片形吸虫病相鉴别。

【防治措施】

海托林为治疗双腔吸虫病的特效药之一。疗效好，安全性高，30～40 mg/kg 配成 2% 悬浮液口服。丙硫咪唑，10～15 mg/kg口服。吡喹酮按 65～80 mg/kg，经口投药，有良效。六氯对二甲苯（血防"846"），200～300 mg/kg 口服，驱虫率可达90%以上，连用 2 次可达100%。

对本病的预防，除进行预防性定期驱虫外，主要是改良牧地，除去杂草、灌木丛等，以消灭其中间宿主——各种螺。这些螺在炎夏或雨后经常藏匿在植物上，可以人工捕捉，或在牧场、田野养鸡灭螺。

血 矛 线 虫 病

血矛线虫病是由毛圆科、血矛属的一些线虫寄生于牛、羊等反刍动物的真胃内引起的疾病。其中以捻转血矛线虫最普遍，是危害养牛业的重要寄生虫病之一，可引起牛消瘦与死亡，造成巨大的经济损失。

【诊断要点】

1. 流行病学　捻转血矛线虫寄生于牛的真胃内，雌虫产卵后随粪便排到外界，在外界适宜的条件下发育成第三期幼虫即为感染性幼虫。当牛吃草或饮水时，感染性幼虫随之进入瘤胃并在该处脱鞘，以后幼虫进入真胃，钻入黏膜的上皮突起之间，经30～36 h 完成第三次蜕皮，变成长约 100 mm 的第四期幼虫，并返回黏膜表面。在入侵后的第 9 天再一次蜕皮变为童虫。约在感染后的第2～3周发育为成虫，并开始产卵。成虫在宿主体内的寿命一年左右，随后被排出体外。

捻转血矛线虫有较强的产卵能力，一条雌虫每天可产卵

5 000~10 000 个。虫卵在外界环境中有较强的抵抗力，最适宜的发育温度是 20～30 ℃，温度较低，虫卵发育所需要的时间也较长，4 ℃以下虫卵停止发育，水中虫卵孵化时间相对延长。虫卵在高温下（60 ℃）迅速死亡。虫卵对一般消毒药具有抵抗力，第一、二期幼虫营自由生活，其抵抗力较弱。干燥易使其死亡，30 ℃以上的温度和冷热交替也促使其死亡。在牛舍中的粪便，由于受牛只的践踏和尿液的浸泡，以致其第一、第二期幼虫常大量死亡，第三期幼虫因带鞘和不采食，具有较强的抵抗力。在干燥的环境中，如温度适宜则呈休眠状态，可耐受一年之久。对一般消毒药也具有抵抗力。第三期幼虫的活动受湿度、温度和光线强弱的影响。温和的季节，草叶上有较多的露水、微弱的光照是促使幼虫向草叶上爬行的良好条件。因此，在早晚和小雨过后的晴天，草叶湿润，日光又不十分强烈，这时幼虫大量向草叶上爬行，牛放牧易于将第三期幼虫吞入，成为牛感染最常发生的时机。

2. 临床症状　本病一般呈急性经过，以贫血和消化紊乱为主。主要表现为贫血，可视黏膜苍白，血红蛋白降低，下颌间隙和体下垂部水肿。病牛被毛粗乱，身体消瘦，精神萎靡，放牧时离群。严重时卧地不起，常见大便秘结，干硬的粪中带有黏液，很少出现下痢。一般病程数月，最后十分消瘦陷于恶病质而死亡。

急性发病比较少见，主要发生于犊牛，是由于短时间感染了大量虫体，突然出现症状，表现为迅速发展的进行性贫血，最后因稀血症而死亡。

临床上单纯的血矛线虫感染较少见，常和其他毛圆科的线虫一起混合感染，如奥斯特属线虫、古柏属线虫、毛圆属线虫、细颈属线虫、似细颈属线虫、马歇尔属线虫和圆形目的圆形科和钩口科的一些线虫等。由于虫体共同寄生，种类多、数量大，常使牛严重患病，甚至大群死亡。

3. 病理变化 无论是急性或慢性发病，在真胃里均可见到有大量的虫体，真胃黏膜出现不同程度的卡他性炎症，病牛的全身病变以贫血、水肿为主，黏膜和皮肤苍白，血液稀薄如水，内部各脏器色淡。有胸水、心包积液和腹水，腹腔内脂肪组织变成胶冻状。肝可由于脂肪变性而呈现淡棕色。

4. 实验室诊断 无菌采集新鲜粪便，用饱和盐水浮集法，直接涂片镜检，可看到椭圆形的虫卵。

【类症鉴别】

本病应与牛前胃弛缓等营养代谢类疾病及其他线虫病相鉴别。

【防治措施】

计划性驱虫 一般春、秋两季各进行一次驱虫。不在低温潮湿的地方放牧，不在清晨、傍晚或雨后放牧，不让牛饮死水、积水，而饮干净的井水或泉水。有条件的地方，实行有计划的轮放。

科学饲养 加强饲养管理，淘汰病弱牛，合理补饲精料，增强牛的抗病能力。

加强粪便管理 每年2次清理牛圈舍，将粪便在适当地点堆积发酵处理，消灭虫卵和幼虫，特别注意不要让冲洗圈舍后的污水混入饮水，圈舍适时药物消毒。

伊维菌素和阿维菌素是目前治疗牛捻转血矛线虫最理想的药物，如常用的虫克星一次内服量牛每千克体重0.2 mg。其他药物如左咪唑口服剂量为每千克体重5~6 mg，赛苯唑口服剂量为每千克体重100 mg。

吸 吮 线 虫 病

吸吮线虫病俗称牛眼虫病，又称寄生性结膜角膜炎，是由旋尾目、吸吮科、吸吮属的多种线虫寄生于奶牛、黄牛、水牛的结膜囊、第三眼睑和泪管引起的。我国各地普遍流行。患牛呈现结膜角膜炎，并常有细菌继发性感染而出现角膜糜烂、溃疡，最后可致失明。

【诊断要点】

1. 流行病学 吸吮属线虫体表通常有显著的横纹。口囊小，无唇，有内外两圈头乳突。雄虫通常有大量的肛前乳突，雌虫阴门位于虫体的前部。

常见的吸吮线虫有罗氏吸吮线虫、甘肃吸吮线虫、大口吸吮线虫和斯氏吸吮线虫。

吸吮线虫的发育需中间宿主参与完成，其中间宿主为家蝇属的各种蝇类，如胎生蝇、秋蝇等。寄生在眼结膜囊的雌虫产出幼虫，幼虫在泪液中活动，当蝇类在眼部舔食时，幼虫随眼泪一同被蝇类食入，进入蝇的卵滤泡内进行发育。幼虫经 30 d 左右进行二次蜕皮，发育为感染性幼虫，并离开卵滤泡进入腹腔，再进入蝇的口器。当含有感染性幼虫的蝇再到牛眼部采食时，幼虫自蝇的口器钻出，进入牛的眼结膜囊而使牛感染，在牛眼内经 15~20 d 发育为成虫。

本病需蝇类做中间宿主而传播，因此本病的发生与蝇类的活动季节密切相关，在温暖地区蝇类常年活动，本病亦可常年流行；在较冷的地区，蝇类只活动于夏天，本病只在夏季发生。牛的感染和发病与年龄无关。

2. 临床症状 虫体机械性损伤结膜和角膜，引起结膜角膜炎；如继发细菌感染，可导致化脓性炎症，最终可使眼睛失明。病牛初期主要是结膜潮红，流泪角膜逐渐混浊。当炎症发展和加剧时，往往有脓性分泌物流出，黏合上下眼睑，患牛将眼部在其他物体上摩擦。后期可出现角膜糜烂和溃疡，严重时导致角膜穿孔。

3. 实验室诊断 常见的检查方法有以下三种：一是直接在

眼球表面的结膜囊观察有无虫体；二是将第三眼睑用镊子夹起，观察有无虫体；三是用橡皮吸耳球吸取 3% 的硼酸溶液，向第三眼睑内猛力冲洗，吸取冲洗液检查虫体。

【类症鉴别】

本病应与牛传染性角膜结膜炎相鉴别。

【防治措施】

本病的传播依靠蝇类，在流行季节应做好灭蝇工作，同时在牛的眼部加挂防蝇帘，可减少本病的流行。及时治疗本病也是一项很有效的措施。治疗的药物如下：磷酸左旋咪唑，按 8 mg/kg 口服，连用 2 天，有杀虫效果。以 1% 的敌百虫溶液滴眼杀虫。吸取 2%～3% 硼酸溶液；1/1 500 的碘溶液；2/1 000 的海群生或 0.5% 的来苏儿强力冲洗眼结膜，可杀死或冲出虫体。以 2% 的可卡因滴眼，虫体受刺激后可由眼角爬出，然后用镊子将虫体取出。用 90% 的美沙利定溶液 20 mL 皮下注射，具有治疗作用。当并发结膜炎或角膜炎时，应同时使用青霉素软膏或磺胺类药物治疗。

伊 氏 锥 虫 病

伊氏锥虫病是由锥体科、锥虫属的伊氏锥虫寄生于牛和骆驼等家畜的血浆和造血器官内所引起的一种常见疾病。本病以进行性消瘦、贫血、黄疸、高热和心力衰竭等为特征。大多为慢性经过，甚至呈带虫状态。

【诊断要点】

1. 流行病学　伊氏锥虫病在我国南方各地普遍流行。传染来源主要为各种带虫动物，很多野生动物也可作为保虫宿主。本病主要由吸血昆虫机械性传播，我国已查出虻科 5 个属 80 个种，蝇类 4 个属 6 个种能传播伊氏锥虫病，其中中华斑虻、纹带原虻、微赤虻、厩螫蝇和印度整蝇为主要媒介昆虫。此外，兽医人员如不注意注射器械的消毒，在给病牛使用后，再用于健畜，也可造成机械地传播。肉食兽吃了病肉时可以通过消化道的伤口感染。实验证明伊氏锥虫还可以经胎盘感染。

发病季节一般和吸血昆虫的活动季节相一致。在华南一带虻蝇活动高峰期为 5～10 月份，故为本病的发病季节。此外，由于营养条件差、气温低、抵抗力减弱等影响，牛只随时有可能由带虫状态而转入发病。

本病流行于热带、亚热带地区，主要是亚洲和非洲各国。在我国的分布主要在南方及西北各省（自治区），华北一带也有少量发现。

2. 临床症状　牛患本病多呈慢性经过或带虫而不发病，但如果饲养管理条件较差、牛只抵抗力减弱，则发病率和死亡率均高。发病时体温升到 40～41.8 ℃，持续 1～2 d 后下降，以后又上升，呈间歇热。发热时鼻镜干燥，有时有结膜炎，眼睑浮肿。经过数次发热后，病牛精神委顿，日渐消瘦，被毛粗乱，干焦，皮肤龟裂，脱毛，出现无毛皮肤；腹下、四肢、胸前、生殖器等发生浮肿。耳、尾常干枯坏死，部分脱落或只剩下耳根和尾根。孕牛常常发生流产。急性型多发生于春耕和夏收期间，发病后体温升高，精神不振，贫血，黄疸，出现跛行，运步强拘；有的眼球突出，口吐白沫，拉稀，卧地不起，呼吸急促。

3. 实验室诊断　间接血凝反应，该法敏感性高，操作简便。

【类症鉴别】

本病应与代谢性酸中毒、溶血性黄疸等疾病相鉴别。

【防治措施】

治疗要早，用药量要足，观察时间要长，防止过早使役引起复发。常用药物有：

萘磺苯酰脲（苏拉明）以生理盐水配成 10％溶液作静脉注射，牛用量为每千克体重 10～15 mg。甲基硫酸喹嘧胺，每千克体重 5 mg 溶于注射用水内进行皮下或肌内注射。三氮脒（贝尼尔、血虫净），以注射用水配成 7％溶液，每千克体重 3.5 mg 深部肌内注射，每天一次，连用 2～3 d。

对锥虫病的治疗，一般以两种以上药物配合使用疗效好，且不易产生抗药性。配合使用时，先用一种药治疗一次，过 5～7 d 再用另一种药治疗一次，或轮换用药，可以避免锥虫产生抗药性。

本病的预防目前主要靠药物预防，可选用安锥赛、拜耳205、沙莫林等。安锥赛的预防期最长，注射一次有 3～5 个月的预防效果；拜耳 205 用药一次有 1.5～2 个月的预防效果，沙莫林预防期可达 4 个月。此外，在疫区尚可推行普查普治、严格检疫的做法，如能坚持查治 3～4 年，又不引进新的病牛，当地伊氏锥虫病可以得到有效控制。

巴 贝 斯 虫 病

巴贝斯虫病是由巴贝斯属的双芽巴贝斯虫和牛巴贝斯虫，寄生在牛的红细胞内，由蜱传播，呈急性发作的牛血液原虫病。临床上患牛常出现血红蛋白尿，所以俗称为红尿热。

【诊断要点】

1. 流行病学 它寄生于宿主的红细胞中，虫体长度大于红细胞的半径，是一种大型焦虫，虫体形态多样，有圆形、梨子形、椭圆形及不规则形，典型的形态是两个梨籽形虫体以其尖端成锐角相连。绝大多数虫体位于红细胞的中部，每个红细胞内虫体寄生的数目多为 1～2 个，偶尔见 3 个以上，红细胞染虫率为 2％～5％，每个虫体内有一团染色质块。成虫阶段传播，幼虫阶段无传播能力。本病在一年之内可暴发 2～3 次，我国南方主要发生于 6～9 月份。微小牛蜱是在野外发育繁殖，所以本病多发于放牧时期，舍饲牛较少发生。不同年龄和不同品种牛的易感性不同，2 岁内的犊牛发病率高，但症状轻，死亡率低；相反，成年牛发病率低，但症状严重，死亡率高；纯种牛和从外地引入的牛易感性高，容易发病。牛巴贝斯虫的传播者为硬蜱属的一些蜱，也可通过胎盘感染胎儿。

2. 临床症状　虫体寄生在红细胞内，以出芽增殖法进行繁殖，大量破坏红细胞，引起溶血性贫血。红细胞被破坏后，血红蛋白经肝代谢转变为胆红素，引起黄疸。

虫体分泌毒素和代谢产物的刺激，作用于中枢神经系统，调节机能受损，引起一系列的临床症状。

本病潜伏期一般为 8～15 d，甚至更长，发病后第一个出现的临床症状是呈稽留热型的体温升高，达 40～42 ℃，可持续一周以上，随着体温的升高，脉搏和呼吸加快，精神不振，喜卧地，食欲减退，反刍弛缓或停止，腹泻或便秘不定，但粪便呈黄棕色或黑褐色，怀孕母牛可发生流产，泌乳牛泌乳量减少或停产，随着病情的发展，更明显的症状是由于大量红细胞被破坏所带来的一系列变化，可见贫血、消瘦、黏膜苍白和黄染，并出现血红蛋白尿，尿液颜色从淡红变为棕红色乃至黑色。重症者如不治疗，一周内死亡，死亡率高达 50%～80%。慢性病例体温升幅较小，在 40 ℃左右维持数周，伴有渐进性贫血和消瘦，一般要经几周甚至数月才能康复。

3. 病理变化　尸体消瘦，并出现贫血样病变，黏膜苍白，血液稀薄，皮下组织、肌间、结缔组织和脂肪均呈黄色胶冻样水肿。脾、肝、肾肿大，胆囊扩张，胆汁浓稠，脾髓软化呈暗红色，白髓肿大呈颗粒状突出于切面，胃、肠黏膜充血、有出血点、膀胱肿大、黏膜出血、内有红色尿液。

4. 实验室诊断　实验室检查可见血液稀薄，红细胞破坏率为 75％，红细胞数降至 100 万～200 万，血红蛋白量减少到 25％，血沉快 10 倍以上，白细胞初期正常，以后增至正常的3～4 倍。

在体温升高后 1～2 d，采耳静脉血涂片、染色镜检，如发现典型虫体即可确诊。

近年来报道多种用于本病的免疫学诊断方法，如补体结合反应（CF）、间接血凝试验（I-HA）、胶乳凝集反应、间接荧光抗体试验（IFAT）、酶联免疫吸附试验（ELISA）等，其中 IF-AT 和 ELISA 法已可供常规使用，主要用于染虫率较低的带虫牛的检出和疫区的流行病学调查。

【类症鉴别】

本病应与溶血性贫血、肌红蛋白尿症相鉴别。

【防治措施】

治疗要做到早确诊、早给药，并要标本兼治，即除给予特效药外，还要结合病情给予健胃、强心、补液，同时加强饲养管理，停止使役。

常用特效药有：三氮脒，奶牛应以每千克体重 7 mg 剂量配成 5％～7％溶液，深部肌肉注射，副作用是起卧不安和肌肉震颤。咪唑苯脲，对各种巴贝斯虫有较好的治疗效果，以每千克体重 1～3 mg 的剂量配成 10％溶液肌注。本药安全性较好，剂量增大到每千克体重 8 mg 时，仅出现短暂的毒副反应。咪唑苯脲在牛体内残留时间较长，所以本药有一定的预防效果，但屠宰前28 d 应停药。锥黄素（吖啶黄），以每千克体重 3～4 mg 的剂量配成 0.5％～1％的溶液静注，症状未减轻时，24 h 后重复用药一次，经治疗的病牛，数日内应避免烈日照射。喹啉脲，每千克体重 0.6～1 mg 的剂量配成 5％溶液皮下注射，注射后会出现肌肉震颤、呼吸困难、出汗等反应，但 1～4 h 后自行消失，妊娠牛可能会引起流产。反应严重的可皮下注射阿托品，剂量为每千克体重 10 mg。

本病的预防关键是灭蜱，切断传播环节。在疫病流行地区应有计划地采取一些有效的灭蜱措施，包括使用杀蜱药物杀灭牛体上及牛舍内的蜱。不到有多蜱孳生的牧场放牧。牛只的调动最好选在无蜱活动的季节进行，调动前先用药物杀蜱。敏感牛调入疫区时，可用咪唑苯脲预防。国外已有一些地区应用抗巴贝斯虫弱毒虫苗和分泌抗原虫苗进行免疫接种，以防治本病。

牛 焦 虫 病

牛焦虫病是由蜱为媒介而传播的一种虫媒传染病。焦虫寄生于红细胞内，主要临床症状是高热贫血或黄疸，反刍停止，泌乳停止，食欲减退，消瘦严重者则造成死亡。

【诊断要点】

1. 流行病学　主要为双芽巴贝斯虫、牛巴贝斯虫和卵圆巴贝斯虫。

本病呈地区性和季节性流行，蜱为中间媒介，被蜱叮咬而感染，多发生在 7～9 月份，以 2 岁内的牛发病最多，但症状轻，很少死亡，成年牛发病率低，但病情严重，死亡率高，特别是高产牛和妊娠牛。引进牛不经检疫或经配种，常引起本病流行。

2. 临床症状　本病的潜伏期为 8～15 d。成年牛多为急性经过，病初体温可高达 40～42 ℃，呈稽留热。食欲减退，反刍停止，呼吸加快，肌肉震颤，精神沉郁，产奶量急剧下降。一般在发病后 3～4 d 出现血红蛋白尿，为本病的特征性症状，尿色由浅至深红色，尿中蛋白质含量增高。贫血逐渐加重，病牛出现黄疸、水肿，便秘与腹泻交替出现，粪便含有黏液及血液。孕畜多流产。

3. 实验室诊断　发热的第二天，静脉取血涂片，姬姆萨染色镜检，如发现典型虫体即可诊断。

【类症鉴别】

本病应与溶血性贫血、肌红蛋白尿症相鉴别。

【防治措施】

治疗对初发病或较轻的病牛，药物治疗；对重症病例，同时采取强心、补液等对症措施。

特效药物为三氮脒，肌内注射，一次量，牛每千克体重3～5 mg，每天一次临用前用注射水配成5%～7%溶液。对危重病例采用耳静脉注射，效果极佳，一般用药3次，病牛体温降低，食欲恢复，维持用药5～7 d，即可消除体内虫体，使病牛完全康复。也可选用锥黄素、阿卡普林、台盼蓝等。

灭蜱阻断传播，有计划、有组织地消灭牧场及牛舍的蜱。可用蝇毒磷水溶液喷洒或药浴。

定期药物预防，对于放牧牛或新引进牛，以及本地有流行的，在发病高峰期，每隔15 d用强化血虫净预防注射1次，按每千克体重2 mg，配成7%溶液，肌内注射。

前后盘吸虫病

前后盘吸虫病是由前后盘类同盘科、腹袋科和腹盘科的各属吸虫寄生于奶牛等家畜及经济动物的前胃所引起的一种吸虫病。成虫一般危害较轻，在其幼虫移行期，可引起家畜的严重疾病，甚至导致死亡。

【诊断要点】

1. 流行病学　前后盘吸虫的成虫以强大的吸盘吸着于瘤胃黏

膜上而损伤黏膜，特别是幼虫在移行时剧烈地损伤肠黏膜和其他脏器，有时病原菌通过这些损伤而引起感染。在高度感染的牛瘤胃中常可见成千上万的各种前后盘吸虫密密麻麻地覆盖在胃壁上，使胃的正常功能被破坏。虫体的刺激和新陈代谢产物的作用可以引起寄生部位的肿胀、溃疡、浸润、胆汁的淤积、出血性素质等。

2. 临床症状　病初患畜精神萎靡，经过数天后发生腹泻和消瘦。眼结膜、鼻及口腔黏膜苍白，鼻镜和鼻翼上可见有不很深的、不同大小的溃疡。体温基本正常，有时在患病的第 7～10 天，体温上升到 40～40.5 ℃。某些患畜可见到眼结膜、口黏膜和鼻镜上有出血点，胸垂部和颌间部发生水肿。

在严重病例，发生剧烈腹泻，粪便内有时混有血液，肋部凹陷，眼睛塌陷，目光无神。许多犊牛发生前胃弛缓并呈疝痛状，磨牙和呻吟，时常躺卧又立即起立。患畜呈现渐进性消瘦和恶病质。如犊牛由于前后盘吸虫的童虫引起急性型发病，则可能在 5～30 d 内死亡；某些犊牛可以痊愈，症状消失，但通常不易恢复肥壮。由成虫引起的症状或慢性病程中，一般表现为食欲减损，经常腹泻，颌间部和胸垂部发生水肿，可视黏膜苍白，但体温一般正常。

3. 病理变化　剖检时于前胃中检出前后盘吸虫，或在十二指肠等处检出其幼小的虫体及相应的病理变化可以建立死后诊断。

4. 实验室诊断

血常规检查　红细胞减少，嗜中性白细胞增多时核左移，嗜酸性白细胞和淋巴细胞增多，并出现红细胞大小不均症和异形红细胞。

粪便检查　可用水洗沉淀法或尼龙筛兜集卵法。镜检虫卵时应注意和肝片吸虫卵相区别。

【类症鉴别】

本病应与肝片形吸虫病相鉴别。

【防治措施】

硫双二氯酚对寄生于瘤胃壁上的前后盘吸虫的童虫约有87％的驱虫率，对成虫有100％的效果，用药剂量牛按40～50 mg/kg，内服。溴羟苯酰苯胺，每千克体重65 mg，口服，驱除前后盘吸虫的成虫效果为100％，对童虫的效果为87％。牛对本品的耐受性都很好。

防治肝片形吸虫病的措施对本病的预防也能起到一定的作用。主要措施为改良土壤，使沼泽地区干燥，禁止在低洼地、沼泽地放牧家畜，利用化学药物或水禽扑灭淡水螺，在舍饲期内进行预防性驱虫。

肝片形吸虫病

肝片形吸虫病又叫肝蛭病，主要是由肝片形吸虫和大片吸虫寄生在牛肝脏及胆管中，使牛消化不良、生长发育受阻，引发肝实质炎、胆管炎和肝硬化等病变，并伴发全身性中毒和营养性障碍。

【诊断要点】

1. 流行病学　本病流行于潮湿多水地区，多雨年份流行严重。急性者多发生于秋季，慢性者多发生在冬春天寒、枯草的季节。肝片形吸虫呈淡红色或略带灰褐色，虫体扁平，形状似柳树叶，长20～30 mm，宽8～10 mm；大片吸虫与肝片形吸虫形态相似，较肝片形吸虫大一些。虫卵呈长卵圆形、黄褐色，窄端有不太明显的卵盖，虫卵大小为156～197 μm×90～104 μm，卵内充满卵黄细胞和早期发育的胚细胞，细胞的轮廓比较模糊。肝片形吸虫成虫在胆管中产卵，卵随粪便排出体外，在适宜的条件下孵化发育成毛蚴，毛蚴进入宿主椎实螺体内，在经过胞蚴、雷蚴、尾蚴三个阶段的发育，又回到水中附着在植物和其他物体上，形成具有较强抵抗力的囊蚴。当牛吃草和饮水时吞食囊蚴后，就被感染，引发疾病。

2. 临床症状　肝片形吸虫病的临床表现程度，主要取决于感染强度、动物体态、年龄及感染后的饲养管理条件等，初期病牛表现轻度发热、食欲减退、虚弱和精神萎靡，叩诊可发现肝脏浊音区扩大。成年牛病状不明显，只是随着肝片形吸虫的生长而出现病状，逐渐消瘦，被毛无光泽、黄疸，腹膜炎，贫血，黏膜苍白，腹泻，反复出现前胃弛缓。眼睑、下颌、胸、腹皮下水肿。严重的导致肝脏损失，肝脏功能障碍而死亡。症状的轻重随感染的程度及当时宿主的体况而定。饲养管理条件良好的家畜可以不发病或症状轻微，而环境不良（喂饲不足、管理条件恶劣及患有其他疾病）的虚弱家畜却可发病，而且病势严重，甚至死亡。

3. 病理变化　急性病例肝肿大、出血，肝实质及表面有许多虫道，内有幼龄肝片形吸虫，体腔内充满大量红棕色液体。

4. 实验室诊断　水洗沉淀法或尼龙筛兜集卵法检查粪便，对严重感染的患畜检出率可达70%～100%，轻微的为30%。此外，免疫诊断法，如沉淀反应、对流电泳、间接血凝和酶联免疫吸附试验等，近来均有采用，不仅能诊断急性、慢性肝片形吸虫病，而且还能精确地诊断轻微感染的患畜，尤其适用于成群家畜的片形吸虫病普查。

【类症鉴别】

本病应注意与前后盘吸虫病相鉴别。

【防治措施】

可以根据初诊给药，但是并非诊断为肝片形吸虫病后就立即驱虫，而要看病牛的体况和病状。给驱虫药采取首次减量，如果发生腹泻不止，体况中等，病程初期，可以给予驱虫药后再配给一些健胃的药物。若病程长，病牛体况较差或者极度消瘦，腹泻不止，已经发生脱水等症状的，不能立即给驱虫药，要先补液再给驱虫药，驱虫药若是采用输液的方法使用，可在输最后一瓶时加到液体内静注，适当的灌服止泻药。

预防性给药是防治本病的主要措施。

莫尼茨绦虫病

莫尼茨绦虫病是由裸头科、莫尼茨属的扩展莫尼茨绦虫和贝氏莫尼茨绦虫寄生于牛等草食动物小肠内引起的。呈世界性分布，在我国的分布很广，许多地区呈地方性流行，对犊牛危害很重，甚至造成成批死亡，给养牛业常造成巨大的经济损失。

【诊断要点】

1. 流行病学 扩展莫尼茨绦虫体长 1～6 m，宽 12～16 mm，呈乳白色。头节细小呈球形，具有 4 个吸盘而无顶突和钩。链体节片宽度大于长度，越往后长宽相差越小。每组雌性生殖器官各有一个卵巢和一个卵黄腺。卵巢与卵黄腺围绕着卵模构成圆环形。雄性生殖器官有睾丸 300～400 个，散布于整个节片之中，向两侧较密集，其输精管、雄茎囊和雄茎均与雌性生殖管并列。孕节中，两个子宫互相汇合成网状。卵形不一，呈三角形、卵圆形、方形或圆形，直径 50～60 μm，卵内有一个含六钩蚴的梨形器，它是裸头科虫卵的特征。每个成熟节片的后缘附近有 5～28 个泡状节间腺，排成一行，这是和贝氏莫尼茨绦虫的主要区别点。

贝氏莫尼茨绦虫链体长可达 6 m，最宽处为 26 mm；生殖孔开口于两侧缘的前 1/3 处。睾丸数较多（340～500 个）；节片后缘附近的节间腺呈小点状分布，呈横带状，仅有扩展莫尼茨绦虫节间腺分布范围的 1/3 长。两种绦虫卵不易区别。

生活史中必须要有中间宿主地螨参与。成虫脱下的孕节或虫卵随终宿主粪便排到外界，如被中间宿主地螨吞食，则六钩蚴在其消化道内孵出，穿过肠壁入血，发育为似囊尾蚴。终宿主将带有似囊尾蚴的地螨吞入时，地螨即被消化而释放出似囊尾蚴，它们吸附于肠壁上经 45～60 d 发育为成虫，并排出孕节，所以不到 2 月龄的犊牛有时就有孕节排出。成虫在牛体内的生活期多为 2～6 个月，一般为 3 个月，过此期限通常即自行排出体外。牛感染莫尼茨绦虫主要是 1.5～7 个月的犊牛，往后随年龄增长而获得免疫力。

2. 临床症状 轻微感染时，没有症状或偶有消化不良的表现；但也有仅感染少数虫体，甚至一条大的虫体就引起临床症状，甚至造成宿主死亡的病例。严重感染时，特别是伴有继发病时，则会产生明显的临床症状，甚至造成死亡。一般犊牛初期出现的症状多有食欲降低、饮欲增加等，下痢也常见。

在粪便内可查到莫尼茨绦虫的节片或碎片，有时节片成链地吊在肛门处，继后出现贫血、消瘦，皮毛粗糙、无光泽等现象。有的病牛因中毒而有抽搐与回旋运动，或头部向后仰的神经症状。有的病例因虫体成团引起肠阻塞，产生腹痛，甚至发生肠破裂，因腹膜炎而死亡。病的末期，患畜常因衰弱而卧地不起，多将头折向后方，经常作咀嚼运动，口的周围留有许多泡沫。病牛感觉迟钝，对外界事物几乎没有反应。

3. 实验室诊断 用饱和食盐水漂浮法检查动物的粪便，发现虫卵即可确诊。虫卵多为三角形或圆形，则是扩展莫尼茨绦虫感染；如果虫卵多数为四方形则是贝氏莫尼茨绦虫感染，当两种虫卵同时出现，宿主则为混合感染。

【类症鉴别】

本病应与犊牛病毒性腹泻相鉴别。

【防治措施】

在本病流行区，凡犊牛开始放牧第一天到第 30～35 天，进行绦虫成熟前驱虫；此后 10～15 d，应再进行一次驱虫。成年牛等带虫者应同时驱虫。经过驱虫的牛不要在原地放牧，而应及时转移到清洁的牧场上；如能有计划地与单蹄兽进行轮牧，可以获得良好的预防效果。

对病牛驱虫时要依据当地具体情况，选用更为有效的药物。常见的有硫双二氯酚，每千克体重 50 mg，一次内服；氯硝柳胺（灭绦灵），每千克体重 50 mg，一次口服；丙硫咪唑，每千克体重 0～20 mg，一次口服；吡喹酮，每千克体重牛 10～15 mg，一次口服。

东 毕 吸 虫 病

东毕吸虫病是由分体科、东毕属的各种吸虫寄生于奶牛等家畜的肠系膜静脉和门静脉内引起的疾病。临床上以腹泻、脱水为特征。

【诊断要点】

1. 流行病学 东毕吸虫分布较广，其中土耳其斯坦东毕吸虫的分布更广，几乎遍布全国。除家畜外，一些野生动物也是东毕吸虫的终末宿主，呈地方流行，对畜牧业危害十分严重。而且东毕吸虫的尾蚴可以感染人，引起尾蚴性皮炎，是一种重要的人兽共患吸虫病。

雄虫前体短，亚圆柱形，后体稍扁平。体长 4.39～4.56 mm，宽 0.39～0.42 mm。体壁两侧向腹面卷起形成抱雌沟。睾丸为 37～80 个，颗粒状，在腹吸盘的后方不远处，呈不规则的双列，偶见单列，缺雄茎囊。雌虫体呈丝状，体长 3.95～5.73 mm，宽 0.074～0.116 mm。卵巢呈螺旋状扭曲，位于两肠管合处前后。

卵黄腺从卵巢后方开始沿体两侧分布直至肠管末端。子宫短，在卵巢前方，通常只含一个虫卵。虫卵长 72～72 μm，宽 22～26 μm，呈短卵圆形，淡黄色，卵壳薄，无盖，两端各有一个附属物，一端的尖，另一端的钝圆。

雌虫产卵于肠系膜静脉的末梢部分，严重感染时亦见于小肠，特别是十二指肠、空肠黏膜下，形成暗色虫卵结节。虫卵随血流到肝脏，形成针尖小结节。经过一段时间蓄积，虫卵破肠黏膜入肠腔，并被结缔组织包埋后钙化，或破结节随血流、胆汁注入小肠。虫卵随粪便排至外界，此时虫卵内已有发育的毛蚴雏形，在适宜温度和湿度条件下，经几小时或 10 d 孵出毛蚴。毛蚴在水中遇到中间宿主椎实螺，毛蚴即迅速钻入螺体内，经母胞蚴、子胞蚴发育成尾蚴。尾蚴在逸出螺体内 1～2 d 内，遇到牛在水中吃草或饮水时，尾蚴通过穿刺腺分泌物的作用，穿透皮肤，侵入宿主体内，随血流达肠系膜静脉或肝门静脉而定居下来。

东毕吸虫的流行病学与日本血吸虫相比，除中间宿主不同外，其流行过程中的主要环节基本相似。流行范围遍布全国，流行季节以春末夏初为主。东毕吸虫对耕牛的危害也很严重，感染率在 10%～57%。病死的耕牛体内可找到成千上万条虫体。

2. 临床症状 奶牛严重感染时，往往出现急性腹泻或长期腹泻，进而导致体质极度衰弱，最后因衰竭而死亡。

3. 病理变化 尸检眼观变化与日本血吸虫病大致相似，主要为肝脏肿大，表面凹凸不平，有灰白或灰黄色虫卵性肉芽肿斑点，肝硬变。胃黏膜充血、肿胀，肠管壁增厚，黏膜表面粗糙不平，严重者有溃烂现象。

4. 实验室诊断 本病生前诊断比较困难，需要进行综合判断。由于东毕吸虫雌虫产卵量很少，粪便检查十分困难。常用检查方法有虫卵水洗沉淀法和 IHA、ELISA、DIGFA 等方法。

【类症鉴别】

本病应与牛病毒性腹泻、急性消化不良性腹泻和日本血吸虫病相鉴别。

【防治措施】

预防　定期驱虫，根据各地的地理特点，可以在每年的4月和11月份，结合春秋防疫。在多雨年份，可在8、9月份各驱虫一次。杀灭中间宿主螺类，可结合椎实螺生态学特点，因地制宜，结合农牧业生产，改变螺类的生存环境，进行灭螺；可在草原饲养鸭、鹅等水禽，进行生物灭螺；也可采用杀螺剂，但要防止人中毒。安全期放牧，根据椎实螺生存时间和活动规律，确定各地不同的放牧安全期。严禁接触和饮用"疫水"，加强粪便管理，将粪便堆积发酵，进行无害化处理。

治疗　吡喹酮及其复方制剂，$60\sim80$ mg/kg，牛分2次口服用药，对虫体有很强的驱杀作用，同时对妊娠母畜没有致畸和致流等副作用。硝硫氰胺（7505）微粉，按60 mg/kg剂量给药，最大用药剂量以400 kg体重用药量为限，超过部分不计算药量。敌百虫，兽用精制敌百虫按15 mg/kg配成$1\%\sim2\%$溶液（不能用热水或沸水），每天灌服一次，5 d为一疗程，片剂可直接经口投入。奶牛最大用药剂量为15.0 g。

血　吸　虫　病

血吸虫病是由日本血吸虫又名日本分体吸虫寄生于牛门静脉、肠系膜静脉和（或）盆腔静脉内，造成急性或慢性肠炎、肝硬化，并导致腹泻、消瘦、贫血与营养障碍等疾病的一种人兽共患寄生虫病。

【诊断要点】

1. 流行病学 日本血吸虫是雌雄异体的吸虫，属吸虫纲，分体科，分体属。虫体呈长圆形，外观似线虫样。口、腹吸盘各一个，口吸盘在体前端，腹吸盘较大，具有粗而短的柄，在距口吸盘不远处。缺咽，食道长。食道两旁有食道腺，肠管于近腹吸盘的水平线上分支，至虫体的后 1/3 处吻合而为单盲管。排泄囊呈短管状。雌雄虫的外形及生殖器官有明显区别。雄虫呈乳白色，短体长 95～22 mm，宽 0.55～0.967 mm。体壁自腹吸盘后方至虫体后端，两侧向腹面卷起形成抱雌沟，吸盘及抱雌沟上密生细棘。睾丸为 6～8 个，多为 7 个，呈线状排列，每个睾丸发出一输出管，汇合而成输精管，在第一个睾丸之前稍膨大，即贮精囊。生殖孔位于腹吸盘的后方，开口处呈唇状突起。

雌虫因肠管内含多量的红细胞消化后残留的色素而呈暗褐色，体形较雄虫为长，且常在雄虫的抱雌沟内成合抱状态。体长 12～26 mm，宽约 0.3 mm。卵巢呈椭圆形，在体中央部之后。卵黄腺呈分枝状，充满于虫体后 1/4 部。卵模位于体中央部的前方。子宫前行达于腹吸盘的后方，内含虫卵 50～200 个不等。虫卵长 70～100 μm，宽 50～80 μm，呈短卵圆形，淡黄色，卵壳薄，无盖，在一端侧上方有 1 个小棘。卵内含毛蚴。

日本血吸虫的生活史经过虫卵、毛蚴、母胞蚴、子胞蚴、尾蚴、囊蚴、童虫至成虫等发育阶段（没有雷蚴期）。需要有中间宿主钉螺的参与。

尾蚴常生活在水的表层，如遇到终宿主，便利用其尾部的推进活动、体部的伸缩、口腹吸盘的附着作用和其穿刺腺分泌物的蛋白酶溶解宿主皮肤组织，而钻入终宿主牛的皮肤，脱掉体部的皮层及尾部，逐渐形成新的皮层而发育为童虫。童虫侵入真皮层的淋巴管或微小血管至静脉系统，随血流经心、肺进入体循环，其中部分到达肠系膜静脉，进而随血流移到肝内门脉系统，经历初步发育后回到肠系膜静脉中定居，雌雄虫合抱，性器官完全成熟，交配产卵，一般从终宿主经皮肤感染尾蚴至发育成熟交配产卵需 30～40 d。

本病流行的三个主要条件是虫卵能落入水中并孵出毛蚴，有适宜的钉螺供毛蚴寄生发育，尾蚴能遇上并钻入终末宿主牛的体内发育。日本血吸虫的中间宿主，在我国为湖北钉螺，是一种小型的螺，螺壳呈褐色或淡黄色，螺壳有 6～8 个螺旋（右旋），一般以 7 个螺旋为最多。钉螺能适应水、陆两种环境生活，气候温和、土壤肥沃、阴暗潮湿、杂草丛生等地方都是良好的孳生地，以腐败的植物为其食物。

2. 临床症状　幼畜严重感染时，症状明显，往往呈急性经过。经皮肤感染后数周，即于产卵期呈现特有的症状。主要是里急后重，并能触知肝肿大，往往重度腹泻，腹泻便中常混有虫卵、黏液及血液，有如鱼肠腐败的恶臭。体温升高达 40 ℃以上。患畜黏膜苍白，日渐消瘦，体质衰弱，站立不稳，全身虚脱，很快死亡。

有的患畜上述症状可持续 1～2 个月以上，以后转为慢性，日渐好转，但往往反复发生。食欲不振，营养不良，贫血渐重，伴发嗜酸性白细胞增多、腹水等症状。幼畜严重感染时，常阻碍生长和发育，成为"侏儒牛"。症状剧烈时，可致死亡。患病母牛发生不孕、流产等。

3. 病理变化　最明显的病变是在肝脏表面或切面上，肉眼可见粟米粒大至高粱米粒大的灰白色或灰黄色的小点，即虫卵结节。感染初期，肝脏可能肿大，日久后肝萎缩、硬化。严重感染时，肠道各段均可找到虫卵的沉淀，尤以直肠部分的病变最为严重。常见有小溃疡、瘢痕及肠黏膜肥厚。肠系膜淋巴结肿大，门静脉血管肥厚，在其内及肠系膜静脉内可找到虫体。

4. 实验室诊断

病原诊断　水洗沉淀后将全部沉淀物倒入三角烧瓶中，加清水至离瓶口约 1 cm 处，且于 20～30 ℃（25 ℃为最适宜）温度中，在 24 h 内观察 3～4 次。观察时应注意对水中常见的原生动物加以区别：毛蚴的形状大小一致，针尖形，透明发亮，有折光性，一般在水面下 1～3 cm 处，以直线方向迅速游动，孵化时间过久时，可出现摇摆或翻滚现象。水中出现的原生动物大小不一，扁形或圆形，灰白或灰黄色，无折光性，游动不限范围，并无一定方向，呈摇摆、翻滚状，游动缓慢，时游时停。

免疫诊断　免疫诊断法先建立了间接血凝试验、环卵沉淀试验、酶联免疫吸附试验（ELISA）、斑点酶联免疫吸附试验（DOT - ELISA）、PAPS 免疫微球快速诊断法、胶乳凝集试验等。

【类症鉴别】

本病应与牛病毒性腹泻、急性消化不良性腹泻和东毕吸虫病相鉴别。

【防治措施】

日本血吸虫病的综合防治措施总的原则是治疗、预防、消灭病原。

治疗可选用如下药物，吡喹酮，每千克体重 30 mg，一次内服。硝硫氰胺微粉每千克体重 60 mg，内服。

预防主要是抓好消灭钉螺，管好粪便，防止家畜再感染等环节。

灭螺　切断血吸虫生活史环链，阻止血吸虫发育，是预防中的重要环节。生物学灭螺是利用食钉螺的鸭子等动物来消灭部分钉螺。物理学灭螺主要根据钉螺在一定深度的土层下不能生存的生态规律，结合农田水利基本建设，发展和创造了许多改变钉螺孳生环境的土埋灭螺方法，如开新沟填旧沟、铲土培埂、湖滩围垦、开鱼池、堵河叉养鱼等。

粪便管理　应结合环境卫生和农业生产，做好粪便管理和应用工作。人、畜粪便要进行堆积发酵或建沼气池制造沼气后再利用，既可杀灭虫卵，又增加肥效，还可增加农村照明、烧饭等用的能源。

防止家畜再感染　关键要避免家畜接触尾蚴。饮用水要选择无钉螺水源，专塘用水或用井水。放牧要因地制宜，合理规划，建设草场，实行轮牧结合灭螺。逐渐推广秸秆氨化或微贮喂牛，避免家畜接触感染源。

球　虫　病

球虫病是孢子虫纲、艾美耳科、艾美耳属的多种球虫寄生于动物的肠黏膜上皮细胞中而引起的以出血性肠炎为特征的原虫病，主要发生于犊牛，老龄牛多为带虫者。

【诊断要点】

1. 流行病学　已报道的牛球虫超过 10 种，即邱氏艾美耳球虫、斯密氏艾美耳球虫、拔克朗艾美耳球虫、奥氏艾美耳球虫、椭圆艾美耳球虫、柱状艾美耳球虫、加拿大艾美耳球虫、奥博艾美耳球虫、阿拉巴艾美耳球虫、亚球形艾美耳球虫、巴西艾美耳球虫、艾地艾美耳球虫、怀俄明艾美耳球虫、皮利他艾美耳球虫、牛艾美耳球虫和阿沙卡等孢球虫等，也有学者认为只有前 5 种艾美耳球虫和阿沙卡等孢球虫是可靠的，其余可能是同物异名。

在多种球虫中，邱氏艾美耳球虫和牛艾美耳球虫的致病力最强，在我国也是最为常见的虫种，对牛的危害最大。这两种球虫均寄生在牛的大肠和小肠，卵囊为亚球形或卵圆形，前者大小为 $13\sim15\ \mu m$，后者稍大 $27\sim29\ \mu m\times20\sim21\ \mu m$。

从牛吃进卵囊到粪便中出现新世代卵囊所需的时间称为潜伏期。潜伏期的长短取决于球虫种类，柔嫩艾美耳球虫潜伏期为 6 d。潜伏期不受动物的品种、性别、年龄和感染程度的影响。

因而潜伏期是虫种分类的重要根据之一。

本病分布地域广，广东省各地均检到阳性，个别地区的感染率高达 85%。

各品种的牛都有易感性，但 2 岁以内犊牛发病率、死亡率高，老龄牛多为带虫者，临床症状不明显。在南方，一年四季均可发生，但以高温多湿的春夏季为多发，环境卫生差、地面潮湿有利于本病发生，应激、患某些其他传染病也易诱发本病。牛是通过吞食有感染性卵囊而受感染，受污染的牧草、饮水、哺乳母牛的乳房、垫草等均是传染源。感染少量卵囊，不会发病，相反可产生一定的免疫力。短时间内感染 10 万个卵囊，可产生明显的症状，感染 25 万个卵囊，犊牛可出现死亡。

2. 临床症状　犊牛的发病多呈急性，病期 1～2 周。病初精神不振，食欲减退，体温偶尔略为升高，粪便变化较为明显，多变软或拉稀，带有血液，感染严重的犊牛可在发病后 1～2 d 内死亡。

泌乳期母牛发病后产乳量下降。随着病程的延长，病症更加明显，身体消瘦，喜卧，食欲降低，甚至废绝，稀粪中混有纤维性薄膜、味恶臭，到后期粪便变为黑色，几乎全为血液，肛门周围及尾部污秽、沾满粪便，体温下降，由于严重贫血和衰弱而死亡。

3. 病理变化　剖检发现，牛球虫寄生的肠道均出现不同程度的病变，其中以直肠出血性肠炎和溃疡病变最为显著，可见黏膜上散布有点状或索状出血点和大小不同的白点或灰白点，并常有直径 4～15 mm 的溃疡。直肠内容物呈褐色，有纤维性薄膜和黏膜碎片。直肠黏膜肥厚，有出血性炎症变化。淋巴滤泡肿大，有白色或灰色小溃疡，其表面覆有凝乳样薄膜。直肠内容物呈褐色、恶臭，含有纤维素性假膜和黏膜碎片。

4. 实验室诊断　镜检粪便和肠道刮取物，发现卵囊或裂殖体即可确诊。也可用硫酸镁（浓度 56%）作粪便漂浮，可在漂浮液表面检查到大量卵囊。

【类症鉴别】

本病应与牛病毒性腹泻、急性消化不良性腹泻、东毕吸虫病和日本血吸虫病相鉴别。

【防治措施】

预防 应采取隔离、卫生和治疗的综合防治措施，因成年牛多为带虫者，所以犊牛应与成年牛分开饲养，不使用同一牧地。保持舍内清洁卫生，粪便和垫草要集中进行无害化处理，哺乳母牛的乳房要经常清洗，保持干净，避免突然改变饲料和饲养方式等应激刺激，对高发区，可在饲料中加入氨丙啉、莫能霉素、氯吡醇、尼卡巴嗪等抗球虫剂进行预防。

治疗 多种磺胺药物和抗球虫剂可用于牛球虫病的治疗。如磺胺二甲基嘧啶、磺胺六甲氧嘧啶和氨丙啉、氯苯胍等均有较好的疗效。对有严重临床症状的病例还要对症治疗，如补液、止血、强心、止泻，甚至输血。治疗尽量做到早确诊、早给药。

隐 孢 子 虫 病

隐孢子虫病是20世纪80年代以后才引起人们重视的人兽共患的原虫病，隐孢子虫常在艾滋病人体内大量感染繁殖，是艾滋病人死亡的一个重要因素。在牛寄生于消化道、呼吸道等器官上皮细胞的刷状缘或微绒毛层内，引起呼吸道疾病和腹泻，同时也是其他疾病的诱因。

【诊断要点】

1. 流行病学 隐孢子虫的卵囊呈圆形或椭圆形，囊壁光滑，一端有裂缝，在球虫亚纲的众多原虫中，只有隐孢子虫卵囊壁有裂缝。无微孔、极粒和孢子囊，成熟卵囊含有4个裸露的香蕉形子孢子和1个残体。残体由1个大的折光体和一些小颗粒组成。虫体寄生于宿主黏膜上皮细胞表面微绒毛刷状缘内带虫空泡中。在虫体的基部与宿主细胞相融合，形成电子致密度高的融合区，称为营养器。虫体看似突出于宿主细胞之外，其实是被一层细胞膜所包绕，所以隐孢子虫仍然属细胞内寄生。

隐孢子虫发育过程与球虫基本相似，可分为裂殖生殖、配子生殖和孢子生殖3个阶段。

隐孢子虫病的传染源是牛排出的卵囊。隐孢子虫卵囊对外界的抵抗力强，在潮湿环境中可存活数月，常用消毒剂在推荐浓度下对卵囊的活性没有明显的影响，只有50%以上的氨水和30%以上的福尔马林作用30 min才能杀死隐孢子虫卵囊。牛的主要感染方式是粪便中的卵囊污染食物和饮水，经消化道而发生感染。

2. 临床症状　隐孢子虫对幼龄动物的危害更大，其中以犊牛发病较为严重。本病主要由微小隐孢子虫引起，潜伏期3～7 d，主要症状为精神沉郁、厌食、严重腹泻，粪便中带有大量纤维素，有时带有血液。患畜消瘦，发育缓慢，体温偶有升高。牛的死亡率可达16%～40%，尤以1月内的犊牛的死亡率更高。

3. 病理变化　病理剖检的主要特征为空肠绒毛层萎缩和损伤，肠黏膜固有层的淋巴细胞、浆细胞、嗜酸性白细胞和巨噬细胞增多，肠黏膜的酶活性较正常黏膜低，呈现出典型的肠炎病变，在这些病变部位发现大量隐孢子虫内生发育阶段的各期虫体。

4. 实验室诊断　由于隐孢子虫感染多呈隐性经过，感染者可不表现出任何症状，只向外界排出卵囊，即使有症状，也常属非特异性，故不能用以确诊，确诊只能依据实验室方法。

生前诊断可采用粪便集卵法、粪样抹片法和间接免疫荧光法。死后诊断可取有病变部位（或刮消化道黏膜）抹片染色，或采用病理切片，姬姆萨氏染色，或是制成电镜样本，鉴定虫体。

对可疑病例也可采用实验动物感染加以确诊。

【类症鉴别】

本病应与牛病毒性腹泻、急性消化不良性腹泻、东毕吸虫病、日本血吸虫病和球虫病相鉴别。

【防治措施】

目前尚无治疗隐孢子虫的有效药物。曾用抗球虫药治疗隐孢子虫病，效果不理想。在国内，用大蒜素治疗人体隐孢子虫病获得良好疗效。此外，可用次氯酸、5％氨水消毒牛舍和用具，可杀灭隐孢子虫卵囊。对于大多数免疫机能健全的牛而言，本病可以自愈，但经口或非肠道进行补液，有助于康复，然而对于免疫系统受抑制的患牛，如果不消除引起免疫受抑制的原因，本病就会发展成致命的疾病。由于目前还没有特效药物，尚无可值得推荐的预防方案，因此只能从加强卫生措施和提高免疫力来控制本病的发生。

弓 首 蛔 虫 病

弓首蛔虫病是由弓首科、弓首属中犊弓首蛔虫寄生于犊牛的小肠和胃内所引起的一种寄生虫病。临床上以腹泻、脱水为特征。主要发生于犊牛。

【诊断要点】

1. 流行病学　犊弓首蛔虫又名牛新蛔虫，虫体粗大，淡黄色。成虫寄生于4～5月龄的犊牛小肠内。雌雄虫体交配后，

雌虫产卵，卵随粪便排到体外。虫卵在外界环境中的发育情况
与猪蛔虫相似，但其感染常取胎内感染方式。母牛吞食到感染
性虫卵后，虫卵进入小肠孵出幼虫，穿过肠黏膜进入母牛体
内，潜伏于组织中。当母牛怀孕时，幼虫即开始活动，通过胎
盘进入胎牛的体内，小牛出生后，幼虫在小肠经 25～31 d 发育
为成虫。成虫在犊牛小肠中可生活 2～5 个月，以后逐渐从宿
主体内排出。

　　幼虫在母牛体内移行，除一部分到子宫外，还有一部分幼虫
循环至乳腺经乳汁被犊牛吞食后在犊牛小肠内发育为成虫，即犊
弓首蛔虫可通过乳汁感染犊牛。

　　犊弓首蛔虫主要危害出生后 2 周至 5 月龄的犊牛，严重时可
导致死亡，黄牛、水牛及乳牛均可感染。本病分布很广，遍及世
界各地，在我国多见于南方各省的犊牛。犊牛多在母体内即已感
染，初生后 20 d 左右，粪便中出现虫卵，3、4 周大的犊牛，达
到感染的高峰，随着犊牛的长大，感染性逐渐降低，至三四个月
后则逐渐消失，成虫从犊牛体内排出。在成年牛的体内只发现有
移行阶段的幼虫，没有成虫寄生的报道。

　　犊弓首蛔虫卵对药物的抵抗力较强，在 2% 的福尔马林溶
液中能正常发育，虫卵可以在 2% 的克辽林或 2% 的来苏儿溶
液中存活 20 h。但虫卵对直射光线的抵抗力较弱，虫卵在阳光
的直接照射下，4 h 即全部死亡。温、湿度对虫卵的发育影响
较大，虫卵发育较适宜的温度为 20～30 ℃，湿度有利于虫卵
的发育和生存，当相对湿度低 80% 时，感染性虫卵的生存即受
到严重影响。

　　2. 临床症状　　犊牛的临床症状为精神委顿，嗜睡，不愿行
动，吮乳无力或停止吮乳，消瘦，腹部常较膨大，多数牛排稀粪
或糊样灰白色腥臭粪便，手指捻粪有滑性油腻状感觉；严重者拉
血痢，粪便黏性，有时出现腹痛，呼出气体带有刺鼻的酸味。大
量虫体寄生时可引起肠阻塞或肠穿孔。

3. 病理变化　死亡的犊牛进行尸体剖检，在小肠内找到成虫或在血管、肝脏、肺脏移行期的幼虫。

4. 实验室诊断　如有临床症状，在粪便中查见虫卵即可确诊。因蛔虫有强大的产卵能力，一般采用直接涂片法即可发现虫卵。如寄生的虫体不多，可采用漂浮集卵法。

【类症鉴别】

临床上应与腹泻性疾病进行鉴别诊断。

【防治措施】

治疗　在临床上，应根据病牛的健康状况进行综合治疗，即包括药物治疗、改善饲养管理及防止继发感染等。

驱虫药物有噻咪唑每千克体重 10 mg，皮下注射；噻苯唑每千克体重 40 mg，一次内服，也可用 5％注射液，每千克体重 10 mg皮下或肌内注射；枸橼酸哌嗪每千克体重 100 mg，内服，对成虫有效，而每千克体重 200 mg 可驱除 1～2 周龄犊牛体内未成熟的虫体；左咪唑，每千克体重 8～10 mg，内服；每千克体重硫苯咪唑 20 mg，内服，灭虫率为 90％～100％；丙硫咪唑每千克体重 10～20 mg，内服。

预防　定期检查，及时驱虫。同时要进行有计划的驱虫，犊牛断奶后驱虫一次，以后每隔 2 个月驱虫一次；或在断奶后20～30 d 及配种后 20～30 d 各驱虫一次。因犊牛此时感染达到高峰，且有许多是带虫不显症状者，但其排出的虫卵可以污染环境，导致母牛感染。牛只粪便及时清扫并堆积发酵。

毛 圆 线 虫 病

毛圆线虫病是由毛圆科、牛圆线虫属的红色牛圆线虫寄生于牛胃黏膜内引起的线虫病，所以又称牛圆线虫病。表现为胃炎和胃炎后继发的代谢紊乱。

【诊断要点】

1. 流行病学　虫体纤细，带红色，头部小，有颈乳突。雄虫长 4~7 mm，雌虫长 5~10 mm。卵随粪便排出后，在适当温、湿度条件下约经 30 h 孵出幼虫，再经 2 次蜕皮，第 7 天发育为感染性幼虫，其大小为 715~735 μm×22 μm，有外鞘。经口感染，幼虫到胃腔后，侵入胃腺窝，停留 13~14 d，发育蜕皮 2 次，然后重返胃腔。感染后 17~19 d 发育为成虫。

虫卵和幼虫均不耐干燥和低温。第三期幼虫在 0~5 ℃ 3 d 死亡；在干燥情况下，4 h 死亡。第三期幼虫可以爬上湿润的草叶和在湿润的环境中移行。运动场上有时有大量的幼虫。各种年龄的牛都可以感染，但主要是犊牛。母牛哺乳期间抵抗力下降，受感染的较多，停止哺乳后可以自愈。感染主要发生于受污染的潮湿牧场、饮水处、运动场和厩舍。牛饲养在干燥的环境里，不易发生感染。饲料中蛋白质不足时，容易发生感染。

2. 临床症状　虫体侵入胃黏膜吸血，少数寄生时不见异常。多量寄生或由于其他原因而并发胃炎时，患牛精神萎靡，贫血，发育不良，排混血的黑便。

3. 病理变化　剖检可见胃底部小点出血，胃腺肥大，并形成扁豆大的扁平突起或圆形结节，上有黄色伪膜，部分为溃疡。胃黏膜显著增厚，并形成不规则的皱褶；患部或虫体上均被覆有大量黏液。严重感染时，黏膜皱褶有广泛性出血和糜烂。胃溃疡多发于胃底部，严重病例可见胃穿孔。

4. 实验室诊断　因症状不典型，主要以剖检发现虫体与相应病变和粪便检查（漂浮法）发现虫卵作为诊断依据。虫卵形态与食道口线虫卵相似，较难鉴别，常需要培养至第三期幼虫后，再行鉴定。

【类症鉴别】

本病应与牛肠套叠、病毒性腹泻、急性消化不良性腹泻、东毕吸虫病、日本血吸虫病和球虫病相鉴别。

【防治措施】

治疗　噻苯唑3～8周龄按饲料量的0.05％用药，8周龄至宰前按0.01％用药。左旋咪唑每千克体重10 mg，经口服或皮下注射均有效。丙硫苯咪唑每千克体重20 mg，一次口服。氯氰碘柳胺每千克体重10 mg，一次口服或肌注。

预防　改善饲料管理，给予全价营养；清扫和消毒牛舍、运动场；妥善处理粪便；保持饮水清洁；进行预防性和治疗性驱虫。

仰 口 线 虫 病

仰口线虫病俗称钩虫病，是由钩口科、仰口属的牛仰口线虫引起的以贫血为主要特征的寄生虫病。寄生于小肠，主要是十二指肠。本病对家畜的危害较大，严重时可引起死亡。

【诊断要点】

1. 流行病学　牛仰口线虫的形态为中等大小的线虫，虫体乳白色，吸血后，取出的新鲜虫体呈淡红色。口囊底部背侧有一个大背齿，背沟由此穿出，口囊底部腹侧有2对亚腹侧齿。雄虫的交合刺长，35～40 mm。雄虫长10～18 mm，雌虫长24～28 mm。虫卵大小为88～104 μm×47～56 μm。

成虫寄生于小肠中，交配产卵，卵随粪便排出体外。虫卵在26 ℃和适宜的湿度下，虫卵约经24 h后孵出幼虫，温度对幼虫发育有很大影响，31 ℃时经4 d，24～25 ℃时经8 d，14～24 ℃

时经 9～11 d，幼虫进行 2 次蜕皮变为感染性幼虫。

感染性幼虫可经过两种途径进入牛只体内：一是幼虫随饲料和饮水等经口感染进入肠道，在小肠内直接发育为成虫，此过程约需 24 d；二是幼虫经皮肤感染，幼虫主动钻入宿主皮肤而进入血液循环，随血流入右心，经过小循环到达肺脏，再由肺毛细血管进入肺泡，在此进行第三次蜕皮变为第四期幼虫。肺泡内的幼虫沿支气管到气管逆行而上，至咽喉部再返回小肠内，进行第 4 次蜕皮发育为第五期幼虫。由皮肤侵入到雌虫成熟产卵，此过程需要 70 d。实验证明，幼虫经皮肤感染时有 85% 的得到发育，而经口感染时，只有 12%～14% 的幼虫得到发育，但大多数幼虫是经口感染。

仰口线虫病分布于全国各地，在较潮湿的草场中放牧的牛只流行更严重，多呈地方性流行。

2. 临床症状　患畜主要表现以贫血为主的一系列症状，如黏膜苍白，下颌水肿，消瘦，顽固性下痢，粪带黑色。严重感染时还可能出现后肢无力，轻瘫和昏睡等神经症状。

3. 病理变化　皮下水肿，血液稀薄，肝、脾、肾、心肌色淡有灰白色斑纹，淋巴结色淡、水肿，胆囊扩张，胆汁增多，十二指肠有炎症，内有大量乳白色的线虫。

4. 实验室诊断　确诊可通过粪便检查，用饱和盐水漂浮法，发现大量虫卵，若每克粪便虫卵数达 400～500 个时，或尸体剖检在寄生部位发现大量虫体时即可确诊。

【类症鉴别】

本病应与牛病毒性腹泻、急性消化不良性腹泻、东毕吸虫病、日本血吸虫病和球虫病相鉴别。

【防治措施】

治疗　仰口线虫病的治疗药物可选用敌百虫、左旋咪唑、丙硫咪唑、伊维菌素等驱线虫药。伊维菌素每千克体重 0.2 mg，内服或皮下注射。丙硫苯咪唑每千克体重 5～15 mg，一次口服。左旋咪唑每千克体重 8 mg，内服或注射。

预防 预防性驱虫，可根据当地的流行情况对全群牛只进行驱虫，一般在春、秋各进行一次，冬季可用高效驱虫药驱杀黏膜内休眠的幼虫，以消除春季排卵高潮；在转换牧场时应进行驱虫。药物预防，在严重流行地区，放牧期间可将硫化二苯胺混于精料或食盐内任其自行舔服，持续 2～3 个月；或采用控制释放药物（缓释剂）进行预防，可有效地降低犊牛的死亡率和感染率。加强饲养管理，放牧牛只应尽可能避免潮湿地带，尽量避开幼虫活跃时期，以减少感染机会；注意饮水卫生，建立清洁的饮水点；合理的补充精料和矿物质，提高畜体自身的抵抗力。全面规划牧场，有计划地进行分区轮牧，适时转移牧场。为了提高草地的利用率可与不同种牲畜进行轮牧。免疫预防，利用 X 射线或紫外线将幼虫致弱后用作疫苗接种在国外已获得成功，国内在该方面还有一些工作要做。

毛 首 线 虫 病

毛首线虫病是由毛首科、毛首线虫属的牛毛首线虫寄生于牛大肠（主要是盲肠）所引起的线虫病。虫体前部细长，后部粗短，形似鞭状，故有毛首线虫或鞭虫之称，所以又称为鞭虫病。

【诊断要点】

1. 流行病学 毛首线虫虫体乳白色，呈鞭状。雄虫长 20～52 mm，雌虫长 39～53 mm，成虫在盲肠产卵，每天可产卵约 5 000 个，卵随粪便排出。在 33～34 ℃时，经 19～22 d 即发育为感染性虫卵。牛只吞食感染性虫卵后，第一期幼虫在小肠后部孵出，到第 8 天后，幼虫即移行到盲肠内发育，感染后 30～40 d 发育为成虫。成虫寿命为 4～5 个月。

本病主要危害犊牛，严重感染时，可引起犊牛死亡。也寄生于人、野猪和猴等动物。一个半月的牛只即可检出虫卵；4 月龄牛的虫卵数和感染率均急剧增高，以后渐减；14 月龄的牛只极少感染。由于卵壳厚，抵抗力强，故感染性虫卵可在土壤中存活 5 年。在清洁、卫生的牛场，多为夏天放牧感染，秋、冬出现临床症状，在不卫生的牛舍中，一年四季均可发生感染，但夏季感染率最高。近年来，研究者多认为人鞭虫和牛鞭虫为同物异名，故在公共卫生方面有一定的重要意义。

2. 临床症状 轻度感染时，有间歇性腹泻，轻度贫血，生长发育迟缓。严重感染时，食欲减退，消瘦，贫血，腹泻；死前数日，排水样血色便，并有黏液。

3. 病理变化 剖检可见盲肠和结肠黏膜有出血性坏死、水肿和溃疡，还有和结节虫病相似的结节。结节有两种：一种质软有脓，虫体前部埋入其中；另一种在黏膜下，呈圆形包囊状物。

4. 实验室诊断 用漂浮法集卵，以 2～3 g 牛粪效果较好。粪检发现大量虫卵或剖检时检出多量虫体和相应的病变即可确诊。

【类症鉴别】

本病应与牛病毒性腹泻、急性消化不良性腹泻、东毕吸虫病、日本血吸虫病和球虫病相鉴别。

【防治措施】

治疗 丙硫苯咪唑，每千克体重 20 mg，口服或混饲，连用 3 次，驱虫率可达 100%。氟苯哒唑，每千克体重 50 mg 剂量，一次混饲喂服，或以每千克体重 30 mg 作为添加剂混入饲料，连续使用5 d，对牛鞭虫的虫卵减少率为 100%。梅岭霉素，每千克体重 0.4 mg，一次口服有很好的效果。

　　预防　加强饲养管理，保持牛舍和运动场清洁。尽量做好牛场各项饲养管理和卫生防疫工作，减少感染，增加牛只抵抗力。供给牛只充足的维生素、矿物质和饮水，减少它们拱土和饮食污水的习惯。饲料、饮水要新鲜清洁，避免牛粪污染，牛粪的无害化处理。预防性定期驱虫，每年春、秋两季定期进行 2 次全面驱虫；对 2～6 月龄的牛，在断奶后驱虫一次，以后每隔 1.5～2 个月进行 1～2 次预防性驱虫。怀孕母牛在产前 3 个月驱虫一次，这样可以减少牛体内的载虫量和降低外界环境的虫卵污染程度，从而逐步控制犊牛毛首线虫病的发生。

食 道 口 线 虫 病

　　食道口线虫病，是由毛线科、食道口属的一些线虫寄生于牛等反刍兽的大肠所引起的疾病，有时也可见于小肠末端及盲肠。因一些种线虫的幼虫可在寄生部位的肠壁上形成结节，故又称为结节虫病。

【诊断要点】

　　1. 流行病学　食道口属线虫的共同特征是口囊小而浅，呈圆筒形，其外周有一显著的口领。口缘有叶冠。有颈沟，颈沟后方有颈乳突，颈沟前方的表皮有的膨大而形成头囊。有或没有侧翼。雄虫的交合伞发达，有一对等长的交合刺。雌虫阴门位于肛门前方附近。排卵器发达，呈肾形。虫卵较大。临床常见食道口线虫有辐射食道口线虫、哥伦比亚食道口线虫和微管食道口线虫三种。

　　虫卵在外界如夏季的适宜条件下，1～2 d 孵出幼虫；3～6 d 内蜕皮 2 次，发育为带鞘的感染性幼虫。牛经口感染。幼虫在肠内蜕鞘，感染后 1～2 d，大部分幼虫在大肠黏膜下形成大小 1～

6 mm 的结节；感染后 6～10 d，幼虫在结节内第三次蜕皮，成为第四期幼虫；之后返回大肠肠腔，第四次蜕皮，成为第五期幼虫，感染后 38 d（犊牛）或 50 d（成年牛）发育为成虫。成虫在体内的寿命为 8～10 个月。

感染性幼虫可越冬。在室温 22～24 ℃的湿润状态下，可生存达 10 个月；在－19～20 ℃可生存 1 个月。虫卵在 60 ℃高温下迅速死亡。干燥可使虫卵和幼虫致死。成年牛被寄生得较多。放牧牛在清晨、雨后和多雾时易遭感染。

2. 临床症状 只有严重感染时，大肠才产生大量结节，发生结节性肠炎。粪便中带有脱落的黏膜，牛只表现腹痛、腹泻或下痢、高度消瘦、发育障碍。继发细菌感染时，则发生化脓性、结节性大肠炎。也有引起犊牛死亡的报道。

3. 病理变化 病牛尸体极度消瘦，血液稀薄，凝血不良。结肠壁上布满绿豆大小灰白色颗粒状结节，结节发硬，切面内有淡绿色脓汁或豆渣样物。整个肠管内非常空虚。大肠壁普遍增厚，有卡他性肠炎。除大肠外，小肠（特别是回肠）也有结节发生。

4. 实验室诊断 用漂浮法检查粪便中有无虫卵。注意查看粪便中有否自然排出的虫体。虫卵不易鉴别时，可培养检查幼虫。

【类症鉴别】

本病应与牛肠套叠、病毒性腹泻、急性消化不良性腹泻、东毕吸虫病、日本血吸虫病和球虫病相鉴别。

【防治措施】

治疗 伊维菌素每千克体重 0.3 mg，皮下注射。左旋咪唑每千克体重 8 mg，口服或混饲；针剂每千克体重 5 mg，皮下注射。丙硫咪唑每千克体重 10 mg，口服或混饲。氯氰碘柳胺每千克体重 5 mg，口服或混饲；每千克体重 2.5 mg，皮下注射。

预防 注意搞好牛舍和运动场的清洁卫生，保持干燥，及时清理粪便；保持饲料和饮水的清洁，避免幼虫污染。饲料中加入适量潮霉素 B，连喂 5 周，有抑制虫卵产生和驱除虫体的作用。牧场被污染时，应换至干净的牧场放牧。

夏伯特线虫病

夏伯特线虫病是由圆线科、夏伯特属线虫寄生于羊、牛、骆驼及其他反刍兽的大肠内引起的。临床上以腹泻、贫血、下颌水肿为特征。

【诊断要点】

1. 流行病学 虫卵随粪便排出体外，如果温度和湿度都适宜，一昼夜内即孵出幼虫，经 2 次蜕化，在 1 周左右发育成为侵袭性幼虫。卵在牧场上能生活 2～3 个月。幼虫在足够的湿度及弱光线下，向着草叶的上部移行，如果草上的湿度消失，光线变强，幼虫就移回草根泥土中。由此可知幼虫活动最强的时间是早晨，其次是傍晚，这些时候也正是感染的适宜时机。当牛只吞入这些侵袭性幼虫时，即受到感染。在正常情况下，幼虫在牛体内 25～35 d 即发育为成虫，而且大量产出虫卵。

犊牛易感，多发于高原地带，每年春季出现高峰期，我国许多地区有此现象，尤其以西北地区明显。春季高潮原因：一是可以越冬的感染性幼虫，致使牛春季放牧后很快获得感染；二是牛当年感染时，由于牧草充足，抵抗力强，使体内的幼虫发育受阻，而当冬末春初，草料不足，抵抗力下降时，幼虫开始活跃发育，至春季 4～5 月份，其成虫数量在体内迅速达到高峰，即"成虫高潮"，发病数量剧增。本病在国外的感染情况相对轻微，牛感染率不高于 10%，在我国遍及各地，而以西北、内蒙古、山西等地较为严重，有些地区牛的感染率高达 90% 以上，对当地畜牧业的发展造成了严重危害。

2. 临床症状 病牛精神沉郁，喜卧，食欲减退或废绝，离群独处，伏卧栏角，被毛干燥、粗乱，日渐消瘦，眼结膜苍白，贫血，下颌间隙及头部发生水肿。病牛体温升高为 39.8～41.0℃，拉稀，日泻数次到十几次，粪便呈淡绿色至黑褐色、面团状至稀浆糊样。肛门周围和尾根部沾有稀粪。严重时四肢无力，卧地不起。犊牛生长发育弛缓，发病和死亡严重。最急性者多为突然发病，无明显症状即死亡。个别牛在白天未出现症状，次日死亡。

3. 实验室诊断 取剖检病牛肠管内容物于器皿内，用清水洗净粪便，收集到大量呈乳白色、背部和尾部稍呈淡褐色的线虫。将虫体经乙醇脱水、二甲苯透明后，置显微镜下检查，可见虫体前端稍向腹面弯曲，头节膨大明显，有一近似半球形的大口囊。口囊呈亚球形，底部无齿，前端有小的叶冠，交合伞短，交合刺等长。导刺带褐色形似鞋底，有浅的颈沟与颈囊。

【类症鉴别】

本病应与牛病毒性腹泻相鉴别。

【防治措施】

治疗 伊维菌素或丙硫咪唑等进行驱虫，同时进行对症治疗，临床上一般采取补液、消炎、止泻、纠正电解质平衡的治疗原则进行治疗。

预防 加强饲养管理及卫生工作，保持牛舍清洁干燥，注意饮水卫生，对粪便进行发酵处理，杀死其中的虫卵。进行计划性驱虫，在牧区，根据四季牧场轮换规律安排驱虫；在不是常年放牧的地区，于春季出牧之前和秋冬转入舍饲以后的 2 周内各进行一次驱虫。应该注意的是，各种驱虫药要交替使用，连年应用同一种驱虫药时，效果会逐渐降低。

螨　虫　病

螨虫病又叫疥螨、癞病。由疥螨和痒螨引起。以剧痒、湿疹性皮炎、脱毛和具有高度传染性为特征。

【诊断要点】

1. 流行病学　螨病多发生于秋、冬季节，在此季节，因阳光照射不足，牛体绒毛增生，皮肤表面湿度增高，最适合螨的发育、繁殖。夏季，牛体换毛，阳光照射充足，皮温增高，经常保持干燥状态，以致大部分虫体死亡，少数隐藏在阳光照射不到的皮肤褶皱处，成为带虫动物，入秋后常复发，并成为传染源。疥螨病通常开始发生与毛短而皮肤柔软的部分；痒螨开始发生于毛密及毛长部位，而后蔓延开来，甚至波及全身。牛的疥螨和痒螨大多呈混合感染。

牛螨虫病分布遍及我国各地，在冬、春季节，凡牛舍阴暗、拥挤、饲养管理差的牧场，不论水牛、黄牛均可发病，尤以犊牛受害最为严重。

2. 临床症状　初期多在头、颈部发生不规则丘疹样病变。病牛剧痒，使劲磨蹭患部，使患部落屑、脱毛，皮肤增厚，失去弹性。鳞屑、污物、被毛和渗出物黏结在一起，形成痂垢。病变逐渐扩大，严重时可蔓延至全身。病牛由于发痒而经常啃咬、摩擦，影响正常采食和休息，消化吸收机能降低，逐渐消瘦，严重时死亡。

3. 实验室诊断　在病牛皮肤患部边缘与健康皮肤交界处刮取皮屑，刮到皮肤发红为止，将刮取物收容起来，按以下方法检查。

直接检查 将刮取物摊在黑纸上，放在阳光下照晒或用其他方法加温，直接或用放大镜观察有无螨在爬动。

分离检查 将刮取物放在盛有40℃温水漏斗上的铜筛中，经0.5～1 h，螨可爬出，沉于管底，而后取沉淀物进行镜检。

检查死螨 将刮取物放在5%～10%氢氧化钾溶液中浸泡2 h，或加热至沸，而后静置20 min或离心，取沉淀物镜检。

【类症鉴别】

本病应与神经性皮炎、真菌性皮炎相鉴别。

【防治措施】

螨病最易接触感染，在治疗时，如漏掉一处或散布少许病料，就可能造成蔓延。为使药品与虫体充分接触，必须先对患部作剪毛、清洗后再用药物反复涂擦，以求彻底治愈。由于多数治疗螨病的药品杀不死虫卵，因此必须隔5～7 d，待卵内幼虫孵出后再涂第2次药，才能彻底治疗。常用药物如敌百虫液，其成分是来苏儿5份，溶于100份温水中，再加入敌百虫5份即成，涂擦患部。辛硫磷乳剂，用水配成1：1 000的浓度，涂擦患部。亚胺硫磷用水配成1：1 000的浓度，涂于患部。阿维菌素或伊维菌素，肌内注射，间隔7 d一次，连用3次。

螨病往往有一头发生，便很快蔓延开来，必须加强预防。平时搞好环境和牛体卫生；早期发现病牛，及时隔离、消毒和治疗。

牛 虱

寄生于牛体表的虱有牛毛虱和牛血虱。牛毛虱以牛毛和皮屑为食，牛血虱则吸食血液。当虱大量寄生时，可引起皮肤发痒、不安、脱毛、皮肤发炎及牛只消瘦。

【诊断要点】

1. 流行病学 牛虱主要包括牛毛虱、牛血虱和水牛血虱三种。

牛毛虱。体长 1.5～1.8 mm，雄虱略小于雌虱。头部红色，体部黄白色，其侧缘和背板上的纹带呈赤黄色或赤褐色；头部阔圆，触角三节。常寄生于牛的头顶部、颈部和肩胛部。

牛血虱。雄虫小，长约 2 mm；雌虫大，长达 4.75 mm。头部呈五角形，中部最宽，触角位于最宽处，胸部呈扁的长方形，腹部椭圆形，每一腹节侧缘有深色隆起。常寄生于背、前胸、头顶及尾根周围。

虱的发育属不完全变态，即经过卵、若虫、成虫三个发育阶段，而且只能在家畜身上发育，整个发育期为一个月。成熟的雌虫一昼夜内产 1～4 个卵，以特殊的胶质牢固地黏附在家畜的被毛上，毛虱的卵经 5～10 d，兽虱的卵约经 2 周孵化为若虫，若虫吸血或食毛、皮屑等，再经 2～3 周蜕皮 3 次发育为成虫，一年可繁殖数代至十余代，雌虫产卵期为 2～3 周，共产卵 50～80 个，产完卵后死亡，雄虫寿命更短。虱离开畜体，由于得不到食料，通常于 1～10 d 死亡，如在 35～38 ℃时经一昼夜死亡；在 0～6 ℃时经 10 d 死亡。阳光对虱有杀害作用，在食料充足的情况下，耐寒力很强。

虱病是直接感染的，即患畜与健畜直接接触或通过管理工具、褥草等而感染。畜舍、畜体不洁，卫生条件差和饲养管理不良的畜群则容易患虱病。一般在秋、冬舍饲期间最容易发生，因为这期间，家畜的被毛长，绒毛厚密，皮肤表面的湿度增加，这些都有利于虱的生存和繁殖，因此虱病常较严重；反之，在夏季尤其是转为放牧后，家畜体上的虱就显著减少。

2. 临床症状 血虱吸血时分泌毒素，毛虱在爬行食毛和皮屑时均可刺激神经末梢，引起牛只不安，皮肤发痒，由于啃咬和擦痒造成皮肤损伤，引起皮炎、脱毛、脱皮，并可继发细菌感染和伤口蛆症。犊牛常因舔吮患部，牛毛在胃内形成毛球，造成严重的胃肠疾病。由于虱的骚扰，影响采食、睡眠、休息，致使消瘦和犊牛发育受阻；此外，虱子还可以传播其他疾病。

【类症鉴别】

本病应与神经性皮炎和维生素缺乏性异嗜相鉴别。

【防治措施】

治疗　常用的灭虱药有菊酯类和有机磷类，如溴氰菊酯（敌杀死），配成 0.005%～0.008% 的水溶液涂擦患部；氰戊菊酯（速灭杀丁），用 0.1% 的乳剂喷牛的体表；敌百虫，配成 0.5%～1% 的水溶液来涂擦患部；敌敌畏，配成 1% 的水溶液喷在牛的毛上，不要弄湿皮肤，一头牛一天不要超过 60 mL。此外，倍硫磷、蝇毒磷等也有很好的效果。阿维菌素、伊维菌素也有确切的疗效。

防治　虱病要加强饲养管理，改善卫生条件。要经常打扫畜舍，消毒，垫草勤换勤晒，通风干燥，阳光充足，造成不利于虱生存和繁殖的环境。管理用具要经常用热碱水或开水烫洗，以杀死虱卵。秋、冬季节要特别注意饲养管理，给予丰富营养，以提高家畜的抵抗力。要定期并系统地检查畜群，一旦发现虱病，应及时隔离治疗，防止蔓延。对新运进的家畜应加以检查，有虱者要先行灭虱，然后合群。虱卵离体后仍能保持几天的活力，更换厩舍除消毒外，应空闲 10 d 时间。

牛　皮　蝇

牛皮蝇由皮蝇科、皮蝇属的纹皮蝇和牛皮蝇幼虫寄生于牛背部皮下组织引起。临床上以皮肤局灶性隆起、破溃等为特征。

【诊断要点】

1. 流行病学 成蝇较大，体表被有长绒毛，有足 3 对及翅 1 对，外形似蜂；复眼不大，有 3 个单眼；触角芒简单，不分支；口器退化，不能采食，也不叮咬牛只。牛皮蝇成熟第三期幼虫长可达 28 mm，最后两节腹面无刺，气门板呈漏斗状。皮蝇广泛分布于世界各地，成蝇出现的季节随各地气候条件和皮蝇种类的不同而有差异。

2. 临床症状 雌蝇产卵时可引起牛只强烈不安，表现踢蹴、狂跑（跑蜂）等，严重影响牛采食、休息，甚至可引起摔伤、流产等。

幼虫初钻入牛皮肤，引起牛皮肤痛痒，精神不安。在牛体内移行时造成移行部位组织损伤。特别是第三期幼虫在牛背部皮下时，引起局部结缔组织增生和皮下蜂窝组织炎，有时继发细菌感染可化脓形成瘘管。患畜表现消瘦，生长缓慢，肉质降低，泌乳量下降。牛背部皮肤被幼虫寄生以后，留有瘢痕和小孔，影响皮革质量。

3. 病理变化 幼虫出现于牛背部皮下时易于诊断，可触诊到隆起，上有小孔，内含幼虫，用力挤压，可挤出虫体，即可确诊。

【类症鉴别】

本病应与奶牛真菌性皮肤病相鉴别。

【防治措施】

治疗 伊维菌素或阿维菌素，每千克体重 0.2 mg，皮下注射。倍硫磷浇泼剂，每 100 千克体重 10 mL，沿牛背中线由前向后浇泼。蝇毒磷，每千克体重 10 mg，臀部肌内注射。敌百虫，2% 敌百虫水溶液，取 300 mL 在牛背部或只在牛皮肤上的小孔处涂擦 2~3 min，经 24 h 后，大部分幼虫即软化死亡，其杀虫率可达 90%~96%。

预防 定期进行预防性驱虫。

肺 丝 虫 病

牛肺丝虫病是网尾线虫寄生于牛气管和支气管内引起的疾病，又叫牛网尾线虫病。临床上以咳嗽、流鼻液为特征。全国各地都有发生。

【诊断要点】

1. 流行病学 雌成虫在牛气管和支气管内产卵，当牛咳嗽时，虫卵随痰液咽入消化道并在消化道内孵出幼虫。幼虫随粪便排出体外，发育成为感染性幼虫，然后随饲草、饲料和水进入牛体，再沿淋巴管和血管进入肺，最后通过毛细支气管进入支气管并发育成成虫。整个过程需 1 个月左右。此病多侵害犊牛和羔羊。

2. 临床症状 患牛阵发性或痉挛性咳嗽是本病的主要症状，早晚加重并流鼻涕。气喘，呼吸粗重，消瘦。随病情加重，头、颈部、胸下部及四肢出现水肿，最终死亡。犊牛轻度感染时，每 10 g 粪便中含幼虫 10~15 条，此时表现症状不明显，一般会自行康复。10 g 粪便中含幼虫 400~700 条时，表现咳嗽、呼吸困难、消瘦，听诊肺部有啰音。

3. 病理变化 剖检可见尸体消瘦，贫血，皮下水肿，胸腔积水。支气管中有黏膜性、黏液性脓性并混有血丝的分泌块。团块中有成虫、幼虫和虫卵。支气管黏膜浑浊、肿胀、充血，并有小的出血点，支气管周围发炎，有不同程度的肺泡膨胀和肺气肿，在虫体寄生的部位肺泡表面隆起，呈灰白色，触诊时有坚硬感，切开时可见到虫体。

4. 实验室诊断　从新鲜粪中可找到成虫或剖检尸体时在支气管内可找到成虫，即可确诊。

【类症鉴别】

本病应与牛肺炎、支气管肺炎和胸膜肺炎相鉴别。

【防治措施】

治疗　盐酸左旋咪唑，每千克体重 8 mg 内服，或每千克体重 5 mg 肌内注射。海群生，每千克体重 50 mg 内服，隔 3～4 d 服 1 次，共 3～4 次。阿维菌素或伊维菌素，每千克体重 0.2 mg 肌内注射。

预防　犊牛要与母牛隔离饲养，犊牛舍应干燥、清洁卫生。驱虫后，清除的粪便要严格堆积处理。清除粪便后，要冲洗地面。驱虫 1 周内，用驱虫药喷洒舍内地面、料槽及用具。

（邹希明）

第五章

内科病

口 炎

口炎是口腔黏膜炎症的统称，包括舌炎、腭炎和齿龈炎。按炎症性质分为卡他性、水疱性、纤维素性和蜂窝织性口炎等类型。临床上以采食障碍、口腔黏膜潮红肿胀、流涎为特征。各种动物均可发生。

【诊断要点】

1. 病因

理化性因素 物理性病因包括外伤，如粗硬的饲料、粗暴的管理等刺激引起，过热或过冷、错误投食药物等。化学性病因包括刺激性物质和药物应用不当，如外用药物涂布体表被动物舔食引起。

生物性因素 包括细菌性、病毒性和真菌性因素。细菌性病因引起口炎多表现坏死，并出现溃疡或化脓，常发生细菌混合感染。病毒性口炎水疱的形成是口蹄疫、水疱性口炎、水疱疹的特征；溃疡性口炎见于牛恶性卡他热、牛黏膜病、牛流行热、蓝舌病等；真菌性是大多数病例由采食霉变饲料引起。

营养代谢性因素 见于核黄素、抗坏血酸、烟酸、锌等营养缺乏症，慢性疾病如佝偻病、贫血、维生素 A 过多症，也见于糖尿病、甲状旁腺机能减退、尿毒症和甲状腺机能减退等疾病。

其他因素　邻近器官的炎症，如咽、食道、唾液腺等；消化器官疾病的经过中，如急性胃卡他等。

2. 临床症状　任何一种类型的口炎，都具流涎，口角附着白色泡沫；采食、咀嚼障碍，采食柔软饲料，而拒食粗硬饲料；口黏膜潮红、肿胀、疼痛，口温增高等共同症状。有些病例尤其是传染性口炎伴有发热等全身症状。其他类型口炎，除具有卡他性口炎的基本症状外，还有各自的特征性症状。

卡他性口炎　口黏膜弥漫性或斑块状潮红，硬腭肿胀；唇部黏膜的黏液腺阻塞时，则有散在的小结节和烂斑；为植物芒或尖锐异物所致的病例，在口腔内的不同部位形成大小不等的丘疹，其顶端呈针尖大的黑点，触之坚实、敏感；舌苔为灰白色或黄白色。

水疱性口炎　在唇部、颊部、腭、齿龈、舌面的黏膜上有散在或密集的粟粒大至蚕豆大的透明水疱，2～4 d后水疱破溃形成鲜红色烂斑。间或有轻微的体温升高。

溃疡性口炎　动物发病初表现为门齿和犬齿的齿龈部分肿胀，呈暗红色，疼痛，出血。1～2 d后，病变部变为淡黄色或黄绿色糜烂性坏死，流涎，混有血丝带恶臭。炎症常蔓延至口腔其他部位，导致溃疡、坏死，甚至颌骨外露，散发出腐败臭味，通常体温升高。

【类症鉴别】

应与流涎性疾病进行鉴别，例如口蹄疫、牛恶性卡他热、牛狂犬病、咽炎、食道阻塞、食道炎、传染性水疱性口炎、有机磷农药中毒、牛蓝舌病等。

【防治措施】

加强饲养管理，病牛饲养在卫生良好的厩舍内，给予营养丰富的青绿饲料，优质的青干草和麸皮粥等。净化口腔、消炎、收敛可用1％食盐或2％硼酸溶液、0.1％高锰酸钾溶液洗涤口腔；不断流涎、口腔恶臭时，可选用1％明矾溶液或1％鞣酸溶液、1％过氧化氢液、0.1％黄色素溶液、氯已定（0.2％洗必泰）、聚烯吡酮碘（1：10）冲洗口腔。溃疡性口炎，病变部可涂擦10％硝酸银溶液后，用灭菌生理盐水充分洗涤，再涂擦碘甘油（5％碘酊1份、甘油9份）或2％硼酸甘油、1％磺胺甘油于患部，肌内注射维生素 B_2 和维生素 C。

病情严重时，除口腔的局部处理外，要及时选用抗菌药物、抗病毒药物和抗真菌药物进行全身治疗和营养支持疗法。对传染性口炎，重点是治疗原发病，并及时隔离，严格检疫。

预防本病应注意饲料的加工调制，对粗饲草可进行蒸煮、碱化、粉碎处理。诊治疾病要细心，操作要仔细，使用开口器、投药应慎重，严禁粗暴操作。

咽 炎

咽炎是咽黏膜、软腭、扁桃体（淋巴滤泡）及其深层组织炎症的总称。按病程分为急性型和慢性型；按炎症性质分为卡他性、蜂窝织性和格鲁布性等类型。临床上以咽部敏感、吞咽障碍和流涎为特征。

【诊断要点】

1. 病因　原发性病因，主要是饲料中的芒刺、异物等机械性刺激，饲料与饮水过冷、过热或混有酸碱等化学药品的温热性和化学性刺激，受寒、感冒、过劳或长途运输时机体防卫能力减弱，链球菌、大肠杆菌、巴氏杆菌、坏死杆菌等条件致病菌内在感染而引发本病。

继发性病因，常见于邻近器官的炎性疾病的蔓延，如口炎、食管炎、喉炎，以及流感、咽炭疽、口腔坏死杆菌病、巴氏杆菌病、牛恶性卡他热和牛口蹄疫的经过中。

2. 临床症状　病牛咀嚼缓慢，吞咽时摇头缩颈，骚动不安，甚至呻吟，或将食团吐出。由于软腭肿胀和机能障碍，在吞咽时常有部分食物或饮水从鼻腔逆出，使两侧鼻孔常被混有食物和唾液的鼻液所污染。口腔内常积聚多量黏稠的唾液，呈丝状流出，或在开口时涌出，呈现哽咽。咽腔检查可见软腭和扁桃体高度潮红、肿胀，附着脓性或膜状覆盖物。沿第一颈椎两侧横突下缘向下，颌间隙后侧舌根部向上作咽部触诊，病牛表现疼痛不安并有痛性咳嗽。

严重病例，尤其是格鲁布氏和化脓性咽炎，伴有发热，脉搏、呼吸增数，咽区及颌下淋巴结、扁桃体肿大；炎症蔓延到喉部，呼吸促迫，咳嗽频繁，咽黏膜上和鼻孔内有脓性分泌物。

慢性咽炎，病程缓长，症状轻微，咽部触诊疼痛反应不明显。

3. 病理变化

卡他性咽炎　急性的咽黏膜充血、肿胀，有点状或条状充血斑或红斑。慢性黏膜苍白、肥厚，形成皱襞，被覆黏液。

格鲁布性咽炎　黏膜表层形成一种灰白色的膜样物。蜂窝织炎性咽炎，黏膜下呈弥漫性、化脓性炎症，还有咽部淋巴结肿胀、化脓，声门水肿等。

4. 实验室诊断　血液检查时，白细胞数增多，中性粒细胞显著增加，核左移。咽部涂片检查，可发现大量的葡萄球菌、链球菌等化脓性细菌。

【类症鉴别】

与咽腔内异物、咽腔内肿瘤、食管阻塞、腮腺炎、喉卡他、腺疫、流感、炭疽、猪瘟、巴氏杆菌病等疾病进行鉴别。

【防治措施】

治疗原则　加强护理，抗菌消炎。

对吞咽困难的病牛，要及时补糖输液，维持其营养；尚能采食的给予柔软易消化饲料；疑似传染病的应及时隔离观察与治疗。严禁经口投药。

药物治疗 应根据口炎类型和病情的不同，选择合适的治疗方法，才能达到预期效果。发病初期，咽部先冷敷后热敷，每天3～4次，每次 20～30 min。也可用樟脑酒精或鱼石脂软膏、止痛消炎膏涂布。必要时，可用 3％食盐水喷雾吸入，有良好效果。

病情重剧的用 10％水杨酸钠液 10 mL，静脉注射，或用普鲁卡因青霉素钠 200 万～300 万 IU，肌内注射，每天 3 次。蜂窝织性咽炎宜早用土霉素 2～4 g，用生理盐水或葡萄糖液作溶媒，分上、下午 2 次静脉注射。若出现呼吸困难并有窒息现象时，用封闭疗法进行急救，有一定效果，用 0.25％普鲁卡因液 50 mL；青霉素 100 万 IU；混合后作咽喉部封闭。或用 20％磺胺嘧啶钠液 50 mL，10％水杨酸钠液 100 mL，分别静脉注射，每天 2 次。中药可用口咽散，青黛 15 g、冰片 5 g、白矾 15 g、黄连 15 g、黄柏 15 g、硼散 10 g、柿霜 10 g、栀子 10 g 共研细末，装入布袋内衔于口中，每天更换一次。

预防本病应搞好平时的饲养管理工作，注意饲料的质量和调制。搞好圈舍卫生，防止受寒、过劳，增强防卫机能。对于咽部临近器官炎症应及时治疗，防止炎症扩散。

咽 麻 痹

咽麻痹是咽部瘫痪中比较常见的一种，发生原因可分为中枢性和外周性两种，可以单独或合并其他神经瘫痪出现；咽缩肌瘫痪极少单独出现，常与食管入口、食管和其他肌群瘫痪同时出现。

【诊断要点】

1. 病因 分为中枢性或周围性。前者见于各种原因引起的延髓病变，如肿瘤、出血或血栓形成、多发性硬化、延髓性麻痹、脊髓空洞症、脑炎等。周围性麻痹则以多发性神经炎较多见，其他如中毒性神经炎，颅底病变（外伤、肿瘤）压迫Ⅸ、Ⅹ、Ⅺ等脑神经也可引起本病。

2. 临床症状　主要表现饥饿，饮食贪婪，又不见吞咽动作，食物与饮水立即从口腔和鼻腔逆出；不断流涎；从外部触压咽部无疼痛反应，不出现吞咽动作，咽内触诊其肌肉不紧缩，吞咽反射完全丧失；继发性咽麻痹有明显的原发病症状，原发性的一般无全身反应，但随着病程延长，因机体脱水或营养缺乏而迅速消瘦。

【类症鉴别】

本病应与咽炎、食道炎、食道狭窄、食管麻痹、破伤风等疾病进行鉴别诊断。

【防治措施】

针对病因治疗。对周围性麻痹患牛可用抗胆碱酯酶剂（氢溴酸加兰他敏）或神经兴奋剂（士的宁），以及维生素 B_1 治疗。咽肌麻痹进食困难者，宜插鼻饲管，以维持营养和防止吸入性肺炎的发生。据报道，针灸疗法可奏良效，常用穴位有风池、大椎、少商、廉泉、天枢、曲池等。

食　道　阻　塞

食道阻塞是由于吞咽的食物或异物过于粗大和/或咽下机能障碍，导致吞咽功能障碍的一种疾病。按阻塞程度，分为完全阻塞和不完全阻塞；按其部位，分为咽部食道阻塞、颈部食道阻塞和胸部食道阻塞。临床上以突然发病、惊恐不安、流涎、反刍兽腹围迅速膨胀为特征。

【诊断要点】

1. 病因 引起本病的堵塞物，常见的有甘薯、马铃薯、甜菜、萝卜等块根块茎饲料，棉籽饼、豆饼、花生饼块，谷秆、稻草、干花生秧、甘薯藤等粗硬饲料；软骨及骨头、木块、棉线团、布块等异物。原发性阻塞，多发生在饥饿抢食、采食时受惊等应激状态下，因匆忙吞咽而阻塞于食道。继发性阻塞，常伴发于异嗜癖、脑部肿瘤，以及食管的炎症、狭窄、扩张、痉挛、麻痹、憩室等疾病。亦有因全身麻醉，食管神经功能尚未完全恢复即采食，从而导致阻塞。

2. 临床症状 完全性食管阻塞的共同症状表现为急性经过，病牛突然停止采食，低头伸颈，不断徘徊，狂躁不安；频频出现吞咽动作，口腔和鼻腔大量流涎，常伴有咳嗽。颈部食道阻塞、腹围膨大、呼吸困难及流涎是其特征性症状。腹围很快膨大，叩诊鼓音，张口伸舌呼吸。瘤胃穿刺排气，病情缓解后不久又反复发生臌气。不完全阻塞时症状较轻，见有局限膨隆，外部触诊可感阻塞物，压之病牛敏感疼痛。胸部食管阻塞时，在阻塞部位上方的食管内积满唾液，触诊能感到波动并引起哽噎运动。用胃管探诊可感知阻塞物，当触及阻塞物时感到阻力。

【类症鉴别】

本病应与咽炎、食道炎、食道狭窄、食管麻痹、破伤风等疾病进行鉴别诊断。

【防治措施】

治疗原则为解除阻塞，消除炎症，加强护理和预防并发症的发生。继发瘤胃臌气时，首先应作瘤胃穿刺排气，缓解呼吸困难，向瘤胃内注入防腐消毒剂控制病情，然后再行治疗。为镇痛与缓解食道痉挛，用水合氯醛 10～25 g/次，配成 1%～5%浓度灌肠，然后用 0.5%～1%普鲁卡因液，混合少许植物油或液体石蜡灌入食道。在缓解痉挛、润滑管腔的基础上，依据阻塞部位和堵塞物性状，选用以下方法疏通食道：疏导法，拴缰绳于左前肢系凹部，在坡道上来回驱赶或皮下注射新斯的明注射液 4～20 mg/次，借助于食道运动而使之疏通；推压法，插入胃导管并抵住阻塞物，缓慢用力将其推压入胃；挤出法，手掌抵堵塞物下端，对侧颈部垫以平板，手掌用力将堵塞物向咽部挤压。上述方法无效时，手术切开食道取出堵塞物。

加强护理，预防并发症。暂停饲喂饲料和饮水，以免误咽而引起异物性肺炎。病程较长者，应注意消炎、强心等。

预防本病平时喂牛要定时定量，若因故推迟饲喂，为防止饥饿时猛吞，先少量饲喂，避免不经咀嚼即大口吞咽。如用块根类食物可切碎。

前 胃 弛 缓

前胃弛缓是由各种病因引起的前胃神经兴奋性降低，平滑肌收缩力减弱，瘤胃内容物运转缓慢所致的反刍动物消化机能障碍综合征。根据发病原因分为原发性和继发性前胃弛缓，按病程可分为急性前胃弛缓和慢性前胃弛缓。其临床特征为食欲减退、反刍缓慢、前胃运动减弱，甚至停止。本病主要发生于舍饲的牛，特别是肉牛和奶牛，多见于早春和晚秋，是前胃疾病中最为常见的一种。

【诊断要点】

1. 病因

饲草饲料因素　饲料饲草过于粗硬或过于细软；饲料单纯，粗纤维过多，营养成分较少；饲料饲草不洁，混有泥沙；饲草饲料缺乏，饲喂野生杂草、小树枝等；饲草饲料霉败、变质、霜冻、堆积发酵等。矿物质和维生素缺乏，在严冬早春，水冷草枯，牛被迫食入大量的秸秆、垫草或灌木，或者日粮配合不当，矿物质和维生素缺乏，特别是维生素 A、维生素 B_1 及钙缺乏时，可导致瘤胃的兴奋性降低和收缩力减弱，引起单纯性消化不良。

饲养管理因素　饲养程序紊乱，如不定时、不定量，饥饱无常；饲养方式的突然改变，如由放牧迅速转变为舍饲或由舍饲突然转为放牧。过度劳役、长期休闲、运动不足等。误食塑料袋、化纤布或分娩后的母牛食入胎衣等均可引起单纯性消化不良。环境因素，如圈舍卫生不良，空气潮湿、污浊，温度过高、过低或温度变化过于剧烈、过于拥挤或缺乏光照等可导致本病的发生。

应激因素　由于严寒、酷暑、饥饿、疲劳、断乳、更换圈舍、调群、离群、恐惧、感染与中毒等因素或手术、创伤、剧烈疼痛的影响，引起应激反应，而发生单纯性消化不良。

继发性因素　瘤胃弛缓常继发于胃肠疾病、口腔疾病、营养代谢性疾病、传染性疾病、寄生虫性疾病、发热性疾病等。此外，长期大量服用抗生素或磺胺类等抗菌药物，致使瘤胃内正常微生物区系受到破坏，也可发生消化不良，从而造成医源性前胃弛缓的发生。

2. 临床症状　前胃弛缓的主要临床表现为食欲减少或消失，反刍次数减少或停止；体温、脉搏、呼吸及全身其他机能状态无明显改变，但奶牛泌乳量下降；瘤胃收缩力减弱，蠕动次数减少，时而嗳出带有酸臭味的气体，瘤胃内容物充满，黏硬或稀软，瘤胃轻度或中度臌胀；病牛便秘，粪便干硬、呈暗褐色，附有黏液；有时腹泻，粪便呈糊状、腥臭，或者腹泻与便秘互相交替；病重时，呈现贫血与衰竭，常有死亡。

3. 病理变化　瘤胃胀满，黏膜潮红，有出血斑。瓣胃容积增大，甚至可达正常时的 3 倍，瓣叶间内容物干燥，其上覆盖脱落的黏膜，有时还有瓣叶的坏死组织。有的病例，瓣胃叶片组织坏死、溃疡和穿孔,局限性或弥漫性腹膜炎及全身败血症等变化。

4. 实验室诊断 瘤胃液 pH 下降至 6.0 以下(正常的变动范围为 6.5～7),少数升高至 7.0 以上;纤毛虫活力降低,数量减少至 7.0 万/mL 左右(正常黄牛为 13.9 万～114.6 万/mL,水牛为 22.3 万～78.5 万/mL);葡萄糖发酵能力降低,60 min 时,产气低于 1 mL,甚至产生的气体仅有 0.5 mL(正常牛 60 min 时,产气 1～2 mL);瘤胃沉淀物活性实验,其中微粒物质漂浮的时间延长(正常为 3～9 min);纤维素消化实验显示前胃弛缓、消化不良。

【类症鉴别】

本病应与瘤胃积食、急性瘤胃臌胀、创伤性网胃炎、皱胃阻塞、牛黑斑病甘薯中毒、皱胃变位、肠套叠、生产瘫痪等疾病进行鉴别。

【防治措施】

治疗原则是加强护理,消除病因,促进瘤胃蠕动、助消化、防腐止酵和对症治疗。

改善饲养管理,针对发病因素,采取针对性措施,消除致病因素。病初绝食 1～2 d 后,饲喂适量富有营养、易消化的优质干草或青草,增进消化机能。

促进瘤胃蠕动可使用副交感神经兴奋剂如氨甲酰胆碱 1～2 mg,或用新斯的明 10～20 mg,或用毛果芸香碱 30～50 mg,皮下注射。此类药物应用时应注意少量多次应用,必要时可进行追加,一定要严格控制单次的剂量,以免引起剧烈的腹痛。另外,妊娠、病情严重及心机能不全时禁止应用。也可选用浓盐水、促反刍液等静脉注射。如选用 5%氯化钠溶液 300 mL、5%氯化钙溶液 300 mL、安钠咖 1 g,一次静脉注射;10%氯化钠溶液 100 mL、5%氯化钙溶液 200 mL、20%安钠咖溶液 10 mL,一次静脉注射。

也可用小剂量的吐酒石 2～4 g，常水 1 000～2 000 mL，内服，1 次/天连用 3 d。吐酒石沉积在瘤胃内引起化学性瘤胃炎，故内服时要完全溶解，多次应用易引起中毒反应。

健胃助消化可使用胃蛋白酶 5～10 g，0.2％稀盐酸 15～30 mL，混合灌服；乳酶生 10～30 g，加水灌服；药曲 30～60 g，加水灌服；乳酸菌素片 15～30 g，加水灌服等。芳香性健胃剂如陈皮酊 40～80 mL、姜酊 40～60 mL、辣椒酊 8～15 mL，灌服。苦味健胃剂如龙胆酊 50～100 mL、复方龙胆酊 40～60 mL，灌服。盐类健胃剂如人工盐 50～100 g，加水 2 000 mL，灌服。

防腐止酵可选用稀盐酸 15～30 mL、酒精 100 mL、煤酚皂溶液 10～20 mL、常水 500 mL，一次内服；鱼石脂 15～20 g、酒精 50 mL、常水 1 000 mL，一次内服，每天 1 次。大蒜酊 40～80 mL 或芳香氨醑 30～60 mL，灌服。但在病的初期宜用硫酸钠或硫酸镁 300～500 g，鱼石脂 10～20 g，温水 600～1 000 mL，一次内服；或用液体石蜡 1 000 mL、苦味酊 20～30 mL，一次内服，以促进瘤胃内容物运转与排除。视病情可连用 2～3 剂。

在治疗过程中也可选用缓冲剂，调节瘤胃内容物 pH，恢复微生物群系活性及其共生关系，增进前胃消化功能。当瘤胃内容物 pH 降低时，可选用碳酸盐缓冲合剂，碳酸钠 50 g、碳酸氢钠 420 g、氯化钠 100 g、氯化钾 20 g，温水 10 L，胃管灌服，每天 1 次，此方适用于酸过多性瘤胃食滞。也可用氧化镁 200～400 g，配成水乳剂或并用碳酸氢钠 50 g，加水适量，一次内服。瘤胃内 pH 升高时，可灌服醋酸盐缓冲合剂，即醋酸钠 130 g、冰醋酸 25 g、氯化钠 100 g、氯化钾 20 g、常水 10 L，胃管灌服，每天 1 次，此方适用于碱过多性瘤胃食滞；也可内服稀醋酸 20～40 mL，具有较好疗效。必要时，采取健康牛的瘤胃液 4～8 L，经口灌服接种，效果显著。

过敏性因素或应激反应所引起的前胃弛缓，可用 2％盐酸苯海拉明液 10 mL 肌内注射，配合钙制剂，效果更佳。

对症治疗，当病牛呈现轻度脱水和自体中毒时，应静脉注射5％葡萄糖注射液 500～1 000 mL、40％乌洛托品注射液 20～50 mL、20％安钠咖注射液 10～20 mL、5％碳酸氢钠注射液250～500 mL 等。

中兽医辨证施治也是治疗本病的一个好方法。脾胃虚弱，水草迟细，消化不良，以健脾和胃，补中益气为主，牛宜用四君子汤加味；若久病虚弱，气血双亏，应以补中益气，养气益血为主，可用加味八珍散；若病牛口色淡白，耳鼻具冷，口流清涎，水泻，应以温中散寒，补脾燥湿为主，可用厚朴温中加味汤。

继发性前胃弛缓，应着重治疗原发病，并配合前胃弛缓的相关治疗，促进病情好转。

预防本病应注意饲料的选择、保管，防止霉败变质，并注意饲料的多样性；不同动物应依据日粮标准进行饲喂，不可任意增加饲料用量或突然变更饲料，在舍饲时还应注意适当运动；圈舍须保持安静，避免噪音、光线和颜色等不利因素刺激和干扰；注意圈舍卫生和通风、保暖，做好预防接种工作。

瘤 胃 积 食

瘤胃积食又称急性瘤胃扩张，是由于瘤胃内容物积滞，引起瘤胃体积增大，胃壁扩张，瘤胃正常运动机能紊乱的一种疾病。临床上以瘤胃膨满，触诊黏硬或坚硬，反刍停止，瘤胃蠕动音消失为特征。舍饲牛多发。

【诊断要点】

1. 病因 瘤胃积食主要是由于采食了大量富含粗纤维的饲料，如豆秸、山芋藤、老苜蓿、花生蔓、紫云英、谷草、稻草、麦秸、甘薯蔓等，而又缺乏饮水，难于消化所致。另外，过量采食易于膨胀的饲料如大豆、小麦、大麦等，由放牧突然转为舍饲，饲养管理和环境卫生条件不良时，牛受到各种不利因素的刺激和影响，也可引起瘤胃积食。

此外，在前胃弛缓、创伤性网胃腹膜炎、瓣胃秘结及皱胃阻塞等病程中，也常常继发瘤胃积食。

2. 临床症状　常在饱食后数小时内发病，病牛表现神情不安，目光凝视，拱背站立，回头顾部，后肢踢腹，间或不断起卧。食欲废绝、反刍停止、虚嚼、磨牙、时而努责，常有呻吟、流涎、嗳气，有时作呕或呕吐。

瘤胃区听诊瘤胃蠕动音初期增强，很快减弱或消失；触诊瘤胃，病牛不安，内容物坚实或发硬；腹部膨胀，瘤胃背囊有一层气体，穿刺时可排出少量气体和带有臭味的泡沫状液体；右腹部听诊，肠音微弱或沉寂。

直肠检查可发现瘤胃扩张，容积增大，充满坚实或干硬内容物。

晚期病例，病情恶化，腹部胀满，瘤胃积液，呼吸急促，心悸动增强，脉率增快；皮温不整，四肢下部、角根和耳冰凉；全身战栗，眼窝凹陷，黏膜发绀；病牛衰弱、卧地不起，陷于昏迷状态。

3. 病理变化　病牛瘤胃极度扩张，其内含有气体和大量腐败内容物，胃黏膜潮红，有散在出血斑点；瓣胃叶片坏死；各实质器官淤血。

4. 实验室诊断　瘤胃内容物检查可见内容物 pH 一般由中性逐渐趋向弱酸性，发病后期纤毛虫数量显著减少。

【类症鉴别】

本病需与前胃弛缓、急性瘤胃臌胀、创伤性网胃炎、皱胃阻塞、牛黑斑病甘薯中毒、皱胃变位、肠套叠、生产瘫痪等疾病进行鉴别。

【防治措施】

治疗原则为加强护理，增强瘤胃蠕动机能，促进加速瘤胃内容物的排除和对症治疗。

对食入大量易膨胀的豆、谷或饼粕类的饲料或瘤胃中已形成大量气体，应限制其饮水，对一般性的瘤胃积食饮水也应以少量多次为宜。对食入一般性的饲料，且瘤胃气体不多，触诊瘤胃很硬，又不自行喝水，则可灌入一部分温水。如出现食欲，不宜马上就喂，待充分反刍后再喂少量的易消化饲料，以后可逐日增多。

增强瘤胃蠕动机能，促进加速瘤胃内容物的排除，可行瘤胃按摩 5～10 min/次，每 30 min 一次，也可使用副交感神经兴奋剂如 0.025％氨甲酰胆碱 5～10 mL，0.1％硫酸甲基新斯的明 4～10 mL 等，皮下注射、静脉注射促反刍液 400～600 mL，或 10％氯化钠注射液 100 mL、10％氯化钙溶液 100 mL、20％安钠咖注射液 10～20 mL，静脉注射，以促进瘤胃蠕动，排除瘤胃内容物。使用泻剂促进瘤胃内容物后送，如硫酸镁 300～500 g、石蜡油 500～1 000 mL、20％鱼石脂酒精 80～100 mL，加水 6 000～10 000 mL，灌服。也可洗胃将瘤胃内容物清除，然后再灌服健牛瘤胃液 1 000～2 000 mL，保证瘤胃的正常消化机能。必要时可行瘤胃切开，将瘤胃内容物取出。

为缓解脱水症状，可静脉注射 5％葡萄糖氯化钠液 2～4 L，解除酸中毒可静脉注射 5％碳酸氢钠液 500～1 000 mL。另外，还可酌情或对症采用其他药物疗法。

中兽医称瘤胃积食为宿草不转，治以健脾开胃，消食行气，泻下为主。可用加味大承气汤：大黄 60～90 g、枳实 30～60 g、厚朴 30～60 g、槟榔 30～60 g、芒硝 150～300 g、麦芽 60 g、黎芦 10 g，共为末，灌服，服用 1～3 剂。过食者加青皮、莱菔子各 60 g；胃热者加知母、生地各 45 g，麦冬 30 g；脾胃虚弱者加党参、黄芪各 60 g，神曲、山楂各 30 g，去芒硝、大黄、枳实、厚朴均减至 30 g。

预防本病，应加强饲养管理，防止突然变换饲料或过食；耕牛不要劳役过度；避免外界各种不良因素的影响和刺激。

瘤 胃 酸 中 毒

瘤胃酸中毒又称为急性碳水化合物过食、乳酸酸中毒、消化性酸中毒，是由于突然采食了大量富含碳水化合物的饲草饲料，在瘤胃内微生物作用下产生大量乳酸，而引起以前胃机能障碍为主征的一种疾病。临床上以起病突然、脱水、瘤胃液 pH 降低，神经症状和自体中毒为特征。本病主要发生于奶牛和役用牛。

【诊断要点】

1. 病因　本病发生的主要原因在于突然过量采食富含碳水化合物的饲料如小麦、玉米、水稻、黑麦等，块根类饲料如甜菜、白薯、马铃薯、甜菜等，水果类如葡萄、苹果、梨等，或者是淀粉、糖类、挥发性脂肪酸、乳酸等，以及酸度过高的青贮玉米或质量低劣的青贮饲料等也是本病较常见的发病原因。此外，饲养管理不当，如突然变换饲料、过度饲喂、偷食、饲料中缺乏粗料或粗饲料质量低劣等，均可促进发病。

此外，临产牛、高产牛抵抗力低，寒冷、气候骤变、分娩等应激因素都可促使本病的发生。

2. 临床症状　瘤胃酸中毒临床上一般分为以下 4 种类型。

轻微型　呈原发性前胃弛缓体征，表现为精神轻度沉郁，食欲减损，反刍无力或停止，瘤胃蠕动减弱，稍膨满，内容物呈捏粉样硬度，瘤胃 pH 6.5～7.0，纤毛虫活力基本正常，脱水体征不明显，体温、脉搏和呼吸数无明显变化，腹泻，粪便灰黄稀软，或呈水样，混有一定黏液，多能自愈。

亚急性型　食欲减退或废绝，瞳孔正常，精神沉郁，能行走而无共济失调，轻度脱水，体温正常，结膜潮红，脉搏加快，瘤胃蠕动减弱，中等充满，触诊内容物呈生面团样或稀软，pH 5.5～6.5，纤毛虫数量减少。常继发或伴发蹄叶炎或瘤胃炎而使病情恶化，病程24～96 h不等。

急性型　体温不定，呼吸、心跳增加，精神沉郁，食欲废绝。结膜潮红，瞳孔轻度散大，反应迟钝。消化道症状典型，磨牙虚嚼不反刍，瘤胃膨满不蠕动，触诊有弹性，冲击性触诊有震荡音，瘤胃液的pH 5～6，无存活的纤毛虫。排稀软酸臭粪便，有的排粪停止，中度脱水，眼窝凹陷，血液黏滞，尿少、色浓或无尿。后期出现神经症状，步履蹒跚，或卧地不起，头颈侧曲，或后仰呈角弓反张样，昏睡或昏迷。若不及时救治，多在24 h内死亡。

最急性型　精神高度沉郁，极度虚弱，侧卧而不能站立，双目失明，瞳孔散大，体温低下，36.5～38 ℃，重度脱水，腹部显著膨胀，瘤胃停滞，内容物稀软或水样，瘤胃pH<5，无纤毛虫存活，心跳110～130 次/min，微血管再充盈时间延长，通常于发病后3～5 h死亡，直接原因是内毒素休克。

3. 病理变化　在24～48 h死亡的急性病例，瘤胃及网胃内容物稀薄如粥样，并有酸臭味，下半部角化的上皮脱落，呈现斑块状；持续3～4 d的病例，网胃和瘤胃壁可能发生坏疽，呈现斑块状，坏疽处胃壁厚度增加，出现一种高于正常区域之上的黑色黏膜，通过浆膜表面可见外观呈暗红色，增厚区质地很脆，刀切时呈胶冻样。

4. 实验室诊断　血液浓缩，血液的pH也可能下降，白细胞总数增加，核左移，血液生化值的变化包括二氧化碳结合力下降，血糖下降，血浆平均渗透压降低；瘤胃内容物稀粥样，pH多在4.4～5.5，乳酸含量高达50～150 mmol/L，乳酸杆菌和巨型球菌等革兰氏阳性菌为优势菌；尿量少、色暗、相对密度高，pH 5.0 左右；粪便也呈酸性，pH 5.0～6.5 不等。

【类症鉴别】

本病须与瘤胃积食、皱胃阻塞和变位、急性弥漫性腹膜炎、生产瘫痪、酮病、肝昏迷、奶牛妊娠毒血症等进行鉴别。

【防治措施】

治疗原则为清除瘤胃有毒内容物，纠正脱水、酸中毒和恢复胃肠功能。

清除瘤胃内有毒的内容物多采用洗胃和/或缓泻法。洗胃可用双胃管或内径 25～30 mm 的粗胶管，经口插入瘤胃，排除液状内容物，然后用 1% 食盐水、碳酸氢钠溶液、自来水或 1∶5 石灰水反复冲洗，直至瘤胃内容物无酸臭味而呈中性或弱碱性为止。缓泻多用盐类或油类泻剂，如石蜡油、植物油或芒硝等。重剧病例，为排除瘤胃内蓄积的乳酸及其他有毒物质，应尽快施行瘤胃切开术，取出瘤胃内容物。为保持瘤胃的正常发酵作用，接种健畜瘤胃液或瘤胃内容物 10～20 L，效果更好。

病情较轻的病例，也可灌服制酸药和缓冲剂，如氢氧化镁或碳酸盐缓冲合剂（干燥碳酸钠 50 g、碳酸氢钠 420 g、氯化钾 40 g、水 5 000～10 000 mL），一次灌服。

纠正脱水和酸中毒，可应用 5% 碳酸氢钠液，静脉注射剂量须根据病牛血浆二氧化碳结合力加以确定。为解除机体脱水，可用生理盐水、复方氯化钠液、5% 葡萄糖盐水等，每天 4 000～10 000 mL，分 2～3 次静脉注射。

防止心力衰竭，应用强心药物；降低脑内压，缓解神经症状，应用山梨醇、甘露醇。伴发蹄叶炎时，可应用抗组织胺药物；防止休克，宜用肾上腺皮质激素制剂；促进胃肠运动，可给予整肠健胃药或拟胆碱制剂。

预防本病应严格控制精料喂量，做到日粮供应合理，构成相对稳定，精粗比例平衡，加喂精料时要逐渐增加，严禁突然增加精料喂量。对产前、产后牛应加强健康检查，随时观察奶牛异常表现并尽早治疗。

瘤　胃　臌　气

瘤胃臌气是因瘤胃内容物在微生物的作用下，异常发酵，产生大量气体，引起瘤胃急剧膨胀的疾病。根据瘤胃积气的物理性质，可分为泡沫性瘤胃臌气和非泡沫性瘤胃臌气；按其病因可分为原发性瘤胃臌气和继发性瘤胃臌气。临床上以腹围显著增大，呼吸促迫，反刍和嗳气障碍为特征。

本病发病较急，病程短促，死亡率较高，有时可达30％以上，多发生在春末或夏初首次放牧时，亦见于冬季舍饲喂霉败秸秆饲料的牛，放牧的牛有成群发生的情况。

【诊断要点】

1. 病因　原发性瘤胃臌气是由于直接饱食容易发酵的饲草、饲料而引起，特别是舍饲转放牧的牛群更易发生，如幼嫩青草、沼泽地区的水草、湖滩的芦苗等或采食堆积发热的青草、霉败饲草、品质不良的青贮饲料，或者经雨淋、水浸渍、霜冻的饲料等而引起非泡沫性瘤胃臌气。而采食富含蛋白质、皂苷、果胶等物质的豆科牧草，如新鲜的豌豆蔓叶、苕子蔓叶、花生蔓叶、苜蓿、草木樨、红三叶、紫云英则易发生泡沫性瘤胃臌气。此外，饲料配合或调制不当，如精料过多过细、未经调制、饲草不足、钙磷比例失调、矿物质元素不足等，都可能成为本病的发病原因。

继发性瘤胃臌胀，主要见于前胃弛缓、创伤性网胃心包炎，食管阻塞、痉挛、麻痹、膈疝、前胃积沙、毛球和结石，某些植物中毒，如毒芹、乌头、白藜芦、白苏和毛茛科植物，或桃、李、梅、杏和栎树等的幼嫩枝叶，也可发生瘤胃臌胀。

2. 临床症状 急性瘤胃臌气，通常在采食后不久发病。腹部迅速膨大，左肷窝明显突起，严重者高过背中线。反刍和嗳气停止，食欲废绝。腹痛不安，回顾腹部。腹壁紧张而有弹性，叩诊呈鼓音；瘤胃蠕动音初期增强，常伴发金属音，后减弱或消失。呼吸急促，甚至头颈伸展，张口呼吸，呼吸、心率、脉搏增快。胃管检查时，非泡沫性臌气，从胃管内排出大量酸臭的气体，臌气明显减轻；而泡沫性臌气时，仅排出少量气体，而不能解除臌气。病的后期因腹内压升高而导致呼吸困难，心力衰竭，血液循环障碍，静脉怒张，黏膜发绀；目光恐惧，出汗，站立不稳，甚至突然倒地、痉挛、抽搐，最终因窒息和心脏麻痹而死亡。

慢性瘤胃臌气，多为继发性。病情弛张，瘤胃中等程度膨胀，时消时胀，常为间歇性反复发作。经治疗虽能暂时消除臌气，但较易复发。

3. 病理变化 死后立即剖检，可见瘤胃壁表现过度紧张，并充满大量气体及含有泡沫的内容物；瘤胃腹囊黏膜有出血斑，角化上皮脱落。心外膜充血和出血，肺脏充血，颈部气管充血和出血；肝脏和脾脏呈现贫血状，浆膜下出血，有的甚至瘤胃破裂或膈肌破裂。

【类症鉴别】

本病应与炭疽、中暑、食道阻塞、单纯性消化不良、创伤性网胃心包炎、某些毒草、蛇毒中毒等疾病进行鉴别诊断。

【防治措施】

治疗原则排气消胀、防腐止酵、健胃消导、强心补液。

加强饲养管理，避免突然采食大量青绿饲草或豆科饲草。尽量少喂堆积发酵和被雨露浸湿的青草。

　　排气消胀，病情轻的病例，可使病牛立于斜坡上，保持前高后低的姿势，不断牵引其舌或在木棒上涂煤油或菜油后给病牛衔在口内，同时按摩瘤胃，促进气体排出；或者内服8％氧化镁溶液600～1 500 mL或生石灰水1 000～3 000 mL上清液以吸收气体。对于严重病例，当有窒息的危险时，首先应实行胃管放气或用套管针穿刺放气，防止窒息。

　　对于泡沫性膨气，应先消除泡沫，然后在行排气消胀。首先内服表面活性药物，如二甲基硅油，2～4 g，消胀片（每片含二甲基硅油25 mg、氢氧化铝40 mg），100～150片/次，也可用液体石蜡500～1 000 mL，植物油300～500 mL，加温水500～1 000 mL，制成油乳剂，一次内服。待泡沫消除后再行排气消胀。用药无效时，可采取瘤胃切开术，取出内容物。

　　止酵可选用如鱼石脂10～15 g、松节油20～30 mL、酒精30～50 mL，混合内服，可止酵消胀；福尔马林15～30 mL溶于1 000 mL水中牛灌服，或用克辽林、来苏儿、食醋、乳酸等加水灌服；也可灌服胡麻油合剂，胡麻油（或清油）500 mL、芳香氨醑40 mL、松节油30 mL、樟脑醑30 mL，常水适量，成年牛一次灌服，止酵药也可通过穿刺针直接注入瘤胃内。

　　如果瘤胃内pH降低，可用2％～3％碳酸氢钠溶液进行瘤胃洗涤，为了迅速排出内容物、兴奋和恢复瘤胃的运动机能可内服泻剂，或注射拟胆碱类药物，如新斯的明10～20 mg或毛果芸香碱20～50 mg，静脉注射10％氯化钠注射液、促反刍注射液等，或肌内注射维生素B_1等，兴奋瘤胃蠕动，有利于反刍、嗳气和内容物的排出。

　　在治疗过程中，应注意全身机能状态，及时强心补液，解毒，以增进疗效。

　　本病的预防应着重搞好饲养管理。注意饲料保管与调制，防止霉变。不要骤然换料，尤其舍饲转为放牧时，先喂些干草和粗饲料。易发酵的牧草应割后饲喂。适当限制在幼嫩茂盛的牧地和霜露浸湿的牧地上的放牧时间，或在放牧前适当给予抗泡沫作用的表面活性药。应避免饲喂用磨细的谷物制作的饲料。

瘤胃角化不全

瘤胃角化不全是瘤胃黏膜重层扁平上皮细胞角化不全所致。多因谷物饲料碾得过细、饲料过多、饲料不足，致使瘤胃黏膜乳头硬化、增大、堆积成块，影响瘤胃消化功能。本病多发生于犊牛、育肥牛，但成年的公、母牛也有发生。病牛生长、发育或肥育缓慢，发生异嗜现象。

【诊断要点】

1. 病因 本病的病因，目前了解是由于饲料调配不当所引起。

精饲料过多，粉碎过细，而粗饲料减少至一定水平，即可发病。谷物饲料粉碎太细，谷皮、麦糠、被毛等所引起的瘤胃黏膜损伤，秸秆、干草铡得过短失去其物理作用，使瘤胃内食糜呈泥状糊在黏膜上，或被谷皮纤维（毛、芒等）所刺伤，舔食咽下的被毛使瘤胃运动减弱，都会导致和促进本病的发生。维生素 A 缺乏，瘤胃黏膜容易受到损伤，上皮细胞角化不全，致使乳头上角化的鳞状上皮细胞层层堆积，导致本病的发生和发展过程。

2. 临床症状 病的初期，瘤胃消化功能减弱，脂肪酸吸收障碍，乳脂量降低，病牛喜食干草、秸秆等粗饲料。异嗜，经常舔食自体或临近的牛体，并呈现前胃弛缓、瘤胃膨胀。伴发肝脓肿时，体质消瘦，被毛粗刚，热型不定，黄疸，排黄水样粪便。血液与肝脏内维生素 A 含量减少。

3. 病理变化 瘤胃黏膜上有食糜附着，用水冲洗不易脱落，冲洗后检查有异常角化的乳头区，其中乳头变硬呈黑褐色，无乳头区的黏膜常有多发性异常角化病灶，每个病灶都有黑褐色痂块。

4. 实验室诊断 白细胞增多，渐进性贫血，瘤胃液 pH 降低至 6.0 以下。

【类症鉴别】

本病需与前胃弛缓、急性瘤胃臌胀、创伤性网胃炎、皱胃阻塞、牛黑斑病甘薯中毒、皱胃变位、肠套叠、生产瘫痪等疾病进行鉴别。

【防治措施】

关于本病的治疗，在于清除病因，控制精饲料饲喂量，给予干草、青草或作物秸秆。为了改善瘤胃内在环境，可应用碳酸氢钠内服，调节瘤胃内酸碱度，增进前胃消化功能。同时注意日常的饲养管理，防止发生异嗜舔食毛发等，保证牛群的健康。

预防本病，奶牛和肉牛的饲料日粮搭配一定量的完整谷粒。饲料日粮精料不宜过多。特别是冬、春季节，对犊牛、育成牛应饲喂富含维生素 A 和胡萝卜素的青贮和块根饲料。

迷走神经性消化不良

迷走神经性消化不良是指支配前胃和皱胃的迷走神经腹侧支受到机械性或物理性损伤，引起前胃和皱胃发生不同程度的麻痹和弛缓，致使瘤胃功能障碍、瘤胃内容物转运迟滞，发生瘤胃臌气，消化障碍和排泄糊状粪便等为特征的综合征。

【诊断要点】

1. 病因 能引起分布于前胃和真胃的迷走神经腹支损伤的

疾病都可呈现该综合征。最常见的是创伤性网胃腹膜炎时，在网胃前壁由于瘢痕组织损伤所致；其次见于瘤胃和网胃放线杆菌病、严重的中毒性瘤胃炎、真胃阻塞和溃疡；少见于结核病或淋巴瘤病引起的淋巴结增大、膈疝时。当网胃壁内侧受损和硬结时，正好损伤了迷走神经伸展感受器官所在部分，大部病例损伤在网胃壁的左方，妨碍食道沟的反射机能。当前胃和真胃迷走神经运动障碍时，也干扰了食管沟反射机能。

2. 临床症状 临床上分三型，即运动过度型瘤胃膨胀、运动弛缓型瘤胃膨胀及幽门阻塞型真胃膨胀。大多数病例出现间歇性瘤胃臌气，除有厌食和排除少量糊状粪便外，其余症状与膈疝相似。有些病例并发于真胃阻塞、真胃溃疡和中毒性瘤胃炎，不容易鉴别诊断。如果经常出现间歇性臌气，瘤胃始终保持一定程度的蠕动（甚至蠕动有力），但呼吸困难不突出，也不发现心脏变位（左侧心音不易听到，右侧则明显），可排除膈疝。如果真胃不明显增大和疼痛，也未见到松馏油样粪便或严重口臭及粪样呕吐物，则可排除真胃阻塞、真胃溃疡和中毒性瘤胃炎。

3. 实验室检查 凡是创伤性网胃腹膜炎引起的病例，中性粒细胞明显增加，且核左移，单核细胞增加，其他病例血象无明显变化，皱胃扩张和阻塞的病例有不同程度的低血氯、低血钾性碱中毒。

【类症鉴别】

临床上应与创伤性网胃腹膜炎、瘤胃臌气、皱胃阻塞、瓣胃秘结及母牛产后皱胃变位等疾病进行鉴别诊断。

除瘤胃运动过度型通过瘤胃切开术可能痊愈外，其他型的治疗包括真胃切开术及药物治疗在内，都难有满意的效果，最终由于营养不良、衰竭而死亡。国外兽医建议试用小剂量的拟胆碱药物或皮下注射 10～20 mL。对妊娠母牛在临产前输液、平衡电解质、地塞米松引产等也许有一定效果。

毛 球 症

毛球症又称毛结石，是圈养动物的常见多发病。多为慢性病，并非一日所形成，而是由少到多，逐渐积累。表现慢性消化功能紊乱，食欲减少，消瘦，毛色无光、干燥，是一种不易看出的慢性病，多在毛球阻塞死亡或其他病死亡后，在剖检中才能发现毛球。毛球病多发在犊牛，对牛业健康危害很大。

【诊断要点】

1. 病因 多因毛球阻塞幽门致牛消化不良，逐渐消瘦，最后因极度衰竭致死。本病呈慢性经过，应用中西药物治疗只能缓解症状，不能根治。营养缺乏型如饲草饲料单一，粗饲料纤维多，精料营养过剩，精、粗比例不当，因为机体吸收的蛋白质、微量元素，都是按比例转化而进入血液内，比如氯、硫、磷、钙、钾、钠、铜、铁、锌、锰、蛋氨酸、赖氨酸、胱氨酸、甲基丁氨酸等，比例失去平衡就会发病，特别是缺钠，更易诱发本病。环境管理因素，每年脱毛季节，犊牛在圈舍场地及饲槽饮水槽内，随采食饮水进入胃内。牛多圈小，牛群密集易发生互相啃咬，有的牛尤其犊牛，则主动异嗜脱落的毛。疾病因素：由于有的牛，互相啃痒，啃下的毛顺口吞到肚里。牛犊舔食牛毛，在胃内结成毛团，造成消化机能紊乱，而引起发病。

2. 临床症状 进食后常发生呕吐，呕吐物中既有毛球，又有吃进去的食物。临床症状不明显，在同一饲养条件下，有的牛被毛逆立、消瘦，有时出现突然停止采食，回顾腹部，阵发性不安，有的在粪中发现小毛球。在毛球体积较大，数量较多，且堵塞消化道时，反刍不规则，瘤胃蠕动减弱或慢性瘤胃臌胀、便秘，病牛发生进行性消瘦，最后可死亡。

【类症鉴别】

可根据临床症状和剖检变化作出初步诊断。鉴别时要与前胃弛缓为主的疾病加以区别，如前胃弛缓、瘤胃积食、瘤胃酸中毒、瘤胃臌气、瘤胃角化不全、迷走神经性消化不良、创伤性网胃心包炎、瓣胃阻塞、真胃变位、真胃积食、真胃炎、真胃阻塞、前后盘吸虫、肝片形吸虫等。

【防治措施】

治疗 对小毛球病病牛宜重用大剂量泻药，对大毛球病病牛准确作出诊断，可施行瘤胃手术，探查取出瘤胃网胃内的毛球及其他异物（如金属、塑料、破布、尼龙绳等）；注意，在切瘤胃前，先行腹腔探查，触摸皱（真）胃有无毛球。如果有，且直径大、数量多，可行皱胃手术取出毛球。

预防 搞好卫生、通风、保干，圈内温度适宜，防寒保暖，有利于生长。合理调配饲料，全价饲养。

创伤性网胃心包炎

创伤性心包炎是指尖锐异物刺入心包或其他原因造成心包乃至心肌损伤，致发心包化脓腐败性炎症的疾病。本病最常见于舍饲的奶牛和农区放牧的奶牛。牛的创伤性心包炎通常由尖锐异物穿透网胃壁、膈肌和心包引起，特称为创伤性网胃心包炎。

【诊断要点】

1. 病因 牛创伤性心包炎的病因与创伤性网胃炎相同，主要是因饲草饲料内、牛舍内外地面上，以及房前屋后、田埂路边、工厂或作坊周围等地方的草丛中散在着各种各样的金属异物。牛的舌面角质化程度高，采食快，咀嚼粗糙，易将异物误食而落入网胃内。存在于网胃里的尖锐异物未能及时清除，当瘤胃臌气、妊娠、分娩等使腹内压增高的情况下刺透网胃前壁、膈肌而伤及心包壁，甚至刺入心肌而发病。

2. 临床症状　牛创伤性心包炎多发生在创伤性网胃炎之后。在出现心包炎症状前通常有创伤性网胃炎的临床表现，运步小心谨慎，保持前高后低姿势，卧下及起立时的姿势反常，慢性前胃弛缓，反复发生轻度瘤胃臌气。在呼吸、努责、排粪及起卧过程中，常出现磨牙或呻吟等。

当异物刺入心包后出现心包炎的症状，病牛全身状况恶化，精神沉郁，眼半闭，肩胛部、肘头后方及肘肌常发生震颤。病初体温升至 40 ℃以上，个别可超过 41 ℃；病至后期，体温降至常温。心率明显加快。后期体温降至常温时，心率仍然明显增加，是本病的重要特征症状之一。呼吸浅快，呈腹式呼吸，轻微运动即可出现呼吸迫促，甚至呼吸困难。病初脉搏充实，后期变为细弱。心区触诊有疼痛反应，心搏动增强。听诊可闻心包摩擦音，其音如抓搔声、软橡皮手套相互摩擦的声音，在整个心动周期均可听到，以心缩期明显。随着心包内渗出液的增多，心搏动减弱，心音遥远，心包摩擦音消失，出现心包击水声，其音性如含漱声或震摇盛有半量液体的玻璃瓶时产生的声音。叩诊心浊音区扩大，心浊音区上方常因存在气体而呈鼓音或浊鼓音。有的病牛出现期前收缩等心律失常。病程经过 1～2 周后，病牛的颈静脉充盈呈索状，出现明显的颈静脉阴性搏动。下颌间隙、颈垂及胸腹下水肿。病牛常因心力衰竭或脓毒败血症而死亡。

3. 病理变化　心包壁层和心外膜上沉积大量纤维素。心包腔内积聚大量污黄色、污绿色或污红褐色的化脓腐败性渗出液，带剧烈的腐败臭。心包腔内常可发现刺入的异物。病程较久者，网胃前壁、膈肌与心包粘连，心包与胸膜粘连，或心包壁层与心外膜粘连。由外伤引起的心包炎，还可见胸壁创伤、肠管或肋骨骨折。

4. 实验室诊断 心电图的特征变化为窦性心动过速，QRS综合波低电压，T波低平或倒置和S－T段移位。当伴有心肌损伤时，常有室性期前收缩。

X射线检查，病初肺纹理正常，心膈间隙模糊不清，常可发现刺入异物的致密阴影；中期肺纹理增粗，心界不清晰，心包较大，心膈角模糊不清，心膈间隙消失；病的后期肺纹理增粗、模糊，心界消失，心包扩大，心膈角消失或变钝，心膈间隙消失。

病初白细胞总数增多，有的达 $25 \times 10^9/L$，嗜中性白细胞比例增高，伴有核左移。病程延长转为慢性时，白细胞总数及分类计数的变化不明显。血清谷草转氨酶活性增高，血清乳酸脱氢酶活性较健康牛增加1倍以上，血清肌酸磷酸激酶活性较健康牛增加3～4倍。

【类症鉴别】

本病应与前胃弛缓、创伤性心包炎、牛肠阻塞、皱胃溃疡进行鉴别诊断。

【防治措施】

对于牛的创伤性心包炎，目前尚无有效的治疗方法。在病的早期，出现毒血症和充血性心力衰竭以前，试用手术治疗，部分病牛可望痊愈。目前采用的心包手术有两种术式：一种是Ⅰ形胸壁切开术，沿左胸壁第五肋骨纵向切口25 cm；另一种为U形胸壁切开术，底边横切口在第6和第7肋骨与肋软骨接合部之间，其前后切口分别在第5和第8肋骨上，上起肩端水平线，下距横切口2～3 cm，然后以斜切方向与横切口两端连接，进一步去除部分第6肋骨，逐层切开，打开心包腔。还可施行瘤胃切开术，手通过瘤胃切口进入网胃，清除网胃内的异物，拔除刺入网胃壁和心包的异物。此外，还可试用心包穿刺治疗，在X射线的指示下，用穿刺针刺入心包腔，放出积聚的渗出液，用灭菌生理盐水反复冲洗心包腔，直到抽出液变清，向心包腔内注入抗生素溶液，隔2～3 d冲洗一次。在进行手术治疗的同时，必须使用大剂量抗生素，并给予促进前胃运动和促进反刍的药物，加强饲养管理和护理。

预防本病应加强饲养管理，防止饲料中混杂金属异物。对已确诊为创伤性网胃炎的病牛，宜尽早施行瘤胃切开术，取出异物，避免病程延长使病情恶化，刺伤心包。

真 胃 阻 塞

真胃阻塞又称真胃积食，是由于受纳过多和/或排空不畅所造成的真胃内容物停滞，胃壁扩张和体积增大引起的一种真胃疾病。根据病因可分为原发性和继发性真胃积食。本病以脱水、右腹部局限性膨隆，直肠检查真胃膨大为临床特征，病理学特征为低氯血症、低钾血症和代谢性碱中毒。

【诊断要点】

1. 病因　原发性因素主要是饲养管理不当，包括冬、春季节用谷草、麦秸、玉米秸秆、高粱秸秆或稻草铡碎喂牛；农忙季节，因饲喂麦糠、豆秸、甘薯蔓、花生蔓或其他秸秆，同时添加磨碎的谷物精料所引起；饲养失调、饮水不足、劳役过度和精神紧张也可引起真胃阻塞；此外，由于消化机能和代谢机能紊乱，发生异嗜，舔食砂石、水泥、毛球、麻线、破布、塑料薄膜，甚至食入胎盘也是引起真胃阻塞的病因；犊牛则因大量乳凝块滞留而发生真胃阻塞。

继发性因素常见于真胃炎、真胃溃疡、真胃淋巴肉瘤、小肠阻塞和真胃变位等。

2. 临床症状　病初食欲、反刍减退，瘤胃蠕动音短促、稀少、低弱，瓣胃音低沉，排粪迟滞，粪便干燥，腹部外观无明显异常，临床表现如同一般的前胃弛缓。

病的后期，病牛精神极度沉郁，体质虚弱，鼻镜干燥，眼球凹陷，结膜发绀，舌面皱缩，血液黏稠，脉搏细弱而疾速，100 次/min 以上，呈现严重的脱水和自体中毒症状。

3. 病理变化　真胃极度扩张，体积显著增大，甚至超过正常的 2 倍，真胃被干燥的内容物阻塞。局部缺血的部分，胃壁菲薄，容易撕裂。皱胃黏膜炎性浸润、坏死、脱落；有的病例幽门区和胃底部，有散在出血斑点或溃疡。瓣胃体积增大，内容物黏硬，瓣叶坏死，黏膜大面积脱落。由肠秘结继发的病例，则表现瓣胃空虚；瘤胃通常膨大，且被干燥内容物或液体充满。

4. 实验室诊断　可见主要包括低氯血症、低钾血症、代谢性碱中毒及血液浓缩等脱水指征。

【类症鉴别】

本病需与瓣胃阻塞、前胃弛缓、皱胃溃疡、牛妊娠毒血症等疾病进行鉴别诊断。

【防治措施】

治疗原则包括恢复胃泵功能、消除积滞食（异）物、纠正机体脱水、缓解自体中毒。

增强胃壁平滑肌的自动运动性，解除幽门痉挛。主要措施是药物阻断胸腰段交感神经干和小量多次注射拟副交感神经药，比如塞可灵、毛果芸香碱、新斯的明等，使自主神经对胃肠运动的调控趋向平衡。

清除积滞内容物是治疗真胃阻塞的中心环节，初期或轻症病牛，可投服盐类泻剂，如硫酸镁或氯化镁，油类泻剂如植物油和液体石蜡，经胃管投服，每天一次，连续 3～5 d。中后期或重症病牛，宜施行瘤胃切开和瓣胃真胃冲洗排空术，即首先施行瘤胃切开术，取出瘤胃内容物，然后应用胃导管插入网瓣孔，通过胃导管灌注温生理盐水，逐步深入地冲洗瓣胃以至真胃，直至积滞的内容物排空为止。对塑料薄膜、胎盘等异物阻塞，则必须施行真胃切开术取出异物。

纠正脱水和缓解自体中毒是对各病程阶段病牛，特别是中、后期重症病牛必须施行的急救措施。通常应用5％葡萄糖生理盐水5～10 L，10％氯化钾溶液20～50 mL，20％安钠咖溶液10～30 mL，静脉注射，每天2次，连续2～3 d，兼有兴奋胃、肠蠕动的作用，也可选用乌洛托品注射液、维生素C注射液等。为防止感染，可适当使用抗菌类药物。

但在任何情况下，真胃阻塞的病牛都不能内服或注射碳酸氢钠，否则将会加剧碱中毒。

在真胃阻塞已经基本疏通的恢复期病牛，可用氯化钠50～100 g、氯化钾30～50 g、氯化铵40～80 g的合剂，加水4～6 L灌服，每天1次，连续使用，直至恢复正常食欲为止。

由于真胃阻塞，多继发瓣胃秘结，药物治疗效果不好。因此，在确诊后，可及时施行瘤胃切开术，取出瘤胃内容物，然后用胃管插入网瓣孔，通过胃管灌注温生理盐水，冲洗真胃，减轻胃壁的压力，以改善胃壁的血液循环，恢复运动与分泌机能，达到疏通的目的。

中兽医治疗 以宽中理气，消坚破满，通便下泻为主。早期病例可用加味大承气汤，或大黄、郁李仁各120 g，牡丹皮、川楝子、桃仁、白芍、蒲公英、二花各100 g，当归160 g，一次煎服，连服3～4剂。如积食过多，可加厚朴80 g、枳实140 g、莱菔子140 g、生姜150 g。

预防本病应加强日常性的饲养管理，按合理的日粮饲喂牛，特别是应注意粗饲料和精饲料的调配，饲草不能铡得过短，精料不能粉碎过细；注意清除饲料中异物，防止发生创伤性网胃炎，避免损伤迷走神经；农忙季节，应保证耕牛充足的饮水和适当的休息。

瓣 胃 阻 塞

瓣胃阻塞又称瓣胃秘结，中兽医称为"百叶干"，主要是因瓣胃收缩力减弱，内容物运转迟滞，内容物干涸、充满，瓣胃扩张而导致的一种前胃病。临床上以鼻镜干燥、龟裂，粪便呈算盘珠状，瓣胃蠕动音消失和瓣胃区扩大敏感为特征。本病多发于牛，其他反刍兽也可发病。

【诊断要点】

1. 病因 原发性瓣胃阻塞，常因过度劳役，饲养粗放，长期饲喂干草，特别是饲喂甘薯蔓、花生蔓、豆秸、青干草、紫云英等含坚韧粗纤维的饲料（特别是铡得过短后喂牛）而引起；长期饲喂糠麸、粉渣、酒糟等含有泥沙的饲料或受到外界不良因素的刺激影响瓣胃的蠕动也易发生本病。此外，放牧转为舍饲或突然变换饲料，饲料中缺乏蛋白质、维生素及微量元素，或者因饲养不正规、饲喂后缺乏饮水及运动不足等都也可引起瓣胃阻塞。

继发性瓣胃阻塞，常继发于前胃弛缓、瘤胃积食、皱胃阻塞、皱胃变位、皱胃溃疡、腹腔脏器粘连、生产瘫痪、黑斑病甘薯中毒、牛恶性卡他热、急性肝炎及血液原虫病和某些急性热性病等疾病，系瓣胃收缩力减弱所致。

2. 临床症状 病牛精神沉郁，鼻镜干燥、龟裂，空嚼、磨牙。呼吸疾速，心搏亢进，脉搏增至 $80\sim100$ 次/min。食欲减退至废绝、反刍停止。瓣胃蠕动音微弱或消失。于右侧腹壁第 $7\sim9$ 肋间的中央触诊，病牛疼痛不安；在右侧第 9 肋间与肩关节水平线相交点进行穿刺，进针时感到有较大的阻力，瓣胃不显现收缩运动。瘤胃轻度臌胀，收缩力减弱，蠕动音降低。便秘，粪便呈算盘珠状，干燥、色暗，附有少量黏液。直肠检查可见肛门与直肠痉挛性收缩，直肠内空虚，有黏液，有少量暗褐色粪块附于直肠壁。

晚期病例，伴发肠炎和全身败血症，症状加重。神情忧郁，体温升高 0.5～1 ℃，皮温不整，结膜发绀；食欲废绝，排粪停止或排出少量黑褐色粥状恶臭黏液。尿量减少、呈黄色或无尿。尿呈酸性反应，相对密度高，含大量蛋白、尿蓝母、尿酸盐。呼吸急促，心搏亢进，脉搏可达 100～140 次/min，脉搏节律不齐，毛细血管再充盈时间延长。体质虚弱，卧地不起。

3. 病理变化　剖检可见瓣胃内容物充满，坚硬如木，指压无痕，其容积增大 2～3 倍。瓣叶与干涸的内容物粘贴在一起，瓣叶变菲薄，有的大片坏死。瓣叶间内容物干涸，可捻成粉末状。此外，肝、脾、心、肾及胃肠等部分，具有不同程度的炎性病理变化。

【类症鉴别】

本病应注意同前胃弛缓、瘤胃积食、创伤性网胃腹膜炎、皱胃阻塞、肠便秘等进行鉴别诊断。

【防治措施】

治疗原则为增强前胃蠕动机能，软化瓣胃内容物，促进其排出和对症治疗。

有食欲的病例，停止使役，充分饮水，给予青绿易消化的饲料。

促进瓣胃内容物排除，可使用硫酸镁或硫酸钠 500～700 g，液体石蜡或植物油 1 000～2 000 mL，水 8 000～10 000 mL，混合，一次内服。同时可依据病情皮下注射士的宁或毛果芸香碱等（妊娠母牛及心肺功能不全、体质弱的病牛忌用），或静脉注射促反刍液、浓盐水等，以促进瓣胃的运动功能。

瓣胃内注射，在右侧第九肋间与肩端水平线相交点处垂直刺入约 4 cm，然后调整方向，向对侧肘头刺入约 10 cm，注入生理盐水 100 mL，回抽，有混有草渣的液体流出，即表明已经刺入瓣胃内，然后再注射药物，如 10% 硫酸钠或硫酸镁溶液 2 000 mL、液体石蜡或甘油 300～500 mL、普鲁卡因 2 g、盐酸土霉素 3～5 g，疗效确实。

重症病例，可采用瓣胃冲洗进行治疗，即施行瘤胃切开术，将胃管插入网瓣孔冲洗瓣胃。瓣胃经冲洗疏通后，病情即可缓和，效果良好。

对症治疗可用庆大霉素、链霉素等抗生素，防止继发感染，并及时进行补液、强心、解毒，缓和病情，防止脱水和自体中毒。

中兽医称瓣胃阻塞为百叶干，治以养阴润胃、清热通便为主。宜用葫芦润肠汤：黎芦、常山、二丑、川穹各 60 g，当归 60～100 g，水煎后加滑石 90 g、石蜡油 1 000 mL、蜂蜜 250 g，一次内服。也可用加减承气汤内服。

预防本病应尽量防止导致前胃弛缓的各种不良因素。饲草不宜过短，同时注意适当减少坚硬的粗纤维饲料；注意补充蛋白质与矿物质饲料；发生前胃弛缓、皱胃阻塞、创伤性网胃炎、肠便秘、牛产后血红蛋白尿病、生产瘫痪等疾病时，应及早治疗；加强运动，并给予充足的饮水。

真 胃 变 位

真胃变位是指真胃的正常解剖学位置发生改变，是奶牛常见的一种真胃疾病，按其变化的方向分为左方变位和右方变位两种类型。在兽医临床上，绝大多数病例是左方变位。真胃左方变位发病高峰在分娩后 6 周内，也可散发于泌乳期或怀孕期，成年高产奶牛的发病率高于低产母牛。犊牛断奶前常发生右方变位。

真胃左方变位是真胃变位的一种常见病型，即真胃由腹中线偏右的正常位置经瘤胃腹囊与腹腔底壁间潜在的空隙移位并嵌留于腹腔左侧壁与瘤胃之间。

右方变位是真胃从正常的解剖位置以顺时针方向扭转到瓣胃的后上方，而置于肝脏与腹壁之间，称为真胃右方变位。真胃右方变位又称真胃扭转。

【诊断要点】

1. 病因 真胃变位的确切病因目前仍然不清楚，但真胃弛缓是左方变位的基础，在此基础上伴有真胃和瘤胃位置的变化则可发生真胃左方变位。

引起真胃弛缓的原因很多，包括分娩应激、饲喂大量谷物、精料过高、冬季舍饲而缺乏运动、瘤胃消化不良、迷走神经性消化不良、乳房炎、子宫炎、生产瘫痪和酮病等。

真胃和瘤胃位置的改变主要是在分娩前后发生。在妊娠后期，由于胎儿的快速发育，导致子宫增大而下垂，机械性地将瘤胃向上抬高，瘤胃与腹底壁间的间隙增大，真胃沿此空隙向左方移位，分娩时瘤胃又下坠，致使移位的真胃嵌留在瘤胃与左腹壁之间，同时由于真胃弛缓，运动功能降低，无法恢复原位，而发生真胃左方变位。

2. 临床症状

左方变位 病牛精神沉郁，产奶量下降 $1/3 \sim 1/2$，轻度脱水。若无并发症，其体温、呼吸和脉率基本正常。病牛表现消化障碍，食欲减退，厌食谷物类饲料，青贮饲料的采食量往往减少，大多数病牛对粗饲料仍保留一些食欲，瘤胃运动稀弱、短促，以至废绝，反刍稀少，甚至停止，通常排粪量减少，呈糊状，深绿色。当瘤胃强烈收缩时表现呻吟、踏步、踢腹等轻微的腹痛不安。病牛腹围显著缩小，左侧肋弓部后下方出现局限性凸起，该部触诊有气囊样感觉，叩诊为鼓音。听诊左侧腹壁，可于第9～12肋骨弓下缘、肩-膝水平线上下听到真胃蠕动音，且与瘤胃运动无关。用手掌用力推动流水音明显处，可感知局限性振水音。用听叩诊结合的方法，常能在此部位听到钢管音。钢管音的区域大小和形状随真胃所含气液的多少及漂移的位置而发生改变。在钢管音区域的直下部作试验性穿刺，常可获得褐色带酸臭气味的浑浊液体，pII 2.0～4.0，无纤毛虫。

直肠检查，可发现瘤胃比正常更靠近腹正中。触诊右侧肋骨弓后下方有空虚感。病程数周、瘤胃体积显著缩小的，可在瘤胃和左腹壁之间摸到膨胀的真胃或感有较大的空隙。有的病牛可出现继发性酮病，表现出酮尿症、酮乳症、呼出气和乳中带有酮味。

右方变位 食欲急剧减退或废绝，泌乳量急剧下降。腹痛不安、踢腹，背腰下沉。体温一般正常或偏低，心率60～120次/min，呼吸数正常或减少。瘤胃蠕动音消失。粪便呈黑色、糊状，混有血液。从尾侧视诊可见右腹膨大或肋弓突起，在右䏚窝可发现或触摸到半月状隆起。在听诊右腹部的同时进行叩诊，可听到高亢的鼓音。右腹冲击式触诊可听到振水音（扭转的真胃内有大量液体）。直肠检查：在右腹部触摸到膨胀而紧张的真胃。从膨胀部位穿刺真胃，可抽出大量带血色液体，pH 1～4。

【类症鉴别】

临床上需与前胃疾病和其他的真胃病如前胃弛缓、瓣胃阻塞、真胃积食等进行鉴别。

【防治措施】

（1）**左方变位的治疗** 目前治疗真胃左方变位的方法有滚转法、药物疗法和手术疗法等三种。

滚转法是治疗单纯性真胃左方变位的常用方法，运用巧妙时，可以痊愈。具体的方法是使牛右侧横卧 1 min，然后转成仰卧（背部着地，四蹄朝天）1 min，随后以背部为轴心，先向左滚转 45°，回到正中，再向右滚转 45°，再回到正中；如此来回地向左右两侧摆动若干次，每次回到正中位置时静止 2～3 min，此时真胃可"悬浮"于腹中线并回到正常位置，将牛转为左侧横卧，使瘤胃与腹壁接触，然后马上使牛站立，以防左方变位复发。也可以采取左右来回摆动 3～5 mm 后，突然一次以迅猛有力动作摆向右侧，使病牛呈右横卧姿势，至此完成一次翻滚动作，直至复位为止。如尚未复位，可重复进行。

对于单纯性真胃左方变位，可口服缓泻剂与制酵剂，并应用促反刍药物和拟胆碱药物，以促进胃肠蠕动，加速胃肠排空，解除真胃弛缓，促进真胃复位。

病牛经药物、滚转治疗或药物与滚转相结合治疗后，让动物尽可能地采食优质干草，以增加瘤胃容积，从而达到防止左方变位的复发和促进胃肠蠕动。

这两种方法的治疗效果有一定的限制，且易于复发，如条件许可，应尽快实行手术治疗。

真胃左方变位的手术有 4 种手术途径，即左髂部切口、右髂部切口、两侧髂部同时切口和腹正中旁线切口。每种途径各有优缺点，应根据具体情况而定。

（2）右方变位的治疗 真胃扭转的治疗主要采用手术治疗法。真胃扭转的手术有两种手术途径，即右肷窝部切口和腹正中旁（右）线切口。以右肷窝部手术途径较好，便于确定真胃的解剖学位置和整复的方向，能够站立的病牛尽量实行此种手术途径，卧地不起的病牛只能采用腹正中旁（右）线手术途径。

预防真胃变位应在满足动物的各种营养需要量的同时，合理配合日粮，日粮中的谷物饲料，青贮饲料和优质干草的比例应适当；对发生乳房炎或子宫炎、酮病等疾病的病牛应及时治疗。

真 胃 炎

真胃炎又称皱胃炎，是指各种病因所致的真胃黏膜及黏膜下层的炎症。根据病程分为急性和慢性真胃炎，根据病因分为原发性真胃炎和继发性真胃炎。临床上以严重的消化机能紊乱为主要特征。皱胃炎多见于老龄牛和体质衰弱的牛，在犊牛和成年牛也有发生。

【诊断要点】

1. 病因　原发性真胃炎多因饲喂的饲料过于粗硬、冰冻、发霉变质或长期饲喂糟粕、粉渣等。当饲喂不定时，时饱时饥，突然变换饲料或劳役过度，经常调换饲养员，或者因长途运输，过度紧张，引起应激反应，因而影响到消化机能，而导致真胃炎的发生。

继发性真胃炎常见于前胃疾病、营养代谢疾病、口腔疾病、肠道疾病、肝脏疾病、寄生虫病（如血矛线虫病）和某些传染病（如牛病毒性腹泻、牛沙门氏菌病等）等的疾病的过程中。

2. 临床症状　急性或慢性真胃炎，都呈现消化障碍，但各有特点。

急性真胃炎时，病牛精神沉郁，鼻镜干燥，皮温不整，结膜潮红、黄染，体温一般无明显变化。食欲减退或废绝，反刍无力或停止，有时出现空嚼、磨牙。瘤胃轻度臌气，收缩力减弱。触诊右腹部真胃区，病牛疼痛不安。便秘，粪便呈球状，表面覆盖多量黏液，间或出现腹泻。有的病牛还表现腹痛不安。病的末期，病情急剧恶化，往往伴发肠炎，全身衰弱，脉率增快，脉搏细弱，精神极度沉郁，甚至昏迷。

慢性真胃炎，病牛长期消化不良、异嗜。口腔黏膜苍白或黄染，唾液黏稠、有舌苔，瘤胃收缩力量减弱；便秘，粪便干硬。病的后期病牛衰弱、贫血、腹泻。

【类症鉴别】

本病需与瘤胃臌气、真胃阻塞、真胃变位、肠便秘等疾病进行鉴别诊断。

【防治措施】

治疗原则为清理胃肠、消炎止痛和对症治疗。

在病的初期，先绝食1～2 d，并内服植物油500～1 000 mL，或人工盐400～500 g，以清除胃肠道内有害的内容物。为提高治疗效果，可用土霉素5～8 g，酒精50 mL，冷开水适量配成溶液，进行瓣胃注入，每天1次，连用3～5 d。腹痛明显时应静脉注射安溴注射液100 mL，以缓解疼痛。对病情严重、体质衰弱的成年牛应及时用抗生素，防止感染；同时用5%葡萄糖生理盐水2 000～3 000 mL，20%安钠咖注射液10～20 mL，40%乌洛托品注射液20～40 mL，静脉注射。病情好转时，可服用复方龙胆酊60～80 mL或橙皮酊30～50 mL等健胃剂。

对犊牛，绝食1～2 d，在绝食期间喂给温生理盐水。绝食结束后先给予温生理盐水，再给少量牛奶，逐渐增量。断乳犊牛可饲喂易消化的优质干草和适量精料，补饲少量氯化钴、硫酸亚铁、硫酸铜等微量元素。调整瘤胃消化机能，瘤胃内容物发酵、腐败时，可用抗生素如土霉素1 g内服，1次/天，连用3～4次。必要时给予新鲜牛瘤胃液0.5～1 L，进行瘤胃内容物接种，增进其消化机能。

中兽医主要认为胃气不和，食滞不化引起，应以调胃和中，导滞化积为主。宜用加味保和丸：焦三仙 200 g、莱菔子 50 g、鸡内金 30 g、延胡索 30 g、川楝子 50 g、厚朴 40 g、焦槟榔 20 g、大黄 50 g、青皮 60 g，水煎去渣，内服。

若脾胃虚弱，消化不良，皮温不整，耳鼻发凉，应以强脾健胃，温中散寒为主。宜用加味四君子汤：党参 100 g、白术 120 g、茯苓 50 g、肉豆蔻 50 g、广木香 40 g、炙甘草 40 g、干姜 50 g，共为末，开水冲，候温灌服。

康复期间，应加强护理，保持安静，尽量避免各种不良因素的刺激和影响；应给予优质干草，加喂富有营养、易消化的饲料，并注意适当运动。

预防本病要加强饲养管理，并给予优质饲料，饲料搭配合理；搞好畜舍卫生，控制和减少应激因素；对能引起真胃炎的原发性疾病应做好防治工作，及时治疗原发性疾病。

真 胃 溃 疡

真胃溃疡，即皱胃溃疡，包括黏膜浅表的糜烂和侵及黏膜下深层组织的溃疡，因黏膜局部缺损、坏死或自体消化而形成。真胃溃疡是以厌食、腹痛、奶产量下降和黑粪为特征的消化紊乱疾病。成年牛与犊牛都会发病，随着产奶量的提高，本病发病率亦不断增加。

【诊断要点】

1. 病因 原发性因素，主要由于饲养管理不当，如饲料突变、饲料品质不良、精料过多；或饲喂方法失宜，突然变更饲养方法。另外，管理不当，牛舍卫生不良，长途运输，异常刺激及中毒与感染等都可引发本病。

继发性因素，常继发于真胃移位、真胃扭转、真胃阻塞、真胃迷走神经性消化不良、真胃炎、真胃肿瘤等疾病。另外，在黏膜病、口蹄疫、恶性卡他热、血矛线虫病、水疱病、传染性鼻气管炎等传染病和寄生虫病的经过中，也可导致真胃黏膜的出血、糜烂、坏死，以至发生真胃溃疡。

2. 临床症状　根据发病的日龄或溃疡的数量、范围和深度，在临床上可分为慢性型和急性型。

慢性型　此型真胃溃疡多见于犊牛，病程中大部分无明显的全身症状。轻度出血，呈慢性消化不良，粪中混有少量的黑色血凝块，间歇性出现，病时长者，患牛出现贫血现象。

急性型　此型病程很快，死亡率较高。病牛食欲不定，周期性磨牙，行动不安，不愿起立，不久头颈伸直而横卧不起。体温不高，如果虚脱严重，体温反而下降，脉搏增加，出现眼球凹陷呈严重的脱水症状。严重出血的牛突然不食，轻微腹痛，心搏 100 次/min 以上，呼吸浅而快，衰弱，体表发冷，黏膜苍白，粪便少而色黑，呈柏油状，有腹泻发作，黑粪可持续 4～6 d。少数严重出血溃疡病例，可在 24 h 内死亡。真胃穿孔引起急性局限性腹膜炎者，症状类似创伤性网胃腹膜炎，表现发热，体温 39.5～40 ℃，瘤胃蠕动减弱或停滞，腹痛，不愿走动，右腹中线旁腹壁触诊疼痛，有时磨牙；如穿孔大，大量胃内容物漏入腹腔，则引起弥漫性腹膜炎，出现食欲废绝，胃肠蠕动停止，体温 40～41.5 ℃，皮肤和末梢冰凉，高度沉郁，广泛性腹痛，心率可达 140 次/min，逐渐卧地不起，处于败血症或休克状态。

3. 病理变化　多在幽门区及胃底部的黏膜皱襞上见有散在的大小、数量不等，形态、位置不一的糜烂斑点，并可见界限分明、边缘整齐的圆形或不规则的溃疡。

严重的溃疡，伴有胃出血，流入大肠，甚至逆流入瓣胃，胃内有血凝块，有的伴发胃穿孔，邻近器官形成广泛粘连，具有穿孔性腹膜炎的变化。

有的溃疡愈合后，遗留不明显的瘢痕或呈星芒状瘢痕。

【类症鉴别】

应与沙门氏菌病、炭疽、犊球虫病、肠套叠、创伤性网胃腹膜炎及肠穿孔等病相鉴别。

【防治措施】

发现症状后立即停止日粮中添加青贮、高湿玉米和粉状精料7～14 d 或直到临床症状出现明显改善为止，应将饲料转为干草和低蛋白质饲料，连续应用广谱抗生素 7～14 d 或直到奶牛体温正常 48 h 后为止，临床上常用的抗生素有氨苄西林钠、环丙沙星、氧氟沙星、卡那霉素、庆大霉素等；禁用皮质激素和非甾体抗炎药，如地塞米松、消炎痛等。同时应给予黏膜保护剂和制酸剂，使真胃内容物的 pH 升高，有助于真胃溃疡灶的修复和愈合。西咪替丁（雷尼替丁）30 片、小苏打 200 片、复合维生素 B 30 片、盐酸甲氧氯普胺 20 片、氧化镁 500 g，每天一次灌服，连服 2～4 d，有一定疗效。

发生大出血而表现明显贫血的病例，可进行输血疗法。牛的血型较多，一般无输血反应，但在前 15 min 应缓慢输注，待无输血反应后再快速输血。一般输 4 000～6 000 mL 全血，输一次即可。

经保守疗法无效的穿孔性真胃溃疡，可手术修补，但成功率很低。

预防本病平时应加强饲养管理，供应平衡日粮，严格控制精料，特别是谷物饲料的喂量，减少不良应激因素对奶牛的作用，合理运动，加强防疫卫生工作，减少真胃溃疡的发生。

胃 肠 炎

胃肠炎是胃肠黏膜表层和深层组织的重剧性炎症。在动物临床上由于胃炎和肠炎往往相伴发生，故合称为胃肠炎。临床上胃肠炎以严重的胃肠机能紊乱、脱水、自体中毒或毒血症为特征。牛以肠炎为主。

【诊断要点】

1. 病因　原发性因素主要是饲养管理不当。采食霉变饲料或不洁饮水；采食了有毒植物，如蓖麻、巴豆、刺槐和针叶植物的皮及叶等；误食（饮）有强烈刺激或腐蚀的化学物质，如酸、碱、砷、汞、铅、磷及氯化钡等；动物厩舍阴暗潮湿、卫生条件差、气候骤变、车船运输、过度紧张、动物机体处于应激状态，牛受寒感冒，机体防卫能力降低，胃肠道内条件性致病菌大量繁殖，引起感染所致；抗生素特别是广谱抗生素的滥用，造成肠道的菌群失调引起二重感染，导致胃肠炎的发生，如犊牛在使用广谱抗生素治疗肺炎后不久，由于胃肠道菌群失调而发生霉菌性肠炎、大肠杆菌性肠炎、坏死杆菌性肠炎等；不适当地使用健胃剂，或使用对胃黏膜有明显刺激作用的药物，如高锰酸钾、吐酒石、水合氯醛等，引起胃肠黏膜的损伤而发生胃肠炎。

继发性胃肠炎常见于便秘之后，以及某些传染病（如牛瘟、牛出血性败血症、牛副结核）、某些内科病（肠便秘、肠变位、心脏病、肾脏疾病）、产科病和寄生虫病的过程中。

2. 临床症状　患病动物精神沉郁，食欲明显减退或废绝，初期饮欲增强，食欲废绝，鼻镜干燥，结膜初潮红后带黄色，以后逐渐变为青紫，口腔干燥，气味恶臭。严重病例后期拒绝饮水。反刍动物还会出现反刍减少或停止。脉搏初期增数，以后变得细弱急速，每分钟可达 100 次以上，心音亢进，呼吸加快。病牛体温升高，心率增快，呼吸加快，眼结膜暗红或发绀，眼窝凹陷，皮肤弹性减退，血液浓稠，尿量减少。

腹泻，粪便稀软，甚至呈现粥样、水样、腥臭，粪便中混有黏液和血液，有的混有脓液。病至后期，肛门松弛，排粪呈现失禁自痢。当炎症波及直肠时,排粪呈现里急后重的表现。若炎症仅局限于胃和十二指肠,则出现排粪弛缓、粪量减少,粪球干、小、颜色加深,表面覆盖多量的黏液。病牛出现不同程度的腹痛表现,肌肉震颤,肚腹蜷缩,回头顾腹。

随着病情恶化,病牛体温降至正常温度以下,四肢厥冷,出冷汗,脉搏微弱,甚至脉不感于手,体表静脉萎陷,精神高度沉郁,甚至昏睡或昏迷。

慢性胃肠炎,病牛精神不振,衰弱,食欲不定,时好时坏,挑食;异嗜,往往喜爱舔食砂土、墙壁和粪尿。便秘,或者便秘与腹泻交替,并有轻微腹痛,肠音不整。体温、脉搏、呼吸常无明显改变。

3. 病理变化　肠内容物常混有血液,恶臭,黏膜呈现出血或溢血斑。由于肠黏膜坏死,在黏膜表面形成霜状或麸皮状覆盖物。黏膜下水肿,白细胞浸润。坏死组织剥脱后,遗留烂斑和溃疡。病程时间长者,肠壁可能增厚并发硬。集合淋巴结和孤立淋巴滤泡及肠系膜淋巴结肿胀,常并发腹膜炎。

【类症鉴别】

除进行病因调查外,主要根据本病的全身症状重剧,体温升高,口色暗红,口干有恶臭,有舌苔,肠音随炎症部位而不同,炎症侵害胃及小肠时,肠音逐渐变弱。炎症侵害大肠时,初期肠音增强,后期减弱或消失。泻粪稀软,腥臭难闻,混有血液、黏液及组织片为特征,能够确诊。

典型的胃肠炎,首先应根据全身症状,食欲紊乱,舌苔变化,重度腹泻,体温升高,以及粪便中含有病理性产物等,多不难作出诊断。但应注意继发性胃肠炎的原发病诊断。

【防治措施】

治疗　当病牛 4~5 d 未吃食物时,可灌炒面糊或小米汤、麸皮大米粥；开始采食时，应给予易消化的饲草、饲料和清洁饮水，然后逐渐转为正常饲养。消除病因则依据原发性因素进行。

抑菌消炎，在选用抗生素时，最好送检患畜粪便，做药物敏感试验，为选用或调整药物作参考。可灌服 0.1% 高锰酸钾溶液 2 000～3 000 mL；或者用磺胺脒（琥珀酰磺胺噻唑、酞磺胺噻唑）30～40 g，次硝酸铋 20～30 g，常水适量，内服。也可内服诺氟沙星 10 mg/kg，或者肌内注射庆大霉素 1 500～3 000 IU/kg 或小诺霉素 1～2 mg/kg、环丙沙星 2～5 mg/kg，也可选用其他抗菌药物。

清理胃肠，在肠音较弱、粪便干燥、排粪弛缓、气味腥臭者，为促进胃肠内容物排出，减轻自体中毒，应采取缓泻。常用液体石蜡（或植物油）500～1 000 mL，20% 鱼石脂 100 mL，内服。在用泻剂时，要注意泻剂的选用，最好使用油类泻剂，谨慎使用盐类泻剂，以避免对胃肠道的刺激，以免加重炎症。

当病牛粪稀如水，频泻不止，基本无腥臭气味时，应适当进行止泻。可用药用炭 200～300 g，加适量常水内服；或者用鞣酸蛋白 20 g，碳酸氢钠 40 g，加水适量内服。

维护心脏功能可选用强新药和心肌营养药。强心药如西地兰、毒毛旋花子苷 K、安钠咖等；心肌营养药等如 ATP、细胞色素 C、肌苷、辅酶 A、维生素 C、25%～50% 葡萄糖注射液等。

对症治疗，当腹痛严重时可使用安乃近、安痛定等进行镇痛；当肠道出血时可使用维生素 K、止血敏、安络血等进行止血。

预防　搞好饲养管理工作，不要饲喂霉败饲料。避免牛采食有毒物质和有刺激、腐蚀的化学物质；防止各种应激因素；做好牛的定期预防接种和驱虫工作。

结　肠　炎

结肠炎是在炎症状态下，结肠对水分和电解质的吸收作用降低导致一种肠道疾病。临床上以腹泻、脱水和内中毒为特征。

【诊断要点】

1. 病因 饲养管理不当等因素使得牛自身免疫力低下，导致结肠黏膜病变、炎症等。另外，感染性因素如某些传染病、肠道寄生虫引起的慢性炎症，以及饲料中有害的植物、化学药品等中毒性因素等均可成为本病的诱因。

2. 临床症状 食欲变化不大，腹泻较轻，随后加剧。有的间歇性腹痛或阵发性腹痛，表现起卧不安，排出恶臭稀软粪便，频频努责，里急后重。后期病牛腹泻加重，出现脱水，酸中毒，电解质失调，食欲减退，有的心衰。

3. 病理变化 盲肠及大结肠的病变明显，浆膜呈蓝紫色，肠内积满恶臭泡沫状内容物，黏膜充血、水肿，并有散在点状出血和坏死。结肠淋巴结充血、水肿。胃、十二指肠和空肠无明显的变化。

【类症诊断】

根据采食有害物质的病史，结合间歇性或阵发性腹痛，排恶臭稀软粪便，频频努责，里急后重等临床特征，可作出诊断。但需与胃肠炎、腹膜炎进行鉴别。

【防治措施】

治疗 消炎，止泻，对症治疗参考胃肠炎。可应用益生菌，如乳酸菌制剂，口服，每天1～3次。

预防 加强饲养管理，防止有害植物、化学药品等中毒，增强奶牛体质，提高抗病力。

肠 套 叠

肠套叠是肠管异常蠕动致使一段肠管套入其临近的肠管内，引起胃肠内容物不能后送的一种急性腹痛病。临床上以腹痛和排血样粪便为特征。本病犊牛较成年牛多发。

【诊断要点】

1. 病因　动物在极度饥饿、突然受凉、饮入冷水等因素影响下，肠管受到异常刺激而发生个别肠段的痉挛性收缩，从而发生肠套叠；饲喂品质低劣或变质的饲料时，能引起胃肠道运动失调而发生肠套叠；由于肠道存在炎症、肿瘤、寄生虫等刺激物，或者由于腹腔手术引起某段肠管与腹膜粘连时，也易发生肠套叠。

2. 临床症状　动物突然发病，开始时表现中度间歇性腹痛，发病 1～2 h 转为剧烈腹痛。表现为后肢踢腹或后肢交替踏地、举尾，有时频频起卧，站立时背腰下沉呈凹腰表现。

食欲废绝，反刍消失，饮水次数增多，但饮水量并不增加反而减少。口腔干燥，随病程延长，口腔出现臭味。

病初频频出现排粪动作，但排粪量减少，粪便中带有黏液和血液，或排出少量煤焦油样粪便。后期排粪停止。

腹围增大，右腹部听诊肠音减弱或肠音不整，有时肠音高朗短促而带有金属音调（套叠部位前方肠管积气积液）。直检时直肠内有少量的黏粪或黏液，隔直肠壁向腹内探查，有时可触及到手臂粗，而且光滑的富有弹性肉样感的套叠肠段，压迫套叠部位动物疼痛敏感。

3. 病理变化　病初全身体况无明显变化，但随病程发展，全身症状逐渐加重而明显，机体脱水，心跳加快，呼吸促迫，结膜发绀，神情呆滞，反应迟钝，皮温降低，耳鼻及四肢发凉。当继发腹膜炎、肠炎时体温升高。

4. 实验室诊断　腹腔穿刺液明显增多，初期为淡黄红色，以后逐渐变为红色腹水。根据病史和临床特征一般可作出初步诊断，确诊需要进行钡透或超声诊断，剖腹探查即是一种有效确诊方法。

【类症诊断】

根据病史和临床特征一般可作出初步诊断，确诊需要进行钡透或超声诊断，剖腹探查即是一种有效确诊方法。但需与肠变位、肠梗阻等疾病鉴别诊断。

【防治措施】

治疗　本病发展急剧，诊治不及时可很快死亡。一经确诊应立即采取手术治疗。不论哪种疗法，在治疗前均应根据动物病情进行强心、补液，以维持动物的体况。手术疗法，常规切开腹壁，打开腹腔，找出套叠肠管，进行整复。在手术整复中，必须缓缓分离已进入到肠管中的肠浆膜，禁止强力拉出，特别对套叠部分较长和严重瘀血、水肿的肠管，要防止造成肠壁撕裂、大出血及因严重肠壁缺损而造成的感染。对肠管已坏死而不能整复者，应做肠切除吻合术。术后应做好术后护理工作，根据病情进行强心、补液、校正电解质紊乱和使用抗生素控制继发感染。

预防　采取科学的饲养和管理，饲喂要定时、定量，注意饮食、饮水温度，饲料饮水要清洁，要注意卫生，防止误食泥沙和污物。在运动时要防止剧烈奔跑和摔倒。避免过度刺激，禁止粗暴追赶、捕捉、按压，勿使动物剧烈挣扎等。

肠　便　秘

肠便秘又名结症、肠阻塞、肠秘结，是指肠道发生弛缓，肠内容物或粪便积滞所造成的一种机械性肠阻塞。临床上以腹痛、脱水为特征。

【诊断要点】

1. 病因　饲喂过多的粗硬饲料如谷草、甘薯蔓、糜草、花生蔓、麦秸等，特别是当受潮、发霉、变湿而柔韧切铡不够碎时，牲畜不易嚼细，难于消化，更易发病。还有在由放牧转为舍饲，由喂青草、青干草转为喂上述的粗硬的饲料时，可以引起肠内容物 pH 的变化、肠内菌群改变等一系列肠道内环境急剧变动。或饮水和食盐不足时，也会引起肠道阻塞。另外，在气候的突然变化的前几天中，牛的发病也增多。

2. 临床症状 病牛鼻镜干燥，食欲消失，口腔干燥，反刍停止。病初有阵发性轻度腹痛，四肢频频踏地，后肢踢腹，拱腰努责举尾，排出少量带胶冻的粪便。腹痛剧烈时，时起时卧。病情的中后期，腹痛停止，排粪停止，精神高度沉郁，喜卧，体温下降，心动过速，中度脱水，眼窝凹陷，心力衰竭，自体中毒。直肠检查，肛门伸缩，直肠内空虚干燥，有时仅有一些胶状黏液，少数可触摸到阻塞部。因肠便秘的部位不同，症状也有差别，十二指肠便秘，多为毛球、纤维球。除具有上述症状外，病牛有时从鼻孔中返流粪汁，小肠后段及结肠便秘时，病牛右腹部膨大下垂，冲击式触诊有震水音，叩诊出现金属音。眼结膜暗红或黄染，眼窝下陷，脱水，心脏衰弱，脉数在 100 次分以上，心律不齐，体温、呼吸变化不太明显。

3. 病理变化 粪便聚积处肠段肠壁淤血、出血、水肿，并继发炎症、坏死。

【类症鉴别】

盲结肠便秘时，左右镰部叩诊呈金属性音响。中期多排一些带臭味呈胶冻样粪便，后期多不见排粪。直检直肠内空虚，可触摸到空气和粪结的膨大肠段。为了确诊可在右肷部作剖腹探查术。但需与瘤胃积食、肠套叠和肠痉挛等疾病进行鉴别。

【防治措施】

治疗 保守疗法。经口灌服泻药，如硫酸钠或硫酸镁500～

1 000 g，温水 5～7 L，或液体石蜡油 1～2 L。皮下注射拟胆碱药如新斯的明 30～60 mg 或毛果芸香碱 50～100 mg，以促进阻塞物排出。此外，通过直肠按摩阻塞物或直肠深部灌注温肥皂水也有一定的疗效。对脱水牛需大量补液。由于阻塞物在肠内停留的部位不同，有些肠便秘用保守疗法治疗是无效的，需要进行手术疗法。

手术疗法。手术部位，可在右侧第三腰椎横突下 5 cm 起作一长 20 cm 垂直切口，分层切开腹壁。然后沿膨胀的肠管由前向后，沿萎陷的肠管由后向前找到秘结部，实施隔肠按压或侧切取粪，肠管已坏死的，则应切除，施行断端吻合术。

预防　注意粗精饲料搭配，舍外饲养或放牧牛自由饮水、自由运动，防止牛偷吃大量稻谷。

腹 水 综 合 征

腹水又称腹腔积液，是指腹腔内蓄积大量浆液性漏出液，是一种非炎症作用所致的浆液在腹腔内漏出并潴留。它不是独立的疾病，而是伴随于诸多疾病的一种病征。

【诊断要点】

1. 病因　腹水综合征，按其病因可分为 3 种类型，即心源性腹水、稀血性腹水和肝源性腹水。

心机能不全时，毛细血管内压增高，血管壁营养障碍及渗透性增加而发生全身水肿，与此同时，腹腔、胸腔、心包腔及皮下结缔组织也可能出现积水现象，常见于慢性心脏衰弱、间质性肺炎、慢性肺泡气肿、心脏瓣膜病等。

在稀血症时，由于血液的固型成分减少，液体成分增多，血液稀薄，致血浆胶体渗透压增高。见于营养不良性衰竭疾病、慢性贫血、慢性肾病、慢性间质性肾炎、充血性心力衰竭，在这些疾病状态下，往往造成低蛋白血症，使血管内血液胶体渗透压下降或静脉血回流发生障碍，使毛细血管内静水压升高。促使血管内的液体成分通过毛细血管壁漏出，呈现腹水和全身水肿。

　　肝脏机能不全，水盐和蛋白质代谢障碍及腹腔静脉或全身静脉长期淤血，以致淋巴循环障碍的情况下，浆液渗漏于腹腔而发生腹水。多见于肝硬变、慢性肝炎、肝肿瘤、肝棘球蚴病、血吸虫病等。无全身水肿和其他体腔积液，故又称单纯性腹水。

　　2. 临床症状　腹围进行性膨大，多量腹腔积液，腹下部明显膨大，腰部凹陷。腹部上侧弛缓，下侧紧张，触诊腹壁有波动感，冲击腹壁有击水音。病牛精神较差，无热，脉搏细而微弱，食欲逐渐减少，黏膜苍白，被毛粗刚，四肢冷凉，发生浮肿。若腹水压迫膈肌时，因腹肌收缩不全可引起呼吸紧迫。

　　3. 病理变化　若伴有肝病或恶性肿瘤，呈现消瘦。可视黏膜苍白、黄染；若伴有肾疾病，则全身浮肿。

　　4. 实验室诊断　腹腔穿刺有大量透明或稍浑浊的漏出液，比重小于 1.016，蛋白含量低于 1.0%，李氏稀醋酸试验呈阴性反应。

【类症鉴别】

　　在临床诊断时，首先要根据腹水综合征的临床表现，确定是不是腹水，然后再依据全身性水肿、心力衰竭和血液稀薄等体征进行定位诊断。但需与腹膜炎等疾病鉴别诊断。

【防治措施】

　　治疗　针对原发病治疗的同时，为促进漏出液或渗出液的吸收和排出，可应用利尿剂（氢氧噻嗪、利尿素等）和强心剂（咖啡因、洋地黄等）以及用高渗葡萄糖、10%氯化钙静脉注射。有大量积液时，可实施腹腔穿刺放液，注意不可一次放液量过大，以防发生虚脱。对于膀胱破裂引起的腹腔积尿，需实施膀胱修补手术及尿道手术，同时用大量灭菌生理盐水清洗腹腔，并尽量排

除清洗液，注入青霉素和普鲁卡因，以消除由尿刺激而引起的腹膜炎症。

腹 膜 炎

腹膜炎是腹膜壁层和脏层炎症的统称，临床上以腹壁疼痛和腹腔积有炎性渗出液为特征。

【诊断要点】

1. 病因　原发性因素主要是动物机体由于受寒、过劳、感冒或某些理化因素的影响，机体防御能力降低，抵抗力减弱，受到大肠杆菌、巴氏杆菌、化脓杆菌、结核杆菌、猪丹毒杆菌、沙门氏菌、链球菌、肝片形吸虫、棘球蚴等条件性致病菌侵害而导致腹膜炎的发生。

创伤性因素主要见于腹壁创伤或外科手术创等，如腹壁切开术、腹壁疝手术、瘤胃切开术、去势术、卵巢摘除术、肠管吻合术等，或者机械性损伤等。由于手术创伤或消毒不净，使病原菌通过手术创伤或损伤部位侵入腹腔，引起创伤性腹膜炎的发生和发展。

继发性腹膜炎，多由胃肠及其他脏器破裂或穿孔所致，例如肝、脾、膀胱、子宫等器官的破裂，特别是急性胃扩张、肠臌气、直肠检查、灌肠，以及配种或难产和助产时所引起的胃肠道、子宫或直肠穿孔或破裂。

2. 临床症状　因炎症的性质、范围及疾病的病程而不同。急性弥漫性腹膜炎时间短，急性经过，体温升高，热型不定，呼吸浅表疾速，多为胸式呼吸；心率增快，心音减弱；结膜发绀；腹痛；口色暗红，舌苔黄腻，口干、臭；尿量少、浓稠、色深。胃、肠穿孔引起的腹膜炎，渗出液中有食物或粪渣。

病牛精神沉郁，体温变化不明显，食欲减退或废绝，瘤胃蠕动音消失，并有轻度臌气，便秘，渐进性消瘦；拱背而立，强迫行走，步态小心；叩诊有疼痛表现，呻吟；直肠检查发现在直肠中宿粪较多，可感到腹壁紧张，腹腔积液时肠管呈浮动状。

3. 病理变化　腹膜充血、潮红、粗糙；腹腔中有混浊的渗出液，内混有纤维蛋白絮片；腹膜面覆盖有纤维蛋白膜，腹膜和腹腔各器官互相粘连或愈着。胃、肠破裂或穿孔所引起的腹膜炎，腹腔内有食糜或粪便；化脓性的腹膜炎，有脓性分泌物；腐败性的腹膜炎，有恶臭的渗出物；血管严重损伤时，渗出物中有大量红细胞；膀胱破裂，则有尿液。

慢性腹膜炎，结缔组织增生，纤维蛋白机化，形成带状或绒毛状的附着物，并于邻近的内脏器官粘连。

4. 实验室诊断

血液检查　白细胞增多，核左移。触诊腹部，病牛躲避或抵抗，有疼痛表现；腹腔大量积液时，叩诊呈水平浊音；直肠检查时，直肠内蓄有恶臭粪便，腹膜敏感；腹腔穿刺液检查，有相应的渗出液及内容物。

必要时可做腹腔穿刺液检查，健康动物的腹水很少，其颜色为淡黄、澄清，将腹水离心沉淀后，涂片染色，做细胞计数。蛋白质含量为 2 g/mL。若腹水增多，颜色改变，浑浊，甚至恶臭及细胞比例改变，即为腹膜炎和腹腔器官疾病的标志。

【类症鉴别】

根据病史和典型临床症状可作出初步诊断，如弓背站立，呼吸浅表疾速，腹痛，病初肠音增强，慢性病牛出现渐进性消瘦；直肠检查可触到腹膜与其他器官或器官之间互相粘连；胃、肠穿孔引起的腹膜炎，渗出液中有食物或粪渣。但需与腹水性鉴别诊断。

【防治措施】

治疗　首先要加强护理，使动物保持安静，最初 2～3 d 内禁食，经静脉给予营养药物，随病情好转，逐步给予流质食物和青草。

如果是腹壁创伤或手术引起的腹膜炎，应及时进行外科手术处理。

抗菌消炎，用广谱抗生素或多种抗生素联合进行静脉注射、肌内注射或大剂量腹腔注入。如青霉素、链霉素、先锋霉素等广谱抗生素或磺胺类药物。还可用疗腹泰注射液，直接注射腹腔。

制止渗出，可用10%氯化钙溶液100～150 mL，40%乌洛托品20～30 mL，生理盐水1 500 mL，混合，一次静脉注射。

有大量渗出液时，用套管针进行腹腔穿刺排出积液（如果渗出液浓稠，可行腹壁切开），应用生理盐水，加入无刺激性的抗菌药物进行彻底地洗涤腹腔。用利尿素或醋酸钾利尿。

为减轻疼痛可应用安乃近、盐酸吗啡注射止痛。

为增强全身机能，可采取强心、补液、补碱、缓泻等综合措施，以改善心、肺机能，防止脱水，矫正电解质和酸碱平衡失调。条件许可时，可少量输给血浆或全血，以矫正血浆胶体渗透压。补液、矫正电解质与酸碱平衡失调，可用5%葡萄糖生理盐水或复方氯化钠溶液、5%碳酸氢钠液，静脉注射，2次/天。对出现心律失常、全身无力及肠弛缓等缺钾现象的腹膜炎病牛，可在1 000 mL 5%糖盐水内加10%氯化钾液25 mL，静脉滴注。氯化钾的总用量，依据血钾恢复程度而定。出现内毒素休克危象的应按中毒性休克实施抢救。

预防 避免各种不良因素的刺激和影响，特别是注意防止腹腔及骨盆腔脏器的破裂和穿孔；大动物导尿、直肠检查、灌肠、助产时要谨慎，防止引起子宫、肠道破裂或直肠穿孔；去势、腹腔穿刺、腹壁手术、瘤胃手术、母畜分娩、胎盘剥离、子宫整复、难产手术及子宫内膜炎的治疗均应按照操作规程进行，防止腹腔感染。

副 鼻 窦 炎

　　副鼻窦炎是指上颌窦和额窦黏膜的炎症，多取慢性经过。临床上以流鼻液为特征，一般多发生于一侧。

【诊断要点】

　　1. 病因　常并发或继发于鼻卡他，草料残渣、麦芒等异物进入窦腔，以及面部挫伤、骨折、鼻咽黏膜炎、上臼齿齿槽骨膜炎、龋齿、骨软症、鼻疽、腺疫、恶性卡他热、禽痘等疾病。

　　2. 临床症状　一侧或两侧鼻孔持续流浆液性、黏液性以至脓性、腐臭鼻液，低头或强力呼吸、咳嗽及头部剧烈活动时鼻液量增多，否则提示窦孔被发炎组织或黏稠脓汁所堵塞。后期由于鼻腔黏膜肥厚和鼻窦蓄脓，出现吸气性呼吸困难和鼻狭窄音。触诊额窦或颌窦知觉过敏，增温。窦壁骨骼膨隆，幼犊尤为明显。骨质变软时，指压有颤动感。叩诊患部疼痛，发浊音，穿刺可抽出脓性分泌物。全身症状不明显。

　　3. 病理变化　多为一侧性。初期为浆液或黏液性，以后变为脓性，如鼻液中混有血丝，常表现窦内有骨折。继发骨膜炎时，患部窦壁骨骼膨隆。后期由于鼻腔黏膜肥厚，引起呼吸困难，并出现鼻塞音。

【类症鉴别】

　　临床上一般需与鼻炎等上呼吸道疾病进行鉴别。

【防治措施】

　　治疗　病初脓汁不多时，应用抗生素或磺胺类药物肌内或静脉注射，并配合应用20％硫酸镁溶液100 mL静脉注射或肌内注射，每天一次，4～5 次为一个疗程，一般有效。

当药物治疗无效，骨折碎片落入窦内，脓汁潴留，或肉芽组织过度增生时，应施行圆锯术，用连接胶管的注射器吸出窦腔内潴留的脓汁；彻底清除坏死组织和异物；用 0.02％呋喃西林液或 0.2％高锰酸钾液进行洗涤；脓汁黏稠的，可用 2％～4％碳酸氢钠液冲洗。然后向窦腔内注入松碘油膏（松馏油 5 mL、碘仿 3 g、蓖麻油 100 mL）20～30 mL，或 0.25％普鲁卡因青霉素液，术后头几天应逐日或隔日换药一次。

喉 水 肿

喉水肿是指喉黏膜和黏膜组织，尤其是会厌软骨和声门裂的水肿。临床上以突发性高度呼吸困难，伴有明显的哨音和喘鸣音为特征。

【诊断要点】

1. 病因

炎性喉水肿 多继发于炭疽、气肿疽、巴氏杆菌、荨麻疹、血斑病及药物过敏等，或起因于吸入强烈刺激性气体、粉尘、呼吸道感染及喉部黏膜损伤。

淤积性喉水肿 多见于心性水肿，偶见于肾性水肿、中毒性喉水肿，如心性疾病、颈静脉受头络或厩绳的压迫、创伤性心包炎、稀血症，以及饲料、细菌或霉菌中毒。

2. 临床症状 炎性喉水肿，发生极为迅速，可在数小时内窒息死亡。水肿主要存在于会厌软骨基部，勺状会厌韧带与喉囊侧副韧带区，致使喉头显著狭窄，吸气性呼吸困难，吸气时肋间凹陷，出现哨笛声，并伴发咳嗽。其他症状表现为，动物出汗，眼球凸出，目光惊惧，黏膜发绀，静脉怒张，脉搏加速。动脉压下降，最终可因窒息、衰竭死亡。

淤积性喉水肿发展较缓慢，无窒息危险，但具有喉水肿的基本症状。

3. 病理变化 喉黏膜松弛处，如勺状会厌襞、勺区、会厌等处发生黏膜下组织间水肿，有渗出液浸润。炎性喉水肿之渗出液为浆液性脓液，淤积性喉水肿之渗出液为浆液性。应注意与喉炎、喉囊炎进行鉴别诊断。

【类症鉴别】

根据突发性吸气性呼吸困难，伴明显的哨音，以及惊恐、黏膜发绀、静脉怒张等窒息危象，可作出诊断。本病应注意与以喘、不发热为主的牛普通病如喉水肿、膈肌病、膈肌赫尔尼亚、牛急性肺水肿和气肿、慢性肺心病等进行鉴别诊断。

【防治措施】

有窒息症状，立刻施行气管切开，放置气管插管。

炎性喉水肿，一般可施行冷敷，或以 10％樟脑酒精涂擦喉部，内服小冰块及泻剂。应用抗生素、磺胺类药物疗法。

过敏性喉水肿，0.1％肾上腺素 5～15 mL，静脉或皮下注射；或地塞米松，每天 5～20 mg，肌内注射；或氢化可的松注射液，按每千克体重 100～600 mg 溶于右旋糖酐或生理盐水中静脉滴注。

中毒性喉水肿，应先放血，然后再静脉注射葡萄糖盐水、氯化钙溶液。

肺充血和肺水肿

肺充血是肺毛细血管中血量过度充满引起的，通常分为主动性肺充血和被动性肺充血。主动性肺充血是指流入肺的血液增多，而流出量正常；被动性肺充血指流入肺的血量正常或稍增多，而流出血量减少。临床上肺充血有原发和继发两种，当肺脏受损时就是原发性，如果是由其他脏器，多是心脏病导致的，就是继发性。

肺水肿是指肺充血的时间过长，血液中的浆液性成分进入肺泡、细支气管及肺泡间质内。肺充血和肺水肿是同一病理过程的两个阶段，临床上以呼吸困难、黏膜发绀和泡沫状的鼻液为特征。

【诊断要点】

1. 病因　主动性肺充血，主要是由于天气炎热、长途运输、过度使役或剧烈运动。吸入烟雾或刺激性气体及发生过敏反应时，血管扩张，血液流入量增多，从而发生主动性肺充血。在肺炎的初期或热射病的过程中也可发生。长期躺卧，容易发生沉积性肺充血。

被动性肺充血，主要发生于代偿机能减退的心脏疾病，如心肌炎、心包炎、左房室孔狭窄、二尖瓣闭锁不全、心脏扩张及传染病和各种中毒性疾病引起的心力衰竭。当胃肠臌气时，胸腔内负压减低和大静脉管受压迫，肺静脉阻塞和输血、输液过量、低蛋白血症等，均能引起被动性肺充血。

肺水肿，最常继发于急性过敏性反应，再生草热或充血性心力衰竭。也发生于过量输液、败血症、内毒素血症、出血性休克、微血栓、烟气或粪气吸入、电休克、中暑和中毒（如有机磷中毒、安妥中毒）等经过中。

2. 临床症状　肺充血和肺水肿，外表症状类似，一般突然发作，呈迅速极度的呼吸困难，眼球突出，静脉怒张，黏膜发绀，头颈伸展，鼻孔开张如喇叭状。当吸气和呼气时，腹部和胸部有明显的运动，呼吸用力，甚至张口呼吸，呼吸次数显著增多，可超过正常的 2～4 倍。表现出典型的姿态，前肢叉开，肘部外展，头部下垂。重者出汗，窒息死亡。

主动性肺充血，心音强盛。急性过敏性反应和剧烈运动引起的，体温可高达 40 ℃左右。被动性肺充血，多表现慢性经过，心音多减弱，体温正常，脉搏常弱小。充血早期流出少量的浆液性鼻汁。

当肺充血时，听诊肺泡呼吸音增强，无啰音，叩诊音多呈过清音。当肺水肿时，听诊肺泡音微弱至消失，并常有小水泡音和捻发音及喘鸣音，叩诊病变部呈浊音。鼻汁增加，流白色、淡红色的细小泡沫状鼻汁。

3. 病理变化 当主动性肺充血时，肺组织稍肿大，呈暗红色，较正常稍坚硬。肺微血管充满血液，切面流出较多的血液，血色暗红，极少有泡沫混杂。当被动性肺充血时，肺容积亦增大或变硬，并布满无数出血点，个别肺小叶膨胀不全，并有褐色斑点沉着，肺外观似脾脏。组织学上，肺毛细血管典型充血，肺泡有渗出液和出血。

当肺水肿时，肺体积增大，弹性降低，压之呈凹陷，颜色苍白。从肺切面流出大量富含泡沫的血样液体，支气管腔内含大量白色或淡粉红色泡沫样液体。组织学上，肺泡和肺实质聚积大量液体。

4. 实验室诊断 X 射线检查，肺充血时，肺视野的阴影一致性加深，肺门血管纹理明显。呼吸道轮廓清晰，支气管周围增厚。肺水肿时，肺泡阴影呈弥漫性增加，大部分血管几乎难以发现。

实验室检查，鼻拭子的细菌学检查，完整的血液学检查，尤其是嗜酸性粒细胞的变化，都是有助于区别肺充血或肺水肿。

【类症鉴别】

根据病史材料，临床上突然发生呼吸困难，两侧鼻孔流出粉红色、淡黄色泡沫状鼻液，肺部听叩诊及 X 射线检查结果，可以作出诊断。应注意与日射病和热射病、急性心力衰竭进行区别：日射病和热射病，除呼吸困难外，伴有神经症状及体温极度升高；急性心力衰竭时，常伴有肺水肿，但其前期症状是心力衰竭。

肺充血，在心脏和肺脏状况良好时，经过及时治疗，可恢复正常，除非发生肺泡上皮的损伤或心衰。严重的肺水肿，表明已进入到不可恢复的阶段，通常因窒息或心衰而死。

【防治措施】

治疗　治疗原则为消除病因，保持安静，减轻心脏负荷，制止渗出，促进渗出吸收和排出及对症治疗。

首先将病牛安置在清洁、干燥和凉爽的环境中，避免运动和外界因素的刺激，保持安静。

减轻心脏负荷，降低肺中血压，使肺毛细血管充血减轻。主动性肺充血或极度呼吸困难的病牛，应静脉大量放血，有急救功效。一般放血量为 $2\,000\sim3\,000$ mL。被动性肺充血，以强心为主。静脉注射 20% 安钠咖 $10\sim20$ mL，或毒毛旋花素 K 2 mg，加入糖盐水中缓慢静脉注射。

制止渗出，促进渗出吸收和排出。静脉注射 10% 氯化钙溶液 $100\sim200$ mL。1 次/天；或静脉注射 20% 葡萄糖酸钙溶液500 mL，1 次/天。因低蛋白血症引起的肺水肿，要限制输注晶体溶液，应用血浆或全血提高胶体渗透压。因血管渗透性增强引起的肺水肿，可适当应用大剂量皮质激素，如强的松龙 $5\sim10$ mg/kg，静脉滴注。因弥漫性血管内凝血引起的肺水肿，可应用肝素或低分子右旋糖酐液。有机磷中毒引起的肺水肿，应立即使用阿托品减少液体漏出。因过敏反应引起的肺水肿时，最好使用肾上腺素，与皮质醇一起使用，会立刻发挥药效，维持血管的完整性和降低肺脏血管的渗透性。大量的非固醇类抗炎药物如阿司匹林，也可降低毛细血管壁的通透性。

适时强心利尿。选用强心剂，如强尔心注射液 10～20 mL，静脉或肌内注射。或洋地黄疗法，地高辛，首次量为 0.044 mg/kg，维持量为 0.005 5～0.011 mg/kg，间隔 12 h 给药 1 次，静脉注射。也可应用利尿剂，如速尿灵，1～2 mg/kg，1 次/5 h，静脉注射或肌内注射；速尿每千克体重 2～4 mg，1 次/10 h，口服；双氢氯噻嗪 2～4 mg/kg，2 次/天，口服。

对症治疗，当呼吸困难，支气管内存留泡沫时，可采取插管抽吸，或可用 20%～30%酒精溶液 100 mL 左右，雾化吸入5～10 min，缓和症状。或应用二甲基硅油消泡沫气雾剂抢救肺水肿，有较好疗效。

当支气管痉挛时，应用支气管扩张剂，如静脉注射氨茶碱 6～10 mg/kg，或选用 6%盐酸麻黄素、0.1%肾上腺素。

当病牛不安时，适当选用镇静剂，安溴注射液 100 mL，静脉注射。

预防　主要是加强饲养管理，保持环境清洁卫生，避免刺激性气体和其他不良因素的影响，在炎热的季节应减轻运动强度。长途运输应避免过度拥挤，并注意通风，供给充足的清洁饮水，患心脏病的动物，应及时治疗，以免心脏功能衰竭而发生肺充血。

急性支气管炎

急性支气管炎是支气管黏膜表层或深层的急性炎症。临床上以咳嗽、流鼻液、胸部听诊有啰音和呼吸困难为特征。多见于春、秋气候多变季节。

【诊断要点】

1. 病因　原发性支气管炎，主要是由于寒冷、天气骤变、长途运输应激等，造成机体抵抗力减弱，存在于呼吸道内常在细菌大量繁殖而致病。机械性或化学性的刺激，如吸入粉尘状饲料、烟气、灰尘等，吸入刺激性气体如氯、氨、二氧化硫、热气流、污染的空气、各种毒气，或投药、误咽等，均可引起本病。某些过敏原如植物花粉、异种蛋白、霉菌孢子等，可引起变态反应性支气管炎。

继发性支气管炎，多继发于某些传染病和寄生虫病的经过中，如流行性感冒、地方性支气管炎、病毒性肺炎等，牛的睡眠嗜血杆菌感染、恶性卡他热、传染性鼻气管炎等。还有邻近器官的炎症蔓延，如喉炎、气管炎、肺炎及胸膜炎等。

畜舍卫生条件不好、通风不良、闷热潮湿及营养价值不全的饲养和维生素 A 缺乏等因素，易促发本病的发生。

2. 临床症状　当发生急性大支气管炎时，主要症状是咳嗽，初期呈干性短的、痛咳，而后转为湿长咳。咳出痰液为黏液或黏液脓性，呈灰白色或黄色。流出的鼻汁，病初为浆液性，以后变为黏液性或黏液脓性。呼吸困难但不明显。体温正常或升高 $0.5\sim1\,℃$。胸部听诊，初期可听到干性啰音，而后可听到湿性啰音。

当发生细支气管炎时，动物全身症状明显，体温升高 $1\sim2\,℃$，脉搏数增加，多呈呼气性呼吸困难，有时混合性呼吸困难，可视黏膜发绀，鼻汁量少，弱痛咳。胸部听诊闻干性啰音或小水泡音，有的部位呈过清音，叩诊界后移。

当发生腐败性支气管炎时，除具急性支气管炎症状外，还有呼出气恶臭，流出污秽、腐败气味的鼻汁。胸部听诊可听到空瓮性呼吸音。全身症状重剧，病情恶化，常死亡。

3. 病理变化　剖检可见支气管黏膜充血、发红，呈斑点状或条纹状，局部性或弥漫性的布满支气管的部分或大部分，有些部位淤血，或可见筋血。病初黏膜肿胀，渗出物少，主要为浆液性渗出物，中后期则有大量黏液性或黏液脓性渗出物。黏膜下层水肿，有淋巴细胞和分叶核细胞浸润。

4. 实验室诊断 血液检查，白细胞数增加，中性粒细胞比例升高。X 射线检查，一般不见异常，仅肺纹理增强，或支气管和细支气管纹理增粗。

【类症鉴别】

根据咳嗽、鼻腔分泌物、热型、肺部出现的干和湿啰音及 X 射线检查所见，确诊支气管炎不难。应注意大支气管炎与细支气管炎的鉴别，还要结合流行病学特点，尽可能地将散发性支气管炎与具有支气管炎的某些传染病区别开来。

急性支气管炎，经过 1～2 周，预后良好。细支气管炎，病情重剧，常有窒息倾向，或变为慢性而继发慢性肺泡气肿，预后慎重。腐败性支气管炎，病情严重，发展急剧，多死于败血症。

【防治措施】

治疗 治疗原则为消除病因，祛痰镇咳，抑菌消炎，制止渗出，促进吸收，解痉，抗过敏。

保持畜舍内清洁、通风良好、温暖、湿润，喂以易消化饲料、青草和充足的清洁饮水，适当的牵遛运动。

当痰液浓稠而排除不畅时，应用祛痰剂，如氯化铵 8～15 g、吐酒石 2～4 g、碳酸氢钠 50～100 g。还可行蒸汽吸入疗法，如 1％～2％碳酸氢钠溶液或 1％薄荷脑溶液蒸汽吸入。

当咳嗽剧烈而频繁时，应用止咳剂，如复方樟脑酊 50～100 mL、复方甘草合剂 15～60 mL、远志酊 10～30 mL、杏仁水 20～40 mL。

抑菌消炎可选用抗生素、喹诺酮类或磺胺类药物。如青霉素 4 000～8 000 U/kg 肌内注射；氨苄西林钠 15～20 mg/kg，肌内或静脉滴注 1～2 次/天；阿奇霉素 10～20 mg/kg，肌内注射或静滴 1 次/天；双黄连注射液 1～2 mL/kg，加入 5％糖盐水 30～50 mL 中静脉滴注 1 次/天。病情严重的，可用四环素，剂量为

5～10 mg/kg，溶于 5‰葡萄糖溶液或生理盐水中静脉注射。另外，应用磺胺类药物，常见磺胺二甲嘧啶，首次剂量 220 mg/kg；磺胺甲氧嗪，首次剂量 50～70 mg/kg，2 次/天，内服；磺胺复方制剂，如增效磺胺嘧啶、增效磺胺甲基异噁唑、增效磺胺甲氧嗪、增效磺胺-5-甲氧嘧啶、增效磺胺-6-甲氧嘧啶、增效周效磺胺等，其剂量按 20～25 mg/kg 内服。此外，也可选用大环内酯类，如红霉素；喹诺酮类，如氧氟沙星、环丙沙星等及头孢菌素类等。

必要时，向气管内注入抗生素，即以青霉素 100 万 IU，或链霉素 100 万 IU，溶于 0.25‰普鲁卡因液 15～20 mL 内，1 次/天，连用 5～6 d；或注入 5‰薄荷脑石蜡油（先将液状石蜡煮沸，放凉至 40 ℃左右，按石蜡的 5‰加入薄荷脑，融化后密封，备用）10～15 mL，1 次/天，连续 2 d，以后隔日 1 次，4 次为一疗程。

抑制渗出，促进吸收，可选用钙制剂静脉注射，如 10‰葡萄糖酸钙 200～500 mL，一次静脉滴注。

对于因变态反应引起支气管痉挛或炎症，可给予解痉平喘和抗过敏药，如氨茶碱、麻黄素、盐酸异丙嗪、地塞米松、扑尔敏、非那根、止咳糖浆、盐酸苯海拉明等。

对症治疗，当呼吸困难时，严重地影响了气体交换；当发生肺水肿、肺炎的危险时，可用樟脑、乙醚、咖啡因、乙醇等兴奋药或给予呕吐药。

预防　首先要防寒保暖，防止感冒，免受寒冷、风、雨、潮湿等的袭击。平时注意饲养管理，注意通风，保持空气新鲜清洁，提高抵抗力。本病常继发于某些传染病或寄生虫病，应做好兽医卫生、防疫等工作，定时驱虫，避免疫病流行。

慢性支气管炎

慢性支气管炎是气管、支气管黏膜、支气管黏膜下基膜及周围结缔组织的慢性非特异性炎症。临床上以持续性咳嗽，伴有喘息及反复发作的慢性过程为特征。

【诊断要点】

1. 病因　原发性慢性支气管炎，通常由于急性支气管炎的致病因素未能及时消除，病程迁延；或致病因素长期反复作用，重复感染，炎症迁延，呈慢性经过，致使动物发生本病。

继发性慢性支气管炎，当心脏或肺脏疾病如肺气肿、心脏瓣膜病等存在时，影响到肺循环，或某些传染病或寄生虫病如鼻疽、结核病、肺线虫病，均可继发本病。

2. 临床症状　持续性的咳嗽，无论是白昼还是黑夜，运动或安静时均出现明显的咳嗽，尤其是在饮冷水或早晚受冷空气的刺激更为明显，多为干、痛咳嗽。触诊气管，咳嗽加剧。

全身症状一般不明显，体温正常，痰量、鼻汁较少，但在并发支气管扩张时，咳嗽后有大量腐臭鼻液流出，或在支气管狭窄和肺泡气肿时，出现呼吸困难，病势弛张。逐渐消瘦、贫血。

胸部叩诊一般无明显变化，但在并发肺气肿时，出现过清音和叩诊界后移。胸部听诊，病初可听到湿啰音，以后可听到干啰音，早期肺泡呼吸音增强，后期因肺泡气肿而使肺泡呼吸音减弱或消失。

3. 病理变化　由于支气管黏膜结缔组织增生肥厚，支气管管腔变为狭窄，细支气管壁增厚或肺泡间质炎症细胞浸润或纤维化，可见肺纹理增粗、紊乱，呈网状或条索状、斑点状阴影，长期呼吸困难。

4. 实验室诊断　X射线检查，肺部的支气管阴影增粗而延长。

【类症诊断】

根据持续性咳嗽，气管敏感，听诊支气管音增强，有时伴有捻发音及 X 射线检查可作出诊断。病程较长，可持续数周、数月乃至数年，常导致肺膨胀不全、肺泡气肿、支气管狭窄、支气管扩张等，预后不良。但需与肺充血和肺水肿、肺气肿、小叶性肺炎等鉴别诊断。

【防治措施】

治疗 当发生明显的呼吸困难时，适当应用气管扩张剂及祛痰剂（如氨茶碱、碘化钾）。治愈本病需要较长的时间，治疗急性支气管炎的药物均可选用。

预防 动物发生咳嗽应及时治疗，加强护理，防止急性炎症转为慢性。寒冷天气应保暖，供给营养全价的饲料。改善环境卫生，避免烟雾、粉尘和刺激性气体对呼吸道的影响。

小 叶 性 肺 炎

小叶性肺炎又称支气管肺炎，是病原微生物感染引起的以细支气管为中心的个别肺小叶或几个肺小叶的炎症。病理学特征为肺泡内充满了由上皮细胞、血浆和白细胞组成的卡他性炎性渗出物，故又称为卡他性肺炎。临床上以弛张热型，呼吸次数增多，叩诊有散在的局灶性浊音区，听诊有啰音和捻发音为特征。本病秋、冬季发病较多。

【诊断要点】

1. 病因 原发性原因，凡能引起支气管炎的各种致病因素，都是支气管肺炎的病因。首先受寒感冒，特别是突然受到寒冷的刺激最易引起发病；物理、化学及机械性刺激或有毒的气体、热空气的作用等；幼弱、老龄、维生素缺乏及慢性消耗性疾病等，使机体的抵抗力降低，易受各种病原微生物如肺炎球菌、绿脓杆菌、化脓棒状杆菌、沙门氏菌、大肠杆菌、链球菌、葡萄球菌、衣原体属、腺病毒、鼻病毒等侵入而发病。

继发性原因，常继发或并发于许多传染病和寄生虫病经过中，发生在犊牛常带有传染性。如流感、结核病、放线菌病、恶性卡他热、口蹄疫等疾病的经过中。另外，一些化脓性疾病，如子宫炎、乳房炎及阉割后阴囊化脓等，其病原菌可以通过血源途径进入肺脏而致病。卡他性肺炎、慢性心脏病、血液疾病及破伤风的经过中屡有本病发生。在咽炎及神经系统发生紊乱时，常因吞咽障碍，将饲料、饮水或唾液等吸入肺内或经口投药失误，将药液投入气管内引起异物性肺炎。此外，某些过敏原（植物花粉、异种蛋白等）可引起变态反应气管支气管炎（表现为支气管喘息）。

2. 临床症状　病初，呈急性支气管炎的症状，全身症状较重剧。表现精神沉郁，食欲减退或废绝，可视黏膜潮红或发绀。干而短的疼痛咳嗽，逐渐变为湿而长的咳嗽，疼痛减轻或消失，并有分泌物被咳出。体温升高，呈弛张热型，有时为间歇热。脉搏频率增加，呼吸频率增加，严重者出现呼吸困难，流少量浆液性、黏液性或脓性鼻液。

肺部叩诊，当病灶位于肺的表面时，可发现一个或多个局灶性的小浊音区，融合性肺炎则出现大片浊音区；病灶较深，则浊音不明显。肺部听诊，病灶部肺泡呼吸音减弱或消失，出现捻发音和支气管呼吸音，并可听到干啰音或湿啰音；病灶周围的健康肺组织，肺泡呼吸音增强。

3. 病理变化　肺脏有小叶炎的特性，病灶呈岛屿状。在肺实质内，特别在肺脏的前下部，散在一个或数个孤立的大小不一的肺炎病灶，每个病灶是一个或一群肺小叶，这些肺小叶局限于受累支气管的分支区域；患病部分的肺组织坚实而不含空气，初呈暗红色，而后则呈灰红色，剪取病变肺组织小块投入水中即下沉。肺切面因病变程度不同而表现各种颜色，新发病变区，因充血呈红色或灰红色；病变区因脱落的上皮细胞及渗出性细胞的增多而呈灰黄或灰白色。当挤压时流浆液性或出血性的液体，肺的间质组织扩张，被浆液性渗出物所浸润，呈胶冻状。在病灶中，可见到扩张并充满渗出物的支气管腔，病灶周围肺组织常伴有不同程度的代偿性肺气肿。

在多发性肺炎时，发生散播样的许多病灶，这些病灶如粟粒大，化脓而带白色，或者大部分肺发生脓性浸润。转归的以肺扩张不全（无气肺）为主。在炎症病灶周围，几乎总可发现代偿性气肿，支气管扩张。此外，还有肺组织化脓、脓肿及干酪样变性等变化。

4. 实验室诊断 血液学检查，白细胞总数和嗜中性粒细胞数增多，出现核左移现象，单核细胞增多，嗜酸性粒细胞缺乏。经几天后，白细胞增多转变为白细胞减少与单核细胞减少症和嗜酸性粒细胞缺乏。变态反应所致的支气管炎，嗜酸性粒细胞增多。而并发其他疾病且转归不良的病例，血液白细胞总数急剧减少。

X射线检查，表现斑片状或斑点状的渗出性阴影，大小和形状不规则，密度不均匀，边缘模糊不清，可沿肺纹理分布。当病灶发生融合时，则形成较大片的云絮状阴影，但密度多不均匀。

【类症鉴别】

根据咳嗽、弛张热型、叩诊浊音及听诊捻发音和啰音等典型症状，结合X射线检查和血液学变化，即可诊断。确定病原需要进行渗出液和黏液的涂片检查或培养试验。但需与大叶性肺炎、异物性肺炎、胸膜炎、支气管炎等鉴别。

【防治措施】

治疗 治疗原则是加强护理，抗菌消炎，祛痰止咳，制止渗出，促进炎性渗出物的吸收和排出及对症治疗。

患牛应置于温暖、湿润的环境，通风良好，配合食饵疗法，给予柔软优质青干草及清洁饮水，在寒冷冬季最好饮用温水。

抗菌消炎是根本措施，要贯穿整个治疗过程的始终。当特殊性细菌感染时，首先进行细菌分离，药物要根据药敏试验来选择。如果在发病早期能够选择适当的药物并给予足够的量，在24 h 内可控制炎症。严重的肺炎，需数周的药物治疗直至恢复为止。常用的抗生素有青霉素、链霉素、卡那霉素、氨苄西林钠、庆大霉素和先锋霉素；磺胺类有磺胺二甲氧嘧啶、磺胺-5-甲氧嘧啶、磺胺甲基异噁唑。可选用肌肉、静脉或气管内给药。

制止渗出，促进炎性渗出物的吸收和排出。10％氯化钙溶液100～150 mL，静脉注射，1 次/天。或 10％安钠咖溶液 10～20 mL，10％水杨酸钠溶液 100～150 mL 和 40％乌洛托品溶液60～100 mL 混合，静脉注射。

对症疗法。针对心脏功能减弱及呼吸困难，强心剂常用咖啡因类、樟脑类，必要时可用洋地黄类；当动物缺氧明显时，宜采用输氧疗法，可皮下注射或用氧气袋鼻腔输给，也可用双氧水（3％）以生理盐水 10 倍稀释后，静脉注射。

预防　加强饲养管理，避免淋雨受寒、过度劳役等诱发因素。供给全价日粮，健全完善的免疫接种制度，减少应激因素的刺激，增强机体的抗病能力。及时防治原发病，当肺炎暴发时，许多动物都会被感染，应该考虑在饲料或水中添加药物。

大 叶 性 肺 炎

大叶性肺炎又称纤维素性肺炎、格鲁布性肺炎，是以支气管和肺泡内充满大量纤维蛋白渗出物为特征的一种急性炎症，常侵及肺的一个或几个大叶。临床上以稽留热型、铁锈色鼻液和肺部出现广泛性浊音区为特征。

【诊断要点】

1. 病因　本病的真正病因尚未完全清楚。目前认为有两类原因：一是传染性因素引起的，二是非传染性因素引起的。

传染性因素，常见于一些传染病过程中，如传染性胸膜肺炎和巴氏杆菌引起的肺炎等。其他细菌，如金黄色葡萄球菌、肺炎链球菌、克雷伯杆菌、绿脓杆菌、大肠杆菌、坏死杆菌、沙门氏菌、支原体属、溶血性链球菌、放线菌、诺卡氏菌等也可引起本病。另外，某些病毒、真菌、寄生虫等，均可引起本病。

非传染性因素，诱发大叶性肺炎的因素甚多，变态反应是其中的重要因素。还有受寒感冒、长途运输、吸入刺激性气体、通风不良、胸部外伤、饲养管理不当、卫生环境恶劣等，因其能使机体的抵抗力减弱，成为本病的诱发因素。

此外，一些化脓性疾病，如子宫炎、乳房炎、子宫蓄脓等，其病原可经血液途径进入肺而致病。

2. 临床症状　患病动物起病突然，开始症状较重。病牛精神沉郁，食欲减退或废绝，体温升高达 40～41 ℃，呈稽留热型。脉搏加快，一般初期体温升高，脉搏增加；后期脉搏逐渐变小而弱，呼吸迫促，频率增加，严重时呈混合性呼吸困难，鼻孔张开。结膜潮红或发绀，初期出现短而干的痛咳，溶解期则变为湿咳。病初，有浆液性、黏液性或黏液脓性鼻液，肝变期流出铁锈色或黄红色的鼻液。

肺部叩诊，由于病理过程的时期不同而异。充血和渗出期，呈过清音。随着渗出物增多，肝变期，呈半浊音或浊音，可持续3～5 d。溶解期，重新出现相应地叩诊音。

肺部听诊，也因病理过程的时期不同而异。在充血和渗出期，先出现肺泡呼吸增强和干啰音，随着肺泡中渗出物增多，出现湿啰音或捻发音和肺泡呼吸音减弱。当渗出物充满肺泡时，肺泡音消失。肝变期出现支气管呼吸音，至溶解期，支气管呼吸音逐渐消失，出现湿啰音，随后湿啰音逐渐减弱、消失，出现捻发音，最后捻发音又消失而转为正常呼吸音。

3. 病理变化　大叶性肺炎一般只侵害单侧肺，有时可能是两侧性的，多见于左肺尖叶、心叶和膈叶，病变自然发病过程，一般分为 4 个时期。

充血期，肺毛细血管充盈，肺泡上皮脱落，渗出液为浆液性，并有红细胞、白细胞的积聚。剖检，可见肺组织容积略大，富有一定弹性，病变部呈蓝红色，切面光泽而湿润，流出暗色血样液体，气管内有多量的泡沫。

红色肝变期，肺泡内渗出物凝固，主要由纤维蛋白构成，其间混有红细胞、白细胞，肺泡内不含空气。剖检，病变肺组织肝变，切面呈颗粒状，像红色花岗石样。

灰色肝变期，白细胞大量出现，渗出物开始变性，病变部呈灰色或黄色。剖检，病变部如黄灰色花岗石样，坚硬程度不如红色肝变期。

溶解期，白细胞及细菌死后释放出的蛋白溶解酶，使纤维蛋白溶解，肺组织变柔软，切面有黏液性或浆液性液体。

在个别情况下，溶解作用不佳，结缔组织增生、机化，最终导致肉样变。极少数情况下，局部有坏死，形成脓肿，或因腐败菌继发感染而形成肺坏疽。

4. 实验室诊断　血液学变化，通常白细胞增多，中性粒细胞增多，核型左移，淋巴细胞减少，嗜酸性粒细胞和单核细胞减少。严重病例，白细胞减少。值得注意，白细胞总数升高，中性粒细胞增多且核左移，多见于细菌性肺炎；酸性细胞增多，提示变态反应或寄生虫性肺炎；白细胞总数减少，多见于病毒性肺炎。

X 射线检查，充血期仅见肺纹理增粗，肝变期见肺脏有大片均匀的浓密阴影，溶解期为不均匀的散在片状阴影。

【类症鉴别】

根据本病的典型经过，高热稽留、铁锈色鼻汁、肺部听叩诊时的特点变化，白细胞增多，X 射线检查呈大片阴影，可作出诊断。但需与小叶性肺炎、异物性肺炎等鉴别。

典型的大叶性肺炎，第 5～7 天为极期，第 8 天以后体温即行下降，各种病症均可减轻，全病程为 2 周左右。典型经过而无并发病的病例，一般可以治愈。但溶解期或其以后继续保持高温，或下降后又重新上升者，均为预后不良之征。

【防治措施】

治疗　治疗原则为加强饲养管理，抗菌消炎，止咳化痰，制止渗出和促进炎性产物吸收及对症治疗。

首先应将病牛置于通风良好、清洁卫生的环境中，供给优质易消化的饲草料。

抗菌消炎，初期应用青霉素或磺胺类药。每千克体重青霉素 2 万～4 万 IU，2～4 次/天，肌内注射，体温恢复正常，再用 3～4 d。也可选用红霉素、庆大霉素、卡那霉素、四环素等。磺胺甲基异噁唑和甲氧苄氨嘧啶合用，对本病有良效。还可应用土霉素或四环素，每天 10～30 mg/kg，溶于 5％葡萄糖溶液 500～1 000 mL，分 2 次静脉注射，配合静脉注射氢化可的松或地塞米松。并发脓毒血症时，可应用 10％磺胺嘧啶钠溶液 100～150 mL，40％乌洛托品溶液 60 mL，5％葡萄糖溶液 500 mL，静脉注射，1 次/天。

制止渗出和促进吸收，可静脉注射 10％氯化钙或葡萄糖酸钙溶液，或利尿剂。当渗出物消散太慢，为防止机化，可用碘制剂，如碘化钾 5～10 g，或碘酊 10～20 mL，加在流体饲料中或灌服，2 次/天。配合静脉滴注 5％葡萄糖氯化钠溶液适量，1～2 次/天。或静脉滴注复方氨基酸适量，1 次/天。

对症治疗，体温过高可用解热镇痛药，如复方氨基比林、安痛定注射液等。剧烈咳嗽时，可选用祛痰止咳药。严重的呼吸困难可输入氧气。心力衰竭时用强心剂。其他疗法均同支气管肺炎。

预防　基本同支气管炎、小叶性肺炎。尤应注意防止条件病因的作用，当怀疑是由特殊病原引起的，要采取相应的防治措施。

异 物 性 肺 炎

异物性肺炎又称吸入性肺炎，是由于误咽异物所引起的肺组织坏死和分解，形成所谓坏疽性肺炎。临床上以呼吸高度困难，两鼻孔流出脓性、腐败性、极恶臭的鼻液为特征。

【诊断要点】

1. 病因　本病多因吸入或误咽于呼吸道中的异物，如小块饲料、黏液、脓液、唾液、反刍物所引起。患严重呼吸困难疾病（甘薯黑斑病中毒、肺间质气肿等）时，由于强迫灌药，也可发生。当咽麻痹（破伤风、铅中毒等）和某些意识扰乱的脑病（脑膜炎、肝昏迷等）致使吞咽动作障碍，发生误咽引起本病。至于投药失宜，药液误咽也能发生。

2. 临床症状　常发浆液-纤维性浸润。肺坏疽时，由于腐败细菌的分解作用使肺组织分解，并形成蛋白质和脂肪分解产物。其中含有腐败性细菌、脓球、腐败组织和脂肪滴及弯曲成束的脂肪酸结晶等。因此，在病牛初期呼出带有甜味或腐败性恶臭气体，为早期症状的特征。但坏疽灶尚未与支气管相通时，则无此种症状。

3. 病理变化　体温升高，呈弛张热，心跳和脉搏加快，但亦有体温、脉搏、心跳变化不大的。病牛精神沉郁，食欲、反刍减少，甚至停止。乳牛泌乳量下降。两侧鼻孔流出有奇臭的污秽的鼻液，其色呈褐灰色或淡绿色。呼吸加快而困难，呈明显的腹式呼吸，并有湿性咳嗽。触摸耳尖、蹄部等末梢部位，有发凉感；眼结膜和口腔黏膜等可视黏膜有一定程度的发绀表现。

4. 实验室诊断　在咳嗽或低头时，通常大量流出，若鼻液收集在玻璃瓶内，可以分 3 层：上层为黏液脓液样泡沫；中层是血液样液体，含有絮状物；下层是污秽绿色液体，混有许多小的或大的肺组织块。如将渗出物置于 10％氢氧化钾溶液中煮沸，离心获得的沉淀物，在显微镜下可见到弹力纤维。X 射线检查，可见到因被组织浸润所发生的炎性阴影和透明的肺空洞。并可呈现特有的景象。

【类症鉴别】

根据发病情况、病因分析、临床症状及剖检变化，确诊为异物性肺炎。与大叶性肺炎和小叶性肺炎进行鉴别。异物呛入呼吸道后，可以引起支气管、细支气管的堵塞，导致严重的呼吸困难，以后又继发异物性肺炎，受损伤的肺部可出现化脓性、纤维素性、增生性炎症。本病的诊断不是十分困难，可以根据病史及严重的呼吸困难和明显的肺部症状确诊。

【防治措施】

治疗　为了排除异物，让病牛站在前低后高的位置，将头放低，卧倒时则把后躯垫高，便于异物向外咳出。同时注射兴奋呼吸的药物如皮注 20％樟脑油 10～20 mL，每隔 2～4 h 1 次。

为了制止肺组织的腐败分解，可用抗生素，如链霉素 2～3 g、青霉素 150 万～200 万 IU 进行肌注或气管注射，每天 2 次，或选用广谱抗生素，如四环素、卡那霉素和庆大霉素等。

防止自体中毒，可静注樟脑酒糖液（含 0.4％樟脑、6％葡萄糖、30％酒精、0.7％氯化钠的灭菌溶液），每次 200～250 mL。

预防　避免犊牛饥饿时突然摄入乳、稀粥等，或给动物灌服的药物稀释不当、灌服药物操作不当等可引起异物呛入气管、支气管及肺脏。不要强迫患牛灌药时抬头过高，或药液过于浓稠，投药瓶插太深，且猛灌不拔，病牛无吞咽机会，异物进入支气管、气管乃至肺脏，发生本病。

急性呼吸窘迫症

急性呼吸窘迫症是指受到严重感染、休克、创伤等打击后出现的以肺泡毛细血管损伤为主要表现的临床综合征，以肺毛细血管弥漫性损伤、通透性增强为基础，以肺水肿、透明膜形成和肺不张为主要病理变化，属于急性肺损伤的严重阶段，是临床上常见的危急重症，也是呼吸系统恶性疾病的严重并发症之一，是急性肺损伤发展到后期的典型表现。

【诊断要点】

1. 病因　创伤、感染、休克是发生急性呼吸窘迫症的三大诱因占 70％～85％，多种致病因子或直接作用于肺，或作用于远离肺的组织造成肺组织的急性损伤，而引起相同的临床表现。直接作用于肺的致病因子如胸部创伤、误吸、吸入有毒气体各种病原微生物引起的严重肺部感染和放射性肺损伤等；间接的因素有败血症、休克、肺外创伤、药物中毒、输血、出血、坏死型胰腺炎、体外循环等。

2. 临床症状　除与有关相应的发病征象外，当肺刚受损的数小时内，患牛可无呼吸系统症状。随后呼吸频率加快，气促逐渐加重，肺部体征无异常发现，或可听到吸气时细小湿啰音。随着病情进展，呼吸窘迫，吸气费力，紫绀，常伴有烦躁、不安。呼吸窘迫不能用通常的氧疗使之改善。呼吸肌疲劳导致通气不足，二氧化碳潴留，产生混和性酸中毒。心脏停搏。部分患牛出现多器官衰竭。

3. 病理变化 脓毒性的栓子造成的单个或多个肺梗死灶和病灶的密度、弥散性的水肿和大泡性的肺气肿。

4. 实验室诊断 X射线胸片显示清晰肺野，或仅有肺纹理增多模糊，提示血管周围液体聚集。动脉血气分析示 PaO_2 和 $PaCO_2$ 偏低。两肺广泛间质浸润，可伴随静脉扩张，胸膜反应或有少量积液。由于明显低氧血症引起过度通气，$PaCO_2$ 降低，出现呼吸性碱中毒。如上述病情继续恶化，呼吸窘迫和紫绀继续加重，胸片示肺部浸润大片融合，乃至发展成"白肺"。

【类症鉴别】

本病需与大叶性肺炎、急性支气管炎、自发性气胸、上呼吸道阻塞、急性肺栓塞和心源性肺水肿相鉴别，通过询问病史、体检和胸部X射线检查等可作出鉴别。心源性肺水肿患牛卧位时呼吸困难加重。咳粉红色泡沫样痰，双肺底有湿啰音，对强心、利尿等治疗效果较好。

【防治措施】

治疗 急性呼吸窘迫症治疗的关键在于原发病及其病因，如处理好创伤，找到感染灶，针对病原菌应用敏感的抗生素，制止炎症反应进一步对肺的损伤；更紧迫的是要及时纠正患牛严重缺氧。在呼吸支持治疗中，要防止拟压伤、呼吸道继发感染和氧中毒等并发症的发生。

预防 加强监护，一旦发现呼吸频速、PaO_2 降低等肺损伤表现，在治疗原发疾病时，应早期给予呼吸支持和其他有效的预防及干预措施，防止急性呼吸窘迫症进一步发展和重要脏器损伤。

胸　膜　炎

胸膜炎是胸膜发生以纤维蛋白沉着和/或胸腔积聚大量炎性渗出物为特征的一种炎症性疾病。临床上以胸部疼痛、腹式呼吸、体温升高和听诊有胸膜摩擦音或叩诊水平浊音为特征。

【诊断要点】

1. 病因　胸膜炎的主要病原是化脓棒状杆菌、巴氏杆菌、支原体、结核杆菌、衣原体等。

原发性胸膜炎较少见。可因胸壁各种外伤、肋骨骨折、创伤性网胃心包炎、食道破裂、胸腔肿瘤等均可引起本病。受寒侵袭、长途运输、体弱等诱因，使动物机体防御机能降低，病原微生物如链球菌、巴氏杆菌。克雷伯菌等乘虚侵入繁殖而致病。

继发性胸膜炎较为常见。常起因于邻近器官炎症的蔓延，如卡他性肺炎、大叶性肺炎、吸入性肺炎、肺脓肿、腹膜炎等疾病。还常继发于传染病，如出血性败血症、传染性胸膜肺炎、溶血性巴氏杆菌病、肺结核、散发性脑脊髓炎、嗜血杆菌感染等疾病的经过中。

2. 临床症状　轻度和重度胸膜炎的临床症状不同，取决于自然条件和感染程度。病初精神沉郁，食欲降低或废绝，体温升高，脉搏加快，心悸亢进，呼吸迫促而浅表，出现腹式呼吸，鼻孔开张，有的弱咳，有的腹部浮肿。有胸膜疼痛症状，表现静止不动，表情痛苦，前行费力，前肢僵硬，肘头外展，不愿运动或卧下。

慢性病例，表现食欲减退，消瘦，间歇性发热，呼吸困难，运动乏力，反复发作咳嗽，胸部听诊常出现肺泡呼吸音减弱，全身症状不明显。

3. 病理变化 急性胸膜炎，胸膜明显充血、水肿和增厚，粗糙而干燥；胸膜面上附着一层黄白色的纤维蛋白性渗出物，容易剥离，主要由纤维蛋白、内皮细胞和白细胞组成；在渗出期，胸膜腔有大量混浊液体，其中有纤维蛋白碎片和凝块，污秽并有恶臭。肺脏下部萎缩，体积减小呈暗红色。

慢性胸膜炎，因渗出物中的水分被吸收，胸膜表面的纤维蛋白因结缔组织增生而机化，使胸膜肥厚，壁层和脏层与肺脏表面发生粘连。局限性胸膜炎可发生有小白斑（腰斑），胸膜变为肥厚，经久后变成厚的结缔组织，接着发生钙盐沉着。易伴发肺炎和心包炎。在愈合期分泌物把胸膜和内脏粘连在一起。

4. 实验室诊断 胸腔穿刺，当胸腔内积聚大量渗出液时，穿刺可流出多量黄色或红黄色液体，渗出液含大量纤维蛋白，放置易于凝固，比重大于 1.018，蛋白质含量在 4% 以上，雷瓦尔他反应阳性。显微镜检查发现大量炎性细胞和细菌。应同时作厌氧和需氧培养和支原体培养。

血液学检查，白细胞总数升高，嗜中性粒细胞比例增加，呈现核左移现象，淋巴细胞比例减少。

X 射线检查，少量积液时，心膈三角区变钝或消失，密度增高；大量积液时，心脏、后腔静脉被积液阴影淹没，下部呈广泛性浓密阴影；严重病例，上界液平面可达肩端纹以上，如体位变化、液平面也随之改变，腹壁冲击触诊时液平面呈波动状。

超声波检查，有助于判断胸腔的积液量及分布，积液中有气泡表明是厌氧菌感染。

【类症鉴别】

根据呼吸浅表而困难，明显的腹式呼吸，胸壁触诊疼痛，听诊有胸膜摩擦音，胸部叩诊呈水平浊音，特别是利用 X 射线检查或超声检查出现液平段，胸腔穿刺有大量渗出液流出，即可确诊。但需与呼吸系统疾病、创伤性网胃心包炎等进行鉴别诊断。

【防治措施】

治疗　患牛应置于通风良好、温暖、安静的环境，给予易消化的富营养的草料，适当限制饮水。消除炎症，通常应以胸膜液致病菌的细菌培养和药敏试验为基础，选择有效的抗菌药物以控制感染，在确定有效抗菌药前应使用广谱抗菌药物，如氨苄西林钠、先锋霉素类抗菌药，氨基糖苷类和磺胺类药物。厌氧菌感染，应用甲硝唑。支原体感染，应用四环素。常用氨苄青霉素 20～25 mg/kg、头孢曲松钠 10～15 mg/kg、卡那霉素 4～5 mg/kg、阿米卡星 10 mg/kg、头孢拉啶 10～30 mg/kg 或阿奇霉素 10～20 mg/kg，肌内或静脉注射，2 次/天。必要时做胸腔内注射，可收到良好效果。

制止渗出。病初可在胸壁上施行冷敷或灌注冷水，或者贴敷冰袋。配合静脉滴注 10% 葡萄糖酸钙 200～300 mL，1 次/天，连用 2～3 d。还可应用乌洛托品、水杨酸制剂等。

加速炎性渗出物排出。应用利尿药、强心剂、泻药、呕吐药及发汗药等。洋地黄一次剂量 2～5 g；醋酸钠或醋酸钾溶液 100～180 mL，内服。

预防　加强饲养管理，给予全价日粮，增强机体抵抗力，防止胸部创伤，及时防治原发病。

膈　　疝

膈疝是腹腔内一种或几种内脏器官通过膈的破裂孔进入胸腔。在膈的腱质部或肌质部遭到意外损伤的裂孔或膈先天性缺损时可导致本病。

【诊断要点】

1. 病因　先天性膈的缺损常见于犊牛。后天性的，牛可因创伤性网胃炎损伤膈肌或膈脓肿导致膈肌破裂而引起；或者有近期的分娩史有密切的关系，或由于冲击、碰撞也可引起膈破裂。

2. 临床症状 牛患膈疝时，瘤胃始终呈现一定程度的臌气，在前几周，病牛食欲时好时坏，体况不良，可发生轧齿（磨牙），粪便呈糊状，量减少，不见反刍，偶尔可出现逆呕，特别当插入胃管时更常出现逆呕。无热，脉搏减慢，呼吸多数无变化，但臌气时呈现短期的呼吸增快。有的心音不清楚。产乳量下降常在臌气发生后3～4周，由于营养不良而死亡。

患病动物喜欢站立或站在斜坡上呈前高后低姿势。一般来讲，腹腔器官突入胸腔越多，对呼吸和循环的影响越大。患先天性膈疝的仔畜，常在奔跑或挣扎中突然倒地，呈现高度呼吸困难，可视黏膜发绀，安静后症状逐渐消失，也有的发生急性死亡。患轻膈疝的动物，不能耐受运动，易发生呼吸道疾病；采食减少，腹泻或便秘交替出现，机体消瘦，生长发育不良。

3. 病理变化 若是新近发生的膈破裂都有出血、炎性浸润，不久后疝环纤维化，变厚变硬，并有不同程度的粘连。如果是网胃引起的膈疝时，剖检时会发现网胃浆膜有淤血斑，网胃浆膜与胸腔有组织的粘连。

4. 实验室诊断 钡餐造影X射线照相可有助于确诊网胃膈疝。血液检查白细胞增多症均有助于诊断本病。

【类症鉴别】

先天性膈疝在出生后有明显的呼吸困难，常在几小时或几周内死亡。钡餐造影X射线照相可有助于确诊网胃膈疝，一般通过剖腹探查术和瘤胃切开术验证大动物膈疝周围是否粘连，胸部听诊发现网胃拍水音，血液检查白细胞增多症均有助于诊断本病。本病须与慢性前胃疾病、呼吸系统疾病等鉴别诊断。

【防治措施】

治疗　手术修补膈疝时，要注意预防心脏纤颤，它是手术的主要并发症。最好供给氧气，施行供氧。在剑突后方径路进入腹腔，随分离粘连，随拉回形成疝的网胃，并用连续锁边缝合法闭合膈的疝孔。

所有手术病牛均应注意纠正水盐代谢紊乱，适当补充电解质与水，膈疝主要出现呼吸性酸中毒，应特别注意加以纠正。抗生素连用 7～10 d，其他治疗可根据术后情况决定，皮肤缝线在术后 10～14 d 拆除。

预防　膈疝主要由创伤性网胃炎造成的，尽可能减少引起创伤性网胃炎及避免强烈的冲击和碰撞。

肝　硬　化

肝硬化，即肝硬变，又称慢性间质性肝炎或肝纤维化，是由于各种中毒因素引发的肝细胞变性、坏死、萎缩，间质结缔组织增生和纤维化等广泛性的肝实质损害为基本病理特征的一种进行性慢性肝病。临床上以顽固性消化不良、渐进性消瘦、进行性腹水、黄疸、脾肿大及神经机能紊乱为特征。

【诊断要点】

1. 病因　肝硬化的原因有多种。内在或外界的各种有毒物质、自体中毒、传染与侵袭性疾病及其他不良因素影响全身机能，均可引起本病的发生。按其发病的原因，一般可分为原发性和继发性两种。

原发性肝硬化，主要由各种中毒引起。如长期饲喂霉变饲料（含有黄曲霉素毒素）或含有酒精的酒糟和腐败变质的饲料；饲料中长期缺乏蛋白质与维生素，肝脏营养不良，亦能促进肝硬化的发生和发展；家畜误食有毒植物，如千里光、棉酚、野百合属，以及毛束草属、羽扇豆、马兜铃、一枝黄花等，都含有生物碱之类化学物质，不论是鲜草或干草，都可引起肝营养不良，逐渐导致肝硬变；化学物质中毒也可导致肝硬化，如铜、砷、磷、铅、氯仿、四氯化碳、四氯乙烯、沥青等化学物质中毒。

继发性肝硬化，常见于钩端螺旋体病、犊牛副伤寒等传染病；门静脉栓塞、胆管疾病、心脏瓣膜病、充血性心力衰竭等内科病；牛肝片形吸虫等寄生虫病；肝脓肿引起的肝营养不良、肝实质变性等都可引起本病的发生。

2. 临床症状　病的初期多呈现消化不良，便秘与腹泻交替发生，顽固性消化障碍，逐渐出现黄疸。呈现慢性前胃弛缓或瘤胃臌胀，往往发生肠臌气。

随着病程的延长，体质衰弱，精神迟钝，呈现渐进性消瘦，最后陷于恶病质体态。当肝脏血管受到压迫，血液循环障碍时，病情显著恶化，两侧腹部下方膨大，有时甚至呈蛙腹状，腹腔穿刺有大量透明的淡黄色漏出液流出，且在腹腔液体排除后，经过数日，又出现腹水。尿中含有尿胆素、胆酸、胆红质。

腹部叩诊，肝脏浊音区显著扩大，肝脏浊音区向后扩大，有时达到脐部；犊牛可达到右侧肷窝的前部。

腹部触诊，犊牛在右腹部肋骨弓下，能触诊到肿大的肝脏。但在萎缩性肝硬化时，肝脏浊音区缩小，硬度增加。脾脏则显著肿大，腹壁或直肠内触诊，均可摸到脾脏显著肿大。

3. 病理变化　弥散性萎缩型肝硬化，肝脏变硬，如同皮革，体积缩小，表面不平，呈颗粒状或结节状；肥大型肝硬化，肝体积增大，肝脏可肿大至 20 kg，质地疏松或坚硬，表面平滑或略呈颗粒状，呈黄色或黄绿色。

4. 实验室诊断　血清胶体稳定性试验，如硫酸浊度（ZTT）和麝香草酚浊度试验（TTT）等多为阳性反应。血清中肝源性酶活性上升，但其上升的程度低于炎症盛期的酶活性。外周血中的胆红素、氨、胆汁酸浓度上升，白蛋白降低、球蛋白上升。X射线检查会发现"小肝"现象，B超检查常出现肝边缘不整、结节及伴随肝实质的纤维化导致的回声增强等情况。开腹或腹腔镜探查及组织学检查可见到纤维化及结节性再生。

【类症鉴别】

根据病史，慢性消化不良、消瘦、黄疸、肝脾肿大、腹腔积液及神经机能扰乱等病症，结合血液和尿液检查结果，可作出诊断，确诊依据肝活体穿刺和病理组织学检查。但需与肝炎、脂肪肝、肝癌等进行鉴别诊断。

【防治措施】

治疗 本病目前尚无理想疗法，主要是除去病因，加强饲养管理，保护肝脏，给予富含碳水化合物、维生素、蛋白质、低脂肪及容易消化的饲料，增强肝细胞功能。

药物疗法，用硫酸钠或人工盐灌服，清理胃肠，促进胆汁分泌。为了增强心脏机能，防止肝实质性变性，可以应用葡萄糖溶液静脉注射，尚可应用酵母片、维生素 A、维生素 B_1、复合维生素 B、维生素 B_{12}、维生素 C、维生素 K 等治疗。

肝硬化初期，用胆碱、蛋氨酸、胱氨酸等抗脂性药物，有一定疗效。

出现腹水时，可用强心利尿药，促进腹腔渗出液的吸收，如利尿酸，或醋酸钾、安钠咖、洋地黄叶末。药物治疗无效时，可施行穿腹术放出腹腔积液。除适时穿刺排液外，可适当应用水解蛋白液，静脉注射，以提高血浆胶体渗透压，减轻腹水的发生。

预防 一般预防原则，注意平时饲养，无论舍饲或放牧，都应防止有毒植物和化学物质中毒，避免饲喂霉烂酸败的饲料，防止慢性中毒与消化不良，在受到传染性因素或侵袭性因素侵害时，必须注意及时预防与治疗，以防止本病的发生。

肝　　癌

肝癌是指发生在肝脏的恶性肿瘤。具有起病隐匿、潜伏期长、高度恶性、进展快、侵袭性强、易转移、预后差等特点。牛肝肿瘤较少。分为原发性、转移性。

【诊断要点】

1. 病因

原发性肝癌　引发肝脏及胆管的肿瘤有：肝细胞癌、肝细胞肿瘤、胆管癌、胆管线癌、总胆管乳头状肿瘤等。包括胆囊在内，肝外胆管系的腺肿瘤。多发生于青年牛。

转移性肝癌　其他的脏器癌转移来的，牛较多见。最常见的有白血病及淋巴肉瘤的转移病灶。

2. 临床症状　一般表现食欲不振、消瘦、贫血等症状。触诊右侧肌肋部会有腹痛、压痛，而后有的表现腹水、黄疸及浮肿等。

3. 病理变化　剖检可见，肝呈黄褐色，有出血和坏死。

4. 实验室诊断　血液和尿液的实验室检查。肝功能的化验。

【类症鉴别】

根据临床症状怀疑为肝癌时，用B型超声切片显像法能判定肝癌病变的大小和数目。但需与肝硬化、肝炎、肝脓肿和脂肪肝等疾病进行鉴别。

【防治措施】

治疗　根据肝肿瘤的种类、位置及大小，可以选择外科疗法及抗肿瘤药物，常用环磷酰胺、长春新碱及副肾上腺皮质素等。一旦确诊为肝肿瘤应淘汰。

预防　应避免辐射，注意平时的饲养，无论舍饲与放牧，都应防止有毒植物中毒，避免饲喂发霉和腐败饲料。

肝　炎

肝炎是传染性和中毒性因素侵害肝脏所致的一类肝脏疾病。其病理特征为肝细胞变性、坏死和肝组织炎性病变。临床特征为黄疸、消化机能障碍和一定的神经症状。

【诊断要点】

1. 病因

中毒性因素　长期饲喂霉变饲料（特别是含黄曲霉菌素），或采食多量有毒植物，如羽扇豆、蕨类植物、野百合、春蓼、千里光、小花棘豆、天芥菜等，是引起急性实质性肝炎的主要原因；化学性毒物中毒如砷、磷、锑、汞、铜、四氯化碳、六氯乙烷、氯仿、鞣酸、甲酚等化学物质，可直接损伤肝细胞，引起急性实质性肝炎或肝坏死；代谢产物因素，由于机体物质代谢障碍，使大量中间代谢产物蓄积，引起自体中毒，如饲喂尿素过多或者尿素循环障碍；霉菌毒素中毒，如镰刀菌、杂色曲霉菌、红青霉、黑团孢霉等。以上因素都可导致肝脏损伤，引发实质性肝炎。

传染性因素　细菌、病毒、寄生虫等病原体感染进入肝脏，可破坏肝组织并产生毒性物质，同时其自身在代谢过程中也释放大量毒素，并且还以机械损伤作用使肝脏受到损伤，导致肝细胞变性、坏死。细菌感染，如链球菌、葡萄球菌、结核杆菌、沙门氏菌、坏死杆菌、弯曲杆菌、败血性梭状杆菌及钩端螺旋体等都可引起肝炎。病毒感染，如病毒性流行性感冒、流行性脑炎、牛恶性卡他热病毒等病毒都可引起肝炎。寄生虫感染，如肝片形吸虫病，常伴发实质性肝炎。

其他因素 药物因素，如反复投放氯丙嗪、氟烷、氯噻嗪等可引起急性肝炎。此外，在大叶性肺炎、坏疽性肺炎、心脏衰弱等疾病，由于循环障碍，肝脏长期淤血，窦状隙内压增高，可导致门静脉性肝炎。

2. 临床症状 病的初期，食欲不振，消化不良，全身乏力。随着病程的发展，病牛精神沉郁，有的先兴奋后昏睡，甚至昏迷，可视黏膜黄染，皮肤瘙痒，脉搏徐缓，常有腹痛表现。出现先便秘，后下痢，或二者交替发生，粪便恶臭，呈灰绿或淡褐色。尿色发暗，有时似油状。叩诊肝浊音区扩大，触诊有疼痛反应，后躯无力，步态蹒跚。严重者肝脏解毒机能降低，发生自体中毒，往往出现共济失调、抽搐或痉挛，或呈昏睡状态，甚至发生肝昏迷。当急性肝炎转为慢性肝炎时，则表现为长期消化机能紊乱，异嗜，营养不良，消瘦，颌下、腹下与四肢下端浮肿。如果继发肝硬变则出现腹水。

3. 病理变化 初期表现肝脏肿大，边缘钝圆，质地脆弱，脂肪变性，血管充血，切面呈红褐色、灰褐色或灰红色。中期肝脏体积缩小，被膜皱缩，边缘变薄，肝组织柔软，切面呈黄褐色或灰黄色。晚期肝体积显著缩小。组织学检查可见，肝细胞变性和坏死，并不同程度的纤维组织增生。

4. 实验室诊断 血清黄疸指数升高；直接胆红素和间接胆红素含量增高；尿中胆红素和尿胆原试验呈阳性反应；血清胶体稳定性试验强阳性；乳酸脱氢酶（LDH）、丙氨酸转氨酶（ALT）、门冬氨酸转氨酶（AST）等反映肝损伤的血清酶类活性增高；红细胞脆性增高；凝血酶原降低，血液凝固时间延长。

【类症鉴别】

根据病牛消化不良，精神兴奋或昏迷，呕吐，黄疸，粪便颜色和气味，肝区叩诊和触诊变化等临床症状，可作出初步诊断。结合血液检查凝血酶原反应，血液凝固时间，尿胆原和胆红素检查，血清胆红素增多，重氮试剂定性试验呈两相反应；麝香草酚浊度与硫酸锌浊度升高；谷-丙转氨酶（GPT）、谷-草转氨酶（GOT）和乳酸脱氢酶（LDH）、鸟氨酸氨基甲酰转移酶活性增高等综合征，进行分析，不难确诊。但需与脂肪肝、牛嗜血支原体病、肝片形吸虫病、肝硬化、肝脓肿和肝癌等疾病进行鉴别。

【防治措施】

治疗　加强饲养管理，停止喂给霉败饲料和有毒的饲草，有寄生虫的进行驱虫。兴奋的家畜使其保持安静，饲喂富含维生素易消化的饲料。

保肝利胆　通常用 25% 葡萄糖注射液 500～1 000 mL，静脉注射，2 次/天。或者用 5% 葡萄糖生理盐水注射液 2 000～3 000 mL，5% 维生素 C 注射液 30 mL，5% 维生素 B_1 注射液 10 mL，混合静脉注射，2 次/天。必要时，可用 2% 肝泰乐注射液 50～100 mL，静脉注射，2 次/天。良种家畜，还可用胰岛素，皮下注射，保护肝脏功能。利胆，可内服适量人工盐，氨甲酰胆碱或毛果芸香碱，皮下注射，促进胆汁分泌与排泄。另外，改善新陈代谢，增进消化机能，可给予复合维生素 B 和酵母片。服用氯化胆碱（20～40 mg/kg）或甲硫氨酸（20～40 mg/kg），以利肝脏中脂肪的利用。

用氢化可的松等皮质激素，以减轻炎性反应。出现肝昏迷时，可静脉注射甘露醇，降低颅内压，改善脑循环。具有出血性素质的病例，应及时静脉注射 10% 氯化钙溶液 100～150 mL，或肌内注射适量维生素 K_3 和安络血。对于黄疸明显的病牛，可用退黄药物，如苯巴比妥 0.6～12 mg/kg 或天冬氨酸钾镁 40～100 mL，加入 5% 葡萄糖注射液内，缓慢静脉注射。

病牛疼痛不安或狂躁兴奋时，可注射水合氯醛或安溴注射液。

预防　本病的预防关键在于控制病源，防止饲喂霉变饲料和误食有毒植物。加强饲养管理，搞好圈舍环境卫生，定期消毒，并防止化学物质中毒。加强防疫卫生检疫，防止感染。

肝 脓 肿

　　肝脓肿又称化脓性肝炎，是感染化脓细菌所致的一种肝病。致病菌大多为化脓性棒状杆菌、坏死杆菌和大肠杆菌。

【诊断要点】

　　1. 病因　尖锐异物经腹壁或网胃直接刺入肝脏，感染化脓菌。高能饲料供给过多或粗饲料不足，诱发慢性瘤胃炎、瘤胃溃疡，以致瘤胃内常在菌（棒状杆菌、葡萄球菌、链球菌等）进入门静脉血液循环中，而在肝脏形成脓肿。继发因素，如化脓性脐静脉炎、肺坏疽、结核、化脓性腮腺炎、化脓性子宫内膜炎或乳房炎等疾病的病原菌可经血液、淋巴、胆管等途径转移至肝形成单发或多发性脓肿。

　　2. 临床症状　单一性肝脓肿，如脓肿不大，不转移，多无临床症状。多发性肝脓肿，呈慢性经过，食欲时好时坏，虚弱，逐渐消瘦，贫血，消化不良及衰竭。病重时，食欲废绝，排粪减少，便秘或腹泻，黏膜苍白，黄疸不明显。个别病牛在右侧最后肋弓下触诊肝明显肿大，甚至在右侧上 1/3 最后两个肋间叩诊有疼痛反应。后期病例黄疸指数升高。继发症和伴发症，如呼吸困难、咳嗽和胸痛，表明肺部感染。如肝脓肿破裂，腹腔穿刺液浑浊、腐败或含絮状物，体温升高，不愿转移或运动困难，腹壁紧张，表明存在腹膜炎。

　　3. 病理变化　病初肝脏表面散发大小不一的化脓灶，呈淡黄、黄绿或污灰色，中央有奶油状黏稠物。病程长的，脓灶变为脓肿，呈液状或干酪样，甚至钙化。有的可见支气管肺炎病灶。瘤胃和瓣胃黏膜脱落，甚至坏死。皱胃和十二指肠多有不同程度的炎症，甚至糜烂、溃疡。

4. 实验室诊断 血常规的检查白细胞数目增多，白细胞核左移。

【类症鉴别】

原发性单一性肝脓肿，生前一般不出现症状，大多是因其他疾病死亡之后或屠宰后方被发现。转移性化脓性肝炎，可根据临床症状、肝区触诊疼痛、中性粒细胞增多和核左移作出初步诊断。结合超声波检查可以确定脓肿的大小、数目和部位，即可确诊。但需与肝癌、肝硬化、腹膜炎和肝炎等疾病进行鉴别。

【防治措施】

治疗 应用抗生素，如土霉素、金霉素、磺胺二甲基嘧啶等，控制炎症，并配合补糖、强肝剂等辅助疗法。

预防 采取改善饲养方法，适当调整日粮精料比例，供给充足的粗饲料，干草或秸秆样的粗饲料不宜切得太短，磨得过碎。改善环境，保持牛体清洁，牛舍排污良好。连续应用四环素，可使本病发生明显减少。

脂 肪 肝

脂肪肝是指由于各种原因引起的肝细胞内脂肪堆积过多的病变。脂肪肝是一种营养代谢性疾病，主要发生于处于从产犊前2～3周开始至产后4～5周为止的分娩期的高产奶牛，发病率高，对奶牛健康和生产性能危害大。

【诊断要点】

1. 病因 饲养管理不当，奶牛分娩后，体内的糖和其他营养物质不断随乳汁排出。此时如不及时补充营养，会造成能量负平衡，奶牛便要动用体内贮备的脂肪为组织提供能量。因进入肝脏的游离脂肪酸过多，或因患牛低血糖而使肝脏组织清除极低密度脂蛋白的能力降低，使蛋白运出肝脏的过程受阻而形成脂肪肝。饲喂精料过多也可引起本病。内分泌功能障碍，奶牛受妊娠、分娩及泌乳等因素的影响，使垂体、肾上腺负担过重。由于肾上腺功能不全，引起糖的异生作用降低，且瘤胃对糖原的利用也发生障碍，使血糖降低而发病。奶牛分娩后蛋白结合碘显著减少，造成甲状腺功能不全，也可发生脂肪肝。其他继发疾病如奶牛的一些消耗性疾病，如前胃弛缓、创伤性网胃炎、皱胃变位、骨软症、生产瘫痪及其他慢性传染病等，均可继发脂肪肝。

2. 临床症状　患牛拒食精料、青贮料，并可能出现异食癖，身体消瘦，皮下脂肪消失，皮肤弹性减弱。粪便干而硬，严重的出现稀便。病牛精神中度沉郁，不愿走动和采食，有时有轻度腹痛症状。一般体温、脉搏和呼吸正常，瘤胃运动稍减弱；病程长时，瘤胃运动可消失。病牛重度脂肪肝如得不到及时、正确的治疗，可死于过度衰弱或内中毒及伴发的其他疾病；患轻度和中度脂肪肝的患牛，约一个半月可能自愈，但产奶量不能完全恢复，免疫力和繁殖力均受到影响。

3. 病理变化　尸体剖检病死的脂肪肝牛，剖检可见心、肝、肾沉积多量脂肪。眼观表现肝脏肿大，边缘变钝，切面颜色黄白或呈黄红相间的花纹，并常伴有肾上腺、肾脏，甚至心肌和骨骼肌脂肪变性。奶牛重度脂肪肝除以上病理变化外，还可能出现心肌炎和肾脏、卵巢、肌肉、子宫等器官组织萎缩变性坏死，脑垂体坏死或退化，胰腺和淋巴系统退化，胃肠炎症、溃疡、坏死。

奶牛脂肪肝病理组织学观察可见肝细胞出现游离脂肪滴，肝细胞个体变大，细胞核浓缩，肝窦隙狭小，肝细胞线粒体损伤，粗面内质网及其他细胞器缩小，数量减少。轻度脂肪肝脂变细胞主要局限于肝小叶中心，即中央静脉周围；但中度脂肪肝和重度脂肪肝脂变细胞可能扩散到门脉区附近。

4. 实验室诊断　根据临床表现、乳酮阳性检测、肝穿刺、尸体剖检及血液肝功能检测等，可确诊为奶牛脂肪肝。

血液生化指标的检测血糖、血酮和游离脂肪酸，分别为 1.50 mmol/L、35.4 mg/dL、80 IU/L 都比正常牛高。患病牛呈现低血糖、高血酮、血清酶活性升高等变化。

【类症鉴别】

根据病因、发病特点、临床症状、临床病理学检验结果和病理学特征即可作出诊断。本病应注意与肝炎、肝硬化、肝癌、脂肪坏死症等相区别。

【防治措施】

治疗　葡萄糖注射治疗。静脉注射 50% 葡萄糖溶液 500 mL，每天 1 次，连注 4 d 为一个疗程。也可腹腔内注射 20% 葡萄糖溶液 1 000 mL。同时肌内注射倍他米松 20 mg，并随饲料口服丙二醇或甘油 250 mL，每天 2 次，连服 2 d。然后改为每天 110 mL，再服 3 d，效果较好。口服烟酸、胆碱从产前 14 d 开始，每天每头牛补饲烟酸 8 g、氯化胆碱 80 g 和纤维素酶 60 g，如能配合应用高浓度葡萄糖溶液静脉注射，效果更好。

预防　加强饲养管理，合理供给营养对妊娠期的奶牛应适当减少精料的饲喂量，以免产前过于肥胖；妊娠期要保证日粮中含有充足的钴、磷和碘，并在妊娠后期适当增加户外运动量；对产后牛要加强护理，改善日粮的适口性，逐渐增加精料，避免发生因产后泌乳等所造成的能量负平衡。同时，要及时治疗影响消化吸收的胃肠道疾病。

脂 肪 坏 死 症

脂肪坏死症，又称脂肪过多症、腹脂肪坏死或脂肪瘤。是指牛腹腔内沉积脂肪的脏器，如结肠圆盘、腹膜、大网膜、肠系膜、直肠及肾脏周围等，由于代谢障碍使其脂肪变性、坏死。并形成肿瘤状硬块，挤压使之出现压迫性肠腔狭窄，导致以食欲减退、消化紊乱、排粪困难为主征的慢性代谢性疾病。

【诊断要点】

1. 病因 临床上多见于肥胖的奶牛。因此，肥胖牛腹腔脂肪丰富与本病发生有关。饲养过程中，日粮过多饲喂精料，尤其是含脂类和碳水化合物比例较大的精料，加上运动量不足、体脂肪过度沉积都是本病的诱发因素。

2. 临床症状 病牛多无临床症状，往往因妊娠诊断进行直肠检查时，才发现腹腔有坏死的脂肪硬块。只有当坏死脂肪硬块发生机械性压迫时，才出现症状，其症状表现以脂肪坏死病灶部位不同。当肿瘤型发生于结肠圆盘、回肠、直肠周围，使肠腔压迫性狭窄而导致消化机能障碍，急性病牛以食欲迅速废绝、血便和腹痛等为主要症状。慢性病牛表现为长期食欲不振，反刍减弱、停止，体温、脉搏和呼吸正常，皮温不整，可视黏膜苍白或黄染。多有剧性腹痛，腹部蜷缩，频努责做排粪姿势，粪便量少呈球状，有的下痢呈恶臭软便，混杂黏液、血液。随病势发展，病牛脱水、消瘦严重。脊背部位被毛逆立，退色、无光泽，尾根脱毛。起立困难，四肢乏力，步态踉跄。区触诊、叩诊有痛性反应。直肠检查见直肠狭窄，入手困难。发生于骨盆腔内的脂肪坏死病灶可压迫卵巢、输卵管和子宫等而引起生殖机能障碍一系列症状。呈亚临床症状的病牛，多在剖检时才发现某些病变。

3. 病理变化

病理剖检变化 在胸腔、腹腔、皮下和肌肉块之间等全身脂肪组织出现弥漫性坏死灶，特别是结肠、直肠和肾周围的浆膜脂肪几乎全部坏死，直肠被坏死的脂肪组织包围，肠腔明显狭窄，脂肪组织变硬、混浊，呈淡黄色，切面坚硬，含有黄色砂粒大小结晶物。

病理组织学变化　脂肪组织用福尔马林固定，石蜡切片，用尼罗蓝染色，正常的脂肪细胞染成均匀的红色，坏死区结晶物难以着染。多数脂肪细胞核溶解、碎裂，坏死的脂肪细胞的脂肪空泡内有脂溶性针状结晶物形成。坏死的脂肪细胞周围有大量炎性细胞浸润，其中有一部分是多核巨噬细胞，并将空泡包围起来。取坏死组织包围的肠管切片、染色，可见到固有层和黏膜下层结缔组织增生。

4. 实验室诊断　患脂肪坏死症病牛的血液学变化为血液中谷草转氨酶活性增高，白蛋白与球蛋白比值下降，游离脂肪酸含量升高，垂体前叶激素、尿氮素及血糖量下降，单胺氧化酶活性升高。血液中脂肪酸以油酸为主，其次是亚油酸和软脂酸，硬脂酸含量较低。轻者血液学检查可见嗜酸性白细胞增多和淋巴细胞一时性增多，严重者则见有嗜酸性白细胞减少或消失，嗜中性白细胞增多，红细胞总数无明显变化。血液鲁戈氏反应多呈阳性。

【类症鉴别】

根据病史、食欲减退和渐进性消瘦，结合直肠检查等，可初步诊断。最终确诊尚需剖检确定。由于木乃伊、结节性腹膜炎及子宫外伤性愈着与本病有相似之处，故临床上应予以鉴别。

【防治措施】

治疗　无有效治疗措施。直肠检查确诊部位实施手术摘除较为有效。药物治疗，企图使肿块消散极为困难。有人用薏苡仁250 g/d投服，连续2 d，间隔2周后再服用，据说有使脂肪块肿块缩小、溶解和减轻症状的效果。精氨酸制剂，用量为每千克体重400 mg，一次肌内注射，每周1次，连续5～9个月。促甲状腺释放激素1 mg，一次皮下注射，每月2次历时3个月。从生产出发，当已确诊为脂肪坏死症病牛，为减少药费开支应尽早将其淘汰。

预防 本病主要发生于肥胖牛只，加强饲养管理是预防的关键。合理供应日粮，防止牛只肥胖，牛群要分群管理，根据其生理状况不同，及时调整日粮配方。特别对干奶期牛及妊娠的年青牛，要控制精饲料饲喂量，保证有充分的优质干草。及时配种，缩短空怀期。临床上经常发现，空怀期延长的牛只，体况都较肥胖。因此，应加强繁殖管理，查明影响繁殖的因素，并及时予以处理，提高受胎率，减少空怀天数，防止母牛肥胖。

淀 粉 样 变 性

淀粉样变性是全身内脏器官、组织及其血管周围广泛发生的淀粉样蛋白浸润，引起内脏器官功能异常的一种综合征。本病多为慢性病程，临床上以消瘦、生产性能下降、肝功能异常和蛋白尿等为特征。

【诊断要点】

1. 病因 最常见的病因继发于长期化脓性炎症，如慢性乳腺炎、子宫炎和肝脏疾病。典型特点为：患牛血液里球蛋白含量非常高；从发病经过来看，本病是抗原抗体反应的异常现象，且与糖蛋白代谢有关。产生大量的淀粉样蛋白沉积在脾脏、肝脏、肾脏等器官，引起这些器官的肿大及严重的机能障碍。肾脏主要表现出肾病综合征，发生重症蛋白尿及低蛋白血症。通过直肠检查，可触摸到肿大的左肾。最后可引起尿毒症，导致昏迷、死亡。

2. 临床症状 主要表现食欲不振，排泥样乃至水样下痢便，不含血液。接着颌下部、胸垂部至胸前、下腹部呈现浮肿，越来越明显。体温、脉搏和呼吸均正常。按胃肠炎治疗无效，腹泻不止。病牛陷入脱水状态，消瘦。若大量的淀粉样蛋白沉积在肠壁，可发生顽固性腹泻，于皮肤薄处有时可触摸到淀粉样变性的凝聚物。若大量的淀粉样蛋白沉积在乳房，可引起乳头管阻塞。

3. 病理变化 剖检时，常常可见发生病变的器官似蜡样。淀粉样蛋白沉积在脾脏常常是局限性的。而沉积在肝脏、肾脏时，常常是弥漫性的。若用碘的水溶液染色，肉眼可见淀粉样蛋白沉积。而组织切片用刚果红染色，有时可出现假阳性。

4. 诊断 根据特征性的临床症状，如尿中含有大量的蛋白质、血清蛋白变化及直肠接触到肿大的肾脏、肝穿刺发现淀粉样蛋白沉积等，可作出诊断。

【类症鉴别】

根据临床症状、剖检变化一般可以作出初步诊断，本病要与纤维素性病变相区分。

【防治措施】

无治疗价值。多治疗原发病如慢性化脓性炎症，消除病原体的刺激，促进机体逐渐康复，消除抗原抗体的免疫反应所产生的淀粉样蛋白。

脑 膜 脑 炎

脑膜脑炎，是软脑膜及脑实质的急性炎症和变性的过程。以伴发高热、脑膜刺激症状、一般脑症状和局部脑症状为特征。

【诊断要点】

1. 病因

传染性因素 病毒病包括引起脑膜脑炎的传染性疾病，如狂犬病、流行性感冒、乙型脑炎、炭疽、结核链球菌感染、沙门氏菌病等。

中毒性因素　包括重金属毒物铅中毒，类重金属毒物如砷中毒，化学物质如食盐中毒，生物毒素如黄曲霉毒素中毒等。

寄生虫因素　如普通圆线虫病、脑脊髓丝虫病等，均可继发脑膜脑炎。

其他部位的感染，如颅骨外伤、角坏死、龋齿、鼻窦、中耳、眼球及其他远隔部位的感染，经常蔓延或转移至脑部而发生本病。

2. 临床症状

脑膜刺激症状　以脑膜炎为主的脑膜脑炎，由于前数段颈髓的脊膜同时发炎，脊神经根受刺激，故常见颈部及背部的感觉过敏，对该部皮肤的轻微刺激或抚摸，即可引出强烈的疼痛反应，同时反射地引起颈部背侧肌肉强直性痉挛，因而可见动物头向后仰。对于膝腱反射检查，可见腱反射亢进。以上刺激症状，随着病程的发展而逐渐减弱或消失。

一般脑症状　初期病牛精神轻度沉郁，不听呼唤，目光凝视，不注意周围事物。有的呆立不动，经数小时或1天后，突然呈现兴奋状态，骚动不安，不顾障碍物地前冲，或者作圆圈运动。在数十分钟的兴奋发作后，又陷入沉郁或昏睡状态，意识蒙眬，针刺反应极为迟钝。有的兴奋与沉郁交替出现，或作无目的的走动，或者倒地不起，但兴奋期逐渐变短，昏睡时间逐渐加长。末期，倒地不起，意识完全丧失，反射大部消失，陷入昏迷状态，有的四肢作游泳样划动，并在身体的凸起部位，如眼眶及髋结节等处，造成擦伤。

除上述精神兴奋及沉郁外，在体温、脉搏、呼吸、消化、泌尿等方面亦发生明显改变。体温在病初升高，可达40～41℃。头部增温，在沉郁期体温下降，少数重症病例，体温有低于常温的。脉搏变化不定，且与体温变化不相一致，病初由于迷走神经兴奋，脉搏缓慢，以后由于迷走神经麻痹，脉搏加快。后期脉搏显著加快，节律不齐。呼吸在兴奋期加快，在沉郁期则变慢、变深，重症时可出现陈施氏呼吸，食欲减损，或完全废绝，采食和饮水的方式亦发生异常。

局部脑症状　其属于神经机能亢进的症状，有眼球震颤、眼斜视、瞳孔大小不等、鼻唇部肌肉挛缩、牙关紧闭及舌的纤维性震颤等；其属于神经机能减退的症状，有口唇歪斜、耳下垂、舌脱出、吞咽障碍、听觉减弱、视觉消失、嗅觉及味觉的错乱等，嗅觉及味觉错乱。以上局部脑症状，虽可单独出现，但经常合并出现，有的在疾病基本治愈后，还会长期残留后遗症，如半侧身躯瘫痪或某一外周神经麻痹等。

3. 病理变化　在急性浆液性软脑膜炎时，蛛网膜下腔充满浑浊的渗出液，如同时伴发脑室膜炎，则脑室中也充满浑浊的脑脊髓液。如渗出物中混有脓块或纤维素凝块，则表明为化脓性软脑膜炎。在慢性脑膜炎，可见软脑膜增厚，呈乳白色，与脑组织粘连，不易分离。脑实质中的病理解剖学变化，则视发病原因、炎症性质和病程长短而不一致。

一般除见有充血、水肿和小的出血点外，多可见有神经胶质细胞增生灶，以及静脉周围的单核细胞、多形核白细胞和淋巴细胞的聚集，有的还发现有小的化脓灶，尤其由坏死杆菌、腺疫链球菌及其他化脓菌引起的脑膜脑炎，更多见有小的化脓灶，其中由转移途径发生的化脓灶多存在于大脑半球各部分，数目较多，由其他途径发生的化脓灶多位于小脑附近，数目较少，但容积常较大。

4. 实验室诊断　血沉减慢，白细胞总数增多，中性白细胞百分比增高。当行脑脊髓液压力测定时，可见压力增高，脑脊髓液外观浑浊，蛋白质和细胞含量增高，在化脓性脑膜脑炎时，脑脊髓液中除有多数中性白细胞外，还有大量细菌，而由病毒或毒素、毒物引起的脑膜脑炎，脑脊髓液中的细胞主要为淋巴细胞。

［类症鉴别］

根据意识障碍迅速发展，兴奋沉郁交替发生，明显的运动和感觉机能障碍，如圆圈运动、肌肉痉挛、偏瘫、视觉或听觉障碍等，一般不难诊断。但应注意与狂犬病、恶性卡他热、脑挫伤及脑震荡、热射病和日射病、发霉饲料及有毒植物中毒和肝病等疾病进行鉴别。

【防治措施】

加强饲养管理，保持安静，不能自行采食时，以行人工营养。

为降低颅内压，消除脑水肿，牛可先由颈静脉放血 1 000～3 000 mL，随即输注同量 5％葡萄糖生理盐水溶液，并加入 40％乌洛托品溶液 50～100 mL。如同时静脉注射 25％山梨醇或 20％甘露醇溶液，效果更佳。

为消炎解毒，常用 10％磺胺嘧啶钠注射液 100～150 mL，静脉注射，或用增效磺胺嘧啶注射液 100～150 mL，静脉注射；也可用磺胺嘧啶内服，初次量每千克体重 0.2 g，维持量每千克体重 0.1 g，还可加入 1/5 量的三甲氧苄氨嘧啶（TMP），以增强效果。此外，也可用青霉素或链霉素，肌内注射，或用盐酸四环素 3 g，加于 5％糖盐水 500～1 000 mL 中，缓慢静脉注射。

为调节大脑皮层兴奋抑制过程，可用安溴注射液 100 mL，静脉注射。

当病畜过度兴奋，狂躁不安时，可肌内注射 2.5％盐酸氯丙嗪注射液 10～20 mL。当有心力衰竭时，可用安钠咖等强心剂。病畜肠弛缓，排粪迟滞的，可内服硫酸钠、硫酸镁等缓泻剂。排尿困难的，应实施导尿。有神经肌肉麻痹时，可用盐酸士的宁0.015～0.030 g，与藜芦素 0.01～0.04 g，交互肌内注射。也可用 5％盐酸硫胺液 10～20 mL，肌内注射。

疾病转为慢性时，可内服水杨酸钠 10～30 g，或碘化钾 5～10 g，以促进炎性产物的吸收。发生褥疮时，于患部涂擦 1％龙胆紫液等防腐消毒液。

对于有可能蔓延至脑部的外伤感染，要注意彻底治愈。使役动物，要防止过热、过劳，炎热季节要充分饮水，按时喂盐。对有可能诱发脑膜脑炎的一些传染病和中毒病等，要采取隔离消毒措施，杜绝疾病蔓延传播。

日射病及热射病

日射病或热射病统称中暑，是因暑日曝晒、潮湿闷热、体热放散困难所引起的一种急性病。临床上以体温显著升高、循环衰竭和一定的神经症状为特征。本病病情发展急剧，甚至迅速死亡，故应特别注意。

【诊断要点】

1. 病因 日射病是气候炎热的夏季，牛受日光直接长时间的曝晒，而且饮水和喂盐不足，导致散热调节障碍，从而体温急剧上升，最终产生其他全身严重的临床症状。或酷暑盛夏，日光直射头部，或气温高、湿度大、风速小、散热困难是中暑发生的外因。

牛长时间逗留在潮湿闷热、不通风、温度高于体温或相当于体温的环境，肌肉活动剧烈，代谢旺盛，产热增多，是中暑发生的内因；当夏季持续高热，牛只长时间拴在闷热而拥挤的牛舍中时，更易发生本病。在午后和闷热的黄昏，以及皮肤不卫生、心脏疾患、肥胖、血管神经紊乱、夏天饮水不足时，都易发生本病。

2. 临床症状 常突然发病，病牛精神委顿、步态不稳、共济失调，或突然倒地不能站立；运步躯体摇晃，步样蹒跚，突然停步于树荫道旁，鞭挞不走，后期卧地不起，体温显著升高，可达 42～43 ℃，触摸体表感到烫手，有昏迷的趋势。有的病例呈现兴奋状态，甚至出现狂暴或显著的神经性抽搐；心跳快而弱，早期垂皮有湿而腻的汗液，以后皮肤干燥、灼热。精神多沉郁，偶有兴奋，眼结膜潮红，后转蓝紫色，早期瞳孔散大，后期则缩小。

3. 病理变化　日射病及热射病的病理变化，两者之间有其共同的特征，即脑及脑膜的血管高度淤血，并见有出血点。脑脊液增多，脑组织水肿。肺充血和肺水肿。胸膜、心包膜及肠黏膜都有淤血斑和浆液性炎症的病理变化。

【类症鉴别】

根据在炎热天气重役中或在闷热畜舍及拥挤的车船中发病，以及体温过高、心肺机能障碍和倒地昏迷等症状，不难诊断。应与急性败血性疾病、脑炎、脑积水、癫痫、肺水肿和肺充血加以鉴别诊断。

【防治措施】

治疗　发病牛应立即移在荫凉树下或宽敞、荫凉、通风处，对在室外或野外已倒地的病牛，可临时搭荫棚，避免日光直射，多给清凉饮水。

降温疗法，对中暑的牛效果确实，为此可采用物理降温或药物降温。物理降温，可用冷水泼身，头颈部放置冰袋，或用冰盐水灌肠。降温疗法，一般在体温降 39～40 ℃时，即可停止降温，以防体温过低，发生虚脱。

为维护心肺机能，对伴发肺充血及肺水肿的病牛，先用适量强心剂（如安钠咖、毒毛旋花子苷 K 等）后，立即静脉泻血 1 000～2 000 mL。泻血后即用复方氯化钠液或生理盐水 2 000～3 000 mL，静脉注射。

为治疗脑水肿（有呼吸不规则，两侧瞳孔大小不等和颅内压增高的症状），可用 20％甘露醇液 500～1 500 mL，静脉注射。也可用 25％～50％葡萄糖液 300～500 mL，静脉注射，每隔

4～6 h 1 次。对发生高钾血症的病牛，为补充钙离子及对抗钾离子对心肌的不良作用，可用 10％葡萄糖酸钙或乳酸钙液200～300 mL，静脉注射。

预防　要加强暑热季节对牛的饲养管理，增加食盐喂量，经常刷拭水浴，要经常用冷水喷洒，保持皮肤清洁卫生和畜舍通风良好，畜舍周围应植树遮蔽，运动场内搭遮荫棚。车船运输时，不可过于拥挤，并注意通风良好。

尿 道 炎

尿道炎是指尿道黏膜的炎症，其临床特征为尿频、尿痛、局部肿胀。各种家畜均可发生，牛比较常见，尤其是公牛易发本病。

【诊断要点】

1. 病因　主要是尿道的细菌感染，如导尿时手指及导尿管消毒不严，或操作粗暴，造成尿道感染及损伤。或尿结石的机械刺激及刺激性药物与化学刺激，损伤尿道黏膜，再继发细菌感染。此外，公畜的包皮炎，母畜的子宫内膜炎症的蔓延，也可导致尿道炎。

2. 临床症状　病畜频频排尿，尿呈断续状流出，并表现疼痛不安，公畜阴茎勃起，母畜阴唇不断开张，黏液性或脓性分泌物不时自尿道口流出。做导尿管探诊时，手感紧张，甚至导尿管难以插入。病畜表现疼痛不安，并抗拒或躲避检查。尿液浑浊，混有黏液，血液或脓液，甚至混有坏死和脱落的尿道黏膜。局部尿道损伤为明显的一过性，或仅在每次排尿开始时滴出血液，也可见不排尿。

尿道炎通常预后良好，如果发生尿路阻塞、尿潴留或膀胱破裂，则预后不良。

3. 病理变化 尿液浑浊，混有黏液、血液或脓液，甚至混有坏死和脱落的尿道黏膜。

4. 实验室诊断 尿液检查，尿液中无膀胱上皮细胞。应做尿液细菌培养，以确定病原，单纯性尿道炎尿中无管型上皮细胞。

【类症鉴别】

根据临床特征和尿道逆行性造影可确诊，如疼痛性排尿、尿道肿胀、敏感，以及导尿管探诊和外部触诊即可确诊。

本病需与尿结石相区别。尿结石主要表现为：病畜排出的尿流变细或无尿排出而发生尿潴留。尿道外部触诊，病畜有疼痛感。直肠内触诊时，膀胱内尿液充满，体积增大。而尿道炎尿液浑浊，混有黏液、血液或脓液，甚至混有坏死和脱落的尿道黏膜。局部尿道损伤为明显的一过性，或仅在每次排尿开始时滴出血液，也可见不排尿。

【防治措施】

治疗 治疗原则是消除病因，控制感染，结合对症治疗。当尿潴留而膀胱高度充盈时，可施行手术治疗或膀胱穿刺。清洗尿道，用0.1%高锰酸钾溶液清洗尿道及外阴部，然后向尿道内推注抗生素。

预防 平时应加强饲养管理，在进行尿道治疗的时候要注意卫生，防治机械性损伤。

尿 结 石

尿结石又称尿石病，是指尿路中盐类结晶凝结成大小不一、数量不等的凝结物，刺激尿路黏膜而引起的出血性炎症和尿路阻塞性疾病。临床上根据阻塞部位分为肾结石、输尿管结石、膀胱结石和尿道结石。临床上以腹痛、排尿障碍和血尿为特征。

【诊断要点】

1. 病因 尿石的成因不十分清楚，但普遍认为是伴有泌尿器官病理状态下的全身性矿物质代谢紊乱的结果，并与下列因素有关。高钙、低磷或富硅、富磷的饲料，饮水缺乏，维生素 A 缺乏，尿液 pH 改变，以及泌尿系统感染。

2. 临床症状 病畜排尿困难，频频做排尿姿势，叉腿、拱背、缩腹、举尾、阴户抽动、努责、线状或点滴状排出混有脓汁和血凝块的红色尿液。

肾盂结石时，多呈肾盂肾炎症状，有血尿。阻塞严重时，有肾盂积水，病畜肾区疼痛，运步强拘，步态紧张。

输尿管结石时，病畜腹痛剧烈。直肠内触诊，可触摸到其阻塞部的近肾端的输尿管显著紧张而且膨胀。

膀胱结石时，可出现疼痛性尿频，排尿时病畜呻吟，腹壁抽缩。

尿道结石，公牛多发生于乙状弯曲或会阴部。当尿道不完全阻塞时，病畜排尿痛苦且排尿时间延长，尿液呈滴状或线状流出，有时有血尿。当尿道完全被阻塞时，则出现尿闭或肾性腹痛现象，病畜频频举尾，屡做排尿动作，但无尿排出。尿路探诊可触及尿石所在部位，尿道外部触诊，病畜有疼痛感。直肠内触诊时，膀胱内尿液充满，体积增大。若长期尿闭，可引起尿毒症或发生膀胱破裂。

3. 病理变化 可在肾盂、输尿管、膀胱或尿道内发现结石，其大小不一，数量不等，有时附着黏膜上。阻塞部黏膜见有损伤、炎症、出血乃至溃疡。当尿道破裂时，其周围组织出血和坏死，并且皮下组织被尿液浸润。在膀胱破裂的病例中，腹腔充满尿液。

4. 实验室诊断 X 射线检查与 B 超检查可确定结石的大小、位置和数量。结石成分的化验，可确定结石的性质。

【类症鉴别】

尿结石易与肾炎、肾盂肾炎、膀胱积尿或膀胱炎相混淆，需进行鉴别诊断。

【防治措施】

治疗　本病的治疗原则是消除结石，控制感染，对症治疗。常用方法如下。排石汤（石苇汤）加减内服，海金沙、鸡内金、石苇、海浮石、滑石、瞿麦、萹蓄、车前子、泽泻、生白术等。粉末状或沙粒状尿石可导尿冲洗，导尿管消毒，涂擦润滑剂，缓慢插入尿道或膀胱，注入消毒液体，反复冲洗。使用利尿剂与尿道肌肉松弛剂。2.5％的氯丙嗪溶液肌内注射，剂量为 10～20 mL，同时注射利尿剂，但完全阻塞时要注意。手术治疗，尿石阻塞在膀胱或尿道的病例，可实施手术切开，将尿石取出。采用上述疗法时，要注意进行对症治疗。

预防　地区性尿结石，应查清饲料、饮水和尿石成分，找出尿石形成的原因，合理调配饲料，使饲料中的钙、磷比例保持在 1.2∶1 或者 1.5∶1 的水平，并注意饲喂维生素 A 丰富的饲料。对奶牛泌尿器官炎症性疾病应及时治疗，以免出现尿潴留。平时应适当增喂多汁饲料或增加饮水，以稀释尿液，减少对泌尿器官的刺激，并保持尿中胶体与晶体的平衡。食盐疗法，根据病畜大小，在食物中添加一定量食盐，增加病畜的饮水量和排尿量。在牛的日粮中定期加入适量 4％的氯化钠对尿石的发病有一定的预防作用，同样在饲料中补充氯化铵，对预防磷酸盐结石有令人满意的效果。

肾　炎

肾炎通常是指肾小球、肾小管或肾间质组织发生炎症的病理过程。临床上以水肿，肾区敏感与疼痛，尿量改变及尿液中含多量肾上皮细胞和各种管型为主要特征。按其病程分为急性和慢性两种，按炎症发生的部位可分为肾小球性和间质性肾炎，按炎症发生的范围可分为弥漫性和局灶性肾炎；按引起的病因又可分为原发性肾炎和继发性肾炎。

【诊断要点】

1. 病因 肾炎的发病原因尚不十分清楚，但目前认为本病的发生与感染、毒物刺激、外伤及变态反应等因素有关。

感染因素 多继发于某些传染病的经过之中，如炭疽、牛出血性败血症、口蹄疫、结核、传染性胸膜肺炎、败血症、布鲁氏菌病及牛病毒性腹泻等常常引发或并发肾炎。这是由于病毒和细菌及其毒素作用于肾脏引起，或是由于变态反应所致。

中毒性因素 主要是有毒植物、霉败变质的饲料、农药和重金属（如砷、汞、铅、镉、钼等），及强烈刺激性的药物（如斑蝥、松节油等）；内源性毒物主要是重剧性胃肠炎症，代谢障碍性疾病，大面积烧伤等疾病中所产生的毒素与组织分解产物，经肾脏排出时产生强烈刺激而致病。

诱发因素 创伤、营养不良和受寒感冒均为肾炎的诱发因素。此外，本病也可由肾盂肾炎、膀胱炎、子宫内膜炎、尿道炎等邻近器官炎症的蔓延和致病菌通过血液循环进入肾组织而引起。

2. 临床症状

急性肾炎 病畜食欲减退或废绝，精神沉郁，结膜苍白，消化不良，体温微升。由于肾区敏感、疼痛，病畜不愿行动。站立时腰背拱起，后肢叉开或齐收腹下。强迫行走时腰背弯曲，发硬，后肢僵硬，步样强拘，小步前进，尤其向侧转弯困难。

病畜频频排尿，但每次尿量较少，严重者无尿。尿色浓暗，比重增高，甚至出现血尿。肾区触诊，病畜有痛感，直肠触摸，手感肾脏肿大，压之感觉过敏，病畜站立不安，甚至躺下或抗拒检查。由于血管痉挛，眼结膜显淡白色，动脉血压可升高达

29.26 kPa（正常时为 15.96～18.62 kPa）。主动脉第二心音增高，脉搏强硬。重症病例，见有眼睑、颌下、胸腹下、阴囊部及牛的垂皮处发生水肿。病的后期，病畜出现尿毒症，呼吸困难、嗜睡、昏迷。

尿液检查，蛋白质呈阳性，镜检尿沉渣，可见白细胞、红细胞及多量的肾上皮细胞。血液检查，血液稀薄，血浆蛋白含量下降，血液非蛋白氮含量明显增高。

慢性肾炎 病畜逐渐消瘦，血压升高，脉搏增数，硬脉，主动脉第二心音增强。疾病后期，眼睑、颌下、胸前、腹下或四肢末端出现水肿，重症者出现体腔积水。尿量不定，尿中有少量蛋白质，尿沉渣中有大量肾上皮细胞和各种管型。血中非蛋白氮含量增高，尿蓝母增多，最终导致慢性氮质血症性尿毒症，病畜倦怠、消瘦、贫血、抽搐及出血倾向，直至死亡。典型病例主要是水肿，血压升高和尿液异常。

3. 病理变化 急性肾炎的眼观病变为，肾脏体积轻度肿大、充血，质地柔软，被膜紧张，容易剥离，表面和切面皮质部见到散在的针尖状小红点。慢性病例，肉眼可见肾脏体积增大，色苍白，晚期，肾脏缩小和纤维化。

4. 实验室诊断 根据病史（多发生于某些传染病或链球菌感染之后，或有中毒的病史）、临床特征（少尿或无尿，肾区敏感、疼痛，主动脉第二心音增强，水肿）和尿液化验（尿蛋白、血尿、尿沉渣中有多量肾上皮细胞和各种管型）进行综合诊断。

【类症鉴别】

本病应与肾病鉴别。肾病，临床上有明显水肿和低蛋白血症，尿中有大量蛋白质，但无血尿及肾性高血压现象。急性肾炎一般可持续 1～2 周，经适当治疗和良好的护理，预后良好。慢性病例，病程可达数月或数年，若周期性出现时好时坏现象，多数难以治愈。重症者，多因肾功能不全或伴发尿毒症死亡。间质性肾炎，经过缓慢，预后多不良。

【防治措施】

治疗　肾炎的治疗原则是，消除病因，加强护理，消炎利尿，抑制免疫反应及对症治疗。消除炎症、控制感染，一般选用青霉素，按每千克体重，肌内注射一次量为：1 万～2 万 IU，每天 3～4 次，连用 1 周。其次可用链霉素、诺氟沙星、环丙沙星合并使用可提高疗效。

免疫抑制疗法　鉴于免疫反应在肾炎的发病学上起重要作用，而肾上腺皮质激素在药理剂量时具有很强的抗炎和抗过敏作用。所以，对于肾炎病例多采用激素治疗，一般选用氢化可的松注射液 200～500 mg，肌内注射或静脉注射，每天 1 次；亦可选用地塞米松 10～20 mg，肌内注射或静脉注射，每天1 次。有条件时可配合使用超氧化物歧化酶、别嘌呤醇及去铁敏等抗氧化剂，在清除氧自由基，防止肾小球组织损伤中起重要作用。

为促进排尿，减轻或消除水肿，可选用利尿剂，双氢克尿噻0.5～2 g，加水适量内服，每天 1 次，连用 3～5 d。

预防　针对本病的发病原因，加强饲养管理，不饲喂发霉、腐败或有刺激性的饲料，防止感冒及各种感染、毒物中毒，并及早治疗原发病。

膀　胱　炎

膀胱炎是膀胱黏膜表层或深层发生炎症。临诊上以疼痛性频尿和尿中出现较多的膀胱上皮细胞、炎性细胞、血液和磷酸铵镁结晶为特征。

【诊断要点】

1. 病因　膀胱正常时由于排尿的清洗作用，黏膜局部免疫和尿的抗菌作用等对于细菌感染有自然防御机能。细菌感染如化脓杆菌和大肠杆菌、葡萄球菌、链球菌、绿脓杆菌、肾棒状杆菌、变形杆菌等，以及霉菌毒素经过血液循环或尿路感染而致病。机械性刺激，如导尿管过于粗硬，插入粗暴，膀胱镜使用不当以致损伤膀胱黏膜。膀胱结石，膀胱内肿瘤，尿潴留时的分解产物及带刺激性的药物，如松节油、乙醇等的强烈刺激引起膀胱黏膜的损伤而发病。由脊椎骨折、椎间盘突出及脊髓炎所致的神经损伤或膀胱憩室等引起的尿潴留而引起本病。邻近器官炎症的蔓延如肾炎、输尿管炎、尿道炎，尤其是母畜的阴道炎、子宫内膜炎等。

其他疾病如由尿毒症、肾上腺皮质功能亢进及使用肾上腺皮质激素或其他免疫抑制剂等引起的免疫功能降低而致病。

2. 临床症状　急性膀胱炎的主要症状有尿少而频、血尿、浑浊恶臭尿、排尿困难、尿失禁。触诊膀胱，有疼痛的收缩反应。当膀胱炎导致输尿管炎、肾盂肾炎时，根据肾脏的损伤程度而表现出全身症状。单纯的膀胱炎出现全身症状的少。慢性膀胱炎无排尿困难，但病程较长，且其他症状较轻。

尿液呈红褐色（血尿），同时伴有腐败臭味。

3. 病理变化　膀胱炎可见膀胱壁出血、溃疡、肥厚。

4. 实验室诊断　尿沉渣中有大量的膀胱上皮细胞、白细胞、红细胞，导尿或自然排尿的中段尿沉渣，在高倍镜下1个视野含有20个以上细菌的可判为细菌尿；20个以下的可看作细菌污染，则提示膀胱发炎。

一般无白细胞增加和中性粒细胞核左移现象。有时会出现血红蛋白降低及低蛋白血症。

【类症鉴别】

根据疼痛性频尿、排尿姿势变化等临诊特征，以及尿液检查有大量的膀胱上皮细胞和磷酸铵镁结晶，进行综合判断。

在临诊上，膀胱炎与肾盂肾炎、尿道炎有相似之处，因此必须加以鉴别。肾盂肾炎，表现为肾区疼痛，肾脏肿大，尿液中有大量肾盂上皮细胞。尿道炎，镜检尿液无膀胱上皮细胞。

【防治措施】

治疗　本病的治疗原则是，加强护理，抑菌消炎，防腐消毒及对症治疗。抑菌消炎与肾炎的治疗基本相同。对重症病例，可先用 0.1％高锰酸钾、1％～3％硼酸、0.1％的雷佛奴尔液、0.02％呋喃西林、0.01％新洁尔灭液或 1％亚甲蓝作膀胱冲洗，在反复冲洗后，膀胱内注射青霉素 80 万～120 万 IU，每天 1～2次，效果较好。也可选用其他抗生素。

尿路消炎可口服呋喃坦啶，肌内注射头孢拉定、丁胺卡那霉素，配伍乌洛托品治疗。

预防　及时治疗原发疾病，导尿时注意消毒剂，遵守操作规程。

（王　伟　李金龙　张子威　蒋智慧　盛鹏飞）

第六章

营养代谢病

奶 牛 酮 病

奶牛酮病是由于奶牛体内碳水化合物及挥发性脂肪酸代谢紊乱所引起的一种全身性功能失调的代谢性疾病。其特征是血液、尿、乳中的酮体含量增高，血糖浓度下降，消化机能紊乱，体重减轻，产奶量下降，间有神经症状。

【诊断要点】

1. 病因 本病多发生于产犊后的第 1 个泌乳月内，尤其在产后 3 周内。各胎龄母牛均可发病，但以 3～6 胎母牛发病最多，第一次产犊的青年母牛也常见发生。产乳量高的母牛发病较多。无明显的季节性，一年四季都可发生，冬、春发病较多。有些母牛有反复发生酮病的病史，这可能与遗传易感性有关，也可能与牛的消化能力和代谢能力较差有关。奶牛酮病病因涉及的因素很广，且较为复杂，主要与下列因素有关。

乳牛高产 在母牛产犊后的 4～6 周已出现泌乳高峰，但其食欲恢复和采食量的高峰在产犊后 8～10 周。因此在产犊后 10 周内食欲较差，能量和葡萄糖的来源本来就不能满足泌乳消耗的需要，假如母牛产乳量高，势必加剧这种不平衡。所以高产乳牛群酮病的发病率高。

日粮中营养不平衡和供给不足 饲料供应过少，品质低劣，饲料单一，日粮不平衡，或者精料过多，粗饲料不足，而且精料属于高蛋白、高脂肪和低碳水化合物饲料，使机体的生糖物质缺乏，引起能量负平衡，产生大量酮体而发病。

产前过度肥胖　干奶期供应能量水平过高，母牛产前过度肥胖，严重影响产后采食量的恢复，同样会使机体的生糖物质缺乏，引起能量负平衡，产生大量酮体而发病。由这种原因引起的酮病称为消耗性酮病。

2. 临床症状　酮病主要发生在产犊后几天至几周内，临床上表现两种类型，即消耗型和神经型。消耗型酮病占85％左右，但有些病牛，消耗症状和神经症状同时存在。

消耗型酮病　食欲降低和精料采食减少，甚至拒绝采食青贮饲料，一般可采食少量干草。体重迅速下降，很快消瘦，腹围缩小。产奶量明显下降，乳汁容易形成泡沫，但一般不发展为无乳。因皮下脂肪大量消耗使皮肤弹性降低。粪便干燥、量少，有时表面附有一层油膜或黏液。瘤胃蠕动减弱，甚至消失。呼出气体、尿液和乳汁中有酮气味，加热时更明显。

神经型酮病　突然发病，初期表现兴奋，精神高度紧张，不安，大量流涎，磨牙空嚼，顽固性舔吮饲槽或其他物品；视力下降，走路不辨方向，横冲直撞。有的病畜全身肌肉紧张，步态踉跄，站立不稳，四肢叉开或相互交叉；这些神经症状间断地多次发生，每次持续1 h，然后间隔8～12 h又出现。这种兴奋过程一般持续1～2 d后转入抑制期，病畜表情淡漠，反应迟钝，不愿走动和采食，精神高度沉郁；严重者不能站立，头屈向颈侧，处于昏睡状态。

隐性酮病　临床症状不明显，一般在产后1月内发病，病初血糖含量下降不显著，尿酮浓度升高，后期血液酮体浓度才升高，产奶量稍有下降。

酮病牛不仅乳产量急剧减少，造成明显经济损失，而且常常伴发子宫内膜炎，引起繁殖功能障碍，休情期延长，人工授精率下降。

3. 病理学特征　临床病理学特征为低糖血症、高酮血症、高酮尿症和高酮乳症，血浆游离脂肪酸浓度增高，肝糖原水平下降。血糖浓度从正常时的 2.8 mmol/L 降至 1.12～2.24 mmol/L。因其他疾病造成的继发性酮病，血糖浓度通常在 2.24 mmol/L 以上，甚至高于正常。正常牛血液酮体浓度低于 1.0 mmol/L，病牛可升高到 1.5 mmol/L，甚至超过 2.5 mmol/L。酮病牛（不论是原发性还是继发性）尿液酮体可高达 13.76～22.36 mmol/L。乳中酮体变化幅度不大，可从正常时的 0.516 mmol/L 升高到平均为 6.88 mmol/L。肝糖原浓度下降，葡萄糖耐量曲线正常。酮病牛血液和瘤胃液中挥发性脂肪酸浓度明显升高，与乙酸、丙酸浓度相比较，丁酸浓度升高最为明显。

血钙水平稍降低（降到 2.25 mmol/L 或 90 mg/L）。白细胞分类计数，酸性粒细胞增多（可高至 15%～40%），淋巴细胞增多（可高至 60%～80%）及中性粒细胞减少（可低至 10%）。严重病例，血清转氨酶活性升高。

4. 实验室诊断　在临床实践中，常用快速简易定性法检测血液（血清、血浆）、尿液和乳汁中有无酮体存在。所用试剂为亚硝基铁氰化钠 1 份、硫酸铵 20 份、无水碳酸钠 20 份，混合研细，取其粉末 0.2 g 放在载玻片上，加待检样品 2～3 滴，若含酮体则立即出现紫红色。也可用人医临床检测尿酮的酮体试纸进行测定。但需要指出的是，所有这些测定结果必须结合病史和临床症状进行综合分析。

亚临床酮病必须根据实验室检验结果进行诊断，其血液酮体含量在 1.72～3.44 mmol/L 之间。继发性酮病（如子宫炎、乳房炎、创伤性网胃炎、真胃变位等因食欲下降而引起发病者）可根据血清酮体水平增高、原发病本身的特点及对葡萄糖或激素治疗无明显疗效而诊断。

【类症鉴别】

本病与产后瘫痪相区别，产后瘫痪在产后 1~3 天内发病，且很快出现瘫痪，呼出气无酮味，酮体检查呈阴性或弱阳性。

由于酮尿在创伤性网胃炎、迷走神经性消化不良、前胃弛缓、真胃移位，以及有时在肾盂肾炎、子宫炎和乳房炎中亦可发现。因此，必须作出诊断。

创伤性网胃炎发生时间不一定，且厌食和泌乳量下降更为急剧和严重，网胃区疼痛以及白细胞计数和分类有明显变化。

迷走神经性消化不良，消化道明显郁滞，腹部膨大及中度臌气。

前胃弛缓若发生在产后，常与非典型酮病混淆，但在患酮病的母牛，对精料不感兴趣，而对优质青干草则仍保持一定的采食量，这时尿中酮体含量已经明显增高。

真胃移位虽常发生在产犊之后，但还能采食少量饲料，并随后间歇地持续厌食，腹围缩小，排出少量糊状粪便，且在左腹部能听到真胃音。

生产瘫痪并发生代谢性酮病时，尿中亦发现酮体增高，但单纯应用葡萄糖治疗，效果不明显。

【防治措施】

治疗　首先根据病因调整饲料，增加碳水化合物饲料及优质牧草。在临床上采用药物治疗和减少挤奶次数相结合的方法可取得良好的效果。大多数病例，通过合理的治疗可以痊愈。有些病例，治愈后可能复发。还有一些病例属于继发性酮病，则应着重治疗原发病。治疗方法包括替代疗法、激素疗法和其他疗法，但对严重病例（例如低糖血症性脑病）效果较差。

① 替代疗法　静脉注射 50% 葡萄糖溶液 500 mL，对大多数母牛有明显效果，但须重复注射，否则可能复发。葡萄糖溶液皮下注射虽可延长作用时间，但通常不主张采用，因为皮下注射能

引起病牛产生不适之感，同时大剂量进入到皮下时，又能引起皮下肿胀，造成局部不良反应，所以有时可以选用腹腔内注射（20％葡萄糖溶液）。重复给予丙二醇或甘油（每天2次，每次500 g，连用2 d；随后每天250 g，连用2～10 d），灌服或饲喂，效果很好。这些给药方法，最好在静脉注射葡萄糖溶液之前进行。需要注意的是，直接口服葡萄糖或其他糖类无效，因瘤胃中微生物使糖发酵而生成挥发性脂肪酸，其中主要是乙酸，丙酸很少，会增加生酮先质。

②激素疗法 对于体质较好的病牛，用促肾上腺皮质激素（ACTH）200～600 IU肌内注射，疗效确切，而且方便易行。因为ACTH兴奋肾上腺皮质，促进糖皮质类固醇的分泌，既能动员组织蛋白的糖原异生作用，又可维持高血糖浓度的作用时间。应用糖皮质激素（剂量相当于1 g可的松，肌内注射或静脉注射）治疗酮病也有较好疗效，注射后8～10 h内血糖即可恢复正常，食欲和一般行为在24 h内明显改善，血液酮体水平在3～5 d恢复正常。用类固醇治疗初期产奶量下降，治疗2～3 d后迅速升高，尽管泌乳量下降是缺点，但却有助于疾病的迅速恢复。

③其他疗法 水合氯醛在奶牛酮病和妊娠毒血症中得到应用，首次剂量为30 g，加水口服，继之再给予7 g，每天2次，连续几天。氯酸钾（30 g于250 mL水中，2次/天，口服）用之已广，虽被看成具有特效的抗酮作用，但没有做出合理的解释，而且常常引起严重的腹泻。补充钴（每天100 mg硫酸钴）有时用于辅助治疗酮病。由于在牛的酮病中怀疑辅酶A缺乏，因此有人提出可试用辅酶A的一种先质半胱氨酸（用盐酸半胱氨酸0.75 g配成500 mL溶液，静脉注射，每3 d重复一次）治疗酮病，认为效果尚好。为了防止酸中毒，可用5％碳酸氢钠溶液500～1 000 mL静脉注射，也可作为牛酮病的辅助治疗。此外，还可用健胃剂进行对症治疗。

预防 本病的发生比较复杂，在生产中应采取综合预防措施才能收到良好的效果。对高度集约化饲养的牛群，要严格防止在泌乳结束前牛体过肥，全泌乳期应科学地控制牛的营养投入。在为催乳而补料之前这一阶段，能量供给以能满足其需要即可。在产前 4～5 周应逐步增加能量供给，直至产犊和泌乳高峰期，都应逐渐增加。在增加饲料摄入过程中，不要轻易更换配方，即使微小的变化也会影响其适口性和食欲。随着乳产量增加，用于促使产乳的日粮也应增加。浓缩饲料应保持粗料和精料的合理比例，其中精料中粗蛋白含量不超过 16％～18％为宜，碳水化合物应以磨碎玉米为好，因它可避开瘤胃发酵作用而被消化，并可直接提供葡萄糖。在到产乳高峰期时，要避免一切干扰其采食量的因素，要定时饲喂精料，同时应适当增加乳牛运动。不要轻易改变日粮品种，尽管粗略分析如粗蛋白、能量含量一样，但因配方组成或饲料来源不一样，可促进酮病发生。在泌乳高峰期后，饲料中碳水化合物可用大麦等替代玉米。应供给质量优良的干草或青贮饲料。质量差的青贮饲料因丁酸含量高，不仅口味差，而且缺乏生糖先质，还可直接导致酮体生成，应予以避免。

此外，在酮病的高发期喂服丙酸钠（每次 120 g，2 次/d，连用 10 d），也有较好的预防效果。

维生素 A 缺乏症

维生素 A 缺乏症是动物维生素 A 或维生素 A 原长期摄入不足或消化吸收障碍所引起的一种营养代谢性疾病，临床上以夜盲症、眼干燥、角膜软化、生长缓慢、生产性能下降和机体免疫力降低为特征，主要发生于青绿饲料缺乏的冬、春季节。

【诊断要点】

1. 病因 依据发生原因临床常把维生素 A 缺乏分为原发性

和继发性。

原发性病因　妊娠母畜维生素 A 原不足，胎儿体内含量亦不足，造成幼龄动物母源性维生素 A 缺乏，尤其容易使新生犊牛出现瞎眼病和惊厥症状；由于母乳维生素含量不足，或幼龄动物出生后未吃到初乳及使用代乳品饲喂，或是断奶过早，都易引起维生素 A 缺乏。

舍饲成年家畜由于饲料单一，长期饲喂秸秆、劣质干草、米糠、棉籽饼、亚麻籽饼等维生素 A 原贫乏的饲料而致病。放牧家畜一般不易发生本病，但在长期干旱的年份，牧草中胡萝卜素缺乏，也可发生。

饲料加工、贮存不当，饲料中的胡萝卜素可被氧化破坏，如自然干燥或雨天收割的青草，或经阳光长时间暴晒的饲草，在酶的作用下，所含胡萝卜素可损失 50% 以上；配合饲料如存放时间过长，其中不饱和脂肪酸氧化酸败后，可破坏维生素 A 及其他维生素的活性。

继发性病因　饲料中存在干扰维生素 A 代谢的因素很多。磷酸盐含量过多可影响维生素 A 的体内贮存；硝酸盐或亚硝酸盐含量过多，可促进维生素 A 及维生素 A 原的分解；饲料中缺乏脂肪，会影响维生素 A 及维生素 A 原的溶解和吸收；蛋白质缺乏，会影响运输维生素 A 的载体蛋白形成。此外，微量元素及矿物质含量的不足或过剩，都能影响维生素 A 的转化、吸收和贮存。

胆汁中的胆酸盐有利于脂溶性维生素的溶解和吸收，胆酸盐还可增强胡萝卜素转化为维生素 A。慢性消化不良和肝、胆疾病时，胆汁生成减少或排泄障碍，可影响维生素 A 的吸收，肝功能紊乱也不利于维生素 A 原的转化。长期腹泻、患热性疾病的动物，维生素 A 的排出和消耗增多，也可致机体维生素 A 相对不足。此外，矿物质（无机磷）、维生素（维生素 C、维生素 E）、微量元素（钴、锰）缺乏或不足，都能影响体内胡萝卜素的转化和维生素 A

的储存。

此外，饲养管理条件不良，如天气寒冷、热应激、过度拥挤、缺乏运动及阳光照射不足等因素，均可诱发维生素A缺乏。

2. 临床症状　视力障碍。夜盲症是早期症状，表现在黄昏或微光下看物不清、运步慎重、冲撞障碍物、失足跌倒或盲目前进。眼干燥、角膜增厚及角膜浑浊，表现"干眼病"，仅见于犊牛。成年牛则可见到流浆液性或脓性分泌物，甚至上下眼睑粘在一起，继而角膜软化、浑浊、溃疡，严重者角膜穿孔或失明。

生长发育缓慢。幼龄动物生长缓慢、发育不良、消瘦、贫血等。成年动物食欲不振，生产性能降低。由于黏膜上皮角化，腺体萎缩，极易继发鼻炎、支气管炎、肺炎、胃肠炎等疾病，或因抵抗力下降而继发感染某些传染病。

生殖机能障碍。母畜发情紊乱，受胎率下降。妊娠母畜易流产、早产、死胎、畸形胎、弱胎及胎衣停滞。公畜精子数目减少、活力降低、受精率低等。

皮肤病变。患病动物的皮脂腺和汗腺萎缩，皮肤干燥；被毛蓬乱、乏光、掉毛、秃毛，体表干燥。皮肤有麸皮样痂块。

神经症状。由于颅内压升高而致脑病症状，主要表现阵发性惊厥或感觉过敏，由外周神经根损伤引起骨骼肌麻痹，而表现运动失调，多数先发生于前肢，以后四肢均可出现。有时还见外周神经损伤，如面神经麻痹、头颈扭转和脊柱弯曲等。

3. 病理变化　动物维生素A缺乏没有特征性的眼观变化，主要为被毛粗乱，皮肤异常角化，泪腺、唾液腺及食道、呼吸道、泌尿道黏膜发生鳞状上皮角化。组织学检查发现典型的上皮变化是柱状上皮萎缩、变性、坏死、分解，并被鳞状角化上皮代替，腺体的固有结构完全消失。对于犊牛，腮腺主导管发生明显变化。初期为杯状细胞消失和黏液缺乏，继而上皮发生角化，杯状细胞被鳞状上皮取代，发生角化。

4. 实验室诊断 血浆肝脏维生素 A 含量降低，血浆维生素 A 正常值为 0.88 μmol/L，临界值为 0.25～0.28 μmol/L，低于 0.18 μmol/L 可表现临床异常。肝脏中维生素 A 和胡萝卜素适当的水平为 60 μg/g 和 4 μg/g。如果低于 2 μg/g 及 0.5 μg/g 时将出现临床症状。

【类症鉴别】

依据长期缺乏青绿饲料的生活史，夜盲症、干眼病、共济失调、麻痹等症状，结合维生素 A 治疗有效等可建立诊断。应注意与角膜炎、伪狂犬病、李氏杆菌病、脑炎、硒缺乏、食盐中毒等疾病相区别。

【防治措施】

治疗 本病的治疗首先应查明病因，积极治疗原发病，同时改善饲养管理条件，加强护理。补充维生素 A 制剂及补加富含维生素 A 原和胡萝卜素的青绿饲料。

内服鱼肝油，牛 50～100 mL，犊牛 20～50 mL，连服数日。

肌内注射或内服浓缩维生素 A 油剂，牛 15 万～30 万 IU 肌注，每天 1 次，连用 7～10 d。

对症治疗，腹泻可以应用消炎、抑菌、收敛剂，严重结膜炎时，可用 2% 的硼酸液冲洗，应用氧氟沙星眼药水、利福平眼药水等外用。

预防 主要在于保证饲料中有足够的维生素 A 或维生素 A 原，在青干草、胡萝卜、南瓜、黄玉米中，都含有丰富的维生素 A 原，维生素 A 原在体内能转变成维生素 A。也可在饲料中定期添加维生素 A 制剂。

此外，青饲料要及时收割，迅速干燥。谷物饲料贮藏时间不宜过长，以免胡萝卜素破坏而降低维生素 A 效应，同时注意饲料的成分配比，控制动物其他疾病等。

佝偻病

佝偻病是生长发育快的幼龄动物，由于维生素D缺乏及钙、磷代谢障碍所致的一种骨营养不良性疾病。病理学特征是成骨细胞钙化作用不足，持久性软骨肥大及骨骺增大。临床上以生长发育弛缓、消化机能紊乱、异嗜癖、骨骼变形及运动障碍为特征，犊牛易发。

【诊断要点】

1. 病因 本病形成的主要原因是维生素D缺乏，钙缺乏、磷缺乏或二者比例失衡所致，分原发性和继发性两种。原发性主要是维生素D摄入量不足，日粮中钙、磷的绝对缺乏，或因缺乏运动和日光照射而致维生素D合成利用受阻。继发性主要见于动物胃肠吸收功能障碍，当幼畜伴有消化机能紊乱时，能影响机体对维生素D的吸收作用；或见于钙、磷的生物利用率降低，如某些慢性胃肠道疾病、肝脏疾病等。如果日粮中蛋白质缺乏，草酸及植酸过剩，其他矿物质（镁、铝等）及微量元素（铁、铜、锌、钼、铍、锶等）过剩，可干扰或拮抗钙、磷的生物利用作用，引起钙、磷的相对缺乏。乳汁中维生素D的严重不足，是哺乳动物佝偻病发病的一种主要原因。在快速生长的幼龄动物中，犊牛主要是因母乳中先天性缺乏，断乳过早或光照不足所致，以原发性磷缺乏为主。

2. 临床症状 患病动物病初精神不佳，发育弛缓，食欲减退，消化不良，继而表现异嗜（舔食土墙、煤块、砖头、石子、粪便等），喜卧，不愿站立或运动。强行站立或运动时表现紧张，肢体交叉或向外叉开。常有胃肠炎和一定的神经症状。出牙期延长，齿形不规则，齿面不整。体温、脉搏、呼吸一般无变化，偶见心跳加快，呼吸困难。

佝偻病最特征的症状是骨骼变形。犊牛低头，拱背，前肢腕关节向前向外侧突起，长骨弯曲而呈内弧形（O状），或呈外弧（X状）。后肢跗关节内收而呈八字形叉开。头骨、鼻骨肿胀。脊柱弯曲、变形。肋软骨结合部肿胀明显呈"串珠样"肿。

X射线检查，骨基质密度降低，长骨末端呈现"毛刷状"或"蛾蚀状"外观，骨骺线模糊不清。

3. 病理变化　典型佝偻病，长骨的骨骺和肋骨与肋软骨的结合部肿大，长骨变短、弯曲，短骨变粗，骨干的皮质层呈孔隙状，骨软，可用刀切断。

4. 实验室诊断　确诊可检测血液中维生素 D、血钙和血磷的含量。血清碱性磷酸酶（AKP）活性往往明显升高，但血清钙、磷水平则视致病因子而定，如由于磷或维生素 D 缺乏，则血清无机磷水平将在正常低限时的 30 mg/L 水平以下。血清钙水平往往在最后阶段才会降低。

【类症鉴别】

依据临床症状，生长发育弛缓，异嗜癖，关节肿大，骨骼变形，结合饲养管理，不难诊断。血清钙、磷水平及 AKP 活性的变化，有参考意义。骨的 X 射线检查及骨的组织学检查，可以帮助确诊。伴有跛行时，要注意与锰缺乏症、风湿病、关节炎、关节挫伤和扭伤、关节外伤、脱臼、腱炎与腱鞘炎、腱断裂腕前黏液囊炎、蹄叶炎、蹄叉腐烂相区别。

【防治措施】

治疗　治疗的原则是补充维生素 D，调节日粮钙、磷比例。治疗应用维生素 D 制剂，如内服鱼肝油、浓缩维生素 D 油、鱼粉等。应用维生素 D_2 果糖酸钙注射液（每毫升中含 Ca 0.5 mg 及维生素 D_2 0.125 mg），成年牛 5～10 mL。维生素 A、D 注射液，维生素 D_3 注射液，每千克体重 1 500～3 000 IU 肌内注射，注射前后补充钙制剂，严重者可静脉注射氯化钙或葡萄糖酸钙注射液。

预防　本病的关键是全价饲养妊娠母畜及哺乳母畜，保证维生素D的供给和日粮中钙、磷的比例平衡，骨粉、鱼粉、磷酸钙等是最好的饲料补充物。幼龄动物多晒太阳，经常运动，排除影响钙、磷吸收的干扰因素，积极调理胃肠功能。

骨　软　病

骨软病是成年动物由于钙、磷比例不当或缺乏导致的一种骨质疾病，临床上以跛行、骨骼变形为特征。

【诊断要点】

1. 病因　骨软病的形成的主要原因是日粮中磷缺乏、钙不足或因维生素D缺乏，日粮中钙、磷比例不平衡是骨软病发生的根本原因。牛的骨软症通常由于饲料、饮水中磷绝对缺乏或日粮中钙过量而致相对缺乏时，导致钙、磷比例不平衡而发生。不同动物对日粮中钙、磷比例的要求不尽一致。日粮中合理的钙、磷比泌乳牛为0.8∶0.7。日粮中的磷除与土壤有关以外，气候因素与植物含磷量有一定关系，在干旱年份，植物对钙、钾、钠吸收增多，磷吸收明显减少。日粮中钙、锰、铁含量过高，可降低磷的利用率。

维生素D缺乏在骨软病的发生上有一定促进作用。维生素D缺乏时，可促进磷缺乏的发生。动物长期患有慢性胃肠炎、胰腺炎等消化道疾病，影响钙、磷及维生素D的吸收利用，引起继发性骨软病。

2. 临床症状　骨软病的早期病畜表现慢性消化机能障碍和异嗜现象。食欲减退，咀嚼无力，消化不良，病牛常舔墙吃土，舔铁器，舔食垫草、粪便及石子等。可继发造成食道阻塞、创伤性网胃炎、中毒等。

随着病情的发展，动物逐渐消瘦，骨骼肿胀变形，四肢关节肿大，出现运动障碍，运步不灵活，走路后躯摇摆或跛行。病牛拱背或腰椎下陷，某些母牛发生腐蹄病。

症状明显以后，由于支柱的骨骼都伴有严重脱钙，因而脊柱、肋弓和四肢关节疼痛，外形异常。肋骨与肋软骨接合部肿胀，骨盆变形易致难产。

X射线检查，骨密度降低，皮质变薄，骨小梁结构紊乱，骨关节变形。

3. 病理变化　骨质的进行性脱钙和未钙化的骨基质过剩。临床上以消化机能紊乱、异嗜癖、骨骼变形和运动障碍为特征。

由于钙、磷代谢紊乱和调节障碍，动物为满足妊娠、泌乳及内源性代谢对钙、磷的需要，动员骨骼中的钙或磷，骨质内的磷酸钙溶解并转入血液，以维持血钙平衡，满足机体的需要，由此而发生骨组织的进行性脱钙，脱钙后的骨组织被过度形成的未钙化的骨样基质所代替，导致骨骼组织中呈现多孔，呈海绵状，硬度降低、脆性增强及局灶性增大和腱剥脱，在这个阶段如果骨骼受到重压，易引起骨变形或病理性骨折。随着时间的延长，骨组织内由未钙化的基质代替或由大量结缔组织增生填充其间，以致扁平骨增厚，管骨端变粗而使关节肿大。关节面常发生炎症，肌腱附着处由于骨质疏松而易撕裂，故患病动物出现运动障碍。

4. 实验室诊断　血清钙、无机磷和碱性磷酸酶水平的测定有助于诊断。尤其是采用AKP同工酶的检验，其骨AKP值的升高具有重要的诊断意义。骨软症奶牛血清骨钙素明显下降，正常（35.3±5.1）μg/mL，发病时（21.34±2.4）μg/mL。

【类症鉴别】

依据异嗜、跛行和骨骼肿大变形及X射线影像等特征性临床表现，结合流行病学调查，饲料成分分析和 X 射线骨密度检查及骨影像分析，不难作出诊断。在诊断时注意区别骨折、蹄病、肌肉风湿、异嗜癖、生产瘫痪及慢性氟中毒病等。

【防治措施】

治疗 在纠正错误饲养的基础上，对因治疗为主。高磷低钙性骨软病的治疗，以补钙为主，辅用维生素 D。用 10% 的氯化钙或 10% 的葡萄糖酸钙，100～300 mL，静脉注射。配合内服乳酸钙、骨粉和维生素 D 等。

低磷性骨软病的治疗，以补磷为主，辅以维生素 D_3 或钙制剂。可内服骨粉、磷酸二氢钠等，也可用 20% 磷酸二氢钠溶液 300～500 mL，静脉注射，每天 1 次；或用 3% 次磷酸钙溶液 500～800 mL，静脉注射。

预防 本病主要在调整草料内磷、钙含量和磷、钙比例，对日粮成分做预防性监测，粗饲料中以花生秧、豆秸为佳。麸皮、米糠、豆饼中含磷量比较高。在长期饲喂干旱年代的植物饲料时，应考虑与外地饲料的调换。日粮中补充骨粉、磷酸盐等均有很好地预防作用。

低磷酸盐血症

低磷酸盐血症又称低磷血症，是指循环血液中无机磷含量低于正常而引起的一种代谢病，临床上以红尿、贫血、低磷酸盐血症和卧地不起为特征。

【诊断要点】

1. 病因 发病的主要原因是由于饲料搭配不当，饲养管理不合理，土壤、饲料中磷含量不足，致使机体钙、磷比例失调，血磷含量极度下降而引起。血液检验，低磷酸盐血症的奶牛血清钙含量正常或略低于正常值。

2. 临床症状

骨软症型 患牛精神不振，食欲减损或废绝，体温一般正常，病牛日渐消瘦，腰脊板硬，四肢关节肿胀变形，四肢疼痛，跛行明显，颤抖，经常卧地，起卧困难，严重时卧地不起，易骨折。

血红蛋白尿型 红尿是本病最突出的临床特征。排尿次数增加，但各次排尿量相对减少，最初1～3天内尿液逐渐由淡红向红色、暗红色直至紫红色和棕褐色转变，以后又逐渐消退。这种尿液做潜血试验，呈强阳性反应，但尿沉渣中很少见到红细胞。

病牛产乳量下降，绝大多数病牛的体温、呼吸、食欲均无明显的变化。随着病程的发展，贫血加剧，可视黏膜及皮肤苍白色，通常脉搏增数，心搏动加快、加强。出现相应的贫血体征。

混合型 病牛兼有上述两种类型的症状。

3. 病理变化 血液稀薄，不易凝固。体内浆膜组织苍白或黄染。肝、脾、肾肿大，脂肪变性。胃肠黏膜有轻度炎症变化，膀胱黏膜有出血点，膀胱内积有红色尿液。

4. 实验室诊断 血液稀薄，凝固性降低，红细胞数、血红蛋白含量及红细胞压积值降低。血红蛋白指数升高，血红蛋白尿症及低磷酸盐血症。血红蛋白值由正常的$50\%～70\%$降至$20\%～40\%$，红细胞数由正常的$5\times10^{12}～6\times10^{12}/L$降至$10^{12}～2\times10^{12}/L$。血清无机磷水平降低至$4～15\,mg/L$。

【类症鉴别】

骨软症型应与佝偻病、骨软症、锰缺乏症、低钙血症的区别。血红蛋白尿型应与溶血性疾病进行鉴别诊断。

【防治措施】

治疗 首先及时纠正不合理的饲养管理方法，增喂含磷较高的饲料，适当加入磷酸盐类添加剂，调整日粮中的钙、磷比例。20%磷酸二氢钠注射液300～500 mL静脉注射，或3%次磷酸钙注射液1 000 mL静脉注射，每天1次，痊愈为止。

骨软症型可内服益智地黄汤（益智仁、五味子、当归、熟地黄各35 g，肉桂、山萸肉、山药、党参、白术各25 g，丹皮、茯苓、泽泻各20 g，甘草16 g，研末，开水冲服每天1剂，连用3 d）；血红蛋白尿型可用五苓散加减（阿胶、仙鹤草各35 g，白术、白茯苓各40 g，猪苓、桂枝各25 g，益母草、地榆炭各30 g，共研末，开水冲服，每天1剂，连用3 d）。混合型根据奶牛尿液的颜色用药，尿液出现红色配用五苓散加减，尿液无变化配用益智地黄汤。

预防　为了维持体内磷代谢内环境的稳定，保持机体内钙、磷比例稳定，要求饲料中钙、磷要有一定的量和比例。对日粮成分做预防性监测，粗饲料中以花生秧、豆秸为佳。麸皮、米糠、豆饼中含磷量比较高。在长期饲喂干旱年代的山地植物饲料时，应考虑与外地饲料的调换。日粮中补充骨粉、磷酸盐等均有很好地预防作用。

低 镁 血 症

低镁血症是放牧牛发生的一种高度致死性疾病，以血镁浓度下降，伴有血钙浓度降低为病理学特点。临床上以感觉过敏、惊厥、强直性或阵发性肌肉痉挛、共济失调和急性死亡为特征。

【诊断要点】

1. 病因　牧草缺镁与牧草的种类及生长的土壤有关，酸性岩、沉积岩，特别是砂岩和页岩的风化土含镁量均低，而碱性岩风化土含镁量较高。牧草含镁量的多少，除决定于土壤含镁量外，还受土壤pH、降雨量、植物种类及生长周期影响。土壤

pH 过高或过低，降雨量多，植物对镁的吸收量少。成熟豆科牧草含镁量相对较高。当牛在春末夏初由舍饲转为放牧，特别是在牧草幼嫩的牧地，或在燕麦、小麦等禾谷类作物田内放牧时，由于幼嫩牧草及禾谷类作物含钾丰富而含镁、钙和糖少，血镁、血钙水平下降，可出现牧草搐搦症状。

牧草或饮水中镁的含量正常或高于正常，但因其利用率低，也可导致低镁血症。牧场施钾肥过多，一方面影响植物对镁的利用，另一方面在动物体内与镁发生竞争抑制作用。饲料中蛋白质含量过高，瘤胃内氮浓度增加，硫酸盐含量过高等都会影响镁的吸收。饲料中长链脂肪酸过多，也可产生皂化反应而影响镁的吸收。

营养缺乏、天气多变、疾病等均可诱发低镁血病，天气寒冷，动物摄食量减少，镁供应量降低，同时寒冷的应激作用，体内脂肪代谢加强，血镁向细胞内转移而致低血镁症。动物腹泻会缩短饲料在消化道内的时间，影响镁的吸收。

此外，镁代谢可能与甲状腺机能亢进和某种遗传因素有关。

2. 临床症状　一般表现精神不振、食欲减退、运动障碍等，通常按病程分为急性型和慢性型。

急性病例　常有明显的神经症状，突然发生，惊恐，四肢震颤，摇摆，磨牙，唇边挂有泡沫，牙关紧闭，眼球震颤，瞬膜突出，耳竖立，尾肌和后肢呈强直性痉挛，头部向一侧或向后方伸张，直至全身发生阵发性痉挛或强直性痉挛，状如破伤风样。精神可能紧张，对外界刺激敏感，严重者甩头、吼叫、盲目奔跑、不久倒地、四肢划动。有些病例未表现临床症状即死亡。

慢性病例　初无异常，多在数周或数月之后逐渐出现运动障碍，神经兴奋性增高，食欲减退，泌乳量减少，最后惊厥，以至瘫痪、死亡。

3. 病理变化　无特征性变化。尸体剖检可见骨骼肌出血和浑浊肿胀；瘤胃黏膜轻度脱落，小肠呈不均匀的淡红色，有轻度卡他性炎症和出血；肝脏呈不均匀的暗红色，切开呈斑纹状，被膜下及实质有出血斑；脾被膜下和心内膜下，特别是心脏乳头肌有出血点和出血斑；肾被膜易剥离，切开肾实质多汁似脑髓样；肺发生气肿，颜色不均，特别是尖部气肿明显，被膜下及实质有淤血。

4. 实验室诊断　实验室检查血液、脑脊液、尿液镁浓度明显降低。健康牛血清镁为 $1.7\sim3.0$ mg/dL，发病牛一般为 0.5 mg/dL 左右，脑脊液镁一般低于 1.25 mg/dL。

【类症鉴别】

依据临床症状、病史及血液生化检验血镁低、血钙低和钙、镁合剂治疗有显效，可以作出诊断。临床上需与神经性酮病、破伤风、狂犬病及中毒性疾病进行鉴别诊断。

【防治措施】

治疗　及时应用镁制剂，效果理想。成年牛常用 10%的硫酸镁（或氯化镁、乳酸镁等）溶液 $100\sim200$ mL，缓慢静脉注射。或用 25%硫酸镁溶液 $50\sim100$ mL、10%氯化钙溶液 $100\sim250$ mL，加在 10%葡萄糖溶液 $1\,000$ mL 中，加温后缓慢静脉注射。犊牛依据体重按成年牛的 1/7。最好注射钙镁合剂（硼酸葡萄糖酸钙 250 g、硼酸葡萄糖酸镁或硫酸镁 50 g、蒸馏水 $1\,000$ mL）。

大剂量单纯使用镁制剂时，浓度不可过高，速度不可太快，血镁浓度突然升高可导致呼吸中枢麻痹（镁能抑制延脑呼吸中枢），出现呼吸困难。

慢性病例　可每日内服氧化镁或氯化镁 60 g 或碳酸镁 120 g，连用 $10\sim15$ d，镁用量过多可导致腹泻。因镁有影响磷的吸收，可同时补充磷制剂。

预防　预防本病关键是保证饲料中生物活性镁的含量。由舍饲转为放牧时要逐渐过度，在牧草幼嫩繁茂的牧地，放牧时间不宜过长，并适当补充干草。

在发病季节，可在精料中补充 0.3％～1.5％氧化镁，要逐渐添加，以免影响适口性。亦可将其加入蜜糖中做舔剂。牧场施钾肥和氮肥不宜过多，以免影响青草的含镁量。

锰 缺 乏 症

锰缺乏症是由于日粮中锰不足或缺乏引起的一种以生长停滞、骨骼畸形、生殖机能障碍，以及新生畜运动失调为特征的营养代谢疾病。本病往往在一个牧场内大群发病，或在一个地区呈地方性流行。

【诊断要点】

1. 病因 原发性缺锰是由于日粮锰含量过低引起。在低锰土壤生长的植物含锰量低。土壤锰含量低于 3 mg/kg，活性锰低于 0.1 mg/kg，即可视为锰缺乏土壤。多数牧草含锰量 50～100 mg/kg，小麦、燕麦、麸皮、米糠等含锰量能满足动物生长需要。但是，玉米、大麦、大豆含锰很低，分别为 5、25 和 29.8 mg/kg，以其作为基础日粮，不能满足动物生长需要。饲料中胆碱、烟酸、生物素，以及维生素 B_2、维生素 B_{12}、维生素 D 等不足，机体对锰的需要量增加。

牛对锰的需要量是 20 mg/kg。日粮含锰 10～15 mg/kg，足以维持犊牛正常生长，但要满足成年牛的繁殖和泌乳的需要，日粮锰含量应在 30 mg/kg 以上。牧草中含锰量低于 80 mg/kg 不能维持牛的正常生殖能力，低于 50 mg/kg 常伴有不育和不发情。

饲料中钙、磷、铁、钴元素可影响锰的吸收和利用，饲料磷酸钙含量过高，可影响肠道对锰的吸收。锰与铁、钴在肠道内共同的吸收部位，饲料中铁和钴含量过高，可竞争性地抑制锰的吸收。

2. 临床症状　动物锰缺乏表现为生长受阻，骨骼短、粗，骨重量正常。动物缺锰常引起繁殖机能障碍，母畜不发情、不排卵；公畜精子密度下降，精子活力减退。

新生犊牛表现为腿部畸形，球关节着地，跗关节肿大，腿部扭曲，运动失调。缺锰地区犊牛主要表现哞叫，肌肉震颤，乃至痉挛性收缩，关节麻痹，运动明显障碍，生长发育受阻，被毛干燥、无光泽。成年牛表现性周期紊乱，发情缓慢或不发情，不易受胎，早期发生原因不明的隐性流产、弱胎或死胎。直肠检查通常有一侧或两侧卵巢发育不良，比正常小。乳量减少，严重的无乳。种公牛性欲减退，严重者失去交配力，同时出现关节周围炎、跛行等。

3. 病理变化　锰是维持动物正常繁殖机能必需元素。缺锰动物表现卵巢功能障碍、睾丸变小、乳汁分泌不足、习惯性流产，以及幼畜死亡率增高。锰缺乏时糖基转移酶类的活性下降，构成软骨组织的主要成分（黏多糖）的合成受损，影响骨骼的正常发育。

4. 实验室诊断　主要根据不明原因的不孕症，繁殖机能下降，骨骼发育异常，关节肿大，前肢呈八字形或罗圈腿，后肢肌腱滑脱，头短而宽，新生幼畜平衡失调等作出可疑诊断。日粮中补充锰，症状改善，或明显好转可作出进一步诊断。饲料和动物体内锰含量测定有利于确诊。

血液中锰含量对诊断意义不大，肝脏中锰含量只有在严重缺锰时才明显下降。血液、骨骼中碱性磷酸酶升高，肝脏中精氨酸酶活性升高，可作为辅助诊断指标。

健康成年牛乳锰含量为 $20\sim40$ mg/L，血锰含量为 $180\sim190$ mg/L，病犊牛被毛锰含量可降至 8 mg/kg。

【类症鉴别】

奶牛锰缺乏症主要根据病史和临床症状进行诊断。伴有跛行时主要考虑和以下疾病相区分，代谢病有佝偻病、骨软症、锰缺乏症、硒缺乏症；中毒病如淀粉渣中毒、麦角中毒等。同时鉴别时还要观察外伤及炎症引起的疾病，股神经麻痹、关节炎、关节挫伤和扭伤、关节外伤、脱臼、腱炎与腱鞘炎、腱断裂腕前黏液囊炎、蹄叶炎、蹄叉腐烂等。

【防治措施】

防治 改善饲养，供给含锰丰富的饲料。一般认为日粮中至少含锰量 20 mg/kg，才可防止锰缺乏症。各种锰化合物有同样的补锰效果。缺锰地区或条件性缺锰地区，母牛每天补 4 g，小牛每天补 2 g 硫酸锰，可防止锰缺乏。硫酸锰掺入化肥中每公顷草地施用 7.5 kg，可有效地防止放牧牛、羊的锰缺乏。已发生骨短粗的病例，很难完全康复。

预防 牛在低锰草地放牧时，小母牛每天给 2 g 硫酸锰，大牛每天给 4 g，可防治牛的锰缺乏症。每公顷草地用 7.5 kg 硫酸锰，与其他肥料混施，可有效预防锰缺乏症。也可将硫酸锰制成舔砖（每千克砖含锰 6 g），让牛自由舔食。

硒和维生素 E 缺乏症

硒和维生素 E 缺乏症是因硒缺乏，或（和）维生素 E 缺乏，导致动物骨骼肌、心肌及肝脏等组织变性坏死为特征的一种营养代谢病。本病具有明显的地域性和群体选择性特点，主要发生于幼龄动物。

【诊断要点】

1. 病因 动物缺硒症的直接原因是日粮或饲料中含硒量低于正常的营养需要量（0.1 mg/kg）。一般认为日粮或饲料中含硒量小于 0.05 mg/kg 可能引起动物发病，小于 0.02 mg/kg 必然发病。饲料含硒量源于土壤中的含硒量，因此土壤含硒量低是缺硒症的最根本原因。

维生素 E 广泛存在于动植物饲料中，通常情况下，动物不会发生维生素 E 缺乏症。但是，由于维生素 E 化学性质不稳定，易受许多因素的作用而被氧化。临床上，维生素 E 缺乏症的常见病因有：①饲料本身维生素不足，如蒿秆、块根饲料的维生素 E 含量极少；劣质干草、陈旧的饲草，或是遭受曝晒、水浸、过度烘烤的饲草，其所含的维生素 E 大部分被破坏；②饲料加工和贮存不当造成维生素 E 破坏，如颗粒饲料加工时温度过高，制粒时间过长。成品饲料保存的时间过长或贮存的环境温度太高；③长期饲喂含大量不饱和脂肪酸（亚油酸、花生四烯酸等），或酸败的脂肪类，以及霉变的饲料、腐败的鱼粉等，促使维生素 E 的氧化和耗尽；④日粮中含硫氨基酸、微量元素缺乏或维生素 A 含量过高，可促进维生素 E 缺乏症的发生；⑤维生素 E 的需要量增加，如动物在生长发育期、妊娠泌乳期、应激状态等对维生素 E 的需要量增加，未能及时补充；⑥胃肠疾病、肝胆疾病可造成维生素 E 吸收障碍，导致维生素 E 缺乏。

2. 临床症状

急性　犊牛突然食欲废绝，卧地不起，全身痉挛，呼吸急迫，心跳加快。到后期，部分犊牛从口、鼻流出含有泡沫的血样黏液，经 5～15 min 即可死亡。

慢性　①肌营养不良（白肌病）所致的姿势异常和运动功能障碍；②顽固性腹泻或下痢为主的消化功能紊乱；③心肌损伤造成的心率加快、心律不齐和心功能不全；④神经机能紊乱，表现兴奋、抑郁、痉挛、抽搐、昏迷等，神经症状明显；⑤繁殖机能障碍，表现公畜精液质量下降，母畜受胎率低下，甚至不孕，妊娠母畜流产、早产、死胎，产后胎衣不下，泌乳母畜产乳量减少；⑥体弱，发育不良，抗病力低，可视黏膜苍白、黄染，犊牛表现为典型的白肌病症状群。发育受阻，步态强拘，喜卧，站立困难，臀背部肌肉僵硬，消化紊乱，伴有顽固性腹泻，心率加快，心律不齐。成年母牛胎衣不下，泌乳量下降。

3. 病理变化 骨骼肌肌纤维排列零乱，肌纤维间距明显增宽，充满结缔组织，大部分肌纤维横纹、纵纹消失，肌纤维断裂，肌浆溶解。心肌呈现灰白、灰黄、或土黄色的斑块状或条纹病灶，肌肉粗糙，缺乏光泽，或病变肌肉呈灰白色鱼肉状，而且常在病变部的皮下和肌间结缔组织发生水肿，心壁变薄，质地脆弱，心腔扩张。

4. 实验室诊断 根据发病的地域性（缺硒地区）、群体选择性（幼龄畜禽多发）、特征性的临床症状、病理变化及用硒制剂治疗有特效等可作出初步诊断。进一步确诊，应查明病因。基础日粮、血液或被毛的含硒量分别为 <0.02 mg/kg、0.05 μg/mL 和 0.25 μg/g 时可以确诊。

【类症鉴别】

根据临床症状和病理学变化进行初步诊断。要注意有可视黏膜苍白时与出血性贫血、铁缺乏症、铜缺乏症、钴缺乏症、铜中毒、低磷酸血症相区别。

【防治措施】

治疗 在饲料中添加动物需要量的硒 $0.1\sim0.2$ mg/kg（相当于亚硒酸钠 $0.22\sim0.44$ mg/kg）是省时、省力、省钱和有效的防治方法。也可应用植入瘤胃或皮下的缓释硒丸。

可采用肌内注射亚硒酸钠注射液进行治疗。为预防目的，可对妊娠母牛在分娩前 $1\sim2$ 个月每隔 $3\sim4$ 周注射 1 次。初生幼犊于 $1\sim3$ 日龄注射 1 次，15 日龄再注射 1 次，能有效预防硒缺乏病的发生。0.1% 亚硒酸钠注射液肌内注射剂量，成年牛 $15\sim20$ mL，犊牛 5 mL，配合应用适量维生素 E，效果更好。

预防 注意全价饲料喂养，从食物链的源头上采取对土壤、作物、牧草喷施硒肥的措施，可有效地提高玉米等作物、牧草的含硒量，尤其籽实的含硒量。按每公顷 111.5 g 亚硒酸钠配制成水溶液，进行喷洒，可使籽实的含硒量提高 0.1～0.2 mg/kg，但应注意喷施后的作物或牧草不能马上饲用，以免发生硒中毒。

低 钾 血 症

牛的低钾血症是钾摄入不足，不能够满足机体需要，导致钾代谢紊乱的一种营养代谢病。临床上以无力、运动障碍、瘫痪和腹泻为特征。

【诊断要点】

1. 病因

饲养管理因素 主要是草料品种单一，日粮配合不合理，缺乏矿物质和含钾的青绿饲料，特别是饲喂质劣甚至发霉变质的代用饲料时，常导致消化系统功能障碍，急骤发生剧烈拉稀，从而阻碍了钾等无机盐离子的吸收和利用。并由于急性腹泻，使机体迅速脱水，使钾离子等从细胞内液和细胞外液中也随之流失于体外，使细胞内液的渗透压及机体酸碱平衡失调。因此，长期拉稀和消化障碍，不仅使钾丧失过多，也使钾的摄入不足。

生理状态因素 本病多见于妊娠后期及产犊前、后的青年母牛。此时，母牛的胎儿代谢及大量泌乳，是母牛生理上负荷最大时期，也能消耗大量营养物质，钾会从细胞内进入血中，被胎儿利用或随乳汁、粪便排出体外。特别是当机体伴有其他疾病或不良自然因素作用下，可影响消化系统、中枢神经系统及内分泌腺活动机能，均可促进本病发生。

2. 临床症状 本病多发生高产母牛的妊娠后期（33.3%）及产犊前、后一周内（40.0%），育成母牛及其他母牛也偶有发生。根据临床经过和病程，此病可分为急性型、亚急性型和慢性急性发作型。急性型病牛，往往在产后或产前 24 h 内即出现以肌肉无力及瘫痪为主的典型临床症状，亚急性病牛，多在产犊前、后 1 周内，突然出现典型临床症状，慢性急性发作型病牛，常经一至数月之久，首先表现长期拉稀、四肢无力、走路摇摆，当受到寒冷、雨淋等不良外界因素作用下，则突然出现本病的典型症状。虽然本病潜伏期及病程长短不一，病牛均表现为体质健壮、营养良好、体温正常、肌肉无力、四肢瘫痪等典型症状。根据临床特征，本病可大致分为典型性瘫痪型、拉稀性瘫痪型、神经性瘫痪型等三种类型。

3. 实验室诊断 化验血清钾离子含量即可。

【类症鉴别】

根据临床症状和病理剖检变化等作出初步诊断，本病需与生产瘫痪、产后截瘫、酮尿病及热射病等相鉴别。

【防治措施】

治疗 及时予以补钾疗法。症状轻微时，可口服 10% 氯化钾 50～100 mL/d，症状明显时，须静脉给药，静脉补钾原则是缓慢滴入，浓度宜低，剂量适中。氯化钾 10 mL 须用 300 mL 以上的 5% 糖水稀释，如果浓度稍大，滴入稍快，都易导致病牛惊恐不安，增加心脏负担，对脱水明显，尿少或无尿的病畜，须先用大剂量复方盐水补充血容量等家畜尿量增多后方可补钾，以免因错补而造成补钾过量而出现的问题。

预防 配合日粮时，要保证足够的钾。预防和治疗群发性疾病。

铁 缺 乏 症

铁缺乏症是由于铁摄入不足引起的一种营养代谢病，临床上以贫血为特征，多以犊牛最常见。

【诊断要点】

1. 病因　动物铁缺乏症的直接原因是日粮或饲料中含铁量低于正常的营养需要量。饲料含铁量源于土壤中的含铁量，因此土壤含铁量低是铁缺乏症的最根本原因。多见于新生犊牛，主要是对铁的需要量大、贮存量低、供应不足等。犊牛生长旺盛，但肝贮铁量很少，同时母乳中含铁量很低，若不能从其他方面获取足够大的铁时，极易引起缺铁。

完全禁饲，依靠为给牛乳和代乳品的犊牛，乳中铁含量少，不能满足快速生长幼畜对铁的需要。有资料表明，犊牛食物中铁含量低于 19 mg/kg，就可以出现贫血。犊牛每天从乳中仅获得铁 2～4 mg，4 月龄内每天需铁约 50 mg。

日粮中或机体内缺乏铜时，使机体对铁的吸收减少，利用率低，从而引起铁缺乏。植酸盐影响饲料中铁的吸收。大量吸血性内外寄生虫，如虱子、圆线虫、球虫等侵袭。消化道、泌尿道和呼吸道慢性出血，也可以引起继发性缺铁。另外，饲料中缺铜及蛋白质也可以引起铁利用障碍发生贫血。铜参与铁的运输，铁合成血红蛋白，蛋白质不足则生成血红蛋白的主要原料缺乏。

2. 临床症状　病牛精神沉郁，不喜运动，好卧，食欲不振，甚至拒食。被毛粗糙，逆立，缺乏光泽，犊牛生长发育弛缓，异嗜，尤其喜欢吃炉灰渣和泥土等异物。重症病例可见皮肤干燥，被毛粗糙、易脱落，体质衰弱，个别的呕吐、腹泻或间有腹泻和呕吐。病犊心跳加快，呼吸迫促，渐进性消瘦，贫血症状，随时间的延长而逐渐加重，后期极度虚弱，有的有神经症状，甚至痉挛死亡。血液稀薄，黏度降低，色淡，血凝缓慢，血红蛋白降低，红细胞大小不均，数量减少，血液与组织中的细胞色素氧化酶、琥珀酸脱氢酶、过氧化氢酶等含铁酶活性降低。

3. 病理变化　犊牛皮肤黏膜苍白。肌肉水肿，有的肺水肿明显。肌肉色淡，臀肌和心肌尤甚。心脏扩大，心包积液，心室壁薄且松弛无力。血液稀薄，色淡。肝肿大，呈淡黄色，脾稍肿大，肾实质变性。

4. 实验室诊断 常表现为小细胞低色素性贫血，血红蛋白浓度下降至 $20\sim40\,g/L$，红细胞数从正常时 8×10^{12} 个/L。出现未成熟的有核红细胞和网状红细胞。缺铁的犊牛体内含铁酶，如过氧化氢酶、细胞色素氧化酶活性下降明显，肌肉中细胞色素氧化酶降至正常时的一半，过氧化氢酶活性下降幅度更大。

检测饲料中铁、钴、铜、锌的含量，有助于本病的诊断。

【类症鉴别】

当发现可视黏膜苍白时，鉴别要与主出血性贫血、铜缺乏症、钴缺乏症、铜中毒、低磷酸血症、硒缺乏症加以区别。

【防治措施】

治疗 原则是补充铁质，增加机体铁的贮备，并适当补充维生素 B 族和维生素 C。右旋糖酐铁 $200\sim600\,mg/$次，深部肌内注射，配合应用叶酸、维生素 B_{12}、复合维生素 B 等，效果良好，疗效肯定，也可向饲料中添加硫酸亚铁、柠檬酸铁、枸橼酸铁铵效果良好。

预防 让犊牛有机会接触垫草、泥土或灰尘，可有效防止缺铁性贫血。犊牛所饮的乳中适当添加硫酸亚铁或舔食含铁盐砖。在 5 kg 食盐内加氧化铁 1.2 kg、硫酸铁 0.5 kg，以及其他适量的舔料制成舔砖，使犊牛共同自由舔食，达到补铁之效。成年牛发生缺铁后，最经济的方法是每天用 $2\sim4\,g$ 硫酸亚铁口服液，连续 2 周可取得明显的效果。

钴 缺 乏 症

钴缺乏症是因饲料中钴含量不足引起慢性营养代谢病，临床上以厌食、进行性消瘦、异食癖和贫血为临床特征。

【诊断要点】

1. 病因　饲料缺钴是本病发生的主要原因，土壤缺钴又是饲料缺钴的根本原因。风砂堆积的草场、沙质土，碎石或花岗岩风化的土地，灰化土或者是火山灰烬覆盖的土壤都严重缺乏钴。当土壤中钴含量低于 0.17 mg/kg 时，牧草中钴含量相当低，容易产生钴缺乏症。

植物中钴含量不足 0.01 mg/kg，可表现严重的急性钴缺乏症，牛体况迅速下降，死亡率很高。对钴缺乏的敏感，钴含量为 0.01～0.04 mg/kg，牛表现为消瘦；钴含量为 0.04～0.07 mg/kg，牛仅有全身体况下降；钴含量在 0.07 mg/kg 以上，牛健康活泼。当钴含量在 0.1～0.3 mg/kg 时，牛健康，繁殖能力良好。

但是，土壤中钴含量升高不一定能增加植物中钴的含量。土壤中 pH 和其他元素，如钙和锰含量过高，可减少植物中钴含量。耕作方法、灌溉及植物品种等都可影响植物中钴含量。

2. 临床症状　特异性症状为异食，喜食被粪尿玷污的褥草，啃舔泥土、饲槽及墙壁；慢性进行性消瘦及贫血，病程可达数月至 2 年。

病牛表现为渐进性采食减少，营养不良，渐进性消瘦，皮肤弹性减退，被毛松乱、无光泽，换毛延迟，被毛由黑变为棕黄色。产乳量降低。贫血，可视黏膜苍白。繁殖功能下降。瘤胃蠕动减弱。粪便坚硬，有时其表面有一层黏液。并发肠卡他时，发生顽固性腹泻。对外界刺激反应减弱、衰竭。

犊牛表现为精神委顿，食欲减退，生长缓慢，被毛粗糙，贫血，皮肤和可视黏膜苍白。抗病能力降低，易继发消化不良、胃肠炎、支气管炎和肺炎等。

3. 实验室诊断　血液学检查，红细胞数降至 3.5×10^{12} 以下，重症病例可降至 2.0×10^{12} 以下；血红蛋白含量在 80 g/L 以下；红细胞压积减少。红细胞大小不均，异形红细胞增多。

血液中钴浓度从正常的每毫升 10～30 ng 下降到 2～8 ng，血液中的维生素 B_{12} 从每毫升 2.3 ng 下降至 0.47 ng。

【类症鉴别】

在低钴地区的牛群，凡出现厌食、营养性消瘦和可视黏膜淡染（贫血）等症状时，便可怀疑钴缺乏症。应与出血性贫血、铁缺乏症、铜缺乏症、铜中毒、低磷酸血症、硒缺乏症、中毒类疾病（双香豆素类鼠药中毒、蕨中毒、铅中毒、洋葱中毒）等疾病进行鉴别诊断。

【防治措施】

口服硫酸钴 10 mg，连用 7 d，间隔 2 周，重复用药，或每周 2 次，每次 20 mg，也可用含 90% 的氯化钴丸投入瘤胃内牛每丸 20 g，对防治钴缺乏有较好的效果。用含 0.1% 钴的盐砖，让牛自由舔食，常年供给，或在饲料中直接添加钴盐，可有效地防止钴缺乏。犊牛前胃发育未成熟，宜用维生素 B_{12} 皮下注射，每次 1 mg，每周 1 次。给母畜补充钴，可提高乳汁中维生素 B_{12} 浓度，能防止犊牛钴缺乏。

过量钴对牛有一定的毒性作用，每 50 kg 体重给予 40～55 mg，可使牛中毒，使用时应予以注意。

在缺钴地区，在肥料中添加微量的钴，施用于缺钴的草场有较好的预防作用。

锌 缺 乏 症

锌缺乏症是由于饲料中锌含量绝对或相对不足所引起的一种营养缺乏病。其临床特征是生长缓慢、皮肤角化不全、繁殖机能紊乱、骨骼发育异常、蹄壳变形。各种动物均可发生。

【诊断要点】

1. 病因

原发性缺乏　土壤缺锌造成植物含锌过低，饲料中锌含量不足，引起动物原发性锌缺乏，又称为绝对性锌缺乏。一般土壤含锌 30～100 mg/kg，土壤含锌低于 30 mg/kg，饲料锌低于 20 mg/kg 时，动物易发生锌缺乏症。饲料中锌的水平与土壤锌含量，特别是有效态锌密切相关。缺锌地区的土壤 pH 大都在 6.5 以上，主要是石灰性土壤、黄土、紫色土和黄河冲积物所形成的各种土壤。过多施石灰和磷肥也会使草场含锌量极度减少。

日粮中锌含量为 40 mg/kg 时，可以满足动物的一般需要；60～80 mg/kg 时可以满足生长期幼畜和种公畜的需要。动物对锌的需要量受年龄、生长阶段和饲料组成，尤其是日粮中干扰锌吸收利用因素的影响，所以实际日粮的锌水平要高于正常需要量。

日粮中含锌量低于 10～14 mg/kg 时，就难以维持正常血浆锌的浓度。日粮中含锌量低于 8～9 mg/kg 时，不能满足犊牛的生长需要。

不同饲料原料中锌的含量及生物学效应不同。各种植物中锌的含量不一样，野生牧草中锌含量较高，而玉米、高粱、稻谷、稻草、麦秸、苜蓿、三叶草、苏丹草、水果、蔬菜（特别是无叶菜）、块茎类饲料等锌含量比较低。玉米和高粱含锌量仅 10～15 mg/kg，块茎类饲料含锌最低，仅 4～6 mg/kg。植物锌与植酸结合在一起，不利于吸收，生物效应低。酵母、糠麸、饼粕类饲料及动物性饲料含锌丰富。动物性饲料的锌生物效应高。

继发性缺乏　主要是由于饲料中存在干扰锌吸收利用的因素，又称为相对性锌缺乏。钙、镉、铜、铁、铬、锰、钼、磷、碘等元素均可干扰饲料中锌的吸收。钙能直接竞争性拮抗锌的吸收，增加粪尿中锌的排泄量，减少锌在体内的沉积。

饲料中植酸、纤维素等含量过高可干扰锌的吸收。在猪，不论饲料中锌的含量多少，只要植酸盐与锌的摩尔浓度比超过 20：1，即可导致临界性锌缺乏，加大其浓度比，则引起严重缺锌。在植酸参与下，钙与锌形成不易被肠道吸收的钙锌植酸复合物，干扰锌的吸收。

消化功能障碍，慢性腹泻，影响胰腺分泌的"锌结合因子"在肠腔内停留，导致锌吸收不足。

2. 临床症状　基本临床症状表现为生长发育缓慢，乃至停滞，生产性能降低，生殖机能减退，骨骼发育障碍，皮肤角化不全，被毛异常，免疫功能缺陷及胚胎畸形。

食欲减退，增重缓慢，皮肤粗糙、增厚、起皱，乃至出现裂隙，尤以肢体下部、股内侧、阴囊及面部为甚。四肢关节肿胀、步态僵硬，流涎。母牛健康不佳，生殖机能低下，产乳量减少，乳房皮肤角化不全，易发生感染性蹄真皮炎。长骨变粗、变短，跗关节肿大，胚胎畸形，主要表现为躯干和肢体发育不全。

严重缺锌病牛，味觉障碍、食欲减退，生长停滞，有皮肤角化不全和掉毛现象，受影响体表可达 40%，在口周围、阴户、肛门、尾端、耳郭、后腿的背侧、膝、腹部、颈部最明显。皮肤瘙痒，用嘴啃皮肤，皮肤逐渐增厚，继有皮屑，趾周及趾间皮肤龟裂。犊牛后肢弯曲，关节僵硬，拱背站立，后肢呈内弧弯曲。牛的蹄叉腐烂、感染，指间皮肤增生及蹄叶炎。变型蹄等均与缺锌有关。妊娠时缺锌，胎儿生长发育受到严重影响。泌乳期间缺锌，导致新生犊牛生长缓慢。小公牛睾丸与曲精细管发育障碍，精子形成停止。

3. 病理变化　尸体剖检无特征性的病理变化，主要为皮肤增厚、坚实、切割困难。组织学变化为皮肤过度角化或角化不全，真皮和血管周围的结缔组织细胞浸润，消化道上皮细胞角化。

4. 实验室诊断　测定血清、组织锌含量有助于进一步诊断。牛的正常血锌水平为 80～120 $\mu g/dL$，饲喂低锌日粮的犊牛的血锌水平可降至 18 $\mu g/dL$。必要时可分析饲料中锌、钙等相关元素的含量。

【类症鉴别】

依据低锌和/或高钙日粮的生活史，生长缓慢，皮肤角化不全，繁殖机能障碍，骨骼异常等临床症状，以及补锌效果明显，可建立初步诊断。临床应与疥螨性皮肤病、湿疹、锰缺乏、烟酸缺乏、维生素 A 缺乏，以及必需脂肪酸缺乏等引起的皮肤病变相区别。

【防治措施】

治疗　饲料中添加锌盐，每吨饲料加碳酸锌、硫酸锌或氧化锌，使每千克饲料含锌 100 mg 是有效的防治措施。口服碳酸锌，3 月龄犊牛 0.5 g，成年牛 2.0～4.0 g，每周 1 次；补锌后，食欲迅速恢复，1～2 周内体重增加，3～5 周内皮肤症状消失。皮肤病变严重的病例可涂擦 10%氧化锌软膏。发生腐蹄病，可用10%硫酸锌溶液进行药浴，有良好疗效。

预防　保证日粮中含有足够的锌，并适当限制钙的水平，使 Ca∶Zn 保持在 100∶1。在低锌地区，可施锌肥，每公顷施用硫酸锌 4～5 kg。牛可自由舔食含锌食盐，每千克食盐含锌 2.5～5.0 g。对于放牧的牛，可以投服锌铁丸或含锌的添加量。

铜　缺　乏　症

铜缺乏症是由于动物体内铜绝对或相对缺乏或不足，引起被毛褪色、消瘦、贫血、繁殖障碍和共济失调为临床特征的营养代谢性病。本临床上有原发性和继发性之分。牛舔（盐）病、摔倒病、泥炭泻、犊牛消瘦病、牛消耗病等属于继发性铜缺乏症。海岸病和盐病属于缺铜，又缺钴。

【诊断要点】

1. 病因

原发性铜缺乏 长期饲喂在低铜土壤上生长的饲草、饲料，是常见的病因。低铜的土壤有两类：一类是缺乏有机质和高度风化的砂土，如沿海平原、海边和河流的淤泥地带，这类土壤不仅缺铜，还缺钴；另一类是沼泽地带的泥炭土和腐殖土等有机质土，这类土壤中的铜多以有机络合物的形式存在，不能被植物吸收。一般认为，饲料含铜量低于 3 mg/kg，可以引起单纯性铜缺乏病；3~5 mg/kg 为铜缺乏病临界值，8~11 mg/kg 为正常值。

继发性铜缺乏 土壤和日粮中含有充足的铜，但存在干扰铜吸收、利用的因素，导致动物对铜的吸收发生障碍。饲料中钼酸盐和含硫化合物是最重要的致动物铜缺乏因素。如采食在天然高钼土壤上生长的植物（或牧草），或钼污染所致的钼中毒。饲喂硫酸钠、硫酸铵、蛋氨酸、胱氨酸等含硫过多的物质，经过瘤胃微生物作用，转化为硫化物，与铜结合形成难溶解的铜硫钼酸盐复合物（$CuMoS_4$），降低机体对铜的利用。

钼浓度在 10~100 mg/kg（干物质计）以上，Cu：Mo<5：1，易产生继发性铜缺乏症。如果 Cu：Mo 保持在 6~10：1 则为安全。无机硫含量>0.4%，即使钼含量正常，也可产生继发性铜缺乏症。此外，铜的拮抗因子还有锌、铁、铅、镉、银、镍、锰等，饲料中的植酸盐过高，维生素 C 摄食量过多，也能干扰铜的吸收利用。吮母乳的犊牛 2~3 月龄后，可发生铜缺乏症。用人工喂养的犊牛因可吃到已补充了铜的饲料，不致发生铜缺乏症。但是，一旦转入低铜草地，或高钼草地放牧，待体内铜耗竭时，很快产生铜缺乏症。1 岁龄犊牛缺铜现象比 2 岁龄以上牛更严重。与原发性铜缺乏症相比，继发性铜缺乏症发生的年龄稍大些。冬季补饲添加铜的精料，动物很少发生本病。其他季节，如果没有补饲，都可发生本病。春季，尤其是多雨、潮湿、施大量氮肥或掺入一定量钼肥的草场，发生本病比例最高。

2. 临床症状 运动障碍是本病的主症。病畜两后肢呈八字形站立，行走时跗关节屈曲困难，后肢僵硬，蹄尖拖地，后躯摇摆，极易摔倒，急行或转弯时，更加明显。重症者作转圈运动，或呈犬坐姿势，后肢麻痹，卧地不起。骨骼弯曲，关节肿大。被毛褪色，由深变淡，黑毛变为棕色、灰白色，常见于眼睛周围，酷似戴白框眼镜。被毛稀疏，弹性差，粗糙，缺乏光泽。小细胞低色素性贫血。母畜发情异常，不孕，流产。

牛的摔倒病以突然伸颈，吼叫，跌倒，并迅速死亡为特征。全部病程多在24 h内结束。因心肌贫血、缺氧和传导阻滞所致。

泥炭泻是在高钼泥炭地草场放牧数天后，发生稀水样粪便。粪便无臭味，常不自主外排，久之出现后躯污秽，被毛粗乱、褪色为特点。铜制剂治疗显效。

消瘦病呈慢性经过，开始表现步态强拘，关节肿大、僵硬，屈腱挛缩，消瘦、虚弱，多于4~5个月后死亡。被毛粗乱、褪色，仅少数病例表现拉稀。

继发性铜缺乏症的特征性表现是地方性运动失调，主要表现运动不稳，后躯萎缩，驱赶或行走时易跌倒，后肢软弱，如波及前肢，则卧地不起。易骨折。少数病例可表现腹泻，但食欲正常。

3. 病理变化 剖检可见病牛消瘦，贫血，血液稀薄、血凝缓慢。肝、脾、肾内有多量血铁黄蛋白沉着。犊牛原发性缺铜时，腕、跗关节囊纤维增生，骨骺板增宽，骨骺端钙化作用延迟，骨骼疏松。摔倒病的病牛心脏松弛、苍白、肌纤维萎缩，肝、脾肿大，静脉淤血等。

4. 实验室诊断 贫血，血红蛋白浓度降为50~80 g/L，红细胞数降为2×10^{12}~4×10^{12}个/L，相当多的红细胞内有亨氏

（Heinz）小体，但无明显的血红蛋白尿现象，贫血程度与血铜浓度下降成比例。

牛血浆铜浓度从 0.9～1.0 mg/L 降至 0.7 mg/L 时，为低铜血症。降至 0.5 mg/L 以下，为临床缺铜症。牛毛正常含铜量为 6.6～10.4 mg/kg，原发性缺铜可降至 1.8～3.4 mg/kg，继发性缺铜可降至 5.5 mg/kg。

肝铜浓度变化非常显著，初生幼畜的肝铜浓度都较高，犊牛为 380 mg/kg，但生后不久因合成铜蓝蛋白，迅速下降，犊牛为 8～109 mg/kg。成年牛缺铜时，肝铜从 100 mg/kg 降至 15 mg/kg，甚至仅 4 mg/kg。当肝铜（干物质）大于 100 mg/kg 为正常，肝铜小于 30 mg/kg 时为缺乏。

缺铜时某些含铜酶活性发生改变。血浆铜蓝蛋白，正常值为 45～100 mg/L，低于 30 mg/L 为铜缺乏，血浆铜蓝蛋白下降程度与血浆铜浓度成比例。细胞色素氧化酶和单胺氧化酶活性下降。它们对慢性铜缺乏症有诊断意义。

【类症鉴别】

本病的诊断应根据病史调查，临床症状，饲料和牧草铜、钼、硫等元素的含量测定，动物组织铜的含量和某些含铜酶的测定，以及补饲铜后疗效观察。

临床上，本病应与寄生虫性、病毒性、细菌性和霉菌性腹泻相区别。

【防治措施】

除去继发因素，合理调配日粮，降低钼、硫的含量。补饲硫酸铜，犊牛从 2～6 月龄开始，每周补 4 g，成年牛每周补 8 g，连续 3～5 周，间隔 3 个月后再重复 1 次，对原发性和继发性铜缺乏症都有较好的效果。也可以用含铜盐砖，供动物舔食。皮下注射甘氨酸铜注射液，成年牛 400 mg（含铜125 mg）、犊牛200 mg（含铜60 mg），预防作用可以持续3~4个月，也可用作治疗。

在低铜草地上，如pH偏低可施用含铜肥料。每公顷5.6 kg硫酸铜，可提高牛血清肝中铜浓度，防止铜缺乏症的发生。一次喷洒可保持3~4年。喷洒后需在降雨之后，或3周以后才能让牛进入草地。碱性土壤不宜用此法补铜。

碘 缺 乏 症

碘缺乏症是由饲料和饮水中碘不足或饲料中影响碘吸收和利用的拮抗因素过多引起的，以甲状腺肿大、新生畜无毛乃至死亡为特征的一种慢性营养代谢病。

【诊断要点】

1. 病因

原发性碘缺乏　系由土壤、饲料和饮水中碘含量低，动物碘摄入量不足引起。在泥灰土地带，土壤中碘含量比较丰富，但碘与有机物牢固结合，不能被植物吸收和利用，仍有动物碘缺乏症的发生。一般认为，土壤中碘含量低于0.2~2.5 mg/kg，可视为缺碘地区。每千克饲料中碘含量低于0.3 mg/kg，牛就可以发生本病。

饲草和饲料中的碘含量取决于土壤、水源、施肥、天气和季节等诸多因素。动物的饲料中碘含量较少，普通牧草碘含量仅为0.06~0.14 mg/kg、谷物为0.04~0.09 mg/kg、饼粕类饲料为0.1~0.2 mg/kg、乳及乳制品为0.2~0.4 mg/kg。海带中的碘含量较高，为4 000~6 000 mg/kg。因此，除了在沿海或经常以海藻植物做饲料来源的地区外，许多地区的动物饲料中，如果不补充碘，可发生碘缺乏症。

继发性碘缺乏　饲料中存在影响碘吸收和利用的拮抗因素引

起。有些饲料，如包菜、白菜、甘蓝、油菜、菜籽饼（粕）、花生饼（粕）、花生粉、黄豆及其副产品、芝麻饼、豌豆及白三叶草等，均含有干扰碘吸收和利用的拮抗物质，如硫氰酸盐、葡萄糖异硫氰酸盐、氰糖苷、甲硫脲、甲硫咪唑等，这些物质被称为致甲状腺肿原食物，它们能阻止或降低甲状腺的聚碘作用，或干扰酪氨酸的碘化过程。多年生的草地被翻耕以后，腐殖质所结合的碘会大量流失、降解，使本来已处于临界缺碘的现象显得更加突出；用石灰改造酸性土壤的地区、大量施钾肥的地区，植物对碘的吸收受到干扰，动物易发生碘缺乏症。

2. 临床症状 成年母牛繁殖障碍，母牛排卵停止，不发情，妊娠母牛经常发生流产或生死胎。公牛性欲下降。新生犊牛甲状腺增大，体质虚弱，人工辅助其吮乳，几天后可自行恢复，如出生在恶劣气候条件下，死亡率较高。有时甲状腺肿大可引起呼吸困难。新生犊牛常伴有全身和部分秃毛。

3. 病理变化 病理剖检的主要变化为幼畜无毛，黏液性水肿和甲状腺显著肿大，一般可肿大 $10\sim20$ 倍。新生犊牛的甲状腺重超过 $13\,g$（正常的为 $6.5\sim11.0\,g$）。病理组织学检查可见甲状腺组织增生、肥大和新腺泡形成。

4. 实验室诊断 动物血清蛋白结合碘低于 $0.189\sim0.236\,\mu mol/L(24\sim30\,\mu g/L)$；牛乳中蛋白结合碘浓度低于 $0.063\,\mu mol/L(8\,\mu g/L)$。

【类症鉴别】

临床上应与传染性流产、遗传性甲状腺肿和幼驹无腺体增生性甲状腺肿鉴别诊断。

【防治措施】

治疗 补碘是根本性防治措施。内服碘化钾或碘化钠，牛根据体重大小补碘 $2\sim10\,g$，每天 1 次，连用数日，或内服复方碘溶液（碘 5.0 g、碘化钾 10.0 g、水 100.0 mL），每天 5～20 滴，连用 20 d，间隔 2～3 个月重复用药 1 次。

此外，高产奶牛饲喂时，应按碘的需要量配方。根据我国规定的标准，按每千克饲料 0.12 mg。

预防　使用全价饲料喂养，应用含碘食盐（20～34 mg/kg），对预防动物碘缺乏症有良好的效果。也可用含碘的盐砖让动物自由舔食，或者在饲料中添加碘化物、海藻、海带之类物质。有人主张在母畜怀孕后期，于饮水中加入 1～2 滴碘酊，用 3％的碘酊涂擦乳头，让犊牛食入微量碘，亦有较好的预防作用。

（郭东华　邹希明）

第七章

中毒病

钼　中　毒

钼中毒又称继发性或条件性铜缺乏症，是由于动物摄入过量钼所引起的一种中毒病。临床上以持续性腹泻和被毛褪色为特征。江西水牛的钼中毒还伴有皮肤发红，俗称"红皮白毛症"。在自然条件下，本病仅发生于反刍兽，水牛的易感性高于黄牛。

【诊断要点】

1. 病因　天然高钼土壤或工业污染引起的高钼土壤上生长的植物能大量吸收钼，动物食用这种植物可发生中毒。天然高钼地区呈一定的地理分布，多为腐殖土和泥炭土，在英国、美国、新西兰、爱尔兰、澳大利亚等都曾报道过此病，称为"下泻病"或"泥炭泻"。

钼矿、钨矿石、铝合金、铁钼合金等的生产冶炼过程可形成污染性高钼土壤，或直接造成牧草污染。曾报道，江西大余用含钼 0.44 mg/L 的尾砂水灌溉农田，逐年沉积使土壤含钼量达 25～45 mg/kg，生长的稻草含钼达 182 mg/kg，牛采食后发生中毒。此外，过多地给牧草施钼肥，植物含钼量增高。碱性土壤、多雨性季节生长的植物钼含量高。

饲料铜、钼含量比值及矿物质含量影响铜的吸收。反刍动物饲料中铜、钼含量比值最好保持在 6：1～10：1，若此值低于

2：1，就可能发生钼中毒。饲料中 S、Zn、Cd、Se 等矿物质含量也干扰铜的吸收，如饲料中硫酸盐与钼形成硫钼酸盐，影响铜的吸收和利用。

2. 临床症状　牛在高钼草地上放牧后 1～6 周内发病。病初持续性腹泻，粪便呈液状，充满气泡。随着病情进展，渐进性消瘦，结膜苍白，皮肤发红，被毛无光泽、褪色变浅（俗称"白毛红皮症"）。眼周围特别明显，像戴眼镜一样。关节疼痛，腿和背部明显僵硬，运动异常。产乳量下降，性欲减退或丧失，繁殖力降低。慢性钼中毒时常见骨质疏松、易骨折、长骨两端肥大、异嗜等。

3. 病理变化　牛表现为身体消瘦，全身脂肪呈胶冻样，内脏器官色泽变淡；骨质疏松主要是骨密质降低，哈佛氏管扩张，骨小梁排列紊乱，长短粗细不一；肋骨呈念珠状，关节肿胀；公牛睾丸有病理损害。镜检时犊牛大脑白质液化，脊髓运动神经束变性，常见神经元变性和脱髓鞘。

4. 实验室诊断　血液检查，钼浓度高于 0.1 mg/L（正常钼浓度为 0.05 mg/L），此时血铜浓度低于 0.6 mg/L（正常牛血铜浓度为 0.75～1.3 mg/L）；投服过量钼（15 mg/kg·d）能引起成年健康牛血液 B 淋巴细胞和血清 γ 球蛋白含量减少；加喂硫酸钠，则可导致血液 T、B 淋巴细胞和血清 γ 球蛋白含量降低。

【类症鉴别】

在本病流行区，根据持续性腹泻、消瘦贫血、被毛褪色、皮肤发红等临床症状，以及夏季呈暴发流行，冬季症状减轻，脱离污染区自行痊愈等发病规律，可作出初步诊断。但因临床上持续性腹泻病因较多，故应予以鉴别。如消化道线虫病、牛副结核、犊牛副伤寒、冬痢及病毒性腹泻等，同时还应与引起贫血的疾病相鉴别，如镉中毒、铜中毒等。确诊可采用硫酸铜治疗，若有良效，即可确诊；或有条件者，应对土壤、牧草、血液中的钼含量进行分析测定，以其含量则是最确切的诊断。

【防治措施】

治疗 发病动物内服硫酸铜有良好疗效。硫酸铜成年牛1～2 g/d、犊牛0.5～1 g/d内服，连用4 d，疗效确实。也可注射甘氨酸铜注射液，犊牛用量为60 mg、成年牛120 mg。有效期3～4月。每季注射1次，即可预防。

预防 杜绝毒源，防止污染，改良土壤为预防本病的根本措施。施用硫肥或铜肥可减低植物对钼的吸收，提高植物的铜含量。根据土壤性质及微量元素含量，合理施用。定期脱离高钼环境（轮牧），高钼饲草晒干后再利用也有一定效果。

砷 中 毒

砷中毒是动物摄入有机和无机砷化合物引起的一种中毒病。根据病程可分为急性、亚急性和慢性中毒。临床上以胃肠炎、神经症状为特征。各种动物均可发生。

砷化物根据其毒性可分为三类：剧毒的如三氧化二砷、亚砷酸钠和砷酸钙；强毒的有砷酸铅、退菌特；低毒的见于巴黎绿、甲基硫肿、甲基肿酸钙和甲肿钠等。

【诊断要点】

1. 病因 误食含砷鼠药、含砷农药处理过的种子、喷洒过的青草，或为驱除体外寄生虫而以砷剂作药浴时，药液过浓、喷射过急、浸泡过久、皮肤有破损和药浴后舔吮等，都可引起急性砷中毒。有机砷制剂如肿苯胺酸和肿苯胺酸钠如用量过大或长期使用，亦可造成砷中毒。

工业污染如洗含砷矿时的废水、冶炼时的烟尘污染周围的牧地或水源，引起慢性砷中毒。地方性高砷也是砷中毒的病因之一。

2. 临床症状

急性中毒　多于采食后数天突然起病，病牛呻吟、流涎、呕吐，腹痛不安，胃肠臌胀，并很快出现重剧的腹泻，粪便恶臭，混有黏液、血液及伪膜。对腹壁作冲击式触诊，可感到腹水震荡。腹痛更加剧烈，可视黏膜充血显著。病牛全身症状重剧，呼吸促迫，脉搏细弱，通常在发病后的数小时内，在全身抽搐状态下死亡。

亚急性中毒　病程延续 2～7 d，临床症状仍以胃肠炎为主。病牛可视黏膜潮红黄染，巩膜重度黄染；食欲废绝，烦渴贪饮，持续腹泻；心动强盛，脉搏细数，四肢末端厥冷，表现明显的外周循环衰竭。触诊瘤胃、网胃和真胃时表现疼痛，有时排血尿或血红蛋白尿。后期常出现肌肉震颤、共济失调、抽搐等神经症状，最后昏迷而死。

慢性中毒　病牛发育停滞或消瘦衰竭，被毛粗刚逆立而容易脱落，呈恶病质状态。可视黏膜潮红、充血，结膜和眼睑水肿，口腔黏膜红肿并有溃疡（砷毒性口炎），可蔓延到鼻唇部而经久不愈。食欲不定，下痢与便秘交替，顽固难治。大多伴有神经麻痹症状，但以感觉神经麻痹为主。

有机砷如肿苯胺酸钠引起的慢性中毒，临床上几乎只表现神经症状，包括视力障碍、头部肌肉挛缩、共济失调等。原因消除后，迅即痊愈；病情继续进展，则可造成失明和某些末梢神经麻痹。

3. 病理变化　急性病例胃肠道变化十分突出，胃、小肠、盲肠黏膜充血、出血、水肿和糜烂，胃肠内有蒜臭样气味。牛真胃糜烂、溃疡，甚至发生穿孔。肝、肾、心脏等呈脂肪变性，脾肿大、充血。胸膜、心内外膜、膀胱有点状或弥漫性出血。慢性病例除胃肠炎症病变外，尚见有喉及支气管黏膜的炎症及全身水肿等变化。

4. 实验室诊断 肝和肾的砷含量（湿重）超过 10～15 mg/kg，即可确定为砷中毒。

【类症鉴别】

根据病史和临床症状，一般可作出初步诊断，临床上应与引起腹泻症状的传染性疾病及其他中毒性疾病相鉴别，如牛黏膜病、犊牛大肠杆菌病、犊牛沙门氏菌病、牛空肠弯曲杆菌病、球虫病等。确诊需要做饲料、饮水、尿液，以及肝、肾、胃肠内容物等砷含量测定。

【防治措施】

治疗 应用特效解毒剂，二巯基丙醇肌内注射，牛的首次剂量 5 mg/kg，以后每隔 4 h 1 次，剂量减半，直至痊愈。二巯基丙磺酸钠注射液肌内或静脉注射，牛剂量为 5～8 mg/kg。也可选用二巯基丁二酸钠，剂量为 20 mg/kg，1～2 次/d，静脉注射。为阻止毒物吸收，尽快采用 2% 氧化镁液、0.1% 高锰酸钾液或 0.5%～1% 药用炭液反复洗胃。应同时实施补液、强心、保肝、利尿等对症疗法。为保护胃肠黏膜，可用黏浆剂，但莫用碱性药，以免形成可溶性亚砷酸盐而促进吸收。

预防 严格毒物保管制度，防止含砷农药污染饲料和饮水，并避免畜禽误食。应用砷剂治疗，要严格控制剂量，外用时注意防止病牛舔吮。

铜　中　毒

铜中毒是动物因摄入过量铜引起的一种中毒性疾病。根据病程可分为急性铜中毒和慢性铜中毒。根据疾病起始原因，分为原发性铜中毒和继发性铜中毒。临床上以腹痛、腹泻、肝机能异常和溶血危象为特征。各种动物均可发生，反刍兽较单胃动物敏感，临床上常发生羊、牛。

【诊断要点】

1. 病因　急性铜中毒多因一次误食大剂量可溶性铜盐引起，如牛在含铜药物喷洒过不久的草地放牧，或饮用含铜浓度较大的饮水等。慢性铜中毒常因环境污染如矿山周围、铜冶炼厂、电镀厂附近，因含铜灰尘、残渣、废水中的含铜化合物污染了周围的土地，使土壤铜含量升高或由于地球化学因素区域性土壤中铜含量升高，或长期用含铜较多的猪粪、鸡粪施肥的草场，导致牧草、饲料铜含量过高，引起牛铜中毒。饲料调配不当，铜盐添加过多或不均。饲料中钼和硫过少，或吸收不足，也会引起继发性铜中毒。某些植物如三叶草等可促进铜在肝内蓄积，易诱发溶血危象。

牛对饲料铜的耐受剂量（mg/kg）为 100，各种含铜化合物对动物的毒性作用也不一样，毒性从大到小依次为 $CuCO_3 >$ $Cu(NO_3)_2 > CuSO_4 > CuCl_2 > Cu_2O > CuO$（粉）$> CuO$（针）$>$ Cu（铜丝）。

2. 临床症状　急性铜中毒时，牛有明显的腹痛、腹泻、惨叫，频频排出稀水样粪便，有时排淡红色或褐红色尿液。呼吸增快，脉搏增数。后期体温下降、虚脱、休克，严重者在 3～48 h 内死亡。

牛慢性铜中毒临床上分为三个阶段。早期为铜积累阶段，除肝铜浓度大幅度升高，体增重减慢，天冬氨酸氨基转移酶（AST）、精氨酸酶（ARG）、山梨醇脱氢酶（SDH）活性呈短暂升高外，不显任何临床症状。中期为溶血危象前阶段，肝功能明显异常，AST、ARG、SDH 迅速而持续升高，血浆铜浓度逐渐升高，但精神、食欲变化轻微。此期可维持 1～6 周。后期为溶血危象阶段，动物表现烦渴，呼吸困难，卧地不起，血液呈酱油色，可视黏膜黄染，病牛可在 1～3 d 内死亡。

3. 病理变化　剖检可见急性铜中毒时消化道充血、出血，甚至溃疡，牛真胃破裂。胸、腹腔内有红色积液。膀胱出血，内有褐红色尿液。慢性铜中毒，肝呈黄色，质脆，有灶状坏死。肝窦扩张，肝小叶中央坏死，胞浆严重空泡化，脱落的枯否氏细胞内有大量含铁血黄素沉着，肝细胞溶解。肾呈黑色，肿胀，切面有金属光泽，肾小管上皮细胞变性、肿胀，肾小球萎缩，脾脏肿大，弥漫性淤血和出血。

4. 实验室诊断　天冬氨酸氨基转移酶（AST）、精氨酸酶（ARG）、山梨醇脱氢酶（SDH）活性升高，血红蛋白浓度降至 52 g/L（牛正常血红蛋白浓度为 90～100 g/L），红细胞形态异常，并出现较多 Heinz 小体。PCV 下降至 19% 左右，甚至降到 10%。血浆铜浓度急剧升高 1～7 倍。

【类症鉴别】

急性铜中毒可根据病史，结合腹痛、腹泻、PCV 下降而作出初步诊断。反刍兽饲料中铜浓度＞30 mg/kg 有重要诊断意义。慢性铜中毒诊断主要根据肝、肾、血浆铜浓度及酶活性测定而定。当肝铜浓度＞500/kg，肾铜浓度＞80～100 mg/kg（干重），血浆铜浓度（正常值为 0.7～1.2 mg/L）大幅度升高时，有溶血危象先兆，即可诊断。但应与其他引起溶血、黄疸的疾病相鉴别，如牛巴贝斯虫病、无浆体病、附红细胞体病、伊氏锥虫病等。

【防治措施】

治疗　立即中止铜供给。静脉注射三硫钼酸钠，剂量为按体重 0.5 mg/kg，稀释成 100～200 mL 溶液，缓慢静脉注射，3 h 后视病情可追加等剂量钼盐重复注射，对急性铜中毒牛有保护作用，四硫钼酸钠亦有同等效果。亚临床中毒及经用硫钼酸钠抢救脱险的病牛，可在日粮中补充钼酸铵 100 mg、硫酸钠 1 g，拌匀饲喂，连续数周，直至粪便中铜含量接近正常水平后停止。

预防　在高铜草地放牧的牛，可在精料中补充钼 7.5 mg/kg、锌 50 mg/kg 及硫 0.2%，不仅可预防铜中毒，而且有利于被毛生长，但应警惕钼中毒。绝不允许把猪、鸡的日粮（含高铜）喂给牛。

铅　中　毒

铅中毒是动物摄入过量铅引起的一种中毒病。临床上以流涎、胃肠炎症、神经症状和贫血为特征。

【诊断要点】

1. 病因　牛尤其犊牛的铅中毒，多起因于舔食旧油漆木器上剥落的颜料和咀嚼蓄电池等各种含铅的废弃物。铅矿、炼铅厂排放的废水和烟尘污染附近的田野、牧地、水源、机油、汽油燃烧产生的含铅废气污染公路两旁的草地和沟水，是动物铅中毒的常见原因。

2. 临床症状　铅中毒的基本临床表现是兴奋狂躁、感觉过敏、肌肉震颤等铅脑病症状，失明、运动障碍、轻瘫，以至麻痹等外周神经变性症状，腹痛、腹泻等胃肠炎症状及小细胞低色素型失铁利用性贫血。各种动物的具体铅中毒症状，因病程类型而不同。

牛铅中毒有急性和亚急性两种病程类型。前者多见于犊牛，后者多见于成年牛。急性铅中毒主要表现铅脑病症状。病牛兴奋以至狂躁，头抵障碍物，冲向围栏，试图爬墙，甚而攻击人畜。视觉障碍，以至失明。对触摸和声音等感觉过敏。肌肉震颤，头面部小肌肉尤为突出，咀嚼肌阵挛，口吐白沫，频频眨眼和摆耳，眼球震颤。步态僵硬、蹒跚，间歇发作强直性阵挛性惊厥，直至死亡，病程 12～36 h。亚急性铅中毒，除上述铅脑病的表现外，胃肠炎症状更为突出。病牛精神大多极端沉郁，长时间呆立，不食不饮，前胃弛缓，腹痛，便秘而后腹泻，排恶臭的稀粪。病程 3～5 d。

3. 病理变化　血液凝固不全，肾脏肿大变脆，呈黄褐色。左心内膜多数病例有出血点，胸腺点状出血。胆囊肿大，胆汁充盈，个别病例胆囊中有出血现象，骨膜增生、骨质疏松，骨骺端有致密铅线。神经系统有充血、水肿、坏死等变化。肠道黏膜卡他性炎变化。

4. 实验室诊断　血液学检查可出现低色素小细胞性或正色素正细胞贫血，循环血中网织红细胞增多，出现嗜碱性点彩红细胞。骨髓红细胞系增生活跃。血液中 δ-氨基乙酰丙酸脱水酶活性降低，尿液中 δ-氨基乙酰丙酸含量升高。

【类症鉴别】

根据病史、神经症状、胃肠炎、贫血、外周神经麻痹等可作出初步诊断，确定诊断必须依靠血、毛、组织的铅测定。

在鉴别诊断上，应注意区分显现脑症状的各种类症，如脑炎、脑软化、维生素 A 缺乏症、低镁血搐搦，以及汞中毒、砷中毒和雀稗麦角中毒等。

【防治措施】

防治　急性铅中毒，来不及救治而迅速死亡。发现较早时，可采取催吐、洗胃（用 1% 硫酸镁或硫酸钠液）、导泻（硫酸镁或硫酸钠）等急救措施，以促进毒物的排除，并用特效解毒药实施驱铅疗法。

慢性铅中毒可使用特效解毒药实施驱铅疗法。乙二胺四乙酸二钠钙，即依地酸二钠钙或维尔烯酸钙，剂量为 110 mg/kg，配成 12.5%溶液或溶于 5%葡萄糖盐水 100～500 mL，静脉注射，2 次/天，连用 4 d 为一疗程。休药数日后酌情再用。同时适量灌服硫酸镁等盐类缓泻剂有良好效果。

预防 防止动物接触铅涂料。严禁在铅尘污染的厂矿区周围及公路两旁放牧。

镉 中 毒

镉中毒是动物长期摄入过量镉引起的一种中毒性疾病。临床上以生长发育缓慢、贫血、繁殖障碍和骨骼损伤为特征。本病主要发生在环境镉污染严重的地区，各种动物均可发生。

【诊断要点】

1. 病因 动物镉中毒主要原因是饲料、饮水的镉污染，此外，也见于含镉药物使用不当。

镉污染来自工业"三废"，如冶炼厂、冶金厂、电镀厂和染料厂等排放的废气、废水和废渣污染，由污水灌溉农田，使土壤镉含量增高，再由作物吸收富集，生产高镉饲料及粮食，发生中毒或危害人畜健康。江西赣南的镉污染，就是由于钨矿选矿的废水中含有镉，通过灌溉农田所造成的。某些含镉的磷酸盐肥料是农田土壤和作物的污染源。

2. 临床症状 急性中毒时，可呈现胃肠道刺激症状，如呕吐、腹痛、腹泻等，严重时血压下降，虚脱致死。

慢性中毒，表现为精神沉郁，被毛粗乱、无光泽，食欲下降，黏膜苍白，极度消瘦；骨骼钙化不良，骨骼变轻、质脆，走路摇摆；贫血，严重者下颌间隙及颈部水肿。随着中毒时间的延长，上述症状呈渐进性发展。

另外，镉中毒动物繁殖功能障碍，公畜睾丸缩小，精子生成受损，母畜不孕或出现死胎。

3. 病理变化　急性期，胃肠黏膜呈现卡他性炎变化；慢性期，骨质疏松。

4. 实验室诊断　红细胞数、血红蛋白含量和红细胞压积容量显著降低，红细胞变形和脆性增大，生理盐水稀释后红细胞发生棘形改变。尿液中出现蛋白质。血清尿素氮、总蛋白、白蛋白和铜蓝蛋白含量下降。组织（肝脏、肾脏）镉含量高于正常（健康肝、肾内镉含量常低于 $2\sim5$ mg/kg），达到 $10\sim30$ mg/kg以上。

【类症鉴别】

急性镉中毒根据接触史，胃肠道表现，可作出初步诊断。但应与食物中毒、急性胃肠炎等鉴别；慢性镉中毒多为亚临床，仅表现为生长发育缓慢、贫血、出现蛋白尿等，故生前诊断较难。尸检时测定肝、肾内镉含量有诊断意义，注意与铅、汞等重金属中毒及药物致肾功能障碍鉴别。

【防治措施】

治疗　本病无特效解毒剂。停喂含镉饲料、饮水，采取对症治疗。

预防　严格控制工业"三废"中镉的排放量。对已污染的土壤，施用石灰，可阻止和减少植物对镉的吸收。提高日粮中的蛋白和钙含量可使慢性镉中毒减轻，适当采用锌、硒添加剂亦有一定效果。

硒　中　毒

硒中毒是动物摄入过量的硒而发生的一种中毒性疾病。按病程分为急性和慢性中毒。临床上急性中毒以腹痛、失明、呼吸困难和运动失调为特征，慢性中毒以脱毛、蹄壳变形和脱落为特征。各种动物均可发生，高硒地区放牧的牛、羊和马多见，其次是猪。

【诊断要点】

1. 病因　家畜硒中毒的病因，主要是采食的草料含硒量过高；其次是防治硒缺乏症时，硒的使用超量。

草料中的硒含量，取决于土壤中的硒含量、存在形式和植物的种类。高（可溶性）硒土壤生长的植物，含硒量一般要高于非高硒土壤生长的植物。植物按其吸收利用土壤硒的能力分为专性聚硒植物或硒指示植物，如黄芪属、菊科、十字花科植物等，生长在硒含量为 $1\sim50$ mg/kg 的土壤中，植株聚硒量可达 $10\sim15\,000$ mg/kg（干重）；兼性或次级聚硒植物，如金合欢属、紫菀属和滨藜属等多种植物，植株聚硒量为 $25\sim100$ mg/kg（干重）；不吸收硒或低聚硒植物，包括绝大多数植物，如饲料作物、牧草、野草等。有些植物能将土壤中的不溶性硒转换成易吸收的形式，使不吸收硒或低聚硒植物也能吸收和富集硒，特称转换植物，如北美的黄芪和棘豆，澳大利亚的网状鸡眼藤和迦南相思树。此外，在高硒地区，如我国湖北省恩施、陕西省紫阳等局部地区和美国怀俄明州为高硒土壤，生长的植物和粮食含硒量高。

饲料中硒含量超过 5 mg/kg 即能引起明显的硒中毒症状，动物对硒的最大耐受量与硒元素的化学形式、摄入的持续时间和日粮的成分密切相关，高蛋白日粮可降低硒的毒性，亚麻籽饼对硒的毒性有颉颃作用，饲料中砷、银、汞、铜和镉的水平对硒的毒性影响很大。

2. 临床症状

急性硒中毒　常见于犊牛采食大量高硒转换植物或误食误用中毒量硒剂之后。精神沉郁，呼吸困难，黏膜发绀，流涎，腹痛，脉搏细弱，运动失调，痉挛抽搐，瘤胃臌气，数小时至数日内死于呼吸循环衰竭。

亚急性硒中毒 又称瞎撞病（blind stagser），见于饲喂含硒10～20 mg/kg 饲料或进入高硒牧地数（6～8）周的牛。主要表现神经症状和失明。病牛步态蹒跚，头抵墙壁，无目的徘徊，作圆圈运动，到处瞎撞，流涎，吞咽障碍，数日内死于麻痹和虚脱。

慢性硒中毒 又称碱病，见于长期采食含少量硒（5 mg/kg以上）谷物或牧草的动物。主要表现食欲下降，渐进性消瘦，中度贫血，被毛粗乱，尾根长毛脱落，跛行，蹄冠卜部发生环状坏死，蹄壳变形或脱落。

3. 病理变化 急性病例剖检可见心外膜、心内膜有出血点，心肌充血、坏死。肺脏充血及散在性出血。肝脏充血、肿大，不同程度的变性及局灶性坏死。脑充血、水肿、皮质神经细胞变性。慢性病例可见多脏器弥漫性坏死灶。

4. 实验室诊断 血浆维生素 A、维生素 C 和蛋白质含量减少，血清非蛋白氮含量升高。乳酸脱氢酶和碱性磷酸酶活性升高。肝脏谷胱甘肽还原酶活性也升高，尿酶活性下降。血液硒明显增高，肝、肾硒含量高于机体其他组织几倍到几十倍。

【类症鉴别】

根据病史和失明、神经症状、消瘦、贫血、脱毛、蹄匣脱落等临床综合征，可作出初步诊断。确定诊断必须依赖于饲料硒测定，以及血、毛和肝、肾等组织硒测定。饲料中的硒长期超过5 mg/kg，毛硒 5～10 mg/kg，疑为硒中毒；毛硒＞10 mg/kg，肝、肾硒 10～25 mg/kg，蹄壳硒达 8～10 mg/kg，尿硒＞4 mg/L时可诊断为硒中毒。注意应与其他引起贫血及神经症状的疾病相鉴别，比如有机磷中毒、铅中毒、牛脑脊髓炎等。

【防治措施】

治疗 无特效解毒药。立即停喂高硒日粮。较为安全的解毒剂是对氨基苯胂酸，按 10 mg/kg 含量补饲，可减少硒的吸收，促进硒的排泄。

预防　让牛远离高硒土壤和植物的牧场，避免长期饲喂含硒量为 5 mg/kg 以上的草料，在缺硒地区应严格控制饲料中的硒的添加剂量，并注意充分地混合；给牛口服或注射补硒时，应严格掌握并计算给予剂量，避免人为事故发生。

汞　中　毒

汞中毒是动物摄入过量汞引起的一种中毒性疾病。临床上以胃肠炎、皮炎、尿毒症或支气管炎为特征。因汞侵入途径不同，可分别引起胃肠炎、支气管肺炎和皮肤炎。吸收后，则导致肾脏和神经组织等实质器官的严重损害。急性中毒多死于胃肠炎或肺水肿。慢性中毒多死于尿毒症，或者后遗神经机能紊乱。各种动物均可发生。

【诊断要点】

1. 病因　有机汞农药，包括剧毒的西力生（氯化乙基汞）、赛力散（醋酸苯汞）和强毒的谷仁乐生（磷酸乙基汞）、富民隆（磺胺汞），不仅残毒量大，而且残效期长，国内已不再生产，使用范围也明显缩小，有机汞农药中毒越来越少。

牛舔吮作为油膏剂外用的碘化汞或氯化汞，误食经有机汞农药处理过的种子或沾染有机汞农药的饲料和饮水，可引起急性中毒。

汞化合物，不论是有机的，还是无机的，在常温下即可升华而产生汞蒸汽。在汞剂包装、运送、存放和使用过程中有任何失误，都会使空气被汞蒸汽所污染。汞蒸汽比空气重，笼罩地面，易污染下风方向的饮水、牧草和禾苗，亦可直接被动物吸入，而造成中毒。曾有报道，给马长期外敷汞软膏，使同厩饲喂的牛持续吸入汞蒸汽而发生了中毒。

2. 临床症状

急性汞中毒 多因误食大量无机汞而突然起病，呈重剧的胃肠炎症状。病牛呕吐，呕吐物带血色，并有剧烈的腹泻，粪便内混有黏液、血液及伪膜。通常在数小时内因脱水和休克而急死。

亚急性汞中毒 多因误食有机汞农药或吸入高浓度汞蒸汽而发生，起病较急。因误食而发生的，主要表现流涎、腹痛、腹泻等胃肠炎症状；因吸入汞蒸汽而发生的，则主要表现咳嗽、流泪、流鼻液、呼出气恶臭、呼吸促迫或困难（肺水肿时），肺部听诊可闻广泛的捻发音、干性和湿性啰音。几天之后，即开始出现肾病症状和神经症状。病牛背腰拱起，排尿减少，尿中含大量蛋白，有的排血尿。尿沉渣镜检有肾上皮细胞和颗粒管型。与此同时或稍后，还表现肌肉震颤、共济失调和头部肌肉阵挛，有的发生后驱麻痹，最后多在全身抽搐状态下死亡，病程1周左右。

慢性汞中毒 多因长期少量吸入汞蒸汽或采食含有机汞残毒的饲料而发生，是汞中毒最常见的一种病型。病牛精神沉郁，食欲减损，腹泻经久不愈，逐渐衰弱消瘦，皮肤瘙痒，渗出黄红色液体，被毛纠集、结痂、脱落，状同湿疹。口唇黏膜红肿溃烂，触压齿龈有明显疼痛，严重的则齿牙松动，以至脱落（汞毒性口炎）。神经症状最为突出，病牛低垂头颈，闪动眼睑，肌肉震颤，口角流涎，有的发生咽麻痹而不能吞咽。轻症病例运步笨拙而强拘。重症病例则步态蹒跚，共济失调，甚而后驱轻瘫，不能站立，最后多陷于全身抽搐。病程常拖延数周。如能彻底除去病因，坚持驱汞治疗，约有半数病牛可望康复，预后判断必须慎重。

3. 病理变化 急性汞中毒的基本病变在各实质器官，特别在肾脏。除眼观肾脏肿大、出血和浆液浸润外，组织学检查可见肾小体膨大，肾小球缺血，鲍曼氏囊内有蛋白凝块沉积，肾小管变性重剧而且广泛；其次是侵入途径的相应病变。汞类毒物食入所致的，有重剧的胃肠炎病变，可见胃肠黏膜充血、出血、水肿、溃疡，甚至坏死；汞蒸汽吸入所致的，有明显的呼吸道病变，可见呼吸道黏膜充血、出血、支气管肺炎，甚至肺充血、肺出血，有的伴有胸膜炎；体表接触沾染所致的，有皮炎病变，可见皮肤潮红、肿胀、出血、溃烂、坏死、皮下出血或胶样浸润。慢性汞中毒，除侵入门户和排泄途径的病变外，主要病变在神经系统。脑及脑膜有不同程度的出血和水肿。组织学检查可见大脑皮质和小脑的神经细胞及末梢神经变性。

4. 实验室诊断　肾脏汞含量达到 10 mg/kg 以上。

【类症鉴别】

根据病史和临床症状，不难作出诊断。必要时，可采取饲料、饮水、胃肠内容物及尿液送检。确诊需取肾脏检验汞毒。鉴别诊断中应注意食入所致的与胃肠炎相鉴别，呼吸道侵入的应与支气管肺炎相鉴别，体表接触的应与皮肤真菌病等鉴别。

【防治措施】

治疗　按一般中毒病常规处理后，及时使用解毒剂。特效解毒药也是双巯基化合物。驱汞疗法，可用二巯基丙醇、二巯基丙磺酸钠和二巯基丁二酸钠。后两种药效果较好，且毒副作用小，有利于长期重复给药，达到缓缓驱汞的目的。

急性和亚急性中毒时，可用 5％二巯基丙磺酸液（每千克体重 5～8 mg）肌内或静脉注射，首日 3～4 次，次日 2～3 次，第3～7 天各 1～2 次，停药数日后再进行下一疗程；或用 5％～10％二巯基丁二酸钠液（每千克体重 20 mg）缓缓静注，3～4次/天，连续 3～5 d 为一疗程。停药数日后再进行下一疗程。

慢性中毒时，驱汞常需很长时间，约 1 个月。可用 5％二巯基丙磺酸钠液（每千克体重 5 mg）或 5％～10％二巯基丁二酸钠液（每千克体重 20 mg）缓缓静注，1～2 次/天，3 d 为一疗程。停药 4 d 后再进行下一疗程。一般需要 3～5 个疗程。

在实施上述驱汞疗法的同时，亦可口服或静注硫代硫酸钠（用量同砷中毒），以形成无毒的硫化汞排出，增强驱汞效果。保肝、输液、利尿等对症治疗与砷中毒相同，不得忽略。

预防 加强有机汞农药的管理，避免牛误食入有机汞农药处理过的种子或沾染有机汞农药的饲料和饮水。

无机氟化物中毒

无机氟化物中毒是由动物摄入无机氟化物引起的急、慢性中毒总称。急性氟中毒以胃肠炎、呕吐、腹泻和肌肉震颤、瞳孔扩大、虚脱、死亡为特点；慢性氟中毒以骨骼变形、牙齿病变为特征。世界各国及我国大多数省（自治区）均有本病，各种家畜均可发生，反刍兽、肉鸡尤为敏感。

【诊断要点】

1. 病因 氟中毒主要见于工业氟污染、地方性高氟和饲料添加剂高氟。

工业氟污染见于利用含氟矿石作为原料或催化剂工厂如磷肥厂、钢铁厂、炼铝厂和氟化物厂等排出的"三废"污染了周围空气、土壤、牧草及地表水，当动物长期饮用含氟废水或被降尘污染的地表死水，也可发生氟病。

地方性高氟也称自然高氟，往往分布在富氟岩矿（萤石、磷灰石、云母等）区、火山喷发地区，以及干旱、荒漠地区。我国从东北经华北、西北直至新疆，有一不连续的向北弯曲的半弧形高氟地带，其中高氟区多分布在干旱、半干旱地区。植物从土壤中吸收的氟主要累积于根部，自然高氟区生长的植物，被牛食用的部分，虽然含氟量有所增加，在中毒病因上也起一定的作用，但不同于工业污染区，饮水是地方性氟病更为重要的毒源。

长期饲喂未经脱氟的矿物质添加剂，如过磷酸钙、天然磷灰石等也可致病。

除骨、牙受损外，由于过量氟对原生质、多种酶的毒性作用，而使多种组织器官出现病理变化。

2. 临床症状 急性氟中毒一般在食入半小时左右出现症状，患畜流涎，呕吐，不停咀嚼，腹痛，腹泻，呼吸困难，肌肉震颤，瞳孔散大。多数家畜感觉过敏，严重时搐搦和虚脱，在数小时内死亡。有时动物粪便中带有血液和黏液。

慢性氟中毒家畜生长缓慢，消瘦，牙齿釉质粗糙、少光泽、白垩状，釉面上出现黄色、褐色或黑色的凹陷斑。牙齿普遍过度磨损，有的齿列不齐，呈现阶状齿、波状齿，有的出现长牙，有的臼齿脱落，有的发生齿槽骨膜炎。氟中毒母牛新生犊牛牙齿过短。下颌骨肥厚，常有骨赘，有些病例面骨也肿大。肋骨上出现局部硬肿。管骨变粗，常有骨赘；腕关节或跗关节肿胀，甚至愈着，患肢僵硬，蹄尖磨损，有的蹄匣变形，跛行，重症起立困难。有的病例可见盆骨和腰椎变形。易发生骨折。病牛咀嚼障碍，出现齿间蓄草或吐草团的现象，病牛日渐消瘦，最终衰竭而死亡。

3. 病理变化 X射线检查，患牛骨密度增大，骨外膜呈羽状增厚，骨密质增厚，骨髓腔变窄，尾骨变形，最后1～4尾椎密度减低或被吸收，个别牛可见尾椎陈旧性骨折。2岁以下犊牛骨密质密度减低，骨密质系数减小，少数3岁以上的病牛表现为骨质增生。

4. 实验室诊断 血氟、骨氟、水氟和饲料氟含量增高，骨氟超过1 000 mg/kg、尿氟超过15 mg/L，饮水含氟量超过4 mg/L可作为氟病的诊断指标。

【类症鉴别】

根据流行病学调查结果、临床特征可作出初步诊断。确诊需要做血氟、骨氟、水氟和饲料氟等的测定。临床上应注意与佝偻病、骨软症、锰缺乏症等相鉴别。

【防治措施】

治疗 急性氟中毒应立即抢救，可用 0.5％氯化钙或石灰水洗胃，同时可静脉注射氯化钙或葡萄糖酸钙补充体内钙的不足。配合维生素 D、维生素 B_1 和维生素 C 治疗。慢性氟中毒，首先要停止摄入高氟牧草或饮水。移至安全区放牧是最经济的有效方法，并给予富含维生素的饲料及矿物质添加剂。修整牙齿。对跛行病牛，可静脉注射葡萄糖酸钙。

预防 避免在钢铁厂等高氟范围内放牧，避免使用高氟地区生长的牧草饲喂牛。

食 盐 中 毒

食盐中毒是在动物饮水不足的情况下，过量食入食盐或含盐饲料而引起的一种中毒性疾病。临床上以消化机能紊乱和神经症状为特征。病理学特征为酸性粒细胞（嗜伊红细胞）性脑膜炎。各种动物均可发病，以猪和家禽尤为敏感多发。

【诊断要点】

1. 病因 舍饲家畜中毒多见于配料疏忽，误投过量食盐或对大块结晶盐未经粉碎和充分拌匀，或饲喂含盐分高的泔水、酱渣、咸菜及腌菜水和洗咸鱼水等。放牧家畜则多见于供盐时间间隔过长，或长期缺乏补饲食盐的情况下，突然加喂大量食盐，加上补饲方法不当，如在草地撒布食盐不匀或让家畜在饲槽中自由抢食。用食盐或其他钠盐治疗大家畜肠阻塞时，一次用量过大，或多次重复应用均可能引起中毒。

各种动物的食盐内服急性致死量牛、猪及马每千克体重约为

2.2 g、羊 6.0 g、犬 4.0 g、家禽 1.0~1.5 g。动物缺盐程度和饮水的多少直接影响致死量。

2. 临床症状 牛主要表现为食欲废绝，烦渴贪饮，口腔干燥，黏膜充血，腹痛、腹泻，粪便中混有黏液和血液。严重时出现双目失明，后肢麻痹，球节挛缩等症状，后期卧地不起，多于24 h 内死亡。慢性中毒时主要表现食欲减退，体重减轻，体温下降，衰弱，有时腹泻，多因衰竭而死亡。

3. 病理变化 剖检变化主要在中枢神经系统和消化道。脑软膜充血，脑回变平，脑沟血管明显，并有积液。镜检，脑组织中嗜酸性粒细胞增多。小肠黏膜有弥漫性炎症。牛瓣胃和真胃黏膜有明显充血和炎症。慢性中毒时，骨骼肌水肿，心包积液，大脑皮质软化、坏死。

4. 实验室诊断 血清钠含量增高，达到 180~190 mmol/L（135~145 mmol/L）。肝和脑组织中氯化钠含量测定超过 250 mg/100 g 和 180 mg/100 g 为阳性和残留饲料、饮水的食盐含量测定。

【类症鉴别】

根据过饲食盐和/或限制饮水的病史，临床上的神经症状、病理剖检变化和实验室检查，可以确定诊断。确诊需要进行血清钠的含量测定。临床上注意与引起神经系统兴奋的疾病相鉴别，如牛脑脊髓炎、狂犬病、李氏杆菌病等。

【防治措施】

治疗 首先应停喂、停饮含盐饲料及饮水。中毒早期可多次给予少量清水或灌服适量的温水，较好的方法是催吐、洗胃，然后用植物油或液体石蜡导泻，以减少氯化钠吸收，促使其排出，但禁用盐类泻剂。发作期禁止饮水。为了调节体液一价、二价阳离子平衡，可静脉注射钙制剂，拮抗高血钠。缓解脑水肿，降低颅内压，可静脉注射25％山梨醇、20％甘露醇或高渗葡萄糖液。镇静解痉，可肌注盐酸氯丙嗪注射液或安定注射液，亦可静注硫酸镁注射液或溴化钙注射液。

预防 避免饲喂含盐分高的泔水、酱渣、咸菜及腌菜水和洗咸鱼水等饲喂牛。

黄曲霉毒素中毒

黄曲霉毒素中毒是人畜共患且有严重危害性的一种霉败饲料中毒病，临床上以消化机能障碍，全身性出血、腹水和神经机能障碍为特征。病理学特征为肝细胞变性、坏死、出血，胆管和肝细胞增生。长期慢性小剂量摄入含有黄曲霉毒素的饲料，还有致癌作用。

【诊断要点】

1. 病因 黄曲霉毒素（AFT）主要由黄曲霉和寄生曲霉产生。自然界分布的黄曲霉中，仅有10％菌株能产生黄曲霉毒素，其他能产生黄曲霉毒素的真菌尚有温特曲霉、黑曲霉、青霉等20多种。AFT是一类结构相似的化合物，都具有一个双呋喃环和一个氧杂萘邻酮（香豆素）结构，它们在紫外线照射下都发荧光。根据它们产生荧光的颜色可分为两大类，发出蓝紫色荧光的称B族毒素，发出黄绿色荧光的称G族毒素。目前已有20余种，如AFTB1、AFTB2、AFTG1、AFTG2、AFTM1、AFTM2等，其中除前4种为天然产物外，其余的均为其衍生物。它们的毒性强弱与其结构有关，凡呋喃环末端有双键者，毒性强，可导致畜禽和人类肝损害和肝癌。研究表明，AFTB1、AFTB2、AFTG1、AFTM1，都可以诱发猴、大鼠、小鼠等动物致肝癌。在这些毒素中又以AFTB1的毒性及致癌性最强，进行饲料中AFT含量检测和进行饲料卫生学评价时，一般以AFTB1作为主要监测指标。

最适合黄曲霉菌生长的植物有花生、玉米、黄豆、棉籽等植物的种子，最适合生长、产毒的温度为 24～30 ℃，种子湿度为 10%～15%，相对湿度为 70%～80%，有时作物生长在田间时黄曲霉菌就可生长产毒。畜禽黄曲霉中毒的原因多是采食了产毒霉菌污染的花生、玉米、豆类及其副产品所致。

2. 临床症状　犊牛对该毒素较敏感，特别是 3～6 月龄犊牛。犊牛生长发育缓慢，被毛粗糙逆立，食欲不振，磨牙，鼻镜干裂，无目的地徘徊。常一侧或双侧角膜混浊，有间隙性腹泻，有的可导致里急后重和脱肛，个别牛还呈现惊恐或转圈运动等神经症状，后期陷于昏迷而死亡，死亡率高于成牛。

成年牛多呈慢性经过。当出现中毒时，心跳亢进，食欲废绝，精神委顿，脉搏 90 次/min，呼吸频数为 13 次/min 以上。体温正常，全身衰弱，行走摇摆，步伐不稳，胃肠膨胀，消化紊乱，初期便秘，后变为下痢，蠕动音消失，可视黏膜苍白，排绿色水样粪便或粪便常有肠黏膜。粪便呈灰色，乳牛产乳量下降或停止泌乳，妊娠牛或发生早产或流产。

3. 病理变化　主要病变为贫血和出血。全身黏膜、浆膜、皮下和肌肉出血；肾、胃弥漫性出血，肠黏膜出血、水肿，肝脏肿大，脾脏出血。急性病例呈急性中毒性肝炎，慢性病例可见肝脏体积缩小，质地变硬，色泽变浅，胆囊扩张，腹腔积液，组织切片可见肝细胞弥漫性坏死和间质结缔组织增生，胆管增生。

4. 实验室诊断　低蛋白血症，红细胞数明显减少，白细胞数增多，凝血时间延长。急性病例，谷草转氨酶、瓜氨酸转移酶和凝血酶原活性升高；亚急性和慢性病例，异柠檬酸脱氢酶和碱性磷酸酶活性明显升高。

【类症鉴别】

根据病史调查、病畜有采食霉变饲料的病史，但在动物中无传染性、无免疫性和季节性，凡食用霉饲料者可中毒，未食者不发病；全身黏膜、浆膜出血，典型的肝脏病变和血清酶活性升高，同时在饲料中可检出一定量的毒素可作出诊断。但应与肝硬化、肝炎、肝癌等予以鉴别。

饲料中黄曲霉毒素测定有定性和定量法，前者将代表性饲料用紫外灯 365 nm 照射，暗处观察，显蓝光者为 B1、B2 毒素，显绿光者为 G1、G2 毒素；后者又分为薄层层析法和免疫测定法两种，层析法需用标准毒素在薄层板上迁移速率为对照，而免疫法则是把标准黄曲霉毒素 B1 附着到牛的白蛋白分子上，形成抗原，免疫家兔后产生抗牛白蛋白—黄曲霉毒素 B1 抗体，再用 ELISA 法或亲和层析等技术检测血液及饲料中 B1 的含量，此法检出率高。

【防治措施】

治疗　目前无治疗本病的特效药，一旦发现中毒，立即更换饲料，加强护理。对早期发现的病牛可投服硫酸镁、人工盐等盐类泻药，促使毒物排出；同时供给充足的青绿饲料和维生素 A、维生素 D，保护肝脏；或者灌服绿豆汤、甘草水或高锰酸钾水溶液，可缓解中毒。

预防　防止本病关键是搞好防霉去毒工作。对质量较差的饲料可添加 0.1％的苯甲酸钠等防霉剂。防霉主要是选育抗黄曲霉毒素的农作物品种；采用适宜的种植技术和收获方法，如花生种植不重茬，收获前灌水，收获时尽量防止破损；玉米、小麦等农作物收割后要及时晒晾，使含水量符合要求；采用适当的贮藏方法和化学防霉剂，如对氨基苯甲酸、丙酸、醋酸钠、亚硫酸钠等都能阻止黄曲霉的生长。对已含有黄曲霉毒素的饲料，可应用物理、化学和生物学方法去除其中的毒素，这些方法需要一定的设备和技术，不够简便，且去毒处理后，产品营养价值下降。

杂色曲霉毒素中毒

杂色曲霉毒素中毒是动物采食杂色曲霉毒素污染的饲料引起的一种中毒病。临床上以渐进性消瘦和全身性黄疸为特征，病理学特征为病理变化以肝细胞和肾小管上皮细胞变性、坏死，间质纤维组织增生。

【诊断要点】

1. 病因　杂色曲霉毒素又称柄曲霉毒素，主要由杂色曲霉、构巢曲霉和离蠕孢霉三种霉菌产生。这三种主要产毒霉菌普遍存在于土壤、农作物、食品和水果中，如小麦、大米、玉米、花生、面粉、火腿、干酪和黄油等。在三种主要产毒霉菌中，以杂色曲霉的产毒量最高，构巢曲霉和离蠕孢霉的产量分别约为前者的一半。此外，黄曲霉、寄生曲霉、谢瓦曲霉、皱褶曲霉、赤曲霉、焦曲霉、黄褐曲霉、变色曲霉、爪曲霉等也可产生。

杂色曲霉毒素是一类化学结构相似的化合物，其基本结构为一个双呋喃环和一个氧杂蒽酮。目前已确定的有 10 种以上，在紫外灯下呈现砖红色荧光，分子式为 $C_{18}H_{12}O_6$，分子量 324，熔点为 246～248 ℃。难溶于水和碱性溶液，易溶于氯仿、乙腈、苯、吡啶和二甲亚砜等有机溶剂。

本病主要是牛食入被杂色曲霉素污染的饲草引起。在宁夏回族自治区盐池、灵武两个县，陕西定边县及内蒙古鄂托克旗等地。每年 12 月至次年 6 月为发病期，4～5 月为高峰期，康复的家畜到翌年还可再次发病。

2. 临床症状　奶牛呈慢性经过，产奶量下降，腹泻，严重者血痢，最后衰竭死亡。

3. 病理变化　主要表现为肝脏肿大，表面不平，呈黄绿色，呈花斑样色彩。皮下、腹膜、脂肪黄染。肺、脾、膀胱、胃肠道、肾脏广泛性出血。病理组织学变化可见肝细胞严重空泡化和脂肪变性，肝细胞间纤维组织增生。肾小管上皮细胞空泡变性或坏死脱落。大脑部分神经细胞空泡化，呈网织状。特征性的剖检变化是皮肤和内脏器官高度黄染。皮下组织、脂肪、浆膜、黏膜均黄染。肝脏肿大，质脆，胆囊充满胆汁。胃肠道黏膜充血，肾脏肿大、质软、色暗、全身淋巴结水肿。

4. 实验室诊断 确诊本病必须测定样品中的杂色曲霉毒素含量并分离培养出产毒霉菌。杂色曲霉毒素的测定，普遍采用薄层层析紫外扫描法，此法操作简便、准确度高、杂质干扰小。

【类症鉴别】

根据病史调查、病畜有采食霉变饲料的病史，但在动物中无传染性、无免疫性和季节性，凡食用霉饲料者可中毒，未食者不发病；腹泻，严重者血痢；临床上以渐进性消瘦和全身性黄疸为特征，必须测定样品中的杂色曲霉毒素含量并分离培养出产毒霉菌，采用薄层层析紫外扫描法予以测定。但应与肝炎、肝硬化、肝癌、脂肪肝、铜中毒、牛嗜血支原体病等予以鉴别。

【防治措施】

治疗 无特效疗法，根据病情给予对症治疗。使役家畜应充分休息，保持环境安静，避免外界刺激。增强肝脏解毒机能，恢复中枢神经机能，防止继发感染。可选用高渗葡萄糖溶液和维生素 B_1 静注，也可口服肝泰乐、肌苷片等。病畜兴奋不安时，可用10％安溴注射液，内服水合氯醛。防止继发感染可选用抗生素类药物。

预防 本病的预防主要是防止糜草发霉，或不喂已发霉的糜草，这是杜绝家畜发生本病的根本措施。为了防止糜草发霉，在收割后要充分晒干，然后堆放于通风，地面水流通畅的地方，严禁雨淋。

赭曲霉毒素 A 中毒

赭曲霉毒素 A 中毒是畜禽采食含有赭曲霉毒素 A 的饲料引起的一种中毒病。临床上以多尿和腹泻为特征。病理学特征是肾脏和肝脏损害。毒素剂量小多先侵害肾脏，毒素剂量大时损害肝脏。幼龄畜禽比成年的敏感。本病主要发生于犊牛。

【诊断要点】

1. 病因 赭曲霉毒素 A 主要由赭色曲霉产生，其他曲霉和青霉如硫色曲霉、菌核曲霉、洋葱曲霉、孔曲霉、鲜绿青霉、普通青霉、圆弧青霉、变紫青霉等也能产生赭曲霉毒素。这些霉菌在自然界中广泛分布，极易污染畜禽饲料，在温度和湿度适宜时产生大量赭曲霉毒素。畜禽采食了被赭曲霉毒素 A 污染的玉米、大麦、黑麦、燕麦、荞麦、高粱和豆类等谷物，以及麦麸等副产品，甚至污染的干草等，都可以引起中毒。

2. 临床症状 犊牛中毒时精神沉郁、食欲减少或废绝、拉稀、脱水等症状，有的尿频，但每次的尿量减少，尿液比重低。重症病犊的尿液检验，尿蛋白阳性，尿沉渣中可见颗粒管型。血清谷草转氨酶活性升高，肝糖原减少。

3. 病理变化 以肾脏病变为主，可见肾脏肿大，呈灰白色，表面凹凸不平，有小泡，肾实质坏死；近曲小管功能退化，肾小管通透性变差，浓缩能力下降。

4. 实验室诊断 对饲料样品进行病原真菌培养、分离和产毒真菌的鉴定，提取和纯化赭曲霉毒素 A，通过毒性实验可以确诊。

【类症鉴别】

根据病史调查、病畜有采食霉变饲料的病史，但在动物中无传染性、无免疫性和季节性，凡食用霉饲料者可中毒，未食者不发病；肾脏和肝脏损害，在饲料中可检出一定量的毒素可作出诊断。但应与瘤胃酸中毒、钼中毒、有机磷类农药中毒、氨基甲酸酯类农药中毒等予以鉴别。

【防治措施】

治疗　对已中毒的畜禽，应绝食，酌情选用人工盐和植物油等泻下剂，及早清除胃肠中含毒的内容物，充分饮水；然后给予容易消化、富含维生素的新鲜饲料，或内服矽碳银等保护肠黏膜的药物；或针对病情采取对症疗法。对牛，还必须注意强心、补液、输糖，以防脱水，保护肝功能，增强新陈代谢，以利康复。

预防　首先要防止谷物饲料发霉。如把饲料（玉米、大麦、小麦等）晾干至可供储存的水分含量（12％～13％），储存时重复循环换置，良好的饲料管理将能限制饲料里真菌的生长。饲料中添加防腐剂的主要效果是减少微生物、抑制毒素的产生、避免储存时营养成分的损失，防霉剂通常有丙酸、霉敌、除霉净等，防霉剂仅能阻止发霉，但不能消除饲料已产生的霉菌毒素。因此，应阻止饲喂已发霉变质的饲料，以防引起中毒。

红青霉毒素中毒

红青霉毒素中毒是由红青霉毒素引起的一种中毒性疾病。临床上以中毒性肝炎和脏器出血为特征。发病率不高，但死亡率高。

【诊断要点】

1. 病因　红青霉毒素，由红色青霉和产紫青霉产生，分为红青霉毒素 A、B 两种，后者毒性较强。本病的发生是畜禽采食上述霉菌污染的玉米、麦类、豆类及牧草等所致。红青霉毒素的毒性作用与黄曲霉毒素极为相似，但不具有致癌性，有致畸性。

2. 临床症状　主要表现为中毒性肝炎、胃肠炎和全身性出血症状。表现精神沉郁，食欲减退或废绝，流涎，可视黏膜黄染，腹痛，腹泻，粪便带血。尿液中混有血液。

3. 病理变化　自然中毒的奶牛，都具有急性肝炎、肠炎和脏器出血的病理变化。组织学变化为肝脂肪变性、坏死，中性粒细胞和淋巴细胞浸润。

4. 实验室诊断　确诊需要对霉败饲料进行产毒霉菌的分离、培养和鉴定，进行毒素的薄层层析检验。

【类症鉴别】

根据病因、临床症状及病理解剖学变化可建立初步诊断。必要时可用产毒霉菌培养物进行人工复制试验。鉴别诊断应与黄曲霉毒素中毒相区别。

【防治措施】

无特效治疗药物，具体可参照黄曲霉毒素中毒的防治措施。

青霉震颤毒素中毒

青霉震颤毒素中毒又称震颤素中毒，是由动物采食被震颤毒素污染饲料引起的一种中毒性疾病。临床上以持续性震颤、虚脱和惊厥等为特征。经口或腹腔注射毒素后即出现震颤综合征。

【诊断要点】

1. 病因　本病的致病毒素是震颤毒素，主要由圆弧青霉、软毛青霉及徘徊青霉等产生；此外，曲霉属的烟曲霉、黄曲霉等也产生这类毒素，毒素按其结构的不同可分为震颤毒素 A、B、C 三种，其中以震颤毒素 A 的毒性较强。

这些产毒霉素在自然界的分布很广，几乎所有食品、贮粮和大多数饲料，尤其是青贮饲料都能被污染。家畜采食被这些产毒霉菌污染的谷物、玉米、青贮等饲料、饲草，就会引起中毒。试验证明，用其菌丝悬浮液或污染饲料的氯仿提取物，口服或注射均能使犊牛人工发病。

2. 临床症状　中毒的主要临床表现是兴奋增强、共济失调、震颤、眼球突出和呼吸困难。

犊牛中毒早期症状为震颤，当病畜受到惊恐或强迫运动时，病情明显加重。四肢无力，多取叉开姿势站立。运动时步态强拘，共济失调，易摔倒。卧地时四肢成游泳样划动。严重者，角弓反张，抽搐，眼球震颤，突出，多突然死亡。有时多尿，瞳孔散大，流泪，流涎，腹泻和呼吸迫促等症状。成年牛发病较少。

3. 病理变化　震颤毒素属于神经毒，进入动物机体后，主要侵害中枢神经系统，神经系统明显充血、水肿。

4. 实验室诊断　根据病史、临床症状、产毒霉菌的分离和鉴定，以及饲料中毒素的测定，进行综合判定。

【类症鉴别】

根据病史调查、病畜有采食霉变饲料的病史，同时根据主要的临床症状即可作出诊断。本病应与牛脑脊髓炎、有机磷中毒、氢氰酸中毒、氟乙酰胺中毒、脑膜炎、日射病与热射病等进行鉴别诊断。

【防治措施】

治疗　发现中毒后，立即停止饲喂霉败饲料，即使已表现虚脱的病畜，通常也能在一周内恢复。增强肝脏的解毒功能，可静脉注射高渗葡萄糖溶液、维生素 C、维生素 B 族制剂，并配合使用肌苷和三磷酸腺苷，促进肾脏排毒，可使用强心剂和乌洛托品。

预防 给予富含维生素的青绿饲料和优质干草，供给清洁饮水，保持病畜安静。

展青霉毒素中毒

展青霉毒素中毒是由于动物采食被展青霉毒素污染的饲料而引起的一种中毒病。临床上以中枢神经系统机能紊乱为临床特征。本病主要发生于奶牛，其他动物亦可发生。临床上常见于奶牛采食发霉的麦芽根所致，故又称霉麦芽根中毒。

【诊断要点】

1. 病因 本病的致病毒素为展青霉毒素，主要由荨麻青霉和棒曲霉产生。

2. 临床症状 病牛食欲、反刍减少，体温一般在 38.5～39℃。病初呼吸浅表、增数，心音增强。对外界刺激反应敏感，当触摸皮肤时，惊恐不安，眼球突出，目光凝视。对音响或有人接近时，表现极度恐惧。全身肌肉特别是肘后肌群痉挛，站立姿势异常，如头颈伸直，腰背拱起，行走无力，站立不稳。后肢时时抬举及伸展，膝关节麻痹、弯曲，易于跌倒，倒后极难站起。病情发展到中期，出现呼吸困难，肺泡呼吸音增强，有啰音，鼻腔流出大量白色泡沫状液体，心音减弱且混浊。严重病牛卧地不起，四肢呈游泳状划动，头颈弯向背部，四肢强直。粪软，表面附有大量黏液，个别病例粪便中混有血块，最终由于心力衰竭而死。

3. 病理变化 病理学检查可见脑膜血管扩张、充血，皮质部软化，神经细胞消失。脊髓液增多并稍混浊。坐骨神经束膜有线状、点状或弥漫性出血。神经干周围组织呈胶样浸润和出血。心脏冠状沟及纵沟有血点,右心室扩张。肝脏肿大,表面光滑,色暗红,质地变软,切面外翻,流出少量血液。肝小叶界限模糊。组织学变化为肝小叶内有坏死灶,其中细胞核消失,周围有大量炎性细胞浸润。有的肝小叶内出现局限性出血、水肿,气管、支气管内有白色泡沫状液体。严重者有肺气肿。组织学变化为大叶性肺炎的不同阶段变化。肠黏膜肿胀,有出血斑,肠内容物混杂有血液。

4. 实验室诊断　血液学白细胞总数增多,中性粒细胞多达65%以上,淋巴细胞减少到40%以下。粪潜血阳性。

【类症鉴别】

根据饲喂霉麦芽的病史及神经症状为主的临床特征,配合病理学变化,产毒霉菌的分离、培养和鉴定等,可以作出诊断。本病应与牛脑脊髓炎、有机磷中毒、氢氰酸中毒、氟乙酰胺中毒、脑膜炎、日射病与热射病等进行鉴别诊断。

【防治措施】

治疗　对本病尚无特效治疗药物,只能采取对症疗法。

防治　预防是根本措施,应严格禁止饲喂霉麦芽根饲料。

T-2毒素中毒

T-2毒素中毒是由单端孢霉烯族化合物中的T-2毒素引起的一种中毒病。临床上以拒食、呕吐、腹泻及诸多脏器出血为特征。本病为人畜共患病。

【诊断要点】

1. 病因　其病原为T-2毒素,由三隔镰刀菌、拟枝孢镰刀菌、梨孢镰刀菌、粉红镰刀菌和禾谷镰刀菌等产生。T-2毒素可在饲料中无限期地持续存在。病因主要是由于畜禽采食被T-2毒素污染的玉米、麦类等饲料所致。

2. 临床症状　反刍动物的中毒相对较轻。急性病例表现精神沉郁，被毛粗乱，反应迟钝，共济失调。食欲、反刍大减或废绝，胃肠蠕动减弱或消失，腹泻，粪便中混有黏膜、伪膜和血液。随着病情的发展，出现广泛性出血症状，如皮肤出血，便血，尿血。体温下降0.5～1℃，当继发感染时，可升高0.5～1℃。慢性中毒病例的病情发展缓和，症状基本同急性。但由于毒素长期作用，多诱发骨髓造血机能衰竭，白细胞、血小板生成减少，凝血时间延长。

3. 病理变化　T-2毒素中毒的病变多为营养不良性消瘦和恶病质。牛消化道黏膜发炎、出血和坏死，瘤胃乳头脱落，胃壁糜烂性溃疡和真胃炎。肝、脾肿大及出血，心肌出血，脑实质出血和软化。骨髓和脾脏等造血机能衰退。病理组织学变化可见肝细胞坏死，心肌纤维变性，骨髓细胞萎缩，细胞核崩解。

4. 实验室诊断　确诊诊断必须测定饲料中T-2毒素，也可进行产毒霉菌的分离培养。

【类症鉴别】

一般根据流行病学调查、临床症状、病理变化进行初步诊断。但本病应与黄曲霉毒素及红色青霉毒素等中毒病进行鉴别。

【防治措施】

治疗　当怀疑T-2毒素中毒时，应停止采食霉败饲料，尽快投服泻剂，以清除胃肠内毒素。同时给与黏膜保护剂和吸附剂，保护胃肠道黏膜。对症治疗可静脉注射葡萄糖溶液、乌洛托品注射液及强心剂等。

预防　防治饲喂发霉变质的饲料。

霉稻草中毒

霉稻草中毒又称丁烯酸内酯中毒，是动物采食发霉稻草或苇状羊茅草所致的一种真菌毒素中毒病。临床上以耳尖、尾端干性坏疽，蹄腿肿胀、溃烂，以至蹄匣和趾（指）骨腐脱为临床特征。本病主要发生于水牛，黄牛次之。国内多发生于舍饲的耕牛。

本病的发生有明显的地区性和季节性。在我国发生于产稻地区，尤其是南方产稻地区。如四川、湖南、湖北、浙江、云南、贵州及陕西等。通常发病由每年 10 月份开始，11～12 月份为发病高峰期，延续到次年 4 月份后病势自行停止。

【诊断要点】

1. 病因 动物采食被丁烯酸内酯类毒素污染饲料是发病的原因。

致病毒素是丁烯酸内酯或某些单端孢霉烯族化合物，由三隔镰刀菌、梨孢镰刀菌、拟枝孢镰刀菌、雪腐镰刀菌、木贼镰刀菌、粉红镰刀菌、半裸镰刀菌和砖红镰刀菌等产生。镰刀菌在气温较低（7～15 ℃）的环境中可产生大量的丁烯酸内酯，而在常温条件下的产毒量少。因此，在冬季牛采食污染霉菌的稻草后，容易引起中毒。同时，在寒冷季节，远端机体体表末梢血管收缩，血流缓慢，在毒素的作用下，更易促使发病，这说明冷冻是本病发生的诱因。

丁烯酸内酯对小鼠经口服 LD_{50} 为 275 mg/kg，经腹腔注射 LD_{50} 为 43.7～71 mg/kg；犊牛每天投服 22～31 mg/kg，可使尾巴发生红斑和水肿，投服 30～68 mg/kg 经 3～4 d 可引起死亡；另外，丁烯酸内酯涂于家兔皮肤可引起明显的皮肤反应。

2. 临床症状 病牛精神委顿，拱背站立，被毛粗乱，皮肤干燥，个别出现鼻黏膜烂斑，有的公牛阴囊皮肤干硬皱缩。体温、脉搏、呼吸等全身症状轻微或不显。

特征性变化耳、尾、肢端等末梢部。病初表现跛行。站立时频频提举四肢尤其后肢。行走时步态僵硬。蹄冠部肿胀、微热、微痛。系凹部皮肤有横行裂隙。数日后，肿胀蔓延至腕关节或跗关节，跛行加重。继而肿胀部皮肤变凉，表面渗出黄白色或黄红色液体，并破溃出血、化脓或坏死。严重的则蹄匣或趾（指）关节脱落。少数病例，肿胀可蔓延至股部或肩部。肿胀消退后，皮肤硬结如龟板样。有些病牛肢端在肿胀消退后发生干性坏疽，跗（腕）关节以下的皮肤形成明显的环形分界线，坏死部远端皮肤紧箍于骨骼上。多数病牛伴发耳尖和尾梢部坏死，患部干硬，终至脱落。

妊娠母牛可有流产、死胎、胎衣不下和阴道脱等症状。

3. 病理变化　患肢肿胀部切面流出淡黄色透明液体，皮下组织疏松、蹄冠与系部血管显著扩张，充血形成柱塞，血管内暗红色凝固物。病部肌肉致密呈灰白或苍白色，患肢淋巴结肿大，切面湿润呈灰黄色。

4. 实验室诊断　采集致病霉稻草，进行病原真菌培养、分离和鉴定。或用病区霉稻草乙醇浸出物对家兔做皮肤试验观察病理变化。

【类症鉴别】

根据病史调查、病畜有采食霉稻草的病史，但在动物中无传染性、无免疫性和季节性；鉴别诊断上，应注意与造成耳、尾、蹄坏死的类症，如伊氏锥虫病、坏死杆菌病、慢性硒中毒等疾病相鉴别。

【防治措施】

治疗　目前尚无特效治疗药，首先应立即停喂霉稻草或苇状羊茅草，并给胡萝卜秧等饲料加强营养，配合对症治疗，可收到一定效果。病初，为促进末梢血液循环，可对患部进行热敷、按摩或灌服白胡椒酒（白酒 200～300 mL，白胡椒 20～30 g，一次灌服）。肿胀部破烂而继发感染时，可施行外科处理，辅以抗菌药疗法。

预防　预防要点在于秋收冬藏期间防止稻草发霉，不喂或少喂霉稻草，必要时可用 10％纯石灰水浸泡霉稻草，3 d 后捞出，清水冲洗，晒干再喂。

栎 树 叶 中 毒

栎树叶中毒又称青冈叶中毒、橡树叶中毒、柞树叶中毒等，是指动物采食栎树的枝叶后引起的一种中毒病。临床上以便秘或下痢、水肿、胃肠炎和肾脏损害为主要临床特征。本病除犬、猫外，可发生于各种其他家畜、实验动物，以至于鸵鸟等，其中对牛类的危害最为严重。

【诊断要点】

1. 病因　栎树又称橡树，俗称青冈树、柞树，是显花植物双子叶门壳斗科（即山毛榉科）、栎属植物。本病发生于生长栎树的林带，尤其是乔木被砍伐后，新生长的灌木林带。放牧牛、羊可因大量采食栎树叶而中毒。据报道，牛采食栎树叶数量占日粮的 50％以上即可引起中毒，超过 75％会中毒死亡。也有因采集栎树叶喂牛或垫圈而引起中毒者。尤其是春季干旱，其他牧草发芽生长较迟，而栎树返青早，栎树叶有一定的适口性，可加重耕牛的采食及中毒机会，可大批发病死亡。

栎树叶中的主要有毒成分是高分子栎丹宁，在胃肠内可经生物降解产生毒性更大的低分子多酚类化合物（包括没食子酸、邻苯三酚、间苯二酚、联苯三酚），通过胃肠黏膜吸收进入血液循环并分布于全身器官组织，从而发生毒性作用。由于栎丹宁降解产物的刺激作用，导致胃肠道的出血性炎症和以肾小管变性和坏死为特征的肾病，最后则因肾功能衰竭而致死。

2. 临床症状　自然中毒病例多在采食栎树叶 5～15 d 发病。病牛首先表现精神沉郁，食欲、反刍减少，厌食青草，喜食干草。瘤胃蠕动减弱，肠音低沉，很快出现腹痛综合征（磨牙、不安、后退、后坐、回头顾腹及后肢踢腹等）。排粪迟滞，粪球干燥，色深，外表有大量黏液或纤维性黏稠物，有时混有血液，粪球常串联成念珠状或算盘珠样，严重者排出腥臭的焦黄色或黑红色糊状粪便。鼻镜干燥或龟裂。病初排尿频繁，量多，清亮如水，有的排血尿。随着病情进展，饮欲逐渐减退，以致消失，尿量减少，甚至无尿。病的后期，会阴、股内、腹下、胸前、肉垂等部位出现水肿，触诊呈捏粉样。腹腔积水，腹围膨大而均匀下垂，病畜虚弱，卧地不起，出现黄疸、血尿、脱水等症状，最终死亡。体温一般无变化。妊娠牛可见流产或胎儿死亡。

3. 病理变化　身体下垂部如下颌、肉垂、胸腹下部多积聚有数量不等的淡黄色胶胨样液体，各浆膜腔中都有大量积液。消化道黏膜肿胀、出血、溃疡等。胆囊肿大。肾脏多数肿大、变性、出血点或出血斑，皮质和髓质界限模糊。

4. 实验室诊断　尿蛋白试验呈强阳性，尿沉渣中有大量肾上皮细胞、白细胞及各种管型。尿液中游离酚含量升高，可达 30～100 mg/L。血清尿素氮、挥发性游离酚含量升高，血清 AST、ALT 活性升高。

【类症鉴别】

根据采食栎树叶或橡子的病史、临床特征等可作出诊断。早期诊断的主要根据包括有采食或饲喂栎树叶的病史、体温正常、食欲稍减、粪便干燥、色暗黑并带有较多的黏液和少量的血丝、出现红尿为主。但因临床上出现红尿的病因很多，故应予以鉴别，如铜中毒、肾炎等。

【防治措施】

治疗　原则为排除毒物，解毒和对症治疗。为促进胃肠内容物的排除，可用 1%～3%氯化钠溶液 1 000～2 000 mL，瓣胃注射；或用鸡蛋清 10～20 个，蜂蜜 250～500 g，混合一次灌服；或灌服菜油 250～500 mL。碱化尿液，促进血液中毒物排泄，可用 5%碳酸氢钠 300～500 mL，一次静脉注射。硫代硫酸钠 5～15 g，制成 5%～10%溶液一次静脉注射，每天 1 次，连续 2～3 d，对初中期病例有效。对机体衰弱，体温偏低，呼吸次数减少，心力衰竭及出现肾性水肿者，使用 5%葡萄糖生理盐水 1 000 mL、林格氏液 1 000 mL、10%安钠咖注射液 20 mL，一次静脉注射。对出现水肿和腹腔积水的病牛，用利尿剂。晚期出现尿毒症的还可采用透析疗法。为控制炎症可内服或注射抗生素和磺胺类药。

预防　根本措施是恢复栎林区的自然生态平衡，改造栎林区的结构，建立新的饲养管理制度。在发病季节里，不在栎树林放牧，不采集栎树叶喂牛，不采用栎树叶垫圈。牛采食栎树叶数量占日粮的 50%以上即可引起中毒，超过 75%即中毒死亡。应控制牛采食栎树叶的量。高锰酸钾能使栎丹宁及其降解产物分解，放牧后应灌服高锰酸钾水（高锰酸钾粉 2～3 g，加清洁水 4 000 mL），一次胃管灌服或饮用，坚持至发病季节终止。

疯 草 中 毒

疯草中毒是指动物采食棘豆属和黄芪属中有毒植物引起的一种慢性中毒病。临床上以头部震颤、运动蹒跚和后肢麻痹等神经症状为特征。本病主要发生于草食兽，但从动物种属上看，马、骡最敏感，牛、羊次之。

【诊断要点】

1. 病因　疯草是棘豆属和黄芪属中有毒植物的统称。疯草是全世界危害家畜最为严重的一类有毒植物。棘豆属植物有 300 多种，我国的棘豆属植物有 100 多种，引起家畜中毒的约有 20 多种，主要有黄花棘豆、甘肃棘豆、小花棘豆等，主要分布于西北、华北及西南牧区，对放牧动物危害极大。黄芪属植物约有 2 000 多种，我国约有 300 多种，主要分布在北方高山地带。引起中毒的主要是茎直黄芪和变异黄芪，前者主要分布在西藏，后者主要分布在内蒙古、甘肃及宁夏。

上述栎树叶、疯草植物属于多年草本植物，主要生长在海拔 1 100～3 200 m 的草地。二者适口性均很差。在牧草能满足的情况下，当地动物能辨认出，并不采食。如牧草严重不足时，动物才不得以采食以维持生命。然而一旦家畜开始采食疯草，则将很快变得嗜好成瘾，以至仅采食疯草，直至中毒死亡。此外，从外地引进的动物，由于对疯草无识别力，也易中毒。

2. 临床症状　疯草中毒通常是一个渐进的过程，牲畜在采食疯草的初期，上膘较快，体重稍有增加。一段时间之后，营养状况开始下降，继而出现精神沉郁，反应迟钝，被毛粗乱，随着病情进展，出现特征性临床症状，目光呆滞，头部震颤，步态不稳，后肢拖地。严重时在腭下、喉等部位出现水肿，后肢麻痹，卧地不起，最后衰竭死亡。孕畜流产、死胎、早产、畸形胎等症状，母畜不孕和公畜不育。有的出现便秘或腹泻、失明和脱毛等症状。

3. 病理变化　病理学特征为神经系统、肝和肾等器官细胞内形成空泡变性。

4. 实验室诊断　实验室检查可见贫血，血清 α-甘露糖苷酶活性下降，尿中低聚糖含量增加。

【类症鉴别】

根据病史和临床症状可作出初步诊断。确诊时可测血清α-甘露糖苷酶活性或尿液低聚糖含量增加与否。应注意与铅中毒相鉴别。

【防治措施】

治疗　疯草中毒目前无特效疗法，一般只进行对症治疗。轻度中毒或发病较短的病例，应立即停止饲喂疯草，加强饲养管理，供给优质牧草并加强补饲，则可逐渐恢复。中毒严重者，采用10％硫代硫酸钠等渗葡萄糖溶液，按体重1 mL/kg静脉注射，有一定疗效。

预防　加强饲养管理，准备充足饲料，避免在有疯草草场放牧，若放牧应采取轮牧。在有棘豆的草场限制放牧或在棘豆结荚期和枯草期实行轮牧，即在有棘豆的草场上放牧10～15 d，在无棘豆草场上放牧10～15 d或更长时间，如此循环放牧在一定程度上可避免家畜中毒。此外，也可以去除草场毒草，如化学防除、人工防除等，也可对疯草进行脱毒使用。处理方法是稀盐酸水或常水浸泡处理2～3 d，然后阴干或风干后存放使用。这样，即可有效地除去疯草，还获得优质高蛋白的饲草。

毒 芹 中 毒

毒芹中毒是指动物采食毒芹后引起的一种中毒病。临床上以痉挛抽搐和出血为特征。主要发生于草食兽和杂食兽，常见于牛、马、羊和猪。

【诊断要点】

1. 病因　毒芹俗称野芹菜，是多年生伞科植物，喜生长于潮湿、低洼地带。家畜毒芹中毒，是因误食毒芹根茎部引起的。

中毒多发生在早春和晚秋。由于毒芹春季比其他植物发芽早，且生长快，所以早春到低洼地带放牧时，家畜贪青不仅采食毒芹的幼苗，由于其根茎有少甜味，也采食生长在地表的毒芹根茎；晚秋时牧草枯萎，家畜喜欢吃具有甜味的毒芹根茎或霜后气味消失的毒芹枯叶，因而引起中毒。

夏季虽然毒芹生长茂盛，但因有类似芹菜样的气味，家畜不喜欢采食，或采食量不多，所以很少引起中毒。

2. 临床症状 牛采食毒芹后一般 2～3 h 内出现临床症状。病初兴奋不安，口、鼻流出白色或淡褐色泡沫状液体，食欲废绝，反刍停止，瘤胃臌气、腹泻、腹痛，频频排尿。同时由头颈部到全身肌肉出现阵发性或强直性痉挛，在痉挛发作时，患畜突然倒地，头颈后仰，四肢强直，牙关紧闭，心动增强，体温升高，脉搏加快，呼吸促迫，瞳孔散大。病至后期，卧地不起，体温下降，知觉消失，脉搏细弱，四肢末端冷厥，终因呼吸中枢麻痹而死亡。

3. 病理变化 黏膜呈蓝紫色，口、鼻附有红色泡沫，胃内容物混有毒芹。皮下结缔组织有散在性出血点、出血斑，肌肉深红色，血液暗红色、稀薄、凝固减慢。胃肠黏膜弥漫性充血、出血、水肿，呈弥漫性黑红色。气管、支气管弥漫性充血、出血，内含淡红色泡沫状液体。

4. 实验室诊断 采取生物碱方法对内容物进行毒芹检查。

【类症鉴别】

根据病因（早春在低洼草地、容易生长毒芹的地方放牧的牛，采食了毒芹的嫩芽或根茎而发病），主要症状以及病理剖检变化（胃内容物中有毒芹茎叶）进行综合分析而确诊。也可以采取检验生物碱的方法进行检测，或作动物的生物试验而作为确诊的根据。注意与瘤胃臌气、牛黏膜病及生产瘫痪相鉴别。

【防治措施】

治疗　毒芹中毒尚无特效疗法，主要采取排毒、解毒，改善呼吸、循环机能及解痉镇静、强心补液等综合性的对症疗法。

中毒初期，为迅速排出胃内容物，立即应用0.5％～1％鞣酸溶液洗胃，洗胃后，可内服碘剂（碘1 g、碘化钾2 g溶于1 500 mL水中），牛200～500 mL。也可以用豆浆或牛奶内服，必要时可施行瘤胃切开术，以排出毒物。

当胃内容物清除后，为防止残余毒物继续被吸收，可应用吸附剂或用缓泻剂（油类泻剂）。

当有呼吸衰竭时应用呼吸中枢兴奋剂，皮下注射尼可刹米、苯甲酸钠咖啡因等。解痉镇静，可皮下注射1％硫酸阿托品10～20 mL或静脉注射5％水合氯醛乙醇注射液200～300 mL。

预防　在早春或晚秋缺乏青绿饲料的季节，应禁止在低洼、沟渠岸边有毒芹生长的地方放牧；毒芹晒干后，毒性仍不消失，故混有毒芹的干草，不能用作饲料；改造有毒芹生长的放牧地，可深翻土壤进行覆盖或用除莠剂净化。

<h2 style="text-align:center">蕨　中　毒</h2>

蕨中毒是由动物采食过量蕨科中有毒蕨属植物引起的一种中毒性疾病。临床上牛急性中毒以高热、贫血和全身出血综合征为特征，慢性中毒以膀胱肿瘤、血尿为特征。

【诊断要点】

1. 病因　蕨是多年生草本植物，又名蕨菜、蕨萁、龙头菜、山凤菜、如意草等。蕨株高几十厘米到几米，高矮差异悬殊，根茎粗大，长而横行呈索状，生命力极强，以无性繁殖方式蔓延，同时其孢子可远距离漂移，进行有性繁殖。在我国，引起动物中毒的常见种是欧洲蕨斜羽变种和毛叶蕨，分布于我国大部分地区，主要生长于海拔 $200\sim3\,000$ m 的山丘荒坡和林地、草原。

过度利用的草场及不合理开垦的山林地上常常滋生大量蕨类植物。由于它们在春季萌芽早于其他牧草，易被以放牧为主的动物在短期内大量采食而中毒。

2. 临床症状　牛急性蕨中毒时，体温升高 $40\sim42$ ℃，流涎、腹痛、食欲减退或废绝、瘤胃蠕动减弱或停止，还可见鼻衄、血汗、便血、血乳和天然孔出血，外伤易造成皮下或肌间血肿。部分病牛因咽喉水肿、麻痹造成呼吸困难、窒息而死亡。

3. 病理变化　皮肤和可视黏膜点状出血，膀胱黏膜充、出血变化，外伤易造成皮下或肌间血肿。

4. 实验室诊断　临床病理学检查可见贫血，粒细胞减少，重症牛低于 20×10^9/L；血小板减少，重症牛低于 50×10^9/L。慢性蕨中毒以反复发生血尿为特征，常出现尿频、尿血和排尿痛苦，多数死于衰竭。

【类症鉴别】

根据采食蕨叶的病史、临床特征等可作出诊断，应与铁缺乏症、铜中毒、双香豆素类鼠药中毒、牛无浆体病、铅中毒等鉴别。

【防治措施】

治疗　尚无特效疗法。对轻症中毒牛可采取输血、输液，给予骨髓刺激剂、肝素颉颃剂，还可应用强心、利尿、止血、抗纤维蛋白溶解酶制剂，应尽早使用维生素 K_1 制剂，按每千克体重

0.5 mg 的剂量静脉或肌内注射，连用 2～4 d。对于重症中毒及慢性中毒动物，无治疗价值，应及早淘汰。

预防 在早春应避免动物到蕨生长茂盛的草场、林地放牧。

硝酸盐和亚硝酸盐中毒

硝酸盐和亚硝酸盐中毒是动物摄入过量含有硝酸盐或亚硝酸盐的饲料和/或饮水，进入血液后使血红蛋白氧化为高铁血红蛋白而失去携氧能力，导致组织缺氧而引起的一种中毒病。临床上以起病突然、黏膜发绀、血液褐变、呼吸困难、神经紊乱和经过短急为特征。本病多发生于猪，其次是犬、牛和羊，马等其他动物很少发生。

【诊断要点】

1. 病因 饲草、草料富含有硝酸盐，主要见于氮肥施用增加，土壤肥沃，光照不足，铜、钼、锰等矿物质缺乏，此外也见于气候急变、除草剂的应用和病虫害等，这也会使植物中的硝酸盐含量增高，如燕麦草、苜蓿、甜菜叶、白菜，以及大麦、黑麦、燕麦、高粱、玉米及其青贮等都含有较多的硝酸盐，从而导致硝酸盐中毒的发生。

硝酸盐还原菌广泛分布于自然界，其活性需要一定的湿度和温度，最适温度为 20～40 ℃。当青绿饲料或块根饲料，经日晒雨淋或堆垛存放而腐烂发热时，以及用温水浸泡、炆火闷煮或靠灶坑余烬、锅釜残热而持久加盖保温时，往往会使硝酸盐还原菌活跃，产生大量的亚硝酸盐，被采食后引起中毒。

饮用硝酸盐含量高的水，也是造成亚硝酸盐中毒的原因。含硝酸钾 200～500 mg/kg 的饮水即可引起牛、羊的中毒，而施过氮肥地区的田水，厩舍、厕所、垃圾堆附近的地面水或水泡水，含硝酸盐常达 1 700～3 000 mg/kg，有的甚至高达 8 000～

10 000 mg/kg，极易造成中毒。

瘤胃内也存在大量硝酸盐还原菌，当瘤胃内 pH 大于 7，或饥饿、瘤胃机能障碍，维生素 A、维生素 E 缺乏，饲料中碳水化合物不足时，易形成亚硝酸盐蓄积，此时动物对亚硝酸盐中毒的耐受性也降低。

此外，误投或误饮，以及宠物食入腌制不良的食品，也是中毒的原因。由于硝酸盐肥料、或硝酸盐药品等酷似食盐，被误用中毒。

2. 临床症状　牛通常在采食之后 5 h 内突然起病，除血液褐变、黏膜发绀、高度呼吸困难、抽搐等基本症状外，还伴有流涎、呕吐、腹痛、腹泻等硝酸盐对消化道刺激症状，且呼吸困难和循环衰竭的临床表现更为突出。整个病程可延续 12～24 h。

慢性中毒时，表现的症状多种多样。牛慢性中毒时常表现为"低地流产"综合征，就是因摄入含高硝酸盐的杂草所致。较低或中等量的硝酸盐还可引起维生素 A 缺乏症和甲状腺肿等。同时表现出机体虚弱、发育不良、增重缓慢、泌乳量少、慢性腹泻、步态强拘等常见的症状。

3. 病理变化　尸体腹部多较膨满，皮肤苍白，可视黏膜呈棕褐色或蓝紫色，血液不易凝固，呈咖啡或酱油色，在空气中长期暴露亦不变红。全身血管扩张充血。新鲜尸体刚打开胃腔时可能闻到硝酸样气味，胃肠黏膜出血，肺脏充血或者出血，有时候出现肺气肿。

4. 实验室诊断　血中高铁血红蛋白含量增加，饲料中可检测出亚硝酸盐。

亚硝酸盐简易检验：取残余饲料液汁 1 滴，滴在滤纸上，加 10％联苯胺 1～2 滴，再加 10％冰醋酸 1～2 滴，滤纸变为棕色，即为阳性反应。

变性血红蛋白检查：取血液少许于小试管内，与空气振荡后转为鲜红色的，为还原型血红蛋白；振荡后仍为棕褐色，大体就是变性血红蛋白。为进一步验证，可滴加 1‰氰化钠液 1～3 滴，血液即转为鲜红。

【类症鉴别】

根据黏膜发绀、血液褐变、呼吸高度困难等主要临床症状，特别短急的疾病经过，以及起病的突然性、发病的群体性与饲料调制失误的相关性，作出初步诊断，并立即进行抢救。通过特效解毒药美兰的疗效，验证诊断。测定变性血红蛋白及亚硝酸盐含量对诊断和预后均具有重要意义。本病应与有机磷中毒、氢氰酸中毒、氟乙酰胺中毒、氨基甲酸酯类农药中毒、脑膜炎等进行鉴别。

【防治措施】

治疗 小剂量的美兰对亚硝酸盐中毒具有药到病除、起死回生的作用。剂量为每千克体重 8 mg。通常用 1％亚甲蓝液（取亚甲蓝 1 克，溶于 10 mL 乙醇中，再加灭菌生理盐水 90 mL），即按每千克体重 0.8 mL 静脉注射或深层肌内注射。亦可用甲苯胺蓝，据动物实验证明，甲苯胺蓝治疗变性血红蛋白较美兰更好，其还原变性血红蛋白的速度比美兰快 37％。剂量为每千克体重 5 mg，配成 5％溶液，静脉注射，也可作肌内注射或腹腔注射。另外，大剂量维生素 C 治疗亚硝酸盐中毒疗效也很确实，而且取材方便，只是奏效速度不如美兰快。牛 3～5 g，配成 5％溶液，肌内或静脉注射。葡萄糖作为供氢体，对亚硝酸盐中毒的治疗也有一定的疗效。此外，应及时进行一般解毒和对症治疗。

预防 预防硝酸盐和亚硝酸盐中毒，应该注意改善青绿饲料的堆放和蒸煮办法。青绿饲料不论生熟，摊开敞放，是预防亚硝酸盐中毒的有效措施。接近收割的青绿饲料不应施用硝酸盐等化肥，以免增高其中的硝酸盐或亚硝酸盐的含量。

氢氰酸中毒

氢氰酸中毒是采食含氰苷类植物或氰化物，在体内生成游离的氢氰酸，抑制呼吸酶，使组织呼吸发生障碍的一种急剧性中毒病。临床上以起病突然、窒息、抽搐痉挛、血液鲜红和闪电病程为特征。

【诊断要点】

1. 病因　采食富含氰苷的植物，是动物氢氰酸中毒的主要原因。

富含氰苷的植物如高粱、玉米的幼苗，尤其是刈割或遭灾之后的再生幼苗；各种豆类，包括豌豆、蚕豆、海南刀豆、箭舌豌豆；亚麻籽、亚麻叶及亚麻籽饼；木薯的嫩叶和根皮部分；许多野生或种植的青草，如苏丹草即苏丹高粱、约翰逊草即宿根高粱、三叶草、绵绒毛草、百脉根、狭叶草藤、水麦冬及水舌舌茅。

亚麻籽饼中所含的氰苷是亚麻苦苷，通过蒸煮可被破坏，如果饲喂前只用热水浸泡或饲喂后饮以大量温水，则亚麻苦苷变成氢氰酸而造成中毒。

误食或吸入氰化物农药如钙腈酰胺或误饮冶金、电镀、化工等厂矿的废水，亦可引起氰化物中毒。

2. 临床症状　通常在采食含氰苷类植物的过程中或采食后1 h左右突然起病。病牛站立不稳，呻吟苦闷，表现不安，可视黏膜潮红，呈玫瑰样鲜红色，静脉血亦呈鲜红色。呼吸极度困难，抬头伸颈，迎风站立，甚而张口喘息。

肌肉痉挛，首先是头、颈部肌肉痉挛，很快扩展到全身，有的出现后弓反张和前弓反张。全身或局部出汗，体温正常或低下。牛可伴发臌胀，有时出现呕吐。不久即精神沉郁，全身衰弱，卧地不起，皮肤感觉减退，结膜发绀，血液暗红，瞳孔散大，眼球震颤，脉搏细弱疾速，抽搐窒息而死。病程一般不超过1～2 h。中毒严重的仅数分钟即可死亡。

3. 病理变化　剖检可视黏膜呈樱桃红色，血液暗红（病初急宰的血液呈鲜红色），凝固不良，各组织器官的浆膜面和黏膜面，特别是心内、外膜有斑点状出血，腹腔脏器显著充血，体腔和心包腔内有浆液性液体，肺色淡红、水肿，气管和支气管内充满大量淡红色泡沫样液体，切开瘤胃有时可闻到苦杏仁味。

4. 实验室诊断　取胃内容物 10 g 放于烧瓶中，加水及 20% 硫酸或酒石酸，迅速在瓶口盖上硫酸亚铁—氢氧化钠试纸，以文火加热 2～10 min 后，取下滤纸加 10% 盐酸使呈酸性，如有氢氰酸则滤纸上出现蓝绿或蓝色。

【类症鉴别】

根据采食含氰苷类植物或氰化物的病史，结合肌肉痉挛和呼吸极度困难等临床症状，即可初步诊断。测定血有没有氢氰酸对诊断和预后均具有重要意义。本病应与硝酸盐和亚硝酸盐、尿素中毒、马铃薯中毒等进行鉴别。

【防治措施】

治疗　特效解毒，常用的药物有硫代硫酸钠、亚硝酸钠和美兰。一般先静脉注射亚硝酸钠，再静脉注射硫代硫酸钠，1%亚硝酸钠按体重 1 mL/kg；2%亚甲蓝按体重 1 mL/kg；10%硫代硫酸钠液按体重 1 mL/kg。亚硝酸钠的解毒效果比亚甲蓝确实。通常用亚硝酸钠和硫代硫酸钠配伍，如亚硝酸钠 3 g、硫代硫酸钠 30 g、蒸馏水 300 mL，成年牛一次静脉注射；亚硝酸钠 1 g，硫代硫酸钠 5 g，蒸馏水 50 mL，成年绵羊一次静脉注射。

为阻止胃肠道内氢氰酸的吸收，可采用洗胃或缓泻方法，亦可用硫代硫酸钠内服或瘤胃内注入（牛用 30 g），1 h 后重复给药。

对二甲氨基苯酚是一种抗氰新药，按 10 mg/kg 的剂量配成 10％溶液静脉或肌内注射，可形成 40％以上的高铁血红蛋白，对致死量氢氰酸中毒病有急救效果。

此外，应根据临床症状，进行积极的对症治疗。

预防　氢氰酸中毒，最好将含氰苷的饲料放于流水中浸渍 24 h，或漂洗后加工利用。此外，不要在含有氰苷植物的地区放牧家畜。

棉籽饼粕中毒

棉籽饼粕中毒是动物长期或大量摄入榨油后的棉籽饼粕引起的一种中毒性疾病。临床上以出血性胃肠炎、全身水肿、血红蛋白尿和实质器官变性为特征。本病主要见于犊牛、单胃动物和家禽。

【诊断要点】

1. 病因　棉籽和棉籽饼粕中含有 15 种以上的棉酚类色素，其中主要是棉酚，其他色素均为棉酚的衍生物，如棉紫酚、棉绿酚、棉蓝酚、二氨基棉酚、棉黄素等。

棉酚及其衍生物的含量因棉花的栽培环境条件、棉籽贮存期、含油量、蛋白质含量、棉花纤维品质、制油工艺过程等多种因素的变化而不同。棉酚的毒性虽然不是最强，但因其含量远比其他几种色素为高，所以棉籽及棉籽饼粕的毒性强弱主要取决于棉酚的含量。

此外，妊娠母畜和幼畜特别敏感。饲料中钙、铁、蛋白质和维生素 A 缺乏时，或青绿饲料不足、过度劳役时亦增加动物的敏感性。

2. 临床症状　棉酚中毒可分 3 种形式，即急性致死的循环衰竭、亚急性致死的继发性肺水肿和慢性致死的恶病质。毒性反应随动物种类和食物成分而有差别，主要与吸收量有关。共同症状是食欲下降，体重减轻和虚弱，呼吸困难和心功能异常，还包括代谢失调引起的尿石症和维生素 A 缺乏症等。

犊牛食欲差，精神萎靡，行动缓慢无力，体弱消瘦，腹泻，呼吸促迫，鼻液多，听诊肺部有明显的湿啰音。视力减弱或目盲，瞳孔散大。成年牛食欲减退，反刍减少或停止，逐渐虚弱，四肢浮肿，间或有腹痛表现，粪便中混有血液。心搏加快，呼吸困难，鼻液多泡沫，咳嗽，孕畜多流产。部分牛出现血红蛋白尿或血尿，公牛易患磷酸盐尿结石。

3. 病理变化 胸腹腔与心包腔有不同程度的积液，心脏柔软扩张，心内外膜有出血点，心肌颜色变淡。肝淤血质韧，脾萎缩，胃肠黏膜充血、出血和水肿。肺充血、水肿，间质增宽，切面可见有大小不等的空腔，有多量泡沫样液体溢出。镜检肝小叶间质增生，肝细胞呈现退行性变化和坏死。多见浑浊肿胀和颗粒变性，线粒体肿胀。心肌纤维排列紊乱，部分空泡变性或萎缩。肾充血，肾小管上皮细胞肿胀、颗粒变性。视神经萎缩。睾丸多数曲精小管上皮排列稀疏，胞核模糊或自溶，精子数减少，结构被破坏，线粒体肿胀。

4. 实验室诊断 根据临床症状和棉酚含量测定及动物的敏感性，可以作出确诊。

【类症鉴别】

根据临床症状和棉酚含量测定及动物的敏感性，可以作出确诊。但因临床上以咳嗽、喘为主要症状的病因较多，如日射病与热射病、肺充血与肺水肿、牛鼻病毒病、肺丝虫病等。

【防治措施】

治疗 应采取综合措施，因不单纯是棉酚中毒，而且还伴有钙、磷代谢紊乱和维生素 A 缺乏。畜群中一旦发现病例，全群应立即停止喂棉籽饼或继续在棉地放牧，并补充青饲料或优质干草。为加速排除胃肠内容物，并使残存棉酚灭活，牛可用 1∶3 000 高锰酸钾溶液或 5％碳酸氢钠液洗胃，或使用硫酸钠缓泻。

解毒可服用铁盐（硫酸亚铁、枸橼酸铁铵等）、钙盐（乳酸钙、碳酸钙、葡萄糖酸钙），或静脉注射 10％葡萄糖酸钙溶液与复方氯化钠溶液。高蛋白饲料对缓解毒性有益。补充钙剂还可以同时调整钙、磷代谢失调。注射维生素 A、维生素 C 有助于康复。

预防 应限制棉籽饼的饲喂量。各种动物都不能单纯大量饲喂棉籽饼，仅可作为蛋白质补充剂在日粮中适当加入。猪日粮中含棉籽饼少于 1 kg。

日粮中应注意补充足量的矿物质和维生素。硫酸亚铁与棉籽饼中棉酚按 1∶1 配合，能有效地解除毒性。同时补充足量钙盐。种公畜不宜饲喂棉籽饼。

酒 糟 中 毒

酒糟中毒是指由于采食过量或变质的酒糟引起的一种中毒病。临床上以胃肠炎和皮炎为特征。

【诊断要点】

1. 病因 酒糟贮存过久或贮存方法不当，饲喂量过大或长期单一饲喂，都可能引起酒糟中毒。

酒糟中的有毒成分非常复杂，取决于酿酒原料、工艺过程、堆积贮存条件和污染变质情况等，应具体分析并加以测定。新鲜酒糟中可能存在的有毒成分包括残存的乙醇、龙葵素、麦角毒素，以及多种真菌毒素，谷类酒糟尚包括麦角胺、甘薯酒糟的翁家酮等。

贮存酒糟中可能存在的有毒成分除包括新鲜酒糟原来存在的残存乙醇等有毒成分外，还包括酒糟酸败形成的醋酸、乳酸等游离的有机酸；酒糟变质形成的正丙醇、异丁醇、异戊醇等杂醇油；酒糟发霉产生的各种真菌毒素等。

2. 临床症状　急性中毒时，病畜开始呈现兴奋不安，心动亢进，呼吸急促，随后呈现腹痛、腹泻等胃肠炎症状。步态不稳，四肢麻痹，卧地不起，最后体温降低，可由于呼吸中枢麻痹而死亡。

慢性中毒，表现为长期消化紊乱，便秘或腹泻，并有黄疸，有的出现血尿，结膜发炎，视力减退，甚至可致失明，皮疹和皮炎。生长期动物出现佝偻病，成年动物出现骨软病。母畜不孕，孕畜流产。牛中毒时则发生顽固性前胃弛缓，有时出现支气管炎、下痢和后肢湿疹（称酒糟性皮炎）。

3. 病理变化　胃肠黏膜充血、出血，小结肠纤维素性炎症，直肠出血、水肿，肠系膜淋巴结充血，心内膜出血，肺充血、水肿，肝、肾肿胀，质地脆弱。

4. 实验室诊断　将少量变异酒糟用蒸馏水浸泡，过滤，置烧杯中，测定 pH。初步测得 pH<5.0，由此推定酒糟酸败。

【类症鉴别】

根据病史，结合消化紊乱和呼吸急促等临床症状，即可初步诊断。测定酒糟 pH 对诊断具有重要意义。本病应与胃肠炎、淀粉样变性结肠炎、瘤胃酸中毒等进行鉴别。

【防治措施】

治疗　立即停喂有毒酒糟，以 1％碳酸氢钠液内服或静脉注射 5％碳酸氢钠注射液，便秘时应用盐类泻剂，肠炎时可给予止泻药和消炎药，出现神经症状，可给予镇静剂如硫酸镁注射液、水合氯醛注射液等，同时注意补液如静脉注射 5％葡萄糖、生理盐水等，也可根据具体症状，给予10％氯化钙溶液、维生素C注射液、20％安钠咖注射液等，同时加强对症治疗，有良好的疗效。对皮疹或皮炎的治疗，用2％明矾水或1％高锰酸钾液冲洗，如剧痒时可用3％石炭酸乙醇液涂擦。

预防　妥善贮存酒糟，尽量饲喂新酒糟，应与其他饲料搭配饲喂，喂量不宜过多，以不超过日粮的1/3为宜。饲喂酒糟过程中，应适当补钙，轻微酸败的酒糟，可适当添加生石灰以中和酸，霉败的酒糟禁止饲喂。

马 铃 薯 中 毒

马铃薯中毒是指家畜食入大量发芽、变质或腐烂的马铃薯所致的一种中毒病。临床上以出血性胃肠炎、神经损害和皮炎为其病理和临床特征。各种动物均可发生，主要见于猪和牛。

【诊断要点】

1. 病因　马铃薯的有毒成分主要是马铃薯素（龙葵素、茄碱），另外，马铃薯的茎叶内还含有4.7％的硝酸盐，在条件适宜时也可以变成亚硝酸盐，对机体产生毒害作用；在腐烂、发霉的马铃薯内尚含有腐败毒，也具有毒性作用。由此可见，马铃薯素、亚硝酸盐和腐败毒可能是引起马铃薯中毒的综合因素。

中毒主要是由于摄入马铃薯茎叶、发青的马铃薯皮或霉烂的马铃薯等造成的。

2. 临床症状　一般多于食后4～7 d出现中毒症状。马铃薯中毒，主要表现为神经机能和消化机能紊乱；此外，尚表现有皮疹、肾炎和溶血。根据中毒程度不同，其临床症状也有差异。

重度中毒，多取急性经过，主要表现兴奋、狂暴、沉郁、昏睡、痉挛、麻痹、共济失调等神经症状，一般2～3 d死亡。

轻度中毒，多取慢性经过，主要表现胃肠炎症状。如流涎、呕吐、腹痛、便秘或腹泻，甚至便血等。患畜精神沉郁，肌肉弛缓、极度衰弱，皮温不整。妊娠牛往往发生流产。

3. 病理变化　口腔黏膜肿胀，口角周围出现水疱，肛门、尾根、四肢内侧和乳房等部位出现皮疹（亦称马铃薯性斑疹），特别是前肢皮肤发生深层组织的坏疽性病灶。肾脏体积肿大，肠道黏膜肿胀，有充、出血变化。

4. 实验室诊断　胃内容物中马铃薯素、亚硝酸盐含量增加。

【类症鉴别】

根据家畜采食发芽、腐烂马铃薯的病史，并伴有流涎、呕吐、腹痛、腹泻、腹胀及神经紊乱的临床表现，可作出诊断。需与亚硝酸盐中毒、霉菌毒素中毒等相鉴别诊断。

【防治措施】

治疗　无特效解毒药。可采用一般性解毒措施，并针对出血性胃肠炎，狂暴不安等神经症状及皮肤湿疹和坏疽等实施对症处置。因多是累积性食入中毒，洗胃、催吐等排出胃肠内容物的一些抢救措施不必采用，无实际意义。

预防　注意马铃薯的储存，应存放在干燥、凉爽，无阳光照射的地方，防止发芽变绿。如已发芽变绿，喂前应注意除去嫩芽及发绿部分，挖去芽及芽眼周围部分，通过蒸煮降低毒性再饲喂。此外，马铃薯饲喂家畜应与其他饲料搭配，一般来说，应控制在日粮的25%左右，妊娠牛为防止流产最好不要喂。

淀 粉 渣 中 毒

用淀粉渣喂牛，经过一段时间后，由于其所含亚硫酸的蓄积作用，常会引起牛中毒。其临床特征是消化机能紊乱、出血性胃肠炎、奶产量下降、跛行和瘫痪。

【诊断要点】

1. 病因　玉米淀粉在加工过程中，需用 $0.25\%\sim0.3\%$ 的亚硫酸浸泡几天，再将玉米粉碎加工成淀粉及淀粉渣。浸泡过的玉米中的亚硫酸，将有一部分进入淀粉浆和淀粉渣内，经分析其含量，淀粉浆经沉淀后的上清液，亚硫酸含量为 $139.2\ mg/kg$；未经沉淀的淀粉浆，其含量为 $130.4\ mg/kg$，淀粉渣含亚硫酸为 $86.9\ mg/kg$。因此，认为玉米淀粉渣中的亚硫酸是引起发病的主要原因。而造成中毒的直接因素是淀粉渣（浆）喂量过大，喂时过长，或变质；淀粉渣（浆）未经必要的去毒处理；日粮不平衡，钙、维生素不足或缺乏；粗饲料进食量不足。

2. 临床症状　由于淀粉渣（浆）饲喂时间、喂量及机体的生理状况不同，因此其中毒程度各异。产奶量高，喂量多的牛，发病率高；低产牛、育成牛，喂量少，发病率低。通常轻症牛停喂淀粉渣一段时间，病状可自行康复。

中毒较轻者，精神沉郁，采食量减少，只吃一些新鲜的青绿饲料；反刍不规则，呈现周期性前胃消化紊乱，奶产量下降。

中毒严重者，食欲废绝；瘤胃蠕动微弱无力，异食，啃泥土，舔食粪尿、褥草；便秘者，粪干，呈深黑色；拉稀者，排出大量棕褐色、稀粥样粪便；全身无力，步态强拘，运步时，后躯摇摆，跛行，拱背，尾椎变软、缩小；卧地不起。如发生于分娩牛，多出现产后瘫痪。

3. 病理变化　胃肠道特别是胃底部、幽门、十二指肠、小肠前段、回肠末端及回盲瓣等发生慢性增生性肠炎，表面黏膜呈脑回样突起，肠壁增厚，幽门及回盲口狭窄。组织学变化为以消化道黏膜表现浆细胞浸润为特征的慢性卡他性炎症，黏膜上皮脱落，固有层腺体及结缔组织增生。肝肿大、变脆，实质淀粉样变、脂变与萎缩；肺气肿；脾被膜增厚，实质内呈现多量含铁血黄素沉着，小梁肿胀，呈水肿状态，脾小体减少，仅见少数不规则脾小体分散于实质中；肾脂肪呈胶冻状，肾小管扩散，管腔内积液，上皮细胞呈锥立方形或扁平上皮样结构；心肌质软。脾与淋巴组织萎缩，有大量含铁血黄素沉着。病畜还可能出现脑软化。

4. 实验室诊断　血钙降低，血磷偏高；血糖、碱性磷酸酶、铜蓝蛋白升高；白蛋白与球蛋白比例倒置；血、尿、乳中的硫化物含量均明显升高。

【类症鉴别】

根据饲喂过用亚硫酸处理过的玉米淀粉渣病史、结合胃肠炎、繁殖障碍及剖检变化，可作出初步诊断。确诊需要进行亚硫酸盐含量分析及动物试验。应注意与引起肠炎的疾病如黏膜病，大肠杆菌病等。

【防治措施】

治疗　无特效疗法对病牛立即停喂淀粉渣，并给予优质的青绿饲料、块根类及干草。增加进食量，促使自然康复。对症治疗可补钙、输液和使用维生素及抗生素治疗。

为提高血钙浓度，缓解低钙血症，可用 3%～5%氯化钙，或 20%葡萄糖酸钙 500 mL，一次静脉注射，每天 1 或 2 次。

为解毒、保肝，防止脱水，可静脉注射 25%葡萄糖液、5%葡萄糖生理盐水、维生素 C、5%碳酸氢钠注射液等。维持心脏、神经及消化系统的正常机能，促进代谢，用维生素 B_1、三磷酸腺苷、安钠咖、樟脑磺酸钠等。

为防止继发感染和胃肠炎症，可选用青霉素、氨苄西林钠、头孢菌素类、四环素类药物，静脉或肌内注射。

预防　严格控制淀粉渣喂量，未经去毒处理的渣，其喂量每头每天不应超过 4.5～7.5 kg。在喂的过程中，要充分保证优质干草的进食量。为了防止中毒，最好在喂一段时间后再喂。

为减少因亚硫酸对钙的消耗，日粮中补喂钙及胡萝卜素，因此饲料中应补加骨粉、贝壳粉；同时，为防止胡萝卜素缺乏而引起硫在体内的蓄积所致的中毒发生，尚应喂 5～7 kg/d 的胡萝卜。

加强调制粗饲料如稻草、麦秸、玉米秸、干草可经碱化处理再喂，这既可增加适口性，提高进食量，又可增加钙的补充。

麦 角 中 毒

麦角中毒是指牛大量采食或饲喂麦角菌寄生的麦类和禾本科植物引起，是以中枢神经系统紊乱、小动脉收缩、毛细血管内皮损伤为主征的中毒性疾病。

【诊断要点】

1. 病因　麦角菌是一种真菌。中国的东北和西北的一些地区的黑麦、大麦、小麦、杂草及其他禾谷类植物在生长过程中，感染麦角菌后在穗上即可形成麦角。由于麦角菌寄生在禾本科植物的子房内，在其中生成大量的菌丝，逐渐地消耗整颗谷粒，变成黑紫色，形状似角形或瘤状物，此即为麦角菌产生的菌核，长 2～4 cm，稍微弯曲的物体即为菌丝体，也就是麦角。麦角菌所产生的毒素具有较强的抵抗力，不易被高温破坏，其毒力可保持长达 4 年以上。麦角有毒成分复杂，主要有麦角毒碱、麦角胺、麦角新碱等 12 种生物碱。当牛采食混有麦角的谷物和糠麸，或误食麦角菌寄生的禾本科植物，以及临床上使用麦角生物碱类药物过量时，都可引起麦角中毒。

2. 临床症状　急性麦角中毒，较为少见。病牛表现过度兴奋，肌肉运动不协调，震颤，失明及致死性惊厥等症状。有的妊娠母牛，采食了混有麦角的饲草料后，可在不同时期发生流产。

慢性麦角中毒，比较多见。病初症状为腹泻，跛行，四肢下端关节僵直，四肢发冷和失去知觉，后期出现干性坏疽。有的病牛，在蹄和口（指口套接触的部位）周围出现环状坏死性损伤，表面类似口蹄疫（但口的损害不扩展到口腔）。严重病例长期发生腹泻和被迫横卧地上，病变皮肤干燥，局部萎缩变黑紫色，并与健康组织分离剥脱，往往没有痛性反应。有学者试验表明：每日饲喂成年牛 100 g 麦角菌核，历时 11 d 便出现特殊的跛行症状和四肢坏死病变。

3. 病理变化　主要的肉眼可见病变是末梢坏疽，病变附近和中枢神经系统中可见充血、小动脉痉挛和毛细血管内皮变性。一般的可见口腔、咽头、瘤胃、真胃和肠黏膜充血、出血，甚至有溃疡和坏死。

4. 实验室诊断　实验室检测出饲料中的麦角碱。

【类症鉴别】

根据饲料来源于麦角菌侵害情况、病牛流行病史、中毒症状及病理剖检特征变化等，即可作出病性诊断。若作出最终诊断，尚需要做麦角检验和生物学毒性试验。

应注意与冻伤、牛霉稻草中毒、继发感染沙门氏菌病等所导致末梢组织坏死病变，加以区分。

【防治措施】

治疗　将病牛转移到温暖的厩舍中，停止饲喂可疑饲草和饲料。用 0.1%～0.5%高锰酸钾溶液或 1%鞣酸溶液灌服或洗胃，排除瘤胃内有毒的草料。必要时内服硫酸钠或硫酸镁等盐类溶剂，并大量饮水。对病牛末梢皮肤干性坏死病灶，可用 0.5%高锰酸钾溶液洗涤，然后涂擦磺胺软膏，以防止继发性感染。

防治　在有麦角菌感染的地区或牧场，收获的谷物、麦类饲草料，在饲喂前必须严格检查，发现麦角立即清除掉，不要转移外地，也不要磨碎外卖。对可疑的粉料或切碎的饲草，应进行检验，如确认混有麦角时，应立即停喂。

感光过敏性中毒

感光过敏性中毒是指动物采食含有光敏物质的饲料后，在光线照射下体表浅色素部分发生的一种过敏性中毒病。临床上浅色素部位的皮肤出现红斑、水疱和皮炎为特征。牛、羊、猪、马等均可发生本病。

【诊断要点】

1. 病因　原发性因素，主要见于动物采食了含有光敏性的植物和药物引起。常见的含有光敏性物质的植物如荞麦、灰菜、多年生黑麦草、金丝桃属植物、龙舌兰属植物等，以及被某些真菌寄生的植物如狗牙根草、黎、粟、羽扇豆、野蒺藜等和感染了蚜虫的三叶草等。因这些植物中所含荞麦素、金丝桃素、黑麦草碱及一些尚未鉴定的光敏性物质，受一定波长的光线照射后，引起光过敏反应。常见的药物如四氯化碳、菲啶（抗锥虫药）等，某些药物如皮质类固醇、玫瑰红等染料亦可引起光过敏。

继发性因素，主要见于胆汁代谢紊乱性疾病。叶绿素在体内转化为叶绿胆紫素，需经胆汁排泄。而叶绿胆紫素为光敏物质，如不能及时经胆汁排泄而进入血流，当组织内尤其是皮肤内叶绿胆紫素的量达一定程度后，即可引起感光过敏。凡可产生肝损伤和胆管堵塞的因素，就可能有产生光敏反应的现象，此称为肝源性光敏反应。

有的病例还难以区分为原发性和肝源性光敏反应，如采食油菜、红三叶草、车轴草、羊舌草、车前草、水淹后的三叶草、猪屎豆等，还有些牛因采食幼嫩紫花苜蓿时，有散在性光过敏现象。

遗传性因素，常见于先天性卟啉血症。

2. 临床症状　基本症状表现在浅色素皮肤，太阳光照射后，牛常在乳房、乳头、四肢、胸腹部、颌下和口周围出现红、肿，形成丘疹、水疱甚至脓疱，伴有痒感，病区与健区皮肤界限明显。停止日晒和停喂致敏饲料后，发痒缓解，症状数日后消失，饮食欲变化不大。严重病例，皮肤显著肿胀，疼痛，形成脓疱，破溃后，流出黄色液体，结痂，有时痂下化脓，皮肤坏死。与此同时，常伴有口炎、结膜炎、鼻炎、阴道炎等症状。病畜食欲废绝，流涎，便秘，有的有黄疸，心律不齐，体温升高。有的出现神经症状，兴奋，战栗，攻击人畜，有的痉挛、麻痹。有的呼吸困难，运动失调，后躯麻痹，双目失明。

3. 病理变化　剖检可见病变多局限于皮肤，有各种不同程度炎症。有的出现消化系统炎症性变化和脑部病变。肝源性光过敏反应有肝脏损伤、肿大。卟啉症，尚有骨骼、牙齿内有卟啉沉着，显红紫色为特征。

4. 实验室诊断　血液中卟啉含量增多。

【类症鉴别】

根据有采食光敏性食物病史，皮肤炎症仅局限在皮色较浅、背毛较稀及朝向太阳部位，可作出初步诊断。但应与锌缺乏症、真菌性皮炎、罗氏梭菌感染等相区别。

【防治措施】

治疗　本病一经诊断后应把动物移到避光处，停止饲喂光敏原性食物，使用缓泻剂，使未吸收的光敏性食物迅速排除，治疗应取抗组织胺药，如苯海拉明、扑尔敏等药物，也可静脉注射钙制剂和维生素 C。扑尔敏 50～80 mg，2～3 次/d 肌内注射。为防止感染，可用明矾水洗患部，再用碘酊或龙胆紫药水涂擦患部，或用薄荷脑 0.2 g、氧化锌 2 g、凡士林 2 g，制成软膏涂抹，同时肌注抗菌药。

预防　避免动物采食含有光能物质的饲料。

闹 羊 花 中 毒

闹羊花中毒是因牛食闹羊花的枝叶所致的一种中毒性的疾病，具有明显的季节性和群发性。我国多在 4～6 月份发病，立夏和小满之间为发病高峰期。发病率可达 15%～72% 不等，病死率为 3% 左右。闹羊花又名羊踯躅、惊羊花、黄杜鹃等，是一种落叶灌木。其花、叶和根都含有毒素（谅木毒素、杜鹃花素、石楠素），牛误食会发生中毒。

【诊断要点】

1. 病因 主要是采食闹羊花的嫩叶、老茎、叶、皮、根等所致。在春夏之交季节闹羊花萌发嫩叶时，青草较少，嫩叶的不良气味又比较小，放牧时常因饥饿误食闹羊花而致病。常因刈割青草时混有闹羊花而采食致病。

2. 临床症状 采食后 4～5 h 发病。首先泡沫状流涎，呕吐。精神稍差，四肢叉开，步态不稳，形同醉酒状，乱冲乱撞。严重者，四肢麻痹，喷射性呕吐，腹痛饥及腹泻。脉弱而不整，心律不齐，心率减慢，30～35 次/min，血压下降，呼吸迫促，倒地不起，昏迷，体温下降，最后因呼吸麻痹而死亡。

3. 病理变化 胃肠黏膜充血、肿胀，脑组织水肿，肺脏严重淤血、水肿。

4. 实验室诊断 胃内容物中可检测出杜鹃花素、石楠素等毒素。

【类症鉴别】

根据临床症状，结合在山区放牧地找到闹羊花灌木，可以确诊。闹羊花中毒的临床症状与有机磷农药中毒有许多相似之处，临床诊断需注意鉴别。

【防治措施】

治疗　分以下几种方法：

①**药物疗法**　硫酸阿托品 10～20 mg，配合 10％樟脑磺酸钠 15～20 mL，皮下注射，每天 2 次，效果良好。同时灌服活性炭 10 g，或针灸山根、鼻梁、血印、三台、苏气、后丹田、百会、尾根及尾尖等穴位，可提高疗效。

②**冰片疗法**　250～300 kg 牛，冰片 50 g。用法：将总量 1/3 冰片加水 25 倍溶解灌服，剩余 2/3 加水 60 倍溶解后涂擦背部及全身。

③**中兽医辨证施治**　中毒时呈现皮温降低、腹痛、腹泻等症状，以解表散寒为原则，方剂用荆防败毒散加减：荆芥 60 g、防风 60 g、枳壳 60 g、羌活 60 g、独活 60 g、柴胡 60 g、前胡 60 g、川芎 60 g、茯苓 60 g、甘草 15 g、生姜 3 片，煎水加少许薄荷灌服。

预防　在发病季节不在闹羊花生长地区放牧，或在每天放牧前灌服活性炭 5～10 g，保护率达 95％以上，或在闹羊花周围布设阻挡牛进入的栅栏。可以根据当地实际情况挖除该植物，但会破坏草地植被，浪费有限的植物资源。

尿 素 中 毒

尿素中毒是动物摄入尿素或双缩脲及其他铵盐引起的一种急性中毒性疾病。临床上以流涎、呼吸迫促和痉挛为特征。本病主要发生于反刍动物。

【诊断要点】

1. 病因　反刍兽能够利用非蛋白氮，在饲料中加入尿素补饲时，如果没有一个逐渐增量的过程，初次就突然按规定量饲喂，极易引起中毒。另外，在饲喂尿素过程中，不按规定控制用量，或添加的尿素与饲料混合不匀，或将尿素溶于水而大量饲喂，均可引起中毒。用量一般控制在饲料总干物质的 1% 以下或精料的 3% 以下。此外，补饲尿素的同时饲喂富含脲酶的大豆饼或蚕豆饼等饲料，可增加中毒的危险性；动物饮水不足、体温升高、肝功能障碍、瘤胃 pH 升高、蛋白质不足及动物处于应激状态等都可能增加动物对尿素中毒的易感性。曾有牛饮服大量新鲜人尿而发生急性中毒死亡的报道，因人尿中含有尿素在 3% 左右；也偶尔见于尿素保管不善，被动物误食或偷食而中毒。

2. 临床症状 牛在摄入过量尿素后 $30\sim60$ min 出现症状。表现不安、呻吟，呼吸困难，心跳加快。口、鼻流出泡沫状的液体，反刍停止，瘤胃臌气。肌肉痉挛，眼球颤动，共济失调，步态不稳。继而角弓反张、反复发作。后期则出汗、瞳孔散大，肛门松弛，窒息死亡。急性中毒病例，可在 $1\sim2$ h 内因窒息死亡。如延长至 1 d 左右者，则可发生后躯不全麻痹。

一般认为，血氨为 $8.4\sim13$ mg/L 时，即开始出现症状，达 20 mg/L 时，表现共济失调，达 50 mg/L 时，动物即死亡。但必须注意血液和瘤胃液应在动物死亡后 1 h 内采集，并冷冻，否则瘤胃内容物的自溶和蛋白水解可使氨含量升高 $200\sim500$ mg/L 而影响测定结果。

3. 病理变化 本病无特征性的病理变化。瘤胃内容物可能有氨味，胃肠道呈急性卡他性，甚至出血坏死性炎症。肺脏明显水肿、充血、出血，并可继发急性卡他性或化脓性支气管肺炎，有时在气管或支气管内有瘤胃内容物。肝脏、肾脏变性。心包积液，心内、外膜出血。软脑膜充血、出血，神经细胞变性。

4. 实验室诊断 血液红细胞压积总量和血清钾、磷、铵、乳酸盐、葡萄糖、尿素氮等含量显著增加。牛瘤胃液氨浓度超过 800 mg/L 有诊断意义。

【类症鉴别】

根据采食尿素的病史，结合强直性痉挛和呼吸困难等临床症状，即可初步诊断。测定血氨浓度对诊断和预后均具有重要意义。本病应与有机磷中毒、有机氯中毒、氰化物中毒、脑膜炎、瘤胃酸中毒等进行鉴别。

【防治措施】

治疗 本病尚无特效疗法。应立即停喂尿素，并采用下列综合措施治疗。灌服大量食醋或稀醋酸等弱酸类溶液，以抑制瘤胃中脲酶的活力，并中和尿素的分解产物氨，减少氨的吸收，成年牛可用食醋或1‰醋酸加水灌服，一般用量为1 L左右。对症治疗包括瘤胃臌气时穿刺放气，缓解痉挛、纠正脱水和促进氨排出等。

预防 妥善保管尿素，防止动物误食。反刍兽补饲尿素要循序渐进，不能超量，混合要拌匀，同时喂给富含碳水化合物的饲料，以保证瘤胃微生物生命活动的需要。尿素不宜溶于水饮服，否则易迅速流入真胃和小肠而被直接吸收或被胃中的脲酶分解成氨而发生中毒。

有机磷中毒

有机磷农药中毒是由于动物接触、吸入或误食某种有机磷农药所致的中毒性疾病。临床上以神经症状和胆碱能神经兴奋症状为特征。病理学基础是体内胆碱酯酶钝化和乙酰胆碱蓄积。各种动物均可发生。

【诊断要点】

1. 病因 有机磷农药种类繁多，按毒性大小分为三类：剧毒类包括甲拌磷、硫特普、对硫磷（1605）、内吸磷等；强毒类包括敌敌畏、甲基内吸磷等；低毒类包括乐果、马拉硫磷、敌百虫等。引起家畜中毒的主要是甲拌磷、对硫磷和内吸磷，其次是乐果、敌百虫和马拉硫磷。

有机磷农药可经消化道、呼吸道或皮肤进入机体而引起中毒。通常发生于误食撒布有机磷农药的青草或庄稼，误饮撒药地区附近的地表水；配制或撒布药剂时，粉末或雾滴沾染附近或下风方向的畜舍、草料及饮水，被家畜所舔吮、采食或吸入；误用配制农药的容器当作饲槽或水桶而饮喂家畜；用药不当，如滥用有机磷农药治疗外寄生虫病；也见于放毒。

2. 临床症状 由于有机磷农药的毒性、摄入量、进入途径及机体的状态不同，中毒的临床症状和发展经过亦多种多样，但除少数呈闪电型最急性经过，部分呈隐袭型慢性经过外，大多取急性经过，于吸入、吃进或皮肤沾染后数小时内突然起病，表现如下基本症状：

病初精神兴奋，狂暴不安，向前猛冲，向后暴退，无目的奔跑，以后高度沉郁，甚而倒地昏睡、昏迷。眼球震颤，瞳孔缩小，严重的几乎成线状。肌肉痉挛一般从颜面部肌肉开始，很快扩延到颈部乃至全身，轻则震颤，频频踏步；重则抽搐，角弓反张，或作游泳样动作。

口腔湿润或流涎，食欲减损或废绝，腹痛不安，肠音高朗连绵，不断排稀水样粪，甚至排粪失禁，有时粪内混有黏液或血液。重症后期，肠音减弱及至消失，并伴发膨胀。

病初胸前、会阴部及股内侧出汗，很快全身汗液淋漓。体温多升高，呼吸困难，甚至张口呼吸。严重病例心跳急速，脉搏细弱，不感于手，往往伴发肺水肿，有的会因窒息而死。孕畜流产。

3. 病理变化 胃肠道卡他性炎变化，脑组织充血、水肿。

4. 实验室诊断 胆碱酯酶活性降低，一般均降到50%以下，是诊断有机磷中毒的特异性指标。

【类症鉴别】

根据接触有机磷农药的病史和临床症状可建立初步诊断。必要时进行有机磷农药检验。紧急时可作阿托品治疗性诊断，方法是皮下或肌内注射常用剂量的阿托品，如是有机磷中毒，则在注射后 30 min 内心率不加快，原心率快者反而减慢，毒蕈碱样症状也有所减轻。否则很快出现口干、瞳孔散大，心率加快等现象。

鉴别诊断上应与有机氟中毒、氢氰酸中毒、氟乙酰胺中毒、氨基甲酸酯类农药中毒相区别。

【防治措施】

治疗　治疗原则阻止毒物吸收，使用特效解毒剂和对症治疗。

实施特效解毒，应使用胆碱酯酶复活剂和乙酰胆碱对抗剂。胆碱酯酶复合剂常用的有解磷定、氯磷定、双解磷、双复磷等。解毒作用在于能和磷酰化胆碱酯酶的磷原子结合，形成磷酰化解磷定等，解磷定和氯磷定剂量为按体重 $20\sim50$ mg/kg，以生理盐水配成 $2.5\%\sim5\%$ 溶液，缓慢静脉注射，以后每隔 $2\sim3$ h 注射 1 次，剂量减半，直至症状缓解。双解磷和双复磷的剂量为解磷定的一半，用法相同。双复磷能通过血脑屏障，对中枢神经中毒症状的缓解效果更好。乙酰胆碱对抗剂常用的是硫酸阿托品，牛的剂量为按体重 0.25 mg/kg，皮下或肌内注射。重度中毒，以其 1/3 量混于葡萄糖盐水内缓慢静注，另 2/3 量作皮下注射或肌肉注射。经 $1\sim2$ h 症状未见减轻的，可减量重复应用，直到出现所谓阿托品化状态。阿托品化的临床标准是口腔干燥、出汗停止、瞳孔散大、心跳加快等。阿托品化之后，应每隔 $3\sim4$ h 皮下或肌内注射一般剂量阿托品，以巩固疗效，直至痊愈。

在实施特效解毒的同时或稍后，采用除去未吸收毒物的措施。经皮肤沾染中毒的，用5％石灰水、0.5％氢氧化钠液或肥皂水洗刷皮肤；经消化道中毒的，可用2％～3％碳酸氢钠液或食盐水洗胃，并灌服活性炭。但须注意，敌百虫中毒不能用碱水洗胃和洗消皮肤，否则会转变成毒性更强的敌敌畏。

预防　禁喂用有机磷农药喷洒过的植物茎叶、瓜果及被污染的饲草、饲料。施用有机磷农药的农作物，必须过残留期后才能作饲料用，否则易发生中毒。

有 机 氟 中 毒

有机氟中毒是指动物采食有机氟类农药引起的一种急性中毒病。临床上以突然发病、痉挛抽搐、呼吸困难和流涎为特征。本病各种动物均可发生，临床上常见于牛、犬。

【诊断要点】

1. 病因　有机氟化物主要有氟乙酰胺、氟乙酸钠和N-甲基-N-萘基氟乙酸盐等，是一种防治农林蚜螨和草原鼠害的剧毒农药。氟乙酰胺又称敌蚜胺，为无臭、无味的白色结晶粉末，易溶于水，不易挥发，对人、畜均有剧毒，其毒性高于内吸磷和对硫磷。我国于1984年禁止使用，但由于这类药物具有立竿见影的效果，致使非法生产和使用的现象屡禁不止。牛中毒往往是误食、误饮被有机氟化物处理或污染的植物、种子、饲料、毒饵、饮水所致。氟乙酰胺在体内代谢、分解、排泄缓慢，可引起蓄积中毒。

2. 临床症状　反刍兽有突发和潜发两种病型。突发型多发生于摄入毒物9～18 h后，无明显的前驱症状，突然倒地，角弓反张，心跳快速，迅速死亡。潜发型取慢性病程，中毒5～7 d后，表现精神委顿，食欲减少，反刍停止，呼吸加快，心律失常，肌肉震颤等一般症状，但在外界刺激下突然发作，惊恐，哞叫，狂奔，全身颤抖，呼吸迫促，持续 3～6 min 后，似乎缓解，但常重复发作。最后在抽搐中死于心力衰竭和呼吸抑制。死前四肢痉挛，角弓反张，口吐白沫，瞳孔散大。

3. 病理变化 血液凝固不良，心肌变性，心内膜、心外膜有出血斑点。胃肠黏膜充、出血，胃黏膜脱落。肝脏、肾脏充血、肿大。

4. 实验室诊断 中毒动物的血氟和血液柠檬酸含量增高。血清 ALT、AST、CK、LDH 活性显著升高。

【类症鉴别】

根据病史和临床症状可作初步诊断，确诊需做毒物分析。本病应与有机磷农药中毒相区别，有机磷农药中毒主要表现为流涎、腹痛、腹泻、出汗和瞳孔缩小，以及血液胆碱酯酶活性下降。

【防治措施】

治疗 首先应用特效解毒剂解氟灵（乙酰胺）肌注，剂量为每天每千克体重 0.1～0.3 g。以 0.5％普鲁卡因注射液稀释后，分 2～4 次注射。首次用量为日量的一半，连续用药 3～7 d。也可用市售的 10％或 50％的解氟灵注射液，剂量同上。亦可用乙二醇乙酸酯（醋精）100 mL，溶于 500 mL 水中饮服或灌服。或用 5％乙醇和 5％醋酸，剂量均为每千克体重 2 mL，内服。

催吐和洗胃，急性中毒时，用 0.5％高锰酸钾液反复洗胃，然后灌服适量的牛奶、鸡蛋清或绿豆水，以保护胃肠黏膜。慢性中毒或误食毒物时间较长，应用盐类泻剂，同时内服活性炭吸收附毒物。

镇静解痉可选用静松灵、钙制剂等；防止心力衰竭和呼吸抑制，可选用安钠咖、尼可刹米、乙酰辅酶 A、三磷酸腺苷

（ATP）、细胞色素 C 等；防治脑水肿可静注 25％山梨醇或 25％甘露醇溶液。

预防 禁喂用有机氟农药喷洒过的植物茎叶、瓜果及被污染的饲草、饲料。施用有机氟农药的农作物，必须过残留期才能作饲料用，否则易发生中毒。用以防治农林蚜螨和草原鼠害时，严禁污染水源。灭鼠的毒饵要妥善放置，防止家畜误食。

氨基甲酸酯类农药中毒

氨基甲酸酯类农药中毒是动物摄入该类药物后引起的一种中毒病，临床上以胆碱能神经兴奋症状为特征。各种动物均可发病。

氨基甲酸酯类农药均为二硫代氨基甲酸（NH_2CS_2H）的衍生物，其通式为：$R_2 - O - CONH - R_1$，其中 R_1 为甲基；R_2 为苯酚、萘或其他环烃，有时为脂肪族链，R_1 为芳香族基团时为除草剂，R_1 为苯并咪唑时为杀菌剂，在农业生产中被广泛应用，兽医临床上以呋喃丹中毒较为多见。

【诊断要点】

1. 病因 生产和管理不严及使用不当，造成饲料、饮水污染而引起中毒。动物采食近期喷洒过氨基甲酸酯类农药的农作物或牧草。在兽医临床上用作杀虫剂治疗动物体内外寄生虫疾病时，由于滥用或过量应用。偶尔见于人为蓄意破坏性投毒。

2. 临床症状 急性中毒的症状与有机磷农药中毒相似，经呼吸道和皮肤中毒者，2～6 h 发病，经消化道中毒发病较快，10～30 min 即可出现症状。主要表现为流涎，呕吐，腹痛，腹泻，胃肠音高朗，蠕动次数增多，多汗，呼吸困难，黏膜发绀，瞳孔缩小，肌肉震颤。严重者发生强直痉挛，共济失调，后期肌肉无力，麻痹。气管平滑肌痉挛导致缺氧，窒息而死亡。

3. 病理变化 剖检可见肺充血、水肿，肝脏质脆、出血，肾肿大、发炎，胃黏膜点状出血。组织学检查小脑、脑干和上部脊髓中的有鞘神经发生水肿，并伴有空泡变性。肌肉局部贫血、变性。

4. 实验室诊断 血胆碱酯酶活力降低，一般在中毒 4 h 后血胆碱酯酶活力可恢复到 50% 以上。

【类症鉴别】

根据病史和临床症状可作出初步诊断，确诊需要做毒物分析。本病应与有机磷农药中毒及中暑、脑炎和急性胃肠炎鉴别。

【防治措施】

治疗 病畜应尽快注射乙酰胆碱对抗剂硫酸阿托品，解除毒蕈碱样症状，注射剂量和间隔时间依照病情而定，建议用量为按体重 0.6~1.0 mg/kg，一般 1/4 量静脉注射，必要时可重复给药；也可用氢溴酸东莨菪碱、解磷定等胆碱酯酶复活剂解毒效果不明显。

同时采取相应的治疗。如阻止毒物吸收可使用缓泻剂（禁用油类泻剂），消除肺水肿可用高糖静脉注射，兴奋呼吸可选用尼可刹米等。如果氨基甲酸酯类与有机磷农药混配中毒，应首先使用阿托品类药物和胆碱酯酶复活剂治疗有机磷农药中毒，然后视病情对症治疗。

预防 生产和使用农药应严格执行各种操作规程，严禁动物接触当天喷洒农药的田地、牧草和涂抹农药的墙壁，以免误食中毒。用氨基甲酸酯类农药治疗畜禽外寄生虫时，谨防过量和被动物舔食中毒。

抗凝血杀鼠药中毒

　　抗凝血杀鼠药中毒是动物摄入抗凝血类杀鼠药引起的一种中毒病，临床上以广泛性多器官出血为特征。各种动物均可发生。

【诊断要点】

　　1. 病因　抗凝血杀鼠药，常用有华法令即杀鼠灵、杀鼠酮、敌鼠、克灭鼠、灭鼠迷、双杀鼠灵和氯杀鼠灵等，其中华法令为一种强力抗血凝灭鼠药，使用最为广泛，常引起各种动物发生中毒。

　　误食灭鼠毒饵，抗凝血治疗时华法令用量过大，疗程过长或伍用保泰松等能增进其毒性的药物。各种抗凝血杀鼠药的毒性不同，不同动物以及同一动物的不同个体对它们的敏感性亦各异。华法令对各种畜禽单次给药中毒量（mg/kg）不同，牛等大动物华法令多次给药中毒量为 12 d 内累积每千克体重 200 mg。

　　2. 临床症状　急性中毒，可因发生脑、心包腔、纵隔或胸腹腔内出血，而无前驱症状死亡。

　　亚急性中毒时、吐血、便血和鼻衄，广泛的皮下血肿，特别在易受创伤的部位。关节肿胀和僵硬。心律失常，呼吸困难，甚而步态蹒跚，卧地不起。出现痉挛、轻瘫、共济失调、搐搦、昏迷等神经症状而急性死亡。

　　3. 病理变化　巩膜、结膜和眼内有出血。偶尔可见四肢关节内出血，脑、脊髓及硬膜下腔或蛛网膜下腔出血，可视黏膜苍白。

　　4. 实验室诊断　凝血酶原因子Ⅶ、因子Ⅸ、因子Ⅹ等维生素 K 依赖性凝血因子含量降低；内、外在途径凝血的各项检验如凝血时间、凝血酶原时间、激活的凝血时间及激活的部分凝血活酶时间，都显著异常，分别延长为正常的 2～10 倍。

【类症鉴别】

根据病史，出血性素质即可作出初步诊断，确诊需根据毒物分析、凝血功能检查和维生素 K 治疗结果。注意与引起出血性疾病如牛肺炎链球菌病、大肠杆菌病相鉴别。

【防治措施】

治疗 消除凝血障碍、纠正低血容量及调整血管外血液蓄积所造成的器官功能紊乱。病畜应保持安静，尽量避免创伤，在凝血酶原时间尚未恢复正常之前不得施行任何手术。

为消除凝血障碍，应补给维生素 K 作为香豆素类毒物的颉颃剂。维生素 K_1 是首选药物，牛 150～200 mg，混合于葡萄糖液内静脉注射，每隔 12 h 1 次，连用 3～5 d。

急性病例，出血严重，为纠正低血容量，并补给即效的凝血因子，应输注新鲜全血，每千克体重 10～20 mL，半量迅速输注、半量缓慢滴注。出血常在输血过程中或输注后的短时间内逐渐停止。

体腔积血通常不宜放出，血肿亦不必切开，凝血功能恢复后积血多能自行吸收。

预防 加强药物管理，避免牛误食。

水　中　毒

本病是犊牛大量饮水后排出红尿（血红蛋白尿）的一种疾病。出生后 6 个月以内，特别是断奶前后的犊牛极易发生，1 岁以上的牛不发生。

【诊断要点】

1. 病因 首先是天气炎热、气温过高或驱赶犊牛走路，犊牛出汗多，缺失盐分，饮水次数又少，导致犊牛一次暴饮大量温水或冷水引起。阴雨天气时发病少。其次是我国北方地区，每年的 10 月份至次年 4 月份为夜长昼短，天寒地冻时期，水冷易结冰，犊牛饮水次数减少或只能饮冷水，常可引起许多犊牛发病。第三为犊牛断奶前后，特别是断奶后，改喂饲料饲草，需要的水分增多，饲养人员又未能及时增多供水次数，或其他原因不能增加供水次数，都可造成犊牛一次暴饮大量水而发病。一般地说，犊牛一次饮水超过 10 kg，就有可能发生水中毒。犊牛的真胃和瘤胃发育较快，在断奶前后其容积已相当大，因此口渴时一次能饮大量水。正常情况下，犊牛可通过神经-内分泌系统对肾脏的控制和调节，利尿反应增强，从泌尿系统排出过多的体内水分，不发生水中毒。在犊牛严重缺水时，可反射性地引起垂体后叶分泌血管加压素，通过血管加压素的作用，以保护体内水分，这时利尿反应降低，表现为少尿或无尿。血管加压素的作用必须经过 6 h 以上时间才能解除，如果在这段时间内给予大量饮水，不可能由少尿或无尿转变为多尿。

2. 临床症状 犊牛大量饮水后 10～20 min，可见到排出红褐色的血红蛋白尿。体温呈一时性的下降，呼吸及脉搏数减少，继而腹部膨大，精神越来越沉郁，呼吸变得逐渐急速，病牛开始出现呼吸困难、流涎和流泡沫性鼻汁，继发轻度不安的症状。

重症牛临床表现精神高度沉郁、出汗、可视黏膜苍白及浑身发抖等症状。肠蠕动明显亢进，最后排泄水样便，排尿次数增多，尿量也逐渐增加。轻症的时候尿色呈淡红色，重症时尿色由黑褐色变为暗红色。轻症的病例除较轻的血红蛋白尿症状外，从外观上完全看不到异常状态。在夏季的 6～8 月份，犊牛处于不能自由饮水环境下的时候，犊牛饮欲就会异常亢进，在这种情况下发病的较多。

3. 病理变化 大脑软脑膜充血，脑回变平，脑实质有小出血点，镜检软脑膜充血、水肿或出现小出血灶，神经细胞空泡变性。

4. 实验室诊断 血浆渗透压降低和血清钠降低。如果急性水中毒，血清钠浓度在 1～2 d 内迅速从 140 mmol/L 降至 120 mmol/L，严重低血钠可以降至 110 mmol/L 以下。同时血红蛋白、平均红细胞血红蛋白浓度均可降低，红细胞压积降低。

【类症鉴别】

根据饮水史及红尿即可作出初步诊断，确诊需检测血浆渗透压及血清钠浓度。注意与引起红尿的疾病如栎树叶中毒、铜中毒、肾炎、膀胱炎、尿道炎、蕨中毒等相鉴别。

【防治措施】

治疗 病初每百千克体重的牛可灌服 5% 食盐水 600 mL，或者静脉缓慢注射 10% 氯化钠溶液 300 mL，同时可注射 20% 安钠咖 5～10 mL。

另外，可静脉或肌内注射 2～4 mL 速尿注射液。以上的处置主要是使血液的渗透压恢复正常，使体内的水分向尿中排泄。对于呼吸困难特别严重的病例，在进行上述治疗后，有必要同时进行输氧疗法。

单纯的血红蛋白尿，如加强饲养管理，于 1～2 d 内可痊愈，血红蛋白尿可自行消失，通常不引起犊牛不良后果。

预防 充分注意犊牛的饮水管理，每次的饮水量有必要控制在体重的 8% 以下。如果将食盐按 0.4%～0.8% 的比例加入水中，可起到预防本病发生的作用。

（郭东华）

第八章

外科病

结　膜　炎

结膜炎是指眼结膜受外界刺激和感染而引起的炎症，患病牛羞明、流泪、结膜充血肿胀等症状，是最常见的一种眼病。有卡他性、化脓性、滤泡性、伪膜性及水疱性结膜炎等型。

【诊断要点】

1. 病因　结膜对各种刺激敏感，常由于外来的或内在的轻微刺激而引起炎症，可分为下列原因。

机械性因素　结膜外伤、各种异物落入结膜囊内或粘在结膜面上；牛泪管吸吮线虫多出现于结膜囊或第三眼睑内；眼睑位置改变（如内翻、外翻、睫毛倒长等）及笼头不合适等。

理化性因素　如各种化学药品或农药误入眼内、热伤等。

光学性因素　眼睛未加保护，遭受夏季日光的长期直射、紫外线或 X 射线照射等。

传染性因素　多种微生物经常潜伏在结膜囊内，牛传染性鼻气管炎病毒可引起犊牛群发生结膜炎。给放线菌病牛用碘化钾治疗时，由于碘中毒，常出现结膜炎。

免疫介导性因素　如过敏、嗜酸细胞性结膜炎等。

继发性因素　本病常继发于邻近组织的疾病（如上颌窦炎、

泪囊炎、角膜炎等)、重剧的消化器官疾病及多种传染病经过中(如流行性感冒、腺疫、牛恶性卡他热、牛瘟、牛炭疽等)常并发所谓症候性结膜炎。眼感觉神经(三叉神经)麻痹也可引起结膜炎。

2. 临床症状 结膜炎的共同症状是羞明、流泪、结膜充血、结膜浮肿、眼睑痉挛、渗出物及白细胞浸润。

卡他性结膜炎 乃临床上最常见的病型,结膜潮红、肿胀、充血、流浆液、黏液或脓性分泌物。卡他性结膜炎可分为急性和慢性两型。

急性型 轻时结膜及穹隆部稍肿胀,呈鲜红色,分泌物较少,初似水,继则变为黏液性。重度时,眼睑肿胀、带热痛、羞明、充血明显,甚至见出血斑。炎症可波及球结膜,有时角膜面也见轻微的浑浊。若炎症侵及结膜下时,则结膜高度肿胀,疼痛剧烈。

慢性型 常由急性转来,症状往往不明显,羞明很轻或见不到。充血轻微,结膜呈暗赤色、黄红色或黄色。经久病例,结膜变厚呈丝绒状,有少量分泌物。

化脓性结膜炎 因感染化脓菌或在某种传染病经过中发生,也可以是卡他性结膜炎的并发症。一般全身症状较重,常由眼内流出多量黄色脓性分泌物,上、下眼睑常被黏在一起。化脓性结膜炎常波及角膜而形成溃疡,且常带有传染性。

【类症鉴别】

本病应该注意与角膜炎的鉴别诊断。虽然都有羞明、流泪、充血等症状,但其发生的具体部位不同,角膜就是俗称的"黑眼球",是一个透明的无血管组织,光线由此进入眼内,使动物可以看到东西;而结膜炎则发生于结膜,即覆盖于上、下眼睑内面和"眼白"上的黏膜组织,含有丰富的血管。

【防治措施】

治疗 可用 3‰硼酸溶液清洗患眼，或外用抗生素眼药水或眼膏如四环素眼药水、氯霉素眼药水、环丙沙星眼药水等。

急性卡他性结膜炎充血显著时，初期冷敷；分泌物变为黏液时，则改为温敷，再用 0.5%～1%硝酸银溶液点眼（每天 1～2 次），10 min 后，用生理盐水冲洗。若分泌物已见减少或趋于吸收过程时，可用收敛药，其中以 0.5%～2%硫酸锌溶液（每天 2～3 次）较好。

球结膜下注射青霉素和氢化可的松（并发角膜溃疡时，不可用皮质固醇类药物）：用 0.5%盐酸普鲁卡因液 2～3 mL 溶解青霉素 5 万～10 万 IU，再加入氢化可的松 2 mL(10 mg)，作球结膜下注射，1 天或隔日 1 次。

慢性结膜炎的治疗以刺激温敷为主。局部可用较浓的硫酸锌或硝酸银溶液，或用硫酸铜棒轻擦上、下眼睑，擦后立即用硼酸水冲洗，然后再进行温敷。也可用 2%黄降汞眼膏涂于结膜囊内。中药川连 1.5 g、枯矾 6 g、防风 9 g，煎后过滤，洗眼效果良好。

某些病例可能与机体的全身营养或维生素缺乏有关，因此应改善病牛的营养并给予维生素。

预防 保持厩舍和运动场的清洁卫生。注意通风换气与光线，防止风尘的侵袭。严禁在厩舍里调制饲料和刷拭畜体。笼头不合适应加以调整。治疗眼病时，要特别注意药品的浓度和有无变质情形。

角 膜 炎

角膜炎是由各种不良刺激致使角膜组织发生炎症的过程，是牛最常发生的眼病。可分为外伤性、表层性、深层性（实质性）及化脓性角膜炎数种。

【诊断要点】

1. 病因 角膜炎多由于外伤（如鞭梢的打击、笼头的压迫、尖锐物体的刺激）或异物误入眼内（如碎玻璃、碎铁片等）而引起。角膜暴露、细菌感染、营养障碍、邻近组织病变的蔓延等均可诱发本病。此外，在某些传染病（如腺疫、牛恶性卡他热、牛肺疫）和浑睛虫病时，能并发角膜炎。

2. 临床症状 角膜炎的共同症状是羞明、流泪、疼痛、眼睑闭合、角膜浑浊、角膜缺损或溃疡。轻的角膜炎常不容易直接发现，只有在阳光斜照下可见到角膜表面粗糙不平。

外伤性角膜炎常见于鞭伤和树枝擦伤，可找到伤痕，透明的表面变为淡蓝色或蓝褐色。角膜内如有铁片存留时，于其周围可见带铁锈色的晕环。

由于化学物质所引起的热伤，轻的仅见角膜上皮被破坏，形成银灰色浑浊。深层受伤时则出现溃疡；重剧时发生坏疽，呈明显的灰白色。

角膜损伤严重的可发生穿孔，眼房液流出，由于眼前房内压力降低，虹膜前移，常常与角膜，或后移与晶状体粘连，从而丧失视力。

【防治措施】

治疗 急性角膜炎：初期冷敷，后期改为温敷，再用0.5%～1%硝酸银溶液点眼（每天1～2次）。但用过本品后10 min，要用生理盐水冲洗。若分泌物已见减少或趋于吸收过程时，可用收敛药，其中以0.5%～2%硫酸锌溶液（每天2～3次）较好。

为了促进角膜浑浊的吸收，可向患眼吹入等份的甘汞和乳糖（白糖也可以）；40%葡萄糖溶液或自家血点眼；也可用自家血眼睑皮下注射；1%～2%黄降汞眼膏涂于患眼内。也可静脉内注射5%碘化钾溶液20～40 mL，连用1周；或每天内服碘化钾5～

10 g，连服 5～7 d。疼痛剧烈时，可用 10％颠茄软膏或 5％狄奥宁软膏涂于患眼内。

角膜穿孔时，应严密消毒防止感染。角膜破裂较小时，可用眼科无损伤缝针和可吸收缝线进行缝合。对新发的虹膜脱出病例，可将虹膜还纳展平；脱出久的病例，可用灭菌的虹膜剪剪去脱出部，再用第三眼睑覆盖固定予以保护；溃疡较深或后弹力膜膨出时，可用附近的球结膜做成结膜瓣，覆盖固定在溃疡处，这时移植物既可起生物绷带的作用，又有完整的血液供应。1％三七液煮沸灭菌，冷却后点眼，对角膜创伤的愈合有促进作用，且能使角膜浑浊减退。用 5％氯化钠溶液每天 3～5 次点眼，有利于角膜和结膜水肿的消退。中药成药如拨云散、决明散、明目散等对慢性角膜炎有一定疗效。

症候性、传染病性角膜炎，应注意治疗原发病。

预防 饲养管理过程中避免鞭伤，或其他异物刺激眼部。临近组织发生病变时，及时治疗，防止继发角膜炎。

风 湿 病

风湿病是反复发作的急慢性非化脓性炎症，特征是胶原结缔组织发生纤维蛋白性，及骨骼肌、心肌和关节囊中的结缔组织出现非化脓性局限性炎症，其主要症状是发病的肌群、关节及蹄的疼痛和机能障碍。

【诊断要点】

1. 病因 风湿病的发病原因迄今尚未完全阐明。近年来研究表明，风湿病是一种变态反应性疾病，并与溶血性链球菌（医学已证明为 A 型溶血性链球菌）感染有关风湿病，发作时通过病例的鼻咽部拭子培养，可获得 A 型溶血性链球菌。已知溶血性链球菌感染后所引起的病理过程有两种：一种表现为化脓性感染，另一种则表现为延期性非化脓性并发病，即变态反应性疾病。风湿病属于后一种类型，并得到了临床、流行病学及免疫学方面的支持。

此外，经临床实践证明，风、寒、潮湿、过劳等因素在风湿病的发生上起着重要的作用。如畜舍潮湿、阴冷，大汗后受冷雨浇淋，受贼风特别是穿堂风的侵袭，夜卧于寒湿之地或露宿于风雪之中，以及管理使役不当等都是易发风湿病的诱因。

2. 临床症状　全身性急性风湿病。病牛突然发病，全身大片肌肉疼痛与功能障碍，不愿走动或卧地不起，体温升高至40.0～41.5℃，呼吸增数，血沉比较快，食欲减退。依据侵害组织不同，会出现前后肢某些关节肿胀、疼痛，肌肉敏感，触痛或僵硬，蹄部增温，趾动脉亢进。四肢风湿时，跛行常交替发生，患肢僵硬肿胀，举步困难，运步缓慢，步幅短缩。常随运动或晴天而好转，遇阴冷天气又患病；颈部风湿时，病牛脖子发硬疼痛，若一侧疼发病，则歪向疼痛一侧，俗称歪脖子。若二侧发病，则头颈伸张、僵直、低头困难；背腰风湿时，背腰弓起，凹腰反射减弱或消失，运步时后躯强㑇，步幅短缩，转弯不灵活，卧地后起来困难；侵害关节时，关节肿胀，增温，疼痛，关节囊积液，触之有波动，穿刺液为纤维蛋白絮状混浊液，运动时呈支跛为主的混合跛行。

急性风湿病的特点是突然发病。疼痛具有游走性，容易复发，跛行可以随着运动量的增加而症状减轻或消失。

慢性风湿病的症状不明显，但病程较长，出现肌肉萎缩，病畜易疲劳，关节畸形、僵硬，活动限制，运动时可听到关节内摩擦音。

3. 实验室诊断　目前尚缺乏特异性诊断方法，临床上主要根据病史和临床表现加以诊断。必要时可进行下述辅助诊断。

水杨酸钠皮内反应试验　用新配制的 0.1％水杨酸钠

10 mL，分数点注入颈部皮内。注射前和注射后 30 min、60 min分别检查白细胞总数。其中白细胞总数有一次比注射前减少 1/5，即可判定为风湿病阳性。

血常规检查 风湿病病牛血红蛋白含量增多，淋巴细胞减少，嗜酸性白细胞减少（病初），单核白细胞增多，血沉加快。

【类症鉴别】

在临床上风湿病除注意与骨质软化症进行鉴别诊断外，还要注意与肌炎、多发性关节炎、神经炎、颈和腰部的损伤及牛的锥虫病等疾病作鉴别诊断。

【防治措施】

治疗 加强护理，避免受风、寒、湿侵袭。

全身疗法，常用 10％水杨酸钠注射液 200～300 mL，5％葡萄糖酸钙注射液 200～500 mL，0.5％氢化可的松注射液 100～160 mL，分别静脉注射，每天 1 次，连用 5～7 d。体温高者，可加用青霉素和维生素 C 注射液等。

局部疗法，对慢性风湿病，可用酒糟热敷，方法是将酒糟炒热后装入麻袋，敷于患部；也可用醋炒麸皮（麸皮 6 kg、醋4.5 L，充分混合，炒至烫手，装入麻袋）热敷。热敷时，需将牛拴在温暖厩舍内，使之发汗。

中药、针灸疗法，可用通经活络散或独活寄生汤加减，如配合电针或火针，效果更好。

预防 要注意牛的饲养管理和环境卫生，防止风、寒、湿的侵袭。厩舍应保持卫生、干燥，冬季时应保温以防家畜受潮湿和着凉。对溶血性链球菌感染后引起的家畜上呼吸道疾病，如急性咽炎、喉炎、扁桃体炎、鼻卡他等疾病应及时治疗。如能早期大量应用青霉素等抗生素彻底治疗，对风湿病的发生和复发起到一定的预防作用。

关　节　炎

关节炎是牛的关节滑膜层的渗出性炎症。其特征是滑膜充血、肿胀，有明显渗出，根据渗出物的不同分为浆液性、浆性纤维素性、纤维素性化脓性及出血性关节炎。多见牛的跗关节、膝关节和腕关节。

【诊断要点】

1. 病因　见于关节外伤、挫伤、扭伤等。继发于风湿性关节炎、邻近组织的炎症或传染病如骨髓炎、结核、流感、布鲁氏菌病等。

2. 临床症状与病理变化

急性浆液性关节炎　关节肿大，局部增温，疼痛。关节内渗出物较多时，按压有波动感。急性炎症初期，仅有少量纤维素渗出物时，按压或运动出现捻发音，硬肿则波动感不显著。站立时，患肢屈曲，不能负重，呈悬垂状或蹄尖着地。运动时呈轻度或中度跛行。关节穿刺时，关节滑液比较浑浊，呈黄色或黄绿色，容易凝结。

慢性浆液性关节炎　关节积液，触诊有波动，无热、无痛。关节穿刺时，关节滑液稀薄，无色或微黄色，不易凝结，又称关节积水。炎症症状不明显时，病程长，表现为关节畸形，硬性肿胀。跛行一般较轻，但活动受到限制，步幅较小。

化脓性关节炎　病牛站立时患肢屈曲，不能负重，以蹄尖着地。运动时呈中度或高度混合跛行。关节肿大，触诊有温热和波动。关节穿刺时，关节滑液混有脓汁，同时出现体温升高、脉搏增数、食欲减少、精神萎靡等全身症状。

当关节炎发生在牛的不同部位时，表现的症状会有所不同：

腕关节浆液性滑膜炎　主要侵害桡腕关节。在腕骨上方、桡骨与腕屈肌之间出现圆形或椭圆形肿胀。患肢负重时肿胀膨满而有弹性，患肢弛缓时则肿胀柔软而有波动。站立时，腕关节屈曲，蹄尖着地。运步时呈混合跛行。

膝关节浆液性滑膜炎 关节外形粗大，关节囊紧张，在关节的前面出现肿胀，于3条膝直韧带之间触压波动最明显。站立时患肢呈屈曲状态，以蹄尖着地负担体重。运步时呈中等度混合跛行或支跛。

跗关节浆液性滑膜炎 以跗关节滑液增多为特征，跛行不明显，触诊可在跗关节前方及后方的跟腱内外侧感到关节囊内有积液，轻推有波动感。多数不具备热、痛症状。穿刺排液可见到较清亮的滑液，感染时可见浑浊或絮状物。

【类症鉴别】

本病应与关节挫伤、关节挫伤、黏液囊炎等进行鉴别诊断。

【防治措施】

治疗 治疗原则是制止渗出，促进炎性渗出物吸收，排出积液，消炎镇痛。

病初，为制止炎症渗出，用醋酸铅和明矾（2∶1）溶液冷敷。急性炎症缓和后，改用温热疗法，如用10%～25%硫酸镁（钠）溶液温敷，包扎用鱼石脂酒精（1∶10）热绷带。或给关节腔内注入0.5%普鲁卡因青霉素（40万IU）。

体温升高时，可用青霉素、链霉素各200万IU肌内注射，或选用其他抗生素类药物。

关节囊积液多时可穿刺排液，同时向关节腔内注入青霉素80万IU，2%普鲁卡因2～10 mL，隔天1次，连用3～4次，并包扎压缩绷带。关节腔内积脓时，应排出脓汁，用5%碳酸氢钠液、0.1%新洁尔灭液、0.1%高锰酸钾液、0.1%雷佛奴尔液等反复冲洗关节腔，直至抽出的药液变透明为止。再向关节腔内注入普鲁卡因青霉素液 30～50 mL，1 次/d。或者向关节腔内注入碘仿醚（1∶10）。

为制止渗出并促进吸收，用 30％鱼石脂软膏（加 10％樟脑粉）涂擦关节，或用棉块浸 10％樟脑乙醇包扎关节，覆盖塑料薄膜，用绷带包扎。如变成慢性，用针刺放出液体后，用醋酸可的松 2.5 mL，加 2％普鲁卡因 2～4 mL 注入关节腔，隔天 1 次。

预防 ①防止关节扭伤、创伤和挫伤而引起的细菌感染及其他继发性关节炎。②牛舍内铺木屑或垫草，尽量保持干燥及清洁卫生，放牧场防止积水及淤泥，并定时清理牛粪及尖锐杂物，避免在山区不平道路上放牧或重役，以减少本病的发生。③定期检修牛蹄，发现蹄病及时治疗。④日粮中应补充适量的钙、磷等元素及维生素 A、维生素 D。

关 节 挫 伤

关节挫伤又称关节扭伤，是指关节在突然受到间接的机械外力作用下，超越了生理活动范围，瞬时间的过度伸展、屈曲或扭转而发生的关节损伤。常发生于系关节、肩关节和髋关节。

［诊断要点］

1. 病因 常由于在不平道路上的急转、急停、转倒、失足登空、嵌夹于穴洞的急速拔腿、跳跃障碍、不合理的保定、肢势不良、装蹄失宜等。这些病因的主要致伤因素是机械外力的速度、强度和方向及其作用下所引起的关节超生理活动范围的侧方运动和屈伸。

2. 临床症状 关节挫伤在临床上表现有疼痛、跛行、肿胀、温热和骨质增生等症状。由于患病关节、损伤组织程度和病理发展阶段不同，症状表现也不同。

急性关节挫伤，患部温度升高、疼痛、跛行、肿胀；慢性关节挫伤患部跛行、肿胀，出现骨赘。

3. 病理变化　急剧关节侧动，首先损伤侧韧带或同时损伤关节囊及骨组织，临床上最多见。韧带损伤常发生于骨的附着部，纤维发生断裂，若暴力过大，能撕破骨膜和扯下骨片，成为关节内的游离体。韧带附着部的损伤，可引起骨膜炎及骨赘。

关节囊或滑膜囊破裂常发生于与骨结合的部位，易引起关节腔内出血或周围出血，浆液性、浆液纤维素性渗出。如滑膜血管断裂时，发生关节血肿。或由于损伤其他软部组织，造成循环障碍、局部水肿。软骨和骨骺损伤时，软骨挫灭，骺端骨折，破碎小软骨片成为关节内的游离体。

【类症鉴别】

诊断时应注意与扭伤的鉴别。根据其发生直接或间接暴力的病史，结合疼痛，不愿运动，患肢不能负重，患部表现不同程度的温热和肿胀等症状，皮肤无破裂，而有局部组织水肿、内出血的一般为挫伤。

【防治措施】

治疗　关节挫伤的治疗原则：制止出血和炎症发展，促进吸收，镇痛消炎、预防组织增生，恢复关节机能。

① 制止出血和渗出　在伤后 12 d 内，为了制止关节腔内的继续出血和渗出，应进行冷疗和包扎压迫绷带。冷疗可用冷水浴（将病畜系于小溪、小河及水沟里，或用冷水浇）或冷敷。症状严重时，可注射加速凝血剂使病畜安静。

② 促进吸收　急性炎性渗出减轻后，应及时使用温热疗法，促进吸收。如温水浴（用 25～40 ℃温水浴，连续使用，每用

2～3 h后，应间隔 2 h 再用）、干热疗法（热水袋、热盐袋）促进溢血和渗出液的吸收。如关节内出血不能吸收时，可作关节穿刺排出，同时通过穿刺针向关节腔内注入 0.25％普鲁卡因青霉素溶液。或使用碘离子透入疗法、超短波和短波疗法、石蜡疗法、乙醇鱼石脂绷带，或敷中药四三一散（处方：大黄 4.0 g、雄黄 3.0 g、龙脑 1.0 g，研细，蛋清调敷）。

③ 镇痛　可向疼痛较重的患部注射盐酸普鲁卡因乙醇溶液（处方：普鲁卡因 2 mL、25％乙醇 80 mL、蒸馏水 20 mL，灭菌）10～15 mL，或向患关节内注射 2.0％盐酸普鲁卡因溶液。或涂擦弱刺激剂，如 10％樟脑乙醇、碘酊樟脑乙醇合剂（处方：5％碘酊 20 g、10％樟脑乙醇 80 mL），或注射醋酸氢化可的松。在用药的同时适当牵遛运动，加速促进炎性渗出物的吸收。韧带、关节囊损伤严重或怀疑有软骨、骨损伤时，应根据情况包扎石膏绷带。

对转为慢性经过的病例，患部可涂擦碘樟脑醚合剂（处方：碘 20 g、95％乙醇 100 mL、乙醚 60 mL、精制樟脑 20 g、薄荷脑 3 g、蓖麻油 25 mL）每天涂擦 5～10 min，涂药同时进行按摩，连用 3～5 d。

④ 装蹄疗法　如肢势不良，蹄形不正时，在药物疗法的同时进行合理的削蹄或装蹄。在药物疗法的同时，可配合新针疗法或用氦氖激光照射、二氧化碳激光扩焦照射。

预防　防止重度使役和关节侧向运动，一般可以减少本病的发生。

关 节 挫 伤

由于钝性物体引起关节周围的皮肤未开放性损伤称为挫伤。牛经常发生关节挫伤，多发生于肘关节、腕关节和系关节，而其他缺乏肌肉覆盖的膝关节、跗关节也有发生。

【诊断要点】

1. 病因　见于钝性物体的打击，抵伤、蹄伤、摔伤。牛棚地面（畜床）不平，不铺垫草，缰绳系绊得过短，牛在起卧时腕关节碰撞饲槽，是发生腕关节挫伤的主要原因。

2. 临床症状　轻度挫伤时，皮肤脱毛，皮下出血，局部稍肿，随着炎症反应的发展，肿胀明显，有指压痛，他动患关节有疼痛反应，轻度跛行。

重度挫伤时，患部常有擦伤或明显伤痕，有热痛、肿胀，病后经 24～36 h 肿胀达高峰。初期肿胀柔软，以后坚实。关节腔血肿时，关节囊紧张膨胀，有波动，穿刺可见血液。软骨或骨骺损伤时，症状加重，有轻度体温升高。病畜站立时，以蹄尖轻轻支持着地或不能负重。运动时出现中度或重度跛行。损伤黏液囊或腱鞘时，并发黏液囊炎或腱鞘炎。

肘关节挫伤　常挫伤肘关节外侧，伤后局部肿胀疼痛，一般在病后第二天肿胀达最高潮。关节变形，紧张，跛行重于揆伤。

腕关节挫伤　挫伤部位多在腕关节前面。轻度挫伤皮肤或皮下软组织，即使发生擦伤，如及时合理治疗，可迅速治愈。如挫伤程度不重，但反复发生，常能引起皮肤、皮下组织慢性炎症，患部皮肤肥厚或形成瘢痕。在牛损伤皮下黏液囊时，黏液囊积水形成大的水瘤，有波动，皮肤硬肿角化，呈胼胝状。挫伤严重，关节血肿时，局限性肿胀，初期波动、热痛，有明显混合跛行。出现蜂窝织炎时，腕关节高度肿胀，热痛，并发骨折时，症状更明显。有时并发腱鞘炎。

系关节挫伤　伤后患部立即出现疼痛肿胀，经过 20～30 h 肿胀达高潮。站立时，屈腕以蹄尖着地，并表现中等或重度跛行。损伤组织严重时，伤后出现剧烈的疼痛和肿胀，关节腔大量出血时，明显跛行，经 2～3 h，随出血量的增加跛行同时加重，一时体温升高。关节肿胀波动并有捻发音，剧痛，并发关节周围蜂窝织炎时，关节囊初期炎症反应剧烈，肿胀疼痛温热。慢性经过关节囊肥厚，关节周围炎或关节粘连，运动不便。

【类症鉴别】

临床上须与关节炎等疾病进行鉴别。

【防治措施】

治疗除按关节挫伤处理外，对皮肤伤创，应按创伤处置，注意消毒，预防感染，清除伤内泥沙和挫灭坏死组织，包扎绷带。大水瘤可进行手术剥离。对反复发生挫伤（习惯性挫伤）的患关节，在进行治疗的同时，要使用胶皮、毛毡制成的护膝预防反复发生。为了预防复发，注意修理牛床，平整畜舍地面、垫草，对肢体弱、常发挫伤的牲畜注意使役管理。

关 节 创 伤

关节创伤是指各种不同外界因素作用于关节囊招致关节囊的开放性损伤。有时并发软骨和骨的损伤，多发生于跗关节和腕关节，并多损伤关节的前面和外侧面，但也发生于肩关节和膝关节。

【诊断要点】

1. 病因　多因直接暴力而引起皮下软组织损伤，如打击、碰撞、蹴踢、角斗都可发生关节挫伤。

2. 临床症状　根据关节囊的穿透有无，分关节透创和非透创。

关节非透创　轻者关节皮肤破裂或缺损、出血、疼痛，轻度肿胀。重者皮肤伤口下方形成创囊，内含挫灭坏死组织和异物，容易引起感染。有时甚至关节囊的纤维层遭到损伤，同时损伤腱、腱鞘或黏液囊，并流出黏液。非透创病初一般跛行不明显，腱和腱鞘损伤时，跛行显著。

关节透创 特点是从伤口流出黏稠透明、淡黄色的关节滑液，有时混有血液或由纤维素形成的絮状物。滑液流出状态，因损伤关节的部位及伤口大小不同，表现也不同，活动性较大的跗关节胫伤口较大时，则滑液持续流出；当关节因刺创，组织被破坏的较轻，关节囊伤口小，伤后组织肿胀压迫伤口，或纤维素块的堵塞，只有自动或他动运动屈曲患关节时，才流出滑液。一般关节透创病初无明显跛行，严重时跛行明显。跛行常为悬跛或混合跛行。诊断关节透创时，需要进行 X 射线检查有无金属异物残留关节内。

如伤后关节囊伤口长期不闭合，滑液流出不止，抗感染力降低，则出现感染症状。临床常见的关节创伤感染为化脓性关节炎和急性腐败性关节炎。

急性化脓性关节炎，关节及其周围组织广泛的肿胀、疼痛、水肿，从伤口流出混有滑液的淡黄色脓性渗出物，触诊和他动运动时疼痛剧烈。站立时以患肢轻轻负重，运动时跛行明显。病畜精神沉郁，体温升高，严重时形成关节旁脓肿，有时并发化脓性腱炎和腱鞘炎。

急性腐败性关节炎，发展迅速，患关节表现急剧的进行性浮肿性肿胀，从伤口流出混有气泡的污灰色带恶臭味稀薄渗出液，伤口组织进行性变性坏死，患肢不能活动，全身症状明显，精神沉郁，体温升高，食欲废绝。

【类症鉴别】

临床上须与关节炎、关节挫伤等疾病进行鉴别。

【防治措施】

治疗 治疗原则是防治感染，增强抗病力，及时合理地处理伤口,力争在关节腔未出现感染之前闭合关节囊的伤口。

对新创彻底清理伤口,切除坏死组织和异物及游离软骨和骨片,排除伤口内盲囊,用防腐剂穿刺洗净关节创,由伤口的对侧向关节腔穿刺注入防腐剂,禁忌由伤口向关节腔冲洗,以防止污染关节腔。最后涂碘酊,包扎伤口,对关节透创应包扎固定绷带。

限制关节活动,控制炎症发展和渗出。关节切创在清净关节腔后,可用肠线或丝线缝合关节囊,其他软组织可不缝合,然后包扎绷带,或包扎有窗石膏绷带。如伤口被凝血块堵塞,滑液停止流出,关节腔内尚无感染征兆时,此时不应除掉血凝块,注意全身疗法和抗生素疗法,慎重处理伤口,可以期待关节囊伤口的闭合。

在关节腔未发生感染之前,为了闭合关节囊伤口,可在伤口一般处置后,用自家血凝块填塞闭合伤口,效果较好。方法:在无菌条件下取静脉血适量,放于3~6℃处,待血凝后析出血清,取血凝块塞入关节囊伤口,压迫阻止滑液流出,可迅速促进肉芽组织增生闭合伤口。还可以同时使用局部封闭疗法。

对陈旧伤口的处理,已发生感染化脓时,清净伤口,除去坏死组织,用防腐剂穿刺洗涤关节腔,清除异物、坏死组织和骨的游离块,用碘酊凡士林敷盖伤口,包扎绷带,此时不缝合伤口。如伤口炎症反应强烈时,可用青霉素溶液敷布,包扎保护绷带。

①局部理疗 为改善局部的新陈代谢,促进伤口早期愈合,可应用温热疗法,如温敷、石蜡疗法、紫外线疗法、红外线疗法和超短波疗法及激光疗法,用低功率氦氖激光或二氧化碳激光扩焦局部照射等。

②全身疗法 为了控制感染,从病初开始尽早地使用抗生素疗法、磺胺疗法、普鲁卡因封闭疗法(腰封闭)、碳酸氢钠疗法。自家血液和输血疗法及钙疗法(处方:氯化钙 10 g、葡萄糖 30 g、苯甲酸钠咖啡因 1.5 g、生理盐水溶液 500 mL,灭菌,一

次注射），或氯化钙乙醇疗法（氯化钙 20 g、蒸馏乙醇 40 mL、0.9%氯化钠溶液 500 mL，灭菌，一次静脉内注射）。

预防 加强饲养管理，避免打击、角斗等损伤。动物舍内减少尖锐金属物。

脱　　臼

脱臼又称脱位，是关节骨端的正常的位置关系，因受力学的、病理的及某些作用，失去其原来状态，而不能自行复原。关节脱位常是突然发生，有的间歇发生，或继发于某些疾病。牛常发生于髋关节和膝关节。肩关节、肘关节、指（趾）关节也可发生。

【诊断要点】

1.病因 外伤性脱位最常见。以间接外力作用为主，如蹬空、关节强烈伸曲、肌肉不协调地收缩等，直接外力是第二位的因素，使关节活动处于超生理范围的状态下，关节韧带和关节囊受到破坏，使关节脱位，严重时引发关节骨或软骨的损伤。

在少数情况是先天性因素引起的，由于胚胎异常或者胎内某关节的负荷关系，引起关节囊扩大，多数不破裂，但造成关节囊内脱位，轻度运动障碍，不痛。

病理性脱位是关节与附属器官出现病理性异常时，加上外力作用引发脱位。

2.临床症状 关节脱位的共同症状包括：关节变形、异常固定、关节肿胀、肢势改变和机能障碍。

关节变形，因构成关节的骨端位置改变，使正常的关节部位出现隆起或凹陷。

异常固定，因构成关节的骨端离开原来的位置被卡住，使相应的肌肉和韧带高度紧张，关节被固定不动或者活动不灵活，他动运动后又恢复异常的固定状态，带有弹拨性。

关节肿胀，由于关节的异常变化，造成关节周围组织受到破坏，因出血、形成血肿及比较剧烈的局部急性炎症反应，引起关节的肿胀。

肢势改变，呈现内收、外展、屈曲或者伸张的状态。

机能障碍，伤后立即出现，由于关节骨端变位和疼痛，患肢发生程度不同的运动障碍，甚至不能运动。

由于脱位的位置和程度的不同，这五种症状会有不同的变化。在诊断时当根据视诊、触诊、他动运动与双肢的比较不难作出初步诊断；但是，当关节肿胀严重时，X射线检查可以作出正确的诊断。同时，应当检查肢的感觉和脉搏等情况，尤其是骨折是否存在。

【类症鉴别】

根据受到直接或间接外力作用病例，结合关节变形、患肢畸形、异常固定、机能障碍、运动困难等症状，可作出诊断。一般须与骨折等跛行性疾病进行鉴别。

【防治措施】

治疗　治疗原则是整复、固定、功能锻炼。

一般用绳子将患肢拉开反常固定的患关节，然后按照正常解剖位置是脱位的关节骨端复位；当复位时会有一种声响，此后，患关节恢复正常形态。为了达到整复的效果，整复后应当让动物安静1～2周。在实施整复时，一只手应当按在被整复的关节处，可以较好地掌握关节骨的位置和用力的方向。整复后应当拍X射线片检查。对于一般整复措施整复无效的病例，可以进行手术治疗。

为了防止复发，固定是必要的。整复后，下肢关节可用石膏或者夹板绷带固定，经过3～4周后去掉绷带，牵遛运动让病畜恢复。在固定期间用热疗法效果更好。由于上肢关节不便用绷带固定，可以采用5％的灭菌生理盐水或者自家血向脱位关节的皮下做数点注射（总量不超过 20 mL），引发周围组织炎症性肿胀，因组织紧张而起到生物绷带的作用。

预防 加强饲养管理，不饲喂霉败饲料，预防骨软病，注意补给维生素 C 和钙盐。普及护蹄知识，提高削蹄、装蹄质量。对不正肢势、不正蹄形病例，做好矫形装蹄。定期检查护蹄、饲养管理和使役情况，发现问题及时排除。

腱　　炎

腱炎是牛的常发疾病，牛的后肢发病率较高。一般屈腱比伸腱发病多，而在屈腱之中则指深屈肌腱多发病，主要是因为运动中屈腱过度紧张和受到牵引，超过固有弹性和韧性的生理范围，使腱的个别纤维或腱束断裂，局部溢血肿胀，继而出现炎症过程，少数也可因外伤和邻近炎症的蔓延而引起。

【诊断要点】

1. 病因 装蹄不当（蹄角度过小）、滑倒等都能引起腱的剧伸而损伤腱纤维而发病。少数因外伤或局部感染引起腱炎。也有发生于蟠尾丝虫的寄生，引起非化脓性或化脓性腱炎。

2. 临床症状 急性无菌性腱炎时，突然发生程度不同的跛行，患部增温，肿胀疼痛。如病因不除或治疗不当，则容易转为慢性炎症。腱变粗而硬固，弹性降低乃至消失，结果出现腱的机械障碍。抑或因损伤部位的肉芽组织机化形成瘢痕组织，腱短缩，甚至与之有关的关节活动均受限制，此即腱挛缩。腱的挛缩和骨化，常能引起腱性突球。

经常反复的损伤所引起的慢性纤维性腱炎，它的临床特征是患部硬固疼痛肿胀。病畜每当运动开始，表现严重的跛行，随着运动则跛行减轻或消失。休息之后，慢性炎症的患部迅速出现瘀血，疼痛反应加剧。故在诊断慢性腱炎之前，须保持病畜较长时间的安静。

化脓性腱炎，临床症状比无菌性炎症时剧烈，常发部位在腱束间的结缔组织，因而经常并发局限性的蜂窝织炎，最终能引起腱的坏死。

【类症鉴别】

根据其过度紧张或牵引等病史，结合掌骨的变化及疼痛反应等，易建立诊断。临床上需与其他病因引起的跛行性疾病进行鉴别诊断。

【防治措施】

治疗 治疗原则是减少渗出，促进吸收和出血凝固，防止腱束的继续断裂，恢复功能。

急性炎症时，首先使病畜安静，如出现在姿势不正或护蹄、装蹄不当的病例，须在药物治疗的同时进行矫形装蹄（装厚尾蹄铁或橡胶垫）和削蹄，以防止腱束的继续断裂和炎症发展。初期可用冷疗法。病后 1～2 d 内进行冷疗（利用江、河、池塘水冷浴），亦可使用冰囊、雪囊、凉醋、明矾水和醋酸铅溶液冷敷，或用凉醋泥贴敷。

为了消炎和促进吸收，使用乙醇热绷带、乙醇鱼石脂温敷，或涂擦复方醋酸铅散加鱼石脂等。抑或使用中药消炎散（乳香、没药、血竭、大黄、花粉、白芷各 100 g、白芨 300 g、碾细加醋调成糊状）贴在患部，包扎绷带，药干时可浇以温醋。

封闭疗法，将盐酸普鲁卡因注射液注于炎症患部，效果较好。

对慢性经过时间较久的腱炎，可以涂擦碘汞软膏（水银软膏30.0 g、纯碘 4.0 g）2～3 次，用至患部皮肤出现结痂为止，但在每次涂药后，应包扎厚的绷带。或涂擦强刺激性的红色碘化汞软膏（红色碘化汞 1.0 g、凡士林 5.0 g），为了保护系凹部，应在用药同时涂以凡士林，然后包扎保温绷带，用药后注意护理，预防咬舔患部。经过 5~10 d 换绷带（夏季时间短，冬季应长些）。对顽固的病例可使用点状或线状烧烙，在烧烙的同时涂强刺激剂，注意包扎保温绷带，加强护理。借以诱发皮肤及皮下组织出现急性炎症，形成炎性水肿，白细胞增加，在酶的作用下，可以促进腱的病态结缔组织软化。在治疗过程中应保持病畜的适当运动。

预防　主要是防止牛装蹄不当。另外，邻近组织的炎症应及时治疗，防止蔓延至腱部形成腱炎。

腱　　鞘　　炎

腱鞘炎可发生指（趾）部、腕部、跗部的腱鞘，多由外伤、感染等引起。根据有无感染，分为无败性和化脓性腱鞘炎。无败性腱鞘炎按渗出物的性质，又分为浆液性、浆液纤维素性和纤维素性腱鞘炎。腱和腱鞘炎往往是互为因果，相互影响而发病。

【诊断要点】

1. 病因　机械性损伤，例如挫伤、打击、压迫、刺创，腱的过度牵张，保定不当。

脓毒症、传染病（流感、布鲁氏菌病、结核等）并发，周围组织炎症（蜂窝织炎、脓肿、化脓性黏液囊炎、化脓性关节炎）蔓延。寄生虫侵袭如蟠尾丝虫病等。

2临床症状　腱鞘炎分急性、慢性、化脓性和症候性四种类型。

急性腱鞘炎根据炎性渗出物性质分为浆液性、浆液纤维素性和纤维性腱鞘炎。急性浆液性腱鞘炎较多发，腱鞘内充满浆液性渗出物，有的在皮下肿胀达鸡蛋大乃至苹果大，有的呈索状肿胀，温热疼痛，有波动。有时腱鞘周围出现水肿，患部皮肤肥厚；有时与腱鞘粘连，患肢机能障碍。急性浆液纤维素性腱鞘炎，渗出物中有纤维素凝块，因此患部除有波动外，在触诊和他动患肢时，可听到捻发音，患部的温热疼痛和机能障碍都比浆液性严重。有的病例渗出液或纤维素过多，不易迅速吸收，转为慢性经过，常发展为腱鞘积水。

慢性腱鞘炎亦分为三种。

慢性浆液性腱鞘炎，常自急性型转变而来或慢性渐进的发生。滑膜腔膨大充满渗出液，有明显波动，温热疼痛不明显，跛行较轻，仅在使役后出现跛行。慢性浆液纤维素性腱鞘炎，腱鞘各层粘连，腱鞘外结缔组织增生肥厚，严重者并发骨化性骨膜炎。患部仅有局限的波动，有明显的温热疼痛和跛行。慢性纤维素性腱鞘炎，滑膜腔内渗出多量纤维素，因腱鞘肥厚、硬固而失去活动性，轻度肿胀，温热，疼痛，并有跛行。触诊或他动患肢时，表现明显的捻发音，纤维素越多，声音越明显。病久常引起肢势与蹄形的改变。

化脓性腱鞘炎分急性经过和亚急性经过。滑膜感染初期为浆液性炎症，患部充血和敏感，如有创伤，流出黏稠含有纤维素的滑液。经2～3 d后，则变为化脓性腱鞘炎，病畜体温升高，疼痛，跛行剧烈。如不及时控制感染，可蔓延到腱鞘纤维层，引起蜂窝织炎，出现严重的全身症状，表现严重的跛行并有剧痛。进而引起周围组织的弥散性蜂窝织炎，甚至继发败血症。有的病例引起腱鞘壁的部分坏死和皮下组织形成多发性脓肿，最终破溃。病后往往遗留腱和腱鞘的粘连或腱鞘骨化。

症候性腱鞘炎，由结核杆菌引起的牛的结核性腱鞘炎，类似纤维素性炎，肿胀逐渐增大，周围呈弥散肿胀，硬而疼痛。

【类症鉴别】

注意与腱炎、关节炎、关节挫伤等其他关节疾病区别。

【防治措施】

治疗 以制止渗出、促进吸收、消除积液、防治感染和粘连为治疗原则。

急性炎症初期，在病初 1~2 d 内应用冷疗，如 2% 醋酸铅溶液冷敷，硫酸镁或硫酸钠饱和溶液冷敷，同时包扎压迫绷带，以减少炎性渗出，病畜应当安静休息。

急性炎症缓和后，可应用温热疗法，如乙醇温敷，复方醋酸铅散用醋调温敷等。如腱鞘腔内渗出液过多不易吸收时，可作穿刺，同时注入 1% 盐酸普鲁卡因青霉素 10~50 mL，注后慢慢运动 10~15 min，同时配合热敷 2~3 d。如未痊愈，可间隔 3 d 后，再穿刺 1~2 次，在穿刺后要包扎压迫绷带。

对亚急性或慢性腱鞘炎，可应用鱼石脂、鱼石脂酒精外敷，涂擦水银软膏、樟脑水银软膏，亦可采用热浴、热泥疗法、透热疗法、石蜡疗法、碘离子透入疗法，还可以应用醋酸氢化可的松 50~200 mg 加青霉素 20 万~40 万 IU，注入腱鞘内，每 3~5 d 注射 1 次，连用 2~4 次。

如腱鞘腔内纤维凝块过多而不易分解吸收时，可手术切开排除，切开部位应在下方。注意防止局部感染。对慢性病畜应进行适当运动。

对化脓性腱鞘炎，初期可行穿刺排脓，然后使用盐酸普鲁卡因青霉素溶液冲洗，伤口用 0.1% 呋喃西林溶液湿敷。手术疗法效果较好，应根据病情，不失时机早期切开，充分排脓，切除坏死组织和瘘管。切口应在患病腱鞘的下方。手术创口可用青霉素、磺胺类制剂、2% 氯亚明溶液、1:500 过氧化氢利凡诺溶液。对腐败性腱鞘炎，应使用氧化剂。

预防 防止牛的机械性损伤和过度使役，减少腱的过度牵张。在感染病原微生物如流感病毒和布鲁氏菌时及时治疗，防止继发感染。

腱 断 裂

腱断裂是指前肢或后肢屈肌腱的不完全或完全断裂，牛发病较多，临床上常见的腱断裂是屈腱断裂和跟腱断裂，伸腱断裂发生的较少。按发生部位可分为腱鞘内腱断裂和腱鞘外腱断裂；按损伤程度可分为部分断裂（少数腱束断裂）、不全断裂（多数腱束断裂）和全断裂。腱的全断裂多发生于肌腱的移行部位或腱的骨附着点。

【诊断要点】

1. 病因

非开放性腱断裂　多因腱突然受到过度牵张所致。开放性腱断裂发生的较少，由于犁铧、耙齿、镰刀、锹铲、草叉等的切割及枪弹的损伤等，引起皮肤和腱组织同时发生损伤，且常为鞘外腱断裂。

症候性腱断裂　常见的是由新陈代谢所引起的全身病，如骨软病、佝偻病等。腱及腱鞘的炎症、化脓坏死，蹄骨及籽骨的骨坏疽，切神经术后腱组织代谢失调，弹性降低，抵抗力减弱，以致容易发生腱的断裂。并发于腱鞘炎的腱断裂属渐进发展的鞘内纵断裂。

2. 症状　病牛站立时患肢不能负重，甚至是站立不稳，运动时呈支跛，触诊局部有热痛反应，腱裂处可摸到缺损部。跟腱断裂时飞节下沉，断裂处触诊凹陷。

腱断裂的共同症状是腱弛缓，断裂部位形成缺损，又因溢血和断端收缩，断端肿胀，断裂部位温热疼痛。病畜患肢机能障碍，有的表现异常肢势。开放性腱断裂，经常感染化脓，预后不良。

【类症鉴别】

根据受到锐利物体所伤或腱疾病的病史，结合支跛、触诊疼痛、可触摸到损伤部、跟腱弛缓等临床症状，可作出诊断。

诊断时注意与肌肉断裂、关节炎、风湿病、腱炎、腱鞘炎区别。

【防治措施】

治疗　原则是使病畜安静，缝合断端，固定制动，防止感染，促进愈合。

不完全断裂时，采用石膏绷带，或夹板绷带固定，尚有治愈的希望。

完全断裂时，首先进行临床上的外科处理，再根据具体情况采用皮外缝合或创内腱缝合法，最后装着有窗石膏绷带或夹板绷带固定。

预防　加强饲养管理，防止外伤。腱部疾病及时治疗，尤其是腱部的坏疽和化脓可使其弹性降低，继而发生腱断裂。

腕前皮下黏液囊炎

腕前皮下黏液囊炎，俗名"膝瘤"或"冠膝"。主要发生于乳牛，耕牛少见，多为一侧性的，有时两侧同时发病。根据病情可分为急性浆液性、慢性浆液性或纤维素性炎等。

【诊断要点】

1. 病因　主要由机械性损伤和周围组织的炎症蔓延引起，也见于布鲁氏菌病的经过中。

若地面坚硬而粗糙，牛床不平，钉头外露，垫草不足或不给垫草，当牛起卧时腕关节前面不免反复遭受挫伤；在不平的硬地上发生猝跌，亦可导致腕前皮下黏液囊炎。

2. 临床症状　病畜腕关节前面发生局限性、带有波动性的隆起，逐渐增大，无痛无热，时日较久，患病皮肤被毛卷缩，皮下组织肥厚。牛的腕前膨大可增至排球大小，脱毛的皮肤胖胝化，上皮角化，呈鳞片状。肿胀的内容物多为浆液性，混有纤维素小块，有时带有血色。如有化脓菌侵入，则形成化脓性黏液囊炎。

若腕前皮下黏液囊由于炎症积液多而过度增大，运步时出现机械障碍。

【类症鉴别】

应注意与腕关节滑膜炎和腕桡侧伸肌腱鞘炎做鉴别诊断。本病的肿胀位于腕关节前面略下方；腕关节滑膜炎时，肿大主要位于腕关节的上方及侧方；腕桡侧伸肌腱鞘炎时，呈纵行的分节肿胀。当急性滑膜炎及腱鞘炎时，病肢常跛行显著；而浆液性黏液囊炎时，通常无跛行，或跛行轻微。穿刺检查可判定黏液囊内容物的性质。

【防治措施】

治疗　可实行姑息疗法，即穿刺放液后注入适量的复方碘溶液或可的松。局部装置压迫绷带。

对特大的腕前皮下黏液囊炎，当施行手术切开或摘除。在肿大的前面正中略下方，作梭形切口。将黏液囊整体剥离。结节缝合手术创口。对过多的皮肤作数行平行的结节缝合。皮肤皱褶于一侧，装置压迫绷带。以后每5天拆除一行结节缝合（先从靠近肢体的一行开始），最后拆除手术创口的结节缝合。同时肌内注射青霉素及链霉素，或投以磺胺类药物。

预防　加强饲养管理，动物圈舍用软沙土铺地可减少本病发生。防止机械性损伤和周围组织的炎症蔓延。

蹄　叶　炎

蹄叶炎或真皮小叶发炎是常见的一种蹄病，通常四肢均不同程度发病，临床上以跛行、蹄过长、出现蹄轮及蹄底出血为特征。

【诊断要点】

1. 病因 广蹄、低蹄、倾蹄等在蹄的构造上有缺陷，躯体过大使蹄部负担过重，均为发生蹄叶炎的原因。

饲养管理不当如蹄底或蹄叉过削、削蹄不均、延迟改装期、蹄铁面过狭、铁脐过高等，以及饲喂高能饲料等均能诱发蹄叶炎。

传染性胸膜肺炎、流行性感冒、肺炎、疝痛、运输应激等常可继发蹄叶炎。

2. 临床症状 急性蹄叶炎时，精神沉郁，食欲减少，不愿意站立和运动。因避免患蹄负重，常常出现典型的姿势改变。如果两前蹄患病时，病牛的后肢伸至腹下，两前肢向前伸出，以蹄踵着地。两后蹄患病时，前肢向后屈于腹下。如果四蹄均发病，站立姿势与两前蹄发病类似，体重尽可能落在蹄踵上。如强迫运步，病牛运步缓慢、步样紧张、肌肉震颤。

触诊病蹄可感到增温，特别是靠近蹄冠处。指（趾）动脉亢进。叩诊或压诊时，可以查知相当敏感。可视黏膜充血，体温升高（40~41℃），脉搏呼吸变快。

亚急性病例可见上述症状，但程度较轻。常是限于姿势稍有变化，不愿运动。蹄温或指（趾）动脉亢进不明显。急性和亚急性蹄叶炎如治疗不及时，可发展为慢性型。

慢性蹄叶炎常有蹄形改变，蹄轮不规则，蹄前壁蹄轮较近，而在蹄踵壁的则增宽。慢性蹄叶炎最后可形成芜蹄，蹄匣本身变得狭长，蹄踵壁几乎垂直，蹄尖壁近乎水平。当站立时，健侧蹄与患蹄不断地交替负重。

【类症鉴别】

诊断时注意与蹄底刺伤、蹄底挫伤、蹄叉腐烂、蹄软骨化等疾病鉴别诊断。

【防治措施】

治疗　治疗急性和亚急性蹄叶炎有四项原则，即除去致病或促发的因素、解除疼痛、改善循环、防止蹄骨转位。

急性蹄叶炎的治疗措施，包括给止痛剂、消炎剂、抗内毒素疗法、扩血管药、抗血栓疗法，合理削蹄和装蹄，以及必要时的手术疗法。限制患畜活动。

慢性蹄叶炎的治疗，首先应注意护蹄，并预防急性型或亚急性型蹄叶炎的再发。首先，应注意清理蹄部腐烂的角质，以预防感染。刷洗蹄部后，在硫酸镁溶液中浸泡。蹄骨微有转位的病例（例如，蹄骨尖移动少于 1 cm 而蹄底白线只稍微加宽），简单地每月削短蹄尖并削低蹄踵是有效方法。

预防　加强管理，注意环境卫生，合理搭配日粮（尤其是头胎母牛），舍饲动物适当运动可以减少本病的发生。

蹄 叉 腐 烂

蹄叉腐烂是蹄叉真皮的慢性化脓性炎症，伴发蹄叉角质的腐败分解，是常发蹄病。多为一蹄发病，有时两三蹄，甚至四蹄同时发病。本病多发生在后蹄，与牛的年龄无关，是发病率最高的蹄病。

【诊断要点】

1. 病因　护蹄不良，厩舍不洁、潮湿，粪尿长期浸渍蹄叉，都可引起角质软化；在雨季，动物经常站立于泥水中，也可引起角质软化，牛长期舍饲，不合理削蹄，如蹄叉过削、蹄踵壁留得过高、内外蹄踵壁切削不一致等，都可影响蹄叉的功能。局部的血液循环发生障碍，不合理的装蹄，都会引起蹄叉发育不良，进而导致蹄叉腐烂。

2. 临床症状 初期可在蹄叉中沟和侧沟，通常在侧沟处有污黑色的恶臭分泌物，这时没有机能障碍，只是蹄叉角质的腐败分解，没有伤及真皮。

如果真皮被侵害，立即出现跛行，这种跛行走软地或沙地特别明显。运步时以蹄尖着地，严重时呈三脚跳。蹄底检查时，可见蹄叉萎缩，甚至整个蹄叉被腐败分解，蹄叉侧沟有恶臭的污黑色分泌物。当从蹄叉侧沟或中沟向深层探诊时，患畜表现高度疼痛，用检蹄器压诊时，也表现疼痛。

【类症鉴别】

本病需要与蹄叶炎、腐蹄病等鉴别诊断。根据环境卫生不良、管理不当、遗传等病史，结合跛行、蹄叉角质腐烂及蹄叉中沟和侧沟角质腐烂、脆弱等症状，可作出诊断。

【防治措施】

治疗 将患畜放在干燥的舍内，使蹄保持干燥和清洁。

用0.1%升汞液，或2%漂白粉液，或1%高锰酸钾液清洗蹄部，除去泥土粪块等杂物，削除腐败的角质。再次用上述药液清洗腐烂部，然后再注入2%～3%福尔马林乙醇液。

用脱脂棉浸松馏油或碘仿塞入腐烂部，隔日换药，效果很好。

腓 神 经 麻 痹

腓神经麻痹是由跌打、横卧、骨盆骨折或保定过紧时腓神经干受损或神经干周围脓肿和肿瘤压迫引起腓神经麻痹。分为全麻痹和不全麻痹。

【诊断要点】

1. 病因 后肢剧烈地向后踢和挣扎，保定时动作不合理和操作粗暴、跳跃障碍物等都可以使神经过度被牵引，神经纤维受到损伤，引起麻痹。骨折的碎片损伤、血肿、脓肿或新生物的压迫都可引起腓神经麻痹。

2. 临床症状 体温正常，食欲起初正常，后来慢慢减退，病畜逐渐消瘦，喜躺卧，显得无力。尾巴不能正常摇摆，自然下垂，行走困难，尤以后肢为重。系关节在站立时处于无力伸张状态，常以趾骨及蹄背侧面着地，蹄底朝上，运动时系关节在膝关节作用下，被动屈曲，而趾部也不能伸展，所以蹄尖壁着地而行。

神经全麻痹 病畜站立时，跗关节表现高度伸展状态，以系骨及蹄的背侧面着地。运动时，患肢借髂腰肌和阔筋膜张肌的作用而提伸，此时跗关节在膝关节的带动下能被动的屈曲，但趾部不能伸展，所以蹄前壁接地前行，若人为固定患肢的趾部，则可以驻立，但重心转移时蹄前壁立即着地。

神经不全麻痹 站立时无明显变化或有时出现球节掌屈。运动时，有时出现程度较轻的蹄尖壁触地现象，特别是在转弯或患肢踏着不确实时，容易出现球节掌屈。

3. 病理变化 受压迫或损伤的腓神经发生出血、水肿和炎症等变化。

【类症鉴别】

诊断时要与风湿病和一般的骨关节疾病鉴别诊断。患有此病的牛做迈步检查时，表现跛行及后肢短步，膝关节过度屈曲，球节不能伸展。另外，患肢可以高抬，但落地摇荡不稳，在上部肌肉作用下，可以迈步，但球节不能展开，呈滚蹄状。当驻立检查时患牛以蹄尖壁着地，蹄心向后（亮蹄心）；触诊小腿外侧皮肤感觉迟钝。

【防治措施】

治疗 除去病原，恢复神经传导机能，防止肌肉萎缩。①安乃近30 mL与青霉素320万 IU 稀释混合，六眼穴注射，左右侧各 1 次。②氢溴酸加兰他敏 30 mg，在小腿内侧注射。③后海穴注射氢化可的松 150 mg/次。④百会穴注射维生素 B_1 注射液 20 mL/次。⑤用樟脑、乙醇、生姜在后肢肘关节处涂擦。

预防　加强饲养管理，日粮搭配合理，营养平衡。防治地面过滑引起牛后肢劈叉、跌倒，避免损失后肢，助产和保定要严格遵守操作规程，减少难产和代谢病的发生。

股　神　经　麻　痹

股神经麻痹多发生于难产的犊牛，由于其强制性牵引伤害股四头肌伸张，引起神经损伤。股神经为混合神经，由 3～6 腰神经组成，它的运动纤维分布于股四头肌、髂腰肌、缝匠肌和股薄肌等，而感觉支分布在股、胫、趾部的内侧皮肤。

【诊断要点】

1. 病因

股神经过度牵引　后肢向后划走，后肢剧烈地向后踢和挣扎，保定时不合理和粗暴操作，跳跃障碍物等都易使股神经剧伸，神经纤维受到损伤，引起麻痹。

外伤和压迫　股神经直接受到外力打击，骨折碎片的损伤，血肿、脓肿或新生物的压迫，难产时损伤了神经根或压迫大腿部肌肉或血管等，均可引起神经麻痹。

继发于其他疾病　如肌红蛋白尿、乳热等。

2. 临床症状　当股神经麻痹时，伸展膝关节的股四头肌，向前提腹的髂腰肌，内收后肢的缝匠肌和股薄肌，弛缓无力，约 1 周后萎缩。当两侧股神经同时麻痹时，很难站立，也不能运动。

当驻立时，因股四头肌弛缓，膝盖骨不能固定，患肢以蹄尖轻轻着地，膝关节以下各关节呈半屈伸状态，膝关节明显降低。

不能负重，股四头肌紧张度减少，膝盖骨脱位。

当运动时，患肢向前提举缓慢，而向外划弧，在其落地负重时，膝关节和跗关节突然屈曲，股、胫、跖内侧皮肤的感觉消失。

3. 病理变化 受压迫或损失的股神经发生出血、水肿和炎症等变化。

【类症鉴别】

注意与腓神经麻痹，闭孔神经麻痹及其他骨关节疾病鉴别。根据股神经被过度牵引、外伤、压迫等病史，结合临床特征，如驻立时膝关节以下各关节呈半屈曲状态或难以站立，运动时患肢向外划弧等，可作出诊断。

【防治措施】

治疗 加强护理，应将牛保定在六柱栏内，犊牛放在铺有松软褥草的舍内。

应立即应用地塞米松、非类固醇抗炎药，或静脉注射二甲基亚砜。同时试用直流电或感应电刺激神经，促进股四头肌被动的收缩。股内注射神经营养药，如维生素 B_1 等药物。

对症治疗 由血肿、脓肿或新生物引起的，应手术切开或切除这些压迫的原发病，采取相应的治疗措施。由交配、肌红蛋白尿病等引起的，应治疗原发病。

预防 加强饲养管理，合理搭配日粮，保证营养平衡。防止牛后肢劈叉、跌倒，减少后肢受外界损伤，助产和保定要严格遵守操作规程，减少难产和代谢病的发生。

出 血 性 贫 血

出血性贫血是指血管等破裂引起的贫血性疾病，临床上分为急性和慢性两类。

急性出血性贫血　由于外伤或手术引起内脏器官（如肝、脾、腔动脉及腔静脉等）及体外血管破裂造成大出血，使机体血容量突然降低。

慢性出血性贫血　指少量多次反复出血，以及突然大量出血后长时间不能恢复所引起的低血红蛋白及正成红细胞性贫血。

【诊断要点】

1. 病因　见于创伤、手术、肝和脾破裂等急性出血之后，或由胃肠道寄生虫病、胃溃疡、肾与膀胱结石或赘生物引起的血尿等慢性失血所致，也见于草木樨中毒、蕨中毒、敌鼠钠中毒等中毒性疾病、凝血因子缺陷性疾病、寄生虫病及体腔与组织的出血性肿瘤等。

2. 临床症状　急性出血轻症时表现体弱无力、呆立不动、运步不稳。严重时则出现休克、呕吐、视力减退、肌肉颤抖、可视黏膜苍白、体温降低、皮肤干燥松弛、四肢冰凉、大小便失禁、瞳孔散大、反射迟钝。饮水增加，消化机能降低，食欲消失。脉细弱，心音弱，听诊可闻缩期杂音，呼吸加快。

慢性出血病程发展缓慢，进行性消瘦、衰弱，严重时可视黏膜苍白，精神不振，消瘦，嗜睡。血压低，脉快，轻微运动时心率显著上升，呼吸浅表，心脏听诊，心音低沉，能常可听到吹哨性心内杂音。脑贫血导致晕厥、视力减退、嗳气、呕吐、膈肌痉挛性收缩。严重贫血时胸腹部、下颌间歇，四肢末梢水肿，体腔积液，胃肠消化吸收机能降低，下痢引起机体极度虚弱导致死亡。

3. 实验室诊断　血 pH 降低、乳酸含量明显升高、低蛋白血症。血液总量降低、血液稀薄、红细胞、Hb 降低、血沉加快、幼稚红细胞出现（网织红细胞、多染红细胞、成红细胞）。

【类症鉴别】

诊断时要与一般寄生虫性疾病引起的贫血和溶血性疾病进行鉴别。本病由于外伤或手术引起内脏器官（如肝、脾、腔动脉及腔静脉等）及体外血管破裂造成大出血，使机体血容量突然降低，具有发病迅速、症状严重的特点。

慢性出血需要与一般性营养不良引起的消瘦乏力和慢性溶血性贫血区别诊断。胃肠出血时粪便潜血、泌尿道出血时尿血、呼吸道出血时痰中带血。

【防治措施】

治疗 采用结扎、压迫、烧烙、止血粉（海绵）等进行局部止血；全身止血可注射5%安络血牛20～30 mL、止血敏20 mL、维生素 K_3 0.1～0.4 g、10%氯化钙100～150 mL。右旋糖酐葡萄糖 500～1 000 mL，条件允许可输血。补充造血物质如硫酸亚铁2～10 g 内服，连用1周。加强营养，供给富含蛋白质的饲料。

预防 当动物发生外伤，血管破裂时应该迅速止血、可采取结扎止血、纱布按压等方法止血。动物手术过程中及时止血，如果进行大型手术可以提前给牛输血 500～1 000 mL。

牛群放牧时应避开有毒植物（草木樨中毒、蕨中毒等）。改善饲养管理，定期驱虫。由于病程发生缓慢，应及早发现和治疗本病，减少损失。

（付　晶）

第九章

产 科 病

乳 房 脓 疱 病

乳房脓疱病是由葡萄球菌侵害乳房皮肤，致使乳房上形成弥漫性、粟粒性毛囊炎和脓疱的疾病，又称乳房葡萄球菌病。主要以乳房上结节状化脓性炎为特征。通常牛群中仅有一头或几头牛感染发病，偶有成群发生。

【诊断要点】

1. 病因　其主要原因是饲养管理不当、环境卫生不良。如运动场潮湿，粪、尿不及时清除，挤奶时清洗乳房不彻底，褥草不及时更换等，使乳房皮肤长时被粪、尿浸渍，毛囊口被堵塞，此时为葡萄球菌的侵入创造了条件，引起葡萄球菌性皮炎，进而对乳房造成了危害。

2. 临床症状　患牛乳房上有结节状化脓性炎症，初呈充满无色液体的囊，后呈黄色，其中含有少量黏稠性黄白色脓汁，脓疱遍布于整个乳房，特别见于毛多的乳房，被毛与干的或湿的渗出物黏附一起而形成隆起的小毛簇。乳头背侧或整个乳头常被侵害而发生脓疱，挤奶时疼痛。脓疱破溃，脓汁流出，此时形成有覆盖痂皮的溃疡面，当新生角质层出现后痂皮脱落。

3. 病理变化　肿大部位肌肉溃烂化脓，组织切片可见慢性化脓性坏死及临近其他软组织炎。

4. 实验室诊断 挑起脓汁，按常规方法分别接种于 37 ℃琼脂和血液琼脂，37 ℃琼脂培养 24 h，形成凸起、光滑、湿润、不透明、边缘整齐的菌落，在室温放置 2 d 后，可见金色菌落接种，在血液琼脂上，进行需氧和厌氧培养，血液培养基上长出圆而隆起、光滑、湿润、闪光的菌落，后变为金黄色，并出现明显的溶血环。取菌落染色镜检。可见单个、成双或呈葡萄状排列的革兰氏阳性球菌。生化试验：该菌能发酵葡萄糖、甘露醇、乳糖，产酸、不产气。血液凝固酶阳性。

【类症鉴别】

本病需与乳头炎、牛痘、伪牛痘相区别。结合本病的临床特征，脓疱遍布于整个乳房及黄白色浓汁可以很好的鉴别本病。

【防治措施】

治疗 首先应剪去乳房上的毛，用 0.3％洗必泰液或稀碘液轻洗患部，再用清水冲洗，保持乳房干燥，每天冲洗 1 或 2 次。脓疱成熟者，应扩开脓疱，排出脓汁，然后用 1％碘酊或 3％龙胆紫等于患部涂布。清掉大块痂皮、坏死组织，剪毛后用温肥皂水、双氧水清洗损伤组织，擦干后使用收敛剂（硫酸铜 1 份、磺胺 4 份调制成 6％的溶液）。葡萄球菌极易产生耐药性，不同株的葡萄球菌对抗生素的敏感性也不相同，因此用药前最好进行药敏试验。通过药敏试验之后，大剂量应用抗菌素治疗，采取局部封闭注射与全身用药相结合。并对患部实施了必要的切割，切除后的创腔用碘酊纱布填塞。隔 24～48 h 更换 1 次。伤口周围注射 10％碘仿醚。

预防 加强环境卫生，及时除去污秽环境中的污染源；加强乳房卫生保健，保持乳房皮肤清洁。

乳 房 水 肿

乳房水肿又称乳房浮肿，或结块乳房。是由于乳房局部血液淤滞而发生。为乳牛的常见病，通常为急性，具有乳腺间质组织间有过量液体聚积的特征。

【诊断要点】

1. 病因 由于块茎等青绿多汁、糟渣饲料较多而运动较少、日粮中食盐的含量过高等因素，影响对水分代谢因素等有关。

妊娠后期供应子宫的大量血液流入乳房，或初期乳静脉血压上升，静脉及淋巴系统不能做出相应的调节，从血管内渗出的液体蓄积于皮下，就会发生乳房浮肿。

2. 临床症状 一般无全身症状，大多数发生于高产牛，从分娩前1个月到接近分娩期间突然出现乳房浮肿，特殊地增大，随着病情发展继发起立困难。由于乳房和乳头极易受损伤，所以，有时能引起乳房炎。从乳头基部和乳池的周围浮肿波及乳房全部，皮肤紧张带有光泽、无痛，按压乳房出现凹陷的状态，浮肿的乳头变得粗而短，使挤奶发生困难。除此之外，还有发生乳房中隔浮肿的。多数病牛从分娩前就表现食欲不振，到分娩后7 d左右，乳房膨胀，急剧下垂，浆液集中积于中隔时，致使后肢张开站立，母牛运动困难，易遭受外界损伤，并发乳房炎后，病状显著恶化。乳房水肿病程长时常导致产奶量显著降低。

3. 病理变化 水肿部位结缔组织增生而变硬实，逐渐蔓延到乳腺小叶间结缔组织间质中，使后者增厚，引起腺体萎缩，使整个乳房肿大而硬结。

【类症鉴别】

本病需与乳房炎相区别，乳房炎的主要临床症状以乳汁异常，乳房大小、质地、温度异常及全身反应，乳汁表现为色泽异常，出现凝块、絮片或脓汁，有时有血、脓等。而乳房水肿一般无全身症状，从乳头基部和乳池的周围浮肿波及乳房全部，皮肤紧张带有光泽、无痛，按压乳房出现凹陷的状态。

【防治措施】

治疗 一些轻症病牛通常不需要治疗即可痊愈，但为了促进水肿尽快消退，对水肿乳房可进行热敷和按摩；病牛应加强饲养管理，减少精料和多汁饲料，限制饮水，多喂干草，适度增加运动，促进血液循环；药物治疗以利尿、促进吸收和制止渗出为辅助性治疗原则。为了促使乳房血液循环，促进水肿消退，从分娩几日后就要开始让牛适当运动。同时适当减少精料及多汁饲料，控制饮水量，增加挤奶次数，每次挤奶时用温水（50～60 ℃）热敷，反复按摩乳房，奶要挤净。

病程较长而严重的水肿，应停喂多汁饲料，每次挤奶按摩时间不少于20～30 min。对治疗本病比较有效的方法，是给予利尿剂，本剂给予时间，对乳房水肿的消退有很大的影响，在分娩后48 h 以内，应尽量在分娩后早期开始给药。可给予双氢克尿噻、速尿等药物。初次投药时，可并用肾上腺皮质激素，可很快促进浮肿消退，但给予利尿剂可丧失体内水分，所以，要注意及时观察脱水症状。另外，对于中隔水肿的病牛，对中隔的病灶可进行穿刺，或切开以排出渗出液，用浸透0.1%雷佛奴尔或呋喃西林的纱布条引流，促使水肿早日消退。为防止细菌感染，要注意消毒处理伤口，肌内注射青霉素200万 IU，每天2次。

预防 加强饲养管理，减少精料和多汁饲料，限制饮水，多喂干草，适度增加运动，促进血液循环。对重胎母牛日粮配方，应注意蛋白质含量及矿物质添加剂的补充量，于分娩前后1个月，尽量减少精饲料，适当减少食盐的摄入量，增加运动。

子　宫　颈　炎

子宫颈炎主要是由于分娩、配种或人工授精时子宫颈受到创伤或感染所致。子宫颈炎可分为急性和慢性。

【诊断要点】

1. 病因　机械性刺激或损伤，长期慢性刺激是子宫颈炎的主要诱因。阴道炎和子宫内膜炎的炎症蔓延和某些寄生虫病（如滴虫病）也可以引起本病。

2. 临床症状

急性　阴道检查发现子宫颈肿胀、松软如面团状，子宫颈外口开张，能伸入1～2指。黏膜有局限性或弥漫性充血，周围有絮状黏性或脓性渗出物附着。

慢性　多是由急性转来。阴道检查发现子宫颈变粗、变硬，肿胀潮红不明显，黏膜皱襞蓄积有脓性或腐败分泌物，有时子宫颈管有溃疡、糜烂和脓肿等。有的子宫颈发生不全或完全粘连。

阴道炎或子宫内膜炎也常常引起子宫颈炎。

3. 病理变化　子宫颈管有溃疡、糜烂和脓肿。子宫颈变粗、变硬，肿胀潮红不明显，黏膜皱襞蓄积有脓性或腐败分泌物。

【类症鉴别】

本病须与输卵管炎、卵巢炎、子宫内膜炎相区别。本病的发病部位主要在子宫颈，表现为肿胀、松软如面团状，有时子宫颈发生不全或完全粘连。

【防治措施】

治疗　急性病例用0.1%～0.2%雷佛奴尔溶液冲洗，尽量排出子宫颈内渗出物。渗出物不多时，可直接在子宫颈内注射青霉素水剂或撒布抗生素粉剂，或使用抗生素、磺胺类药水剂、乳剂、油剂棉塞填充。慢性病例可用0.05％新洁尔灭或1％醋酸溶液冲洗后，局部再涂抹碘甘油或3％龙胆紫。子宫颈糜烂，可用5％～10％硝酸银溶液腐蚀患部，然后塞入土霉素粉胶囊剂。病情严重时注射广谱抗生素进行全身疗法。子宫颈炎与阴道炎或子宫内膜炎有关时，在治疗子宫颈炎的同时还需对原发病进行治疗。

预防　主要应加强母牛的饲养管理，增强机体抗病能力。同时加强对阴道炎和子宫内膜炎等的防治。

乳　房　炎

乳房炎是由于各种病因引起的乳房炎症，其主要特点是乳汁发生理化性质及细菌学变化，乳腺组织发生病理学变化。发病率在20％～70％。乳房炎是引起产奶量降低，遭受经济损失的主要原因。

【诊断要点】

1. 病因　引起乳房炎的病原有细菌、真菌、病毒、支原体等，通常主要的病原是链球菌属、金黄色葡萄球菌、大肠杆菌和支原体。前两者占病原菌的90％～95％。

引起奶牛乳房炎的最主要的病原菌是无乳链球菌和金黄色葡萄球菌，此外，大肠杆菌、乳房链球菌、停乳链球菌、兽疫链球菌、粪链球菌、化脓链球菌、空肠变形杆菌等也可引起感染。

引起牛乳房炎的厌氧菌并不多见，它们多与一些条件性病原菌混合感染而发病，主要有吲哚消化球菌、黑素类杆菌、产芽孢梭状芽孢杆菌和坏疽梭杆菌。

引起牛乳房炎的真菌主要有毛孢子菌、烟曲霉、构巢曲霉及毕赤曲霉，酵母菌中有些也能引起牛的乳房炎，如假丝酵母菌、新型隐球酵母菌、酵母菌和球拟酵母等。

2. 临床症状　乳房炎的主要临床症状包括乳汁异常，乳房大小、质地、温度异常及全身反应。乳汁的异常主要表现为色泽异常，出现凝块、絮片或脓汁，有时有血、脓等。乳汁出现凝块、絮片时，常出现颜色的变化，表明乳腺有严重的炎症。发生乳房炎时，因病原、病程的不同，乳房可出现发热、肿胀、纤维化等症状，这些变化可通过触诊及视诊来确定。

3. 病理变化　乳房腺体或乳腺间结缔组织发炎或两者同时发炎，乳房发生纤维化。乳汁变质或有絮状物。

4. 实验室诊断　化学检验法、乳汁电导率测定、乳汁体细胞记数（SCC）和乳汁微生物鉴定，其中化学检测法包括美国加州乳房炎试验（CMT）及类似方法、溴麝香草酚蓝试验（B.T.B. 法）、过氧化氢法（双氧水法）、4‰苛性钠凝乳法（Whiteside 法）、氯化钙凝乳试验（改良 N.F.T. 法）和氯化物硝酸银试验。

【类症鉴别】

本病需与乳房水肿相区别，乳房炎的主要临床症状以乳汁异常，乳房大小、质地、温度异常及全身反应，乳汁表现为色泽异常，出现凝块、絮片或脓汁，有时有血、脓等。而乳房水肿一般无全身症状，从乳头基部和乳池的周围浮肿波及乳房全部，皮肤紧张带有光泽、无痛，按压乳房出现凹陷的状态。

【防治措施】

治疗　对所有出现全身反应的乳房炎，均应采用全身大剂量抗生素疗法，目的是在治疗乳房炎感染的同时，有效地控制或防止出现败血症或菌血症。主要用青霉素、链霉素、土霉素、磺胺、氧氟沙星等。

① 乳房灌注　挤完奶后进行乳房灌注，注入药物后按摩乳房。注意一定要严格消毒，杜绝将细菌、真菌等引入乳区，而且

要有一定的疗程，一般注射 3 次。应用的药物主要是抗菌消炎药，包括一些中药制剂和中西药复方合剂。

②乳房封闭疗法　抗生素与普鲁卡因在乳房基部结缔组织间隙分点注射。

③局部冷敷　可用明矾水冷敷，也可用鱼石脂、樟脑等局部涂布。

④中药治疗　主要是应用一些清热减毒、活血化瘀等类药物，按照中兽医的理论辨证施治，如复方公英散。

⑤其他疗法　针对具体病例，采用不同的方法进行治疗，如乳房局部化脓，则应切开，按外科方法处理，如奶头狭窄，可用括乳器扩张乳头，如果增生，可切除后缝合。如果是慢性乳房炎，应局部热敷等。隐性乳房炎可口服盐酸左旋咪唑进行治疗和预防，因为其有免疫调节作用，每千克体重 7.5 mg。急性坏疽性乳房炎，严禁按压、热敷，及时静脉大剂量注射抗生素，也可用 2%～3% $KMnO_4$ 注入患区进行冲洗；如果坏死严重，可局部切开冲洗，如果控制不住，可切除一个乳区。

预防　使用有机碘制剂（如威力碘、碘消灵、碘甘油等）、3%～4% 次氯酸钠、0.5% 洗必泰等乳头药浴。定期进行乳房炎的检测，及时发现治疗。淘汰慢性乳房炎病牛，进行干奶期防治，是控制乳房炎的有效措施。

乳 池 狭 窄

由于乳头创伤而导致黏膜损伤、肉芽组织增生或纤维化，引起乳池狭窄及阻塞。临床特征是乳汁流出障碍。此病在奶牛上较为常见。

【诊断要点】

1. 病因　乳池狭窄及阻塞多数是由于早期乳头挫伤、挤乳不当或长时间地使用乳导管，使黏膜受到伤害并呈慢性炎症，最后形成瘢痕、肉芽肿或纤维化。

除了固定病变，在挤奶过程中会遇到"奶石"或"漂浮物"引入乳头并机械地影响挤奶。"漂浮物"可能是游离的，也可通过蒂附着在黏膜上。当乳头外部受到创伤后，会引起黏膜脱落，脱落黏膜可能会贴附于对侧的乳头壁上，因引起阀门效应而干扰挤奶。损伤引起黏膜下层出血与水肿，当炎症消退，黏膜下的液体被吸收、消散，黏膜脱落并在乳池内漂游，从而出现阻塞。

2. 临床症状 部分乳池狭窄，虽能挤出乳汁，但乳池充奶缓慢，影响挤奶速度。乳头基部或乳池壁上，摸到不移动的硬结样物，插入乳导管可遇到阻碍。局部黏膜脱落会导致间隙性阻塞，手工挤奶时，可以感觉到脱落黏膜在拇指与其他手指间"滑动"。整个乳池狭窄，乳房中虽充满乳汁，但挤不出奶，触诊乳头黏膜厚而硬，呈坚实的纵向团块，感到乳池内有一似铅笔样的硬物。插入乳导管困难，与肉芽或纤维组织摩擦时会感到阻力。弥漫性乳头肿胀使正常乳池狭窄、塌陷，乳头肿胀、有疼痛感、无明显团块，插导乳针容易并能将乳腺池内的乳汁导出。

3. 病理变化 黏膜损伤严重，发生慢性炎症，形成瘢痕或肉芽肿，肉芽肿常发生在乳头基部，该处黏膜的环状皱褶容易扯伤。

【类症鉴别】

本病需与乳头炎相区别。乳头炎主要变现为乳头表层和肌层炎症，出现红肿、硬、温度升高等。有时见乳头管口外翻，严重的坏死，呈腐肉状。

【防治措施】

治疗 保守疗法：当患有局部或弥散性乳头阻塞，且又邻近泌乳末期的母牛，为减少对损伤部位的刺激，可以停乳休息。一周后复查，以确定病变是否好转。当有漂浮物进入乳池时，应用手指将其固定，耐心而细致地用蚊式止血钳扩张乳头管和括约肌，并将其夹住去除。轻度狭窄时，乳头上涂碘化钾或黄色素软膏，经常按摩。乳头弥散性肿胀，立即用 10％的硫酸镁溶液浸泡，局部用二甲亚砜、羊毛脂或芦荟软膏保护乳头。其他的方法有乳导管排出乳汁、液氮疗法等。非开放性疗法，对乳池内的肉芽组织、赘生物，可用眼科小锐匙反复刮削，将其去掉。术前，应向乳池内注入 1％的普鲁卡因 30～50 min。也可用柳叶刀进行摘除，乳头切开，切除病变。

预防 挤乳要注意不要过度刺激或损伤，不要贪图省力而长期使用导乳针等，应及时发现，及时治疗。

乳 房 冻 伤

乳房冻伤是由于在北方寒冷的冬季，日照短、风大、低温，奶牛的乳房无被毛、皮肤薄，与空气接触面积大，易发生冻伤，特别是奶牛的乳头更容易发生冻伤。

【诊断要点】

1. 病因 农户饲养奶牛，如果保温不善，长期在寒冷潮湿环境下饲养，极容易发生冻伤。潮湿可促进寒冷的致伤力，风速、局部血流障碍和抵抗力下降、营养不良是间接引起冷损伤的原因。一般而言，温度越低，湿度越高，风速越大，暴露时间越长，发生冷损伤的机会越大，亦越严重。

2. 临床症状 冻伤后数小时，皮肤变红，挤奶时疼痛，1～2 d 后，乳头皮肤出现一层亮膜，包住整个乳头并阻塞乳头管；到 5～8 d 薄膜破裂，皮肤出血；薄膜脱落处形成肉芽组织，有些病灶形成上皮。

表皮冻伤，除表皮冻伤的症状外，有的皮肤上成浅褐色，其上还可以看到大小不等的水疱，以后水疱中黄红色液体逐渐变干，以致表皮脱落。如果护理不善造成水疱擦破可引起感染，部分患畜冻伤处可出现局部麻痹。

深层冻伤，冻伤部位深达皮下组织或肌肉。皮肤呈紫色或紫褐色，局部感觉消失。如果发生感染，被冻伤组织就会出现就渐进性湿性坏死，也有少数出现干性坏死。坏死组织常沿其边界线与肉芽组织分离，脱落后露出愈合缓慢的肉芽组织。

3. 病理变化　依冻伤的程度不同常会产生大小不等的水疱、坏疽、组织坏死、生成肉芽组织等病理学变化。

【类症鉴别】

诊断时应与乳房创伤进行鉴别诊断。乳房创伤多有不同的创口，虽钝性创伤无创口，但常导致组织，血管破裂形成血栓或血肿，乳汁呈红色。而乳房冻伤则多无创口，且有季节性，只发生在冬季。

【防治措施】

治疗　将重病畜脱离寒冷环境，移入厩舍内，用樟脑乙醇擦拭或进行复温治疗。复温治疗时，开始用 $18\sim20\ ℃$ 的水进行温水浴，在 25 min 内不断向其中加热水，使水温逐渐达到 38 ℃，如在水中加入高锰酸钾（1∶500），并对皮肤无破损的伤部进行按摩更为适宜。当冻伤的组织刚一变软和组织血液循环开始恢复时，即达到复温目的。在不便于温水浴复温的部位，可用热敷复温，其温度与温水浴时相同。复温后用肥皂水轻洗患部，用75％乙醇涂擦，然后进行保暖绷带包扎和覆盖。

表皮冻伤治疗时，必须恢复血管的紧张力，消除瘀血，促进血液循环和水肿的消退。先用樟脑精涂擦患部，然后涂布碘甘油或樟脑油，并装着棉花纱布软垫保温绷带。或用按摩疗法和紫外线照射。

广泛的冻伤需早期应用抗生素疗法。局部可用5％龙胆紫溶液或5％碘酊涂擦露出的皮肤乳头层，并装以乙醇绷带或行开放疗法。

深层冻伤治疗主要是预防发生湿性坏疽。对已发生的湿性坏疽，应加速坏死组织的断离，促进肉芽组织的生长和上皮的形成，预防全身性感染。为此，在组织坏死时，可行坏死部切开，以利排出组织分解产物，可切除、摘除和截断坏死的组织。早期注射破伤风类毒素或破伤风抗毒素，并实行对症疗法。

预防　首先应做好畜舍的增温、保温工作，在气温较低的天气及时将牛牵入舍内，并做到经常检查，看是否有洞，以防冷风袭入。牛舍内应保持干燥卫生，经常打扫粪便，垫好柴草或干土。在寒冷大风天气尽量减少室外活动，如有必要，也应选择被风朝阳的地方。加强对乳房的护理，可加强按摩和涂敷防冻药膏等。泌乳母牛应避免乳头与水接触，挤奶后用干燥毛巾将乳头擦干，然后涂一层凡士林油或其他防冻药膏。

乳 房 创 伤

乳房创伤比较常见，一般多发生在泌乳期乳房较大的奶牛。可分为表层创与深层创。

【诊断要点】

1. 病因　乳房过大的乳牛起卧时易被自己的后蹄踏伤乳房或被其他牛踏伤造成不规则的撕裂状；母牛相互格斗，或受其他牛用角尖顶撞划破乳房；临产母牛乳房膨大下垂，后肢踏伤，以及玻璃碎片、铁丝及其他锐物刺伤所致。

2. 临床症状　乳房创伤按照损伤组织程度可分为乳房表层组织轻微损伤，仅可见到皮下组织有少量出血，以后上覆一层干痂，在伤后数天，痂皮下可能化脓，如不予以治疗，细菌感染会侵入深部组织，引起乳房炎，甚至形成乳房囊肿；损伤边缘有相当严重的撕裂伤，甚至乳静脉被撕裂而大出血，或在妊娠后期或新产牛水肿的乳房破损，可有组织液不断外溢；锐利异物造成乳房深部组织穿进伤，造成可有乳汁混有血液通过创口外流，甚至继发破伤风；钝性创伤往往在乳房表面不见创口，但组织因严重挫伤导致坏死及血管破裂，有时形成血栓或血肿，乳汁变成粉红或深红。

【类症鉴别】

诊断时应与乳房冻伤进行鉴别诊断。

【防治措施】

治疗 小的皮肤及皮下浅创，把创伤周围的毛剪掉，用0.1％的高锰酸钾冲洗，待干后，涂擦2％～3％龙胆紫溶液。较大的皮肤及皮下创，按外科处理，创部剪毛，严格消毒后，做皮肤结节缝合。

预防 在日常管理中注意牛群环境的安全及其活动，可防止乳房创伤的发生。

子 宫 积 脓

子宫积脓是子宫内蓄积脓性或黏性液体并伴有持久黄体和不发情的一种多发于奶牛的疾病。

【诊断要点】

1. 病因 可导致子宫内膜炎的因素都可以导致子宫积脓，子宫积脓也可以发生在怀孕和感染引起胎儿死亡之后。化脓性放线菌常为主要的病原微生物，或毛滴虫感染。

2. 临床症状 患牛特征包括乏情，卵巢上存在持久黄体，子宫积有脓性或黏性体液。产后子宫积脓的病牛，子宫颈开放，躺卧或排尿时从子宫中排出脓液；阴道检查，阴道内有脓液，颜色黄、白或灰绿。直检子宫壁变厚，有波动；子宫体积与怀孕6周至5个月的相仿，两子宫角大小不对称者居多，摸不到子叶、胎体及怀孕脉搏，卵巢上存有黄体。病牛一般不表现全身症状，有时在初期体温略高。

3. 病理变化 子宫壁变厚，子宫积有脓性或黏性液体。

【类症鉴别】

本病需与子宫内膜炎进行鉴别诊断。子宫内膜炎主要表现为阴道分泌物量少而黏稠、浑浊、灰白色或灰黄色。子宫颈口有不同程度肿胀和充血，或有分泌物。直肠检查：子宫角变粗，壁增厚，弹性减弱，收缩反应微弱。

【防治措施】

治疗 前列腺素疗法，PGF2α 12.5～30 mg 肌内注射，24 h后子宫中的积液排出，经过3～4 d 表现发情。冲洗子宫，冲洗子宫是子宫积脓的通用有效疗法，常用的冲洗液有高渗盐水、0.02%～0.05%高锰酸钾、0.01%～0.05%新洁尔灭、含有2%～10%复方碘溶液的生理盐水、加有抗生素的生理盐水等。冲洗后注入抗生素液或塞入抗生素胶囊，则效果更好。摘除黄体，摘除黄体后会出现发情，排出子宫内容物。但子宫积脓时，黄体比较硬实，很难挤破，而且术后易发生出血和粘连。

预防 主要应加强母牛的饲养管理，增强机体抗病能力。

在产前，分娩过程及产后期做好清洁，消毒工作，并于产后第1天内进行预防性投药，可向子宫内投入抗生素或磺胺类药物，对控制感染及降低此病的发病率有积极作用。

配种、助产、剥胎衣时必须严格按操作要领进行，特别是要遵守无菌操作的原则。

加强对产后母牛的护理，加强栏舍、牛床的卫生消毒工作，防止产后疾病的发生。

卵 巢 机 能 不 全

卵巢机能不全是指包括卵巢机能减退、组织萎缩、卵泡萎缩及交替发育等，由于卵巢机能紊乱所引起的各种异常变化。

【诊断要点】

1. 病因 主要由于子宫疾病（慢性子宫内膜炎、子宫积脓、子宫积液等）、全身性疾病及饲养管理和利用不当（长期饥饿、使役过重、哺乳过度等），继发卵巢疾病或卵巢营养不良。

也有少数属遗传因素。开始多为发情不明显而不被注意，发展下去，即出现长期休情。另外下丘脑—垂体—性腺系统功能紊乱也可导致此病。

2. 临床症状 发情期延长或不发情，发情的症状不明显或隐性发情，发情而不排卵等。直检卵巢小而稍硬，但摸不到卵泡或黄体，有时也可摸到小的卵泡或黄体，子宫体积也会变小。

3. 病理变化 卵巢显著萎缩、硬化，卵巢与附近组织发生粘连，或者子宫也同时萎缩。

【类症鉴别】

本病须与持久黄体相区别。持久黄体主要表现为：直肠检查可发现一侧或两侧卵巢增大，卵巢上的持久黄体一部分呈圆锥状或蘑菇状突出于表面，只是卵巢增大稍硬。有持久黄体存在时，在同侧或对侧卵巢可出现一个或数个如绿豆或豌豆大小的发育静止的卵泡。

【防治措施】

治疗 改善饲养管理，营养要全面，保持一定运动量。治疗可采用按摩，隔日按摩卵巢、子宫颈、子宫体一次，每次 10 min，

4～5 次为一个疗程，结合注射雌激素。促卵泡素 100～200 IU，1 次/2 d，共 2～3 次，注射 1 次检查 1 次。当发现到卵泡快成熟时用 LH 100～200 IU，或绒毛膜促性腺激素 2 500～5 000 IU、孕马血清 20～40 mL、苯甲酸雌二醇 10 mg 注射。

冲洗子宫　温生理盐水或 5% NaCl 水溶液；0.1%碘甘油水溶液，冲洗子宫 2～3 次，2 d 1 次。按摩子宫和卵巢。

预防　加强饲养管理，改善饲料成分和数量，合理配置日粮，增加维生素和矿物质含量，增加放牧和光照，提高母牛体质。对高产而营养差的牛应控制产量，可以采取二次挤奶。控制多汁料喂量，对患慢性疾病的牛应及时治疗。

卵 巢 囊 肿

卵巢囊肿是指卵巢上有卵泡状结构，其直径超过 2.5 cm，存在时间达 10 d 以上，同时卵巢上无正常黄体结构的一种病理状态。分为卵泡囊肿和黄体囊肿。本病是引起牛发情异常和不育的重要因素之一。总发病率 20%～30%。

【诊断要点】

1. 病因　本病多发生于奶牛日粮中精料、糟渣料水平过高，而矿物质和维生素不足；舍饲牛运动不足，光照少，牛体过肥，或长期发情而不配种时；在卵泡发育过程中，气候突然变化，乳牛在冬季比天暖时多发。此外，输卵管炎、卵巢炎、子宫内膜炎及胎衣不下时，也可伴发。

脑下垂体前叶机能失调，激素分泌混乱，尤其是在促卵泡激素过多，而促黄体生成素不足时，不能正常排卵而成为囊肿；还可以由于囊肿卵泡分泌孕酮，或肾上腺机能紊乱而引起；此外，雌激素使用不当或剂量过大也易发生。

2. 临床症状　卵泡囊肿，主要表现为慕雄狂和乏情。多数是初期呈乏情，长时间不出现发情征象，后转入慕雄狂持续而强烈地发情表现，严重的不安、吼叫、不吃，常排尿和粪，产奶量下降，爬跨其他母畜，连续几次后，形似公牛，颈部肌肉发达。

卵巢囊肿常见的特征症状之一是荐坐韧带松弛，尾根高举，同时生殖器官常水肿且无张力，阴唇松弛、肿胀。阴门有灰色或黏脓性黏液流出，子宫颈外口松弛，子宫和子宫颈增大，子宫壁增厚、变软。直检，卵巢上有囊状结构，直径大于 2.5 cm，10 d 后再检，无变化。

黄体囊肿的主要外表症状是不发情，直检卵巢上有较厚的囊肿，多数为一个（厚而软），不太紧张，经 10 d 后再检无变化可确诊。

3. 病理变化　子宫壁增厚、变软、卵巢上有囊状结构。

【类症鉴别】

临床上需与持久黄体、子宫内膜炎等疾病进行鉴别。

【防治措施】

治疗　改善饲养管理，适当运动，注意维生素和矿物质的含量。手术摘除黄体，经直检捏破，但操作不慎，易引起卵巢损伤、出血、粘连，也可注射前列腺素等进行治疗。

预防　加强饲养管理，合理配制日粮，防止精料及糟渣料在日粮中比例过高。根据生产水平要补充适量的矿物质和维生素饲料，增加放牧和日照时间，提高母牛体质。

持　久　黄　体

在发情周期或分娩后，卵巢上的黄体超过 20～30 d 不消退，称为持久黄体或黄体滞留。临床上以奶牛不发情为特征。

【诊断要点】

1. 病因 由于饲养管理失调，运动不足，饲料单一，缺乏矿物质及维生素，特别是高产奶牛营养和消耗不平衡，脑下垂体前叶分泌的促卵泡素不足，而黄体生成素和催乳素过多，引起卵巢机能减退，以致黄体持续存在，产生孕酮而维持休情状态。另和子宫疾病有关（子宫炎、子宫积水、胎衣不下、子宫肿瘤、子宫复旧不全等）。

2. 临床症状 性周期停止。母牛一般在产犊后或配种后两个月以上不发情，个别母牛出现很不明显的发情，也不排卵，不爬跨，不易被发现。营养体况、毛色、泌乳、吃料等都无明显异常。外阴户收缩成三角形，有皱纹。阴蒂、阴道壁、阴唇内膜苍白，干涩，阴道内一般无分泌物流出。母牛比较安静，而有发情母牛也不参与爬跨。

直肠检查可发现一侧或两侧卵巢增大，卵巢上的持久黄体一部分呈圆锥状或蘑菇状突出于表面，只是卵巢增大、稍硬。有持久黄体存在时，在同侧或对侧卵巢可出现一个或数个如绿豆或豌豆大小的发育静止的卵泡。子宫多数位于骨盆腔和腹腔交界处。子宫角不对称，子宫松软下垂，稍粗大，触诊无收缩反应。

3. 病理变化 两侧卵巢增大，卵巢上的持久黄体一部分呈圆锥状或蘑菇状突出于表面，卵巢可出现一个或数个如绿豆或豌豆大小的发育静止的卵泡。

【类症鉴别】

本病需与卵巢机能不全进行鉴别诊断。卵巢机能不全直检卵巢小而稍硬，但摸不到卵泡或黄体，有时也可摸到小的卵泡或黄体，子宫体积也会变小。

【防治措施】

治疗 首先应消除病因，以促使黄体自行消退。必须根据具体情况改善饲养管理，补给富含维生素的青饲料及矿物质，加强运动或增加放牧和日照时间；如伴有子宫疾病，应同时治疗子宫疾病。加强饲养管理、增加运动、减少挤奶量等。可注射前列腺素类药物、促卵泡素等进行治疗，也可直肠内挤掉黄体。

预防　平时应加强饲养管理，增加运动。产后子宫处理应及时与彻底。在治疗持久黄体时还应结合子宫的净化处理，否则将会影响治疗效果。

输 卵 管 炎

输卵管是运送卵子、精子和受精卵的通道，如果发生炎症过程，会引起其收缩机能障碍、输卵管狭窄、部分或全部阻塞，使精子或卵子不能通过，引起不孕。输卵管炎是盆腔生殖器官炎症中发生最多的疾病。

【诊断要点】

1. 病因　多数由于子宫内膜炎、子宫肿瘤、卵巢炎和腹膜炎等炎症扩散或病原菌侵入而感染。不正确的按摩子宫、卵巢和挤压黄体等，容易造成输卵管损伤而导致发炎。

某些传染病如结核病菌可由血液和淋巴循环侵入而引起继发感染。

2. 临床症状　急性型多具全身症状，如精神沉郁，食欲不振，体温升高（39～40 ℃），脉搏加快，性周期延长，直肠检查，触诊输卵管肿胀，并有疼痛反应。

慢性输卵管炎无明显的全身症状，性周期消失，长期不孕。直肠检查输卵管变粗、变硬，或有一个至数个较坚实的结节，也有形成鸡蛋大囊肿，触之感觉柔软波动。

3. 病理变化　急性输卵管炎眼观变化为输卵管肿大，黏膜充血、潮红，有浆液性渗出液或脓液，严重时有出血点，病理组织学变化为黏膜上皮变性，严重的坏死，血管充血、出血，有炎性细胞浸润。慢性输卵管炎时，输卵管颜色灰白，质地变硬，常与周围组织发生粘连，病理组织学变化为结缔组织增生明显。

【类症鉴别】

本病需与卵巢炎、持久黄体、卵巢囊肿、子宫内膜炎等疾病进行鉴别。

【防治措施】

治疗 急性病例应用磺胺类药物或抗生素结合用肾上腺皮质激素进行治疗，为促进渗出物排出可应用垂体促性腺激素和雌激素制剂。

一侧性输卵管炎治疗后仍有妊娠可能，双侧性输卵管炎无治疗价值，应予淘汰。

预防 平时应加强饲养管理，增加运动。产后子宫处理应及时与彻底。应及时治疗与防止子宫内膜炎、子宫肿瘤、卵巢炎和腹膜炎等炎症扩散或病原菌侵入。

卵 巢 炎

卵巢炎是由于防御机制遭到破坏或抵抗力低下，病原体先侵入输卵管或子宫发病，而后蔓延至卵巢，产生卵巢周围炎、卵巢粘连，重者输卵管和卵巢脓肿。按病程可分为急性和慢性。

【诊断要点】

1. 病因 本病的主要原因是感染。多数是由于子宫、输卵管、腹膜和卵巢周围器官炎症的蔓延。由于强力按摩卵巢、挤压黄体或穿刺卵巢脓肿时，损伤卵巢引起感染。在患结核病时，病原菌可通过血液循环侵入卵巢，引起感染。

2. 临床症状 急性患牛表现精神沉郁，体温升高，食欲减退。直肠检查，患侧卵巢体积急剧增大，呈圆形，表面光滑、柔软有弹性，触摸不到卵泡和黄体。当卵巢组织发生脓肿时，触诊有波动感，此时患牛有疼痛表现。

慢性患牛主要特征是卵巢发生结缔组织增生。直肠检查，在患侧摸不到卵泡和黄体，卵巢体积增大，质地变硬，有时局部硬化出现结节，表面高低不平。触诊痛觉不明显或无反应。久病的卵巢实质萎缩。当卵巢某部分与周围发生粘连时，卵巢不能移动，卵巢硬度更坚实。

两侧性卵巢炎，母牛表现不发情。一侧性有可能正常发情。

3. 病理变化　卵巢体积急剧增大，呈圆形，表面光滑、柔软有弹性，常发生于周围组织粘连。

【类症鉴别】

本病需与输卵管炎相区别。输卵管炎直肠检查，输卵管变粗、变硬，或有一个至数个较坚实的结节，也有形成鸡蛋大囊肿，触之感觉柔软波动。而卵巢炎则直肠检查时，在患侧摸不到卵泡和黄体，卵巢体积增大，质地变硬，有时局部硬化出现结节，表面高低不平。触诊痛觉不明显或无反应。

【防治措施】

治疗　首先应改善母牛营养状况，补充维生素 A、维生素 E。急性可应用青霉素、链霉素或磺胺类药物，以控制感染和消除炎症。氯化钙 5 g，无水酒精 25 mL，生理盐水 100 mL，配制成灭菌溶液，静注，每天 1 次，连用 3～5 d。慢性除用抗生素外，还可以每天按摩卵巢一次，每次 10～15 min，连续进行数日。

预防　加强饲养管理，合理配置日粮，防止精料及糟渣料在日粮中比例过高。根据生产水平要补充适量的矿物质和维生素饲料，增加放牧和日照时间，提高母牛体质。同时积极防止子宫、输卵管和卵巢周围器官炎症发生。

子 宫 内 膜 炎

子宫内膜炎是子宫黏膜发生炎症的总称，为奶牛产后常见的产科疾病，也是引起奶牛不孕的重要原因之一。

【诊断要点】

1. 病因 分娩时卫生条件差，病原菌浸入子宫而引起，继发其他围产期疾病，如流产、难产、胎衣不下、早产、子宫积脓、产道损伤及子宫其他疾病，或产奶量过高，体质差引起。人工授精或配种时消毒不良引起。投入子宫内药液的温度过高或浓度过大，药物有刺激等，可导致子宫发炎。

由于饲养管理不当，如饲养管理粗放、饲料单一、缺乏钙质及其他矿物质和维生素，钙、磷比例不当，缺乏运动等也是促成本病发生的诱因。

2. 临床症状 一般临床症状不很明显，大多数发情周期基本正常，但屡配不孕，少数也有发情周期延长，发情时可见到排出黏液中有絮状脓液，黏液呈云雾状或乳白状，含大量白细胞，有的平时也见有黏液流出，颜色由浑浊的白色到棕黄色，内有絮状物及脓块等。卧倒时排出量多。阴道检查，子宫颈外口有小程度开张，往往有黏液。直肠检查，子宫角稍变粗，壁变厚或子宫上有高低不平的小块，子宫反应减弱；子宫壁变薄或萎缩，薄厚不一，软硬不一；子宫角增粗，有波动性（单侧或双侧）。如果发生粘连，可摸到粘连或周围形态异常。

子宫颈口有不同程度肿胀和充血，或有分泌物。直肠检查：子宫角变粗，壁增厚，弹性减弱，收缩反应微弱。

3. 病理变化 子宫壁变薄或萎缩，子宫角增粗，有时发生粘连。发情时可见到排出黏液中有絮状脓液，黏液呈云雾状或乳白状，含大量白细胞。

4. 实验室诊断

子宫回流液检查　冲洗子宫，镜检回流液，可见脱落的子宫内膜上皮细胞、白细胞或脓球，也可静置后检查。

发情时阴道分泌物的化学检查　4％ NaOH 2 mL 加等量分泌物，煮沸后无色为正常，微黄色或柠檬黄为阳性。

阴道分泌物生物学检查　载玻片上滴一滴精液，镜检，如果精子很快死亡或凝集者为阳性，同时和对照精液相比较。

尿化学检查　主要检查组胺是否增多。5％硝酸银 1 mL 加尿 2 mL，形成黑色沉淀为阳性，褐色或淡褐色为阴性。

此外，可进行细菌学检查。

【类症鉴别】

本病需与子宫颈炎相区别。子宫颈炎的发病部位主要在子宫颈，表现为肿胀、松软如面团状，有时子宫颈管发生不全或完全粘连。

【防治措施】

治疗　治疗的原则是制止感染扩散，消除子宫内渗出物和促进子宫收缩。常用的方法是子宫冲洗后投入抗菌药物。

预防　主要应加强母牛的饲养管理，增强机体抗病能力。

最危险的感染期是产犊后第一天，因为此时产道开放，子宫黏膜无上皮增生，类似表面创伤，极易感染。在产前，分娩过程及产后期做好清洁、消毒工作，并于产后第一天内进行预防性投药，可向子宫内投入抗生素或磺胺类药物，对控制感染及降低此病的发病率有积极作用。但应该注意长期使用某种抗生素，可能会产生抗药性菌株。

配种、助产、剥胎衣时必须严格按操作要领进行，特别是要遵守无菌操作的原则。加强对产后母牛的护理，加强栏舍、牛床的卫生消毒工作，防治产后疾病的发生。产后子宫的质量要及时，在治愈前应停止配种。对流产母牛的子宫也应及时处理。

生 产 瘫 痪

生产瘫痪又称产后瘫痪、产后麻痹、也称乳热症。是母畜在分娩前后突然发生的严重钙代谢障碍性疾病。本病以动物意识和知觉丧失、四肢瘫痪、消化道麻痹、体温下降和低血钙为特征。

【诊断要点】

1. 病因　钙质流失过多。由于大量钙质进入初乳，其量超出了母体从肠道吸收和动用骨骼钙量的总和，血钙迅速降低，导致本病，但不是生产瘫痪唯一原因。因为泌乳高峰期钙消耗更多，但却很少发病。

高钙日粮和钙、磷比例不当，母体骨骼中钙、磷贮备能力降低，贮量减少。干乳期饲喂高钙饲料时，血中钙浓度升高，会使甲状腺分泌降钙素增多，刺激骨基质钙化过程，以致骨骼中可迅速动员的钙减少。另一方面，血钙升高可抑制甲状旁腺素的分泌，1,25-二羟化醇合成减少，肠吸收钙的能力亦减少，以致不能应付开始泌乳时血钙的大量消耗。

补钙不足。动物在怀孕后期，胎儿增大，胎水增多，挤压胃肠器官，影响正常的消化吸收功能。分娩时雌激素增加，可抑制食欲，使肠、胃对钙质吸收减少。

母体患有慢性胃肠道疾病或消耗性疾病，如慢性胃肠炎、结核病、寄生虫病等。钙、磷等矿物质不能正常吸收或消耗增多等，也可致发本病。

2. 临床症状　牛的生产瘫痪依病情分为严重型和轻型，即典型或非典型两类。

典型生产瘫痪，比较少见，一般于产后 12～72 h 发病，病初表现短期的兴奋不安，感觉过敏，后肢交替踏地。然后精神沉郁，有些病初即表现高度沉郁。后肢或头、颈部肌肉震颤或抽搐。后肢僵硬，飞节过度伸展，运步不稳，易摔倒。食欲减少至停止，瘤胃蠕动次数减少，排粪、排尿等减少。

数小时后出现瘫痪症状，病牛伏卧或侧卧，意识逐渐消失，昏睡至昏迷。患牛将一前肢和一后肢伸向侧方，头颈向伸腿侧弯曲，低于胸腹壁，如强行将头颈拉向前方，松手后又立即弯回原状，这一特殊姿势是本病的示病症状，瞳孔散大，各种反射迟钝或消失。

本病的另一特征是体温降低，病初可在正常范围之内，随病程进展可降低到 36 ℃ 或 35 ℃，鼻镜干燥，皮肤及四肢发凉，心跳加快，呼吸减慢，血压降低，常伴有流涎和瘤胃臌气现象。

非典型生产瘫痪较多见。主要症状是伏卧，头颈姿势不自然，头部至鬐甲部呈轻度 S 状弯曲。四肢无力，行走困难，精神沉郁，食欲不振或废绝，反刍，泌乳下降或停止，体温正常或稍低。

3. 实验室诊断　临床化验血清钙由正常的 90～120 mg/L 降低至 40～80 mg/L 以下。

【类症鉴别】

根据患牛产犊，泌乳性能好，且产后不久发病，临床上以突然发病，明显的肌肉痉挛以及血液化验情况等，容易作出诊断。但注意与脑炎、破伤风、中毒病等相区别。

【防治措施】

本病的特效疗法是静脉注射钙制剂和乳房送风。

约有 80% 的病牛可应用钙制剂一次治愈。牛用 40% 的硼葡萄糖酸钙注射液 400～600 mL，或用 10% 的葡萄糖酸钙溶液 800～1 400 mL，或用 5% 的葡萄糖氯化钙 800～1 200 mL 静脉注射，每天 2～3 次。补钙后精神迅速好转，肌肉震颤消失，鼻镜出汗，全身状况得到改善。

钙制剂的用量尚无统一标准，补钙不足，病牛不能站立或易复发，但注射量过大或过快，可使心率增快，心律失常，甚至造成死亡，因此在静脉注射钙剂时，要严密监听心脏，及时调整用量和速度，对出现明显心律不齐者，应停止注射。

对注射后 6～12 h 病牛无反应，连续用 2～3 次无效或反复复发，则考虑改用其他疗法。

乳房送风疗法是通过乳房内注入空气，刺激乳腺末梢神经，提高大脑皮质的兴奋性，从而解除抑制状态，另一方面送风提高了乳房内压，降低了产乳量。进一步制止了血钙的减少，并通过反射作用使血压回升。

先将乳房送风器消毒，并在金属筒内放置干燥消毒棉或纱布。用 70%酒精棉球擦净乳头及乳孔，插入导乳管至乳池，注入 80 万青霉素后，再连接乳房送风器打气。自下而上，以乳房皮肤紧张，乳基部边缘轮廓清楚，用手轻叩乳房呈鼓音为度。空气量不足无疗效，其量过大会发生腺泡破裂，治愈后乳量下降。注入适量空气后，再注入 40 万 IU 青霉素（溶于 200 mL 生理盐水中），用纱布条轻扎乳头，1～2.h 后解除。

目前，也可用新鲜牛乳注入乳池内，代替打气，前后乳区各注射 200～250 mL，效果确定。

乳房送风器可用大容量注射器代替，注意过滤空气。多数病例，打入空气后半小时即能痊愈，十几分钟后牛鼻镜湿润，逐步清醒，反射恢复。数小时后恢复正常。

在用上述方法治疗时，应注意对症治疗，保温、强心、补液、静脉注射 25%葡萄糖注射液 500～1 000 mL，或静脉注射 0.5%氢化可的松 80～100 mL，以提高血糖和抗休克。伴有低血镁症和低磷酸盐血症，可同时补充 15%磷酸二氢钠溶液 200 mL，15%硫酸镁液 200 mL。伴有瘤胃膨气时，应早期向瘤胃内注入制酵剂或穿刺放气。并掏出直肠蓄粪，膀胱积尿时应及时导尿。

加强护理，厚垫褥草，防止并发症。侧卧的病牛，应设法让其俯卧，以便暖气，防止瘤胃内容物返流而引起吸入性肺炎。每隔数小时改变一次姿势，每天 4～5 次，以免长期压迫一侧而引起麻痹。

预防　目前尚无有效的预防办法。

在干乳期，应避免日粮钙摄入量过多，防止镁摄入不足。干乳期饲以低钙日粮可刺激甲状旁腺素的分泌，促进肾脏 1,25 - 二羟钙化醇的合成，提高分娩时骨钙动用能力和胃肠吸收能力。

在妊娠期间应有充足运动，产后 3 天内乳牛不可将其初乳挤得太空，以防血钙消耗太多。于分娩前后静脉注射适量葡萄糖酸钙注射液，可预防本病的发生。

闭孔神经麻痹

闭孔神经麻痹，是闭孔神经受到损伤而使它所支配的后肢内收肌丧失机能的一种疾病。临床上以后躯瘫痪为特征。

【诊断要点】

1. 病因　闭孔神经来自腰荐神经丛的 4～6 对腰神经腹侧支和 1～2 对荐神经的腹侧支，沿左右髂骨内侧向下方伸延，穿过闭孔，分布于闭孔肌、内收肌、耻骨肌和股薄肌，起支配后肢的内收作用。母牛分娩过程中，出现异常情况，使产道的组织受到损伤，可波及闭孔神经。易受损伤的部位是髂骨内侧和进入闭孔的部分。

2. 临床症状　根据损伤情况，闭孔神经麻痹分为两种，即一侧性及两侧性麻痹。前者为一侧闭孔神经受到损伤，后者为两侧闭孔神经都被伤害。

一侧性闭孔神经麻痹，病牛卧地时，患侧后肢向外弯曲展开，站立时患侧后肢外展。行走时，髋关节和膝关节抬高，步伐短促，并尽可能使健康后肢负重，以病肢的蹄内侧边缘着地。病牛常发生一侧性麻痹，多由于难产损伤所致。

两侧性闭孔神经麻痹，病牛卧地后不能起立，呈伏卧姿势，如同蛙卧式，两后肢分别向外弯曲展开。两侧性麻痹常见于老牛，多因骨质疏松、摔伤或骨盆骨折所引起。

3. 病理变化 受压迫或损伤的闭孔、坐骨的神经发生出血、水肿和炎症等变化。

【类症鉴别】

本病需与风湿病、关节炎及其他骨关节病加以鉴别。根据难产、助产的病史，结合临床特征，如站立时，后肢以球节和趾背侧着地站立，或不能站立，常呈蛙式腹部着地，后肢屈曲而外展等，可作出诊断。

【防治措施】

治疗 治疗此病的原则是消炎和兴奋神经。①对阴道损伤的病牛，可用 0.1 g 高锰酸钾或 0.1 g 洗必泰 500 mL 冲洗阴道，隔日 1 次。冲洗后，用紫药水涂擦损伤部位。②对胎衣不下、子宫炎或子宫颈损伤的母牛，为防止炎症扩散，应进行宫内投药。常用强力霉素 10 g，呋喃西林 5 g，蒸馏水 250～500 mL，隔日投送 1 次。③抗生素治疗，一般用青霉素 400 万 IU 和链霉素 400 万 IU。或用青霉素 400 万 IU 和庆大霉素 80 万～100 万 IU。根据症状轻重，每天肌注 2～3 次。④硝酸士的宁患肢臀肌深部注射，第 1 天用 20 mL，第 2～3 天 10 mL，每天 1 次。⑤辅助疗法，适量静注葡萄糖、氢化可的松、安钠咖、氢化钙、水杨酸钠和乌洛托品等，能提高疗效。

治疗此病必须精心护理。应将病牛移至松软的地面上，并多铺垫草，每天将病牛翻身 3 次。如尚能站起，则应每天驱赶让它站起 2～3 次。如有可能并让它缓慢行走片刻。对病牛给予易消化的优质干草，减少精料喂量，供给充足的饮水。

预防 加强饲养管理，日粮搭配合理，营养平衡。防止地面过滑引起牛后肢劈叉、跌倒，避免损伤后肢，助产和保定要严格遵守操作规程，减少难产和代谢病的发生。

（朱海虹）

参 考 文 献

崔忠林 . 2007. 奶牛疾病学 . 北京：中国农业出版社 .

蔡宝祥 . 2000. 家畜传染病学 . 第 3 版 . 北京：中国农业出版社 .

李毓义，张乃生 . 2003. 动物群体病症状鉴别诊断学 . 北京：中国农业出版社 .

樊璞 . 2004. 实用牛病学 . 上海：上海科学技术出版社 .

孙国强，武瑞 . 2005. 规模化安全养奶牛综合技术 . 北京：中国农业出版社 .

王小龙 . 2004. 兽医内科学 . 北京：中国农业出版社 .

王洪斌 . 2002. 家畜外科学 . 第 4 版 . 北京：中国农业出版社 .

徐世文，唐兆新 . 2010. 兽医内科学 . 北京：科学出版社 .

徐世文，李金龙 . 2010. 寒地奶牛常见疾病防治技术 . 北京：中国农业出版社 .

张树方，岳文斌 . 2004. 奶牛防控与治疗技术 . 北京：中国农业出版社 .

张晋举 . 2000. 奶牛疾病图谱 . 哈尔滨：黑龙江科学技术出版社 .

赵兴绪 . 2006. 兽医产科学 . 第 3 版 . 北京：中国农业出版社 .

图书在版编目（CIP）数据

奶牛病防治技术／徐世文，郭东华主编 . —北京：
中国农业出版社，2012.6
ISBN 978 - 7 - 109 - 16694 - 3

Ⅰ.①奶… Ⅱ.①徐…②郭… Ⅲ.①乳牛-牛病-
防治 Ⅳ.①S858.23

中国版本图书馆 CIP 数据核字（2012）第 066940 号

中国农业出版社出版
（北京市朝阳区农展馆北路 2 号）
（邮政编码 100125）
责任编辑 王玉英

北京通州皇家印刷厂印刷 新华书店北京发行所发行
2012 年 6 月第 1 版 2012 年 6 月北京第 1 次印刷

开本：850mm×1168mm 1/32 印张：16.5 插页：4
字数：416 千字
定价：50.00 元
（凡本版图书出现印刷、装订错误，请向出版社发行部调换）

鼻端真菌感染

犊牛腹泻

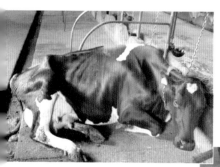

产后瘫痪

产后瘫痪

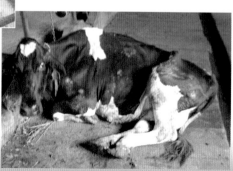

跗关节肿胀

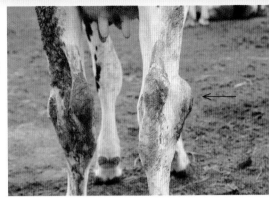

附红细胞体病引起的
皮肤黄疸

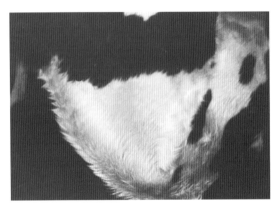

腹围膨大

化脓性子宫内膜炎

结肠坏死
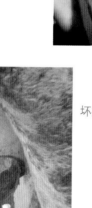

坏疽性乳房炎

坏疽性乳房炎
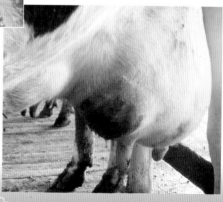

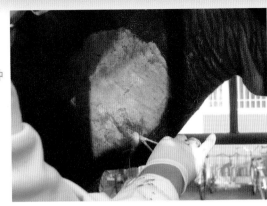

颈部脓肿

牛放线菌病

牛放线菌病

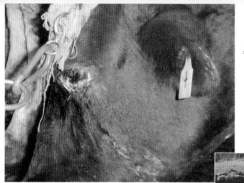

牛眼炎

努　责

脐　疝

乳房水肿

乳房炎

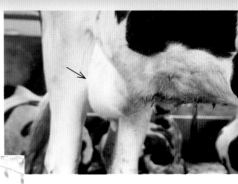

胎衣不下

蹄变形

维生素 A 缺乏角膜混浊

维生素 A 缺乏羞明流泪

膝关节肿胀

下颌间隙肿胀

胸前局部肿胀

胸前水肿

咽部肿胀

阴道脱出

直肠脱出